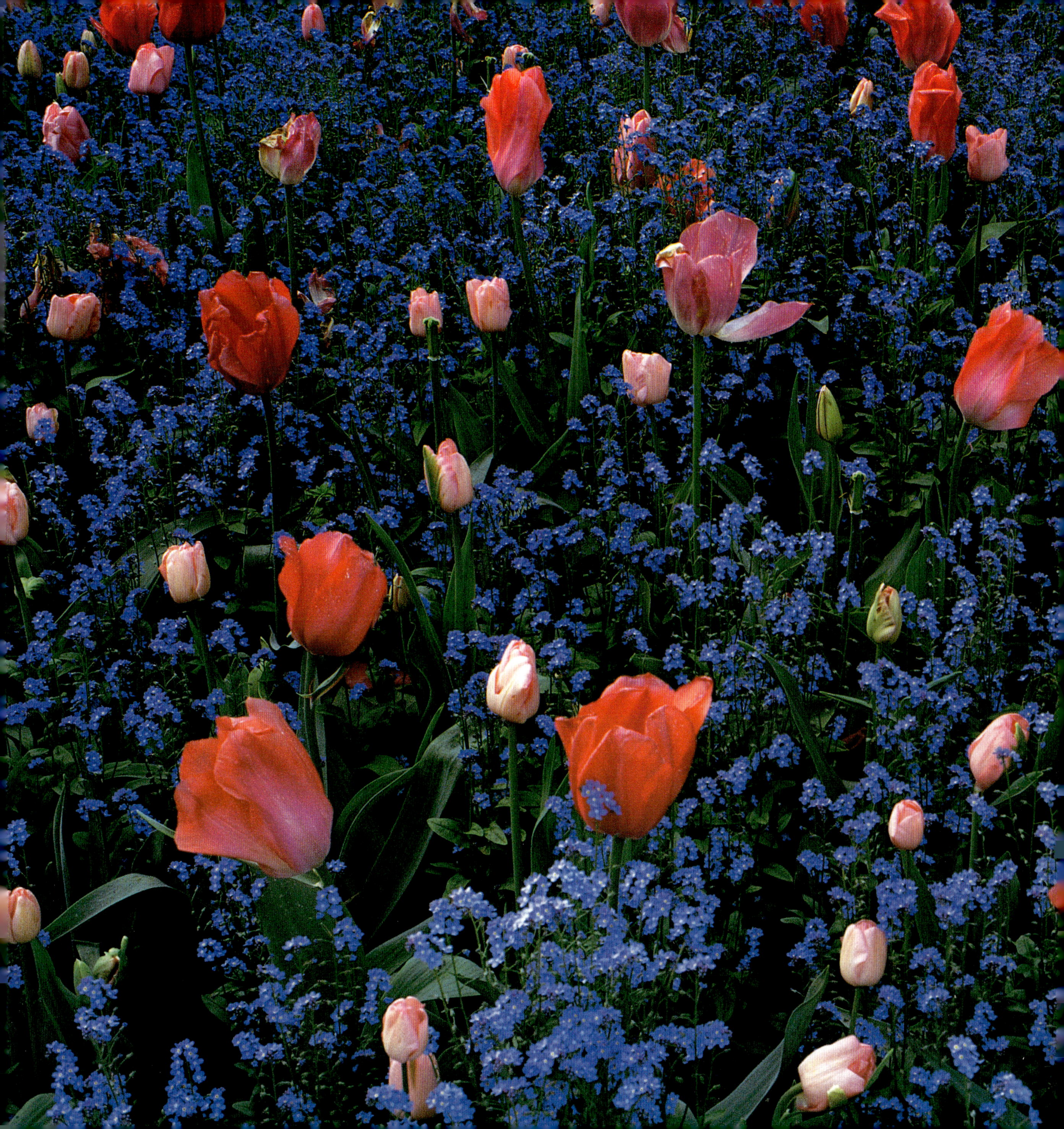

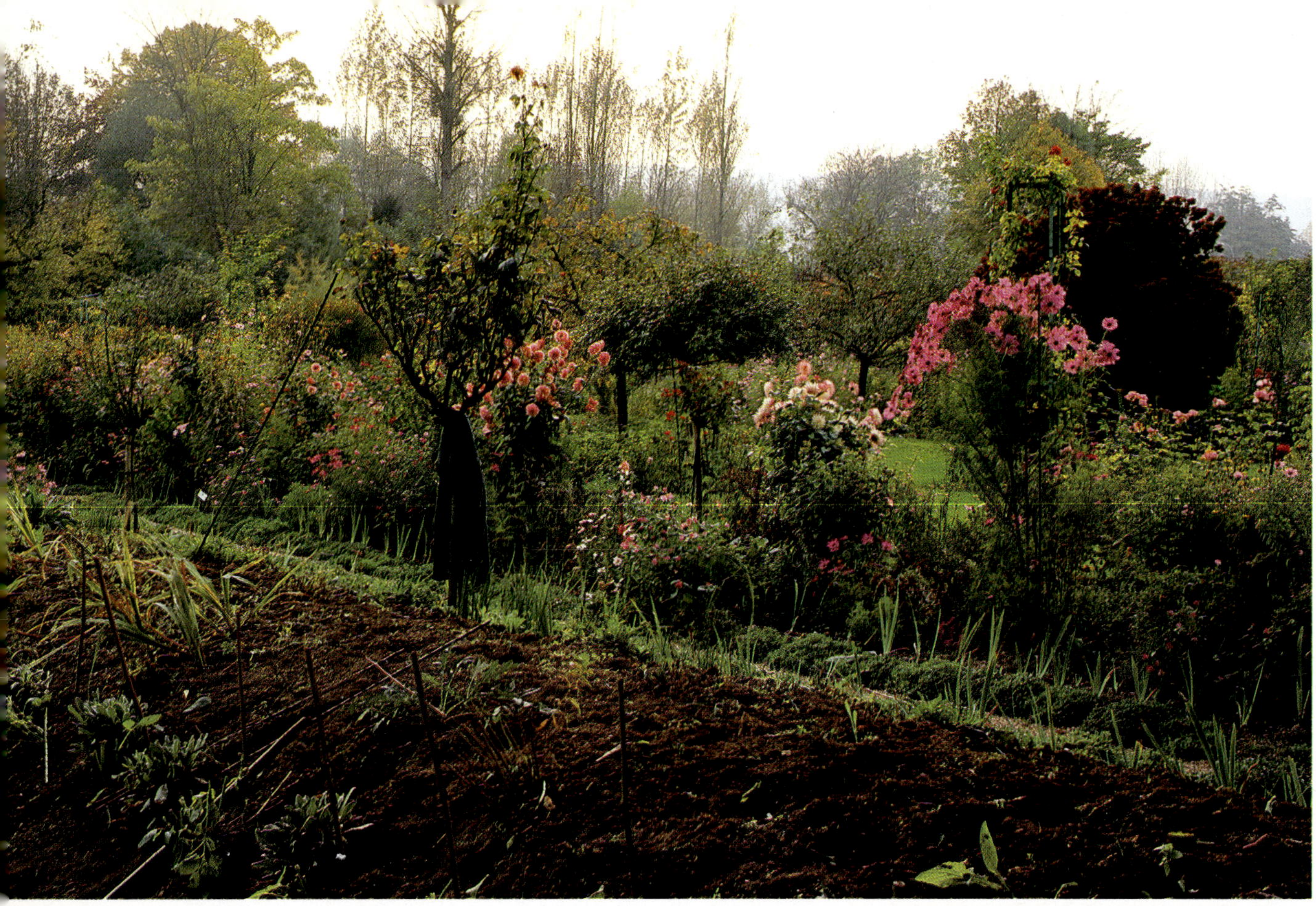
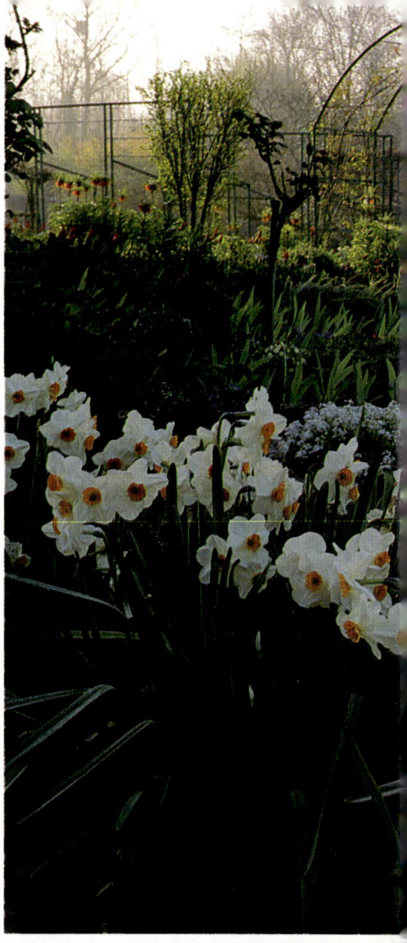
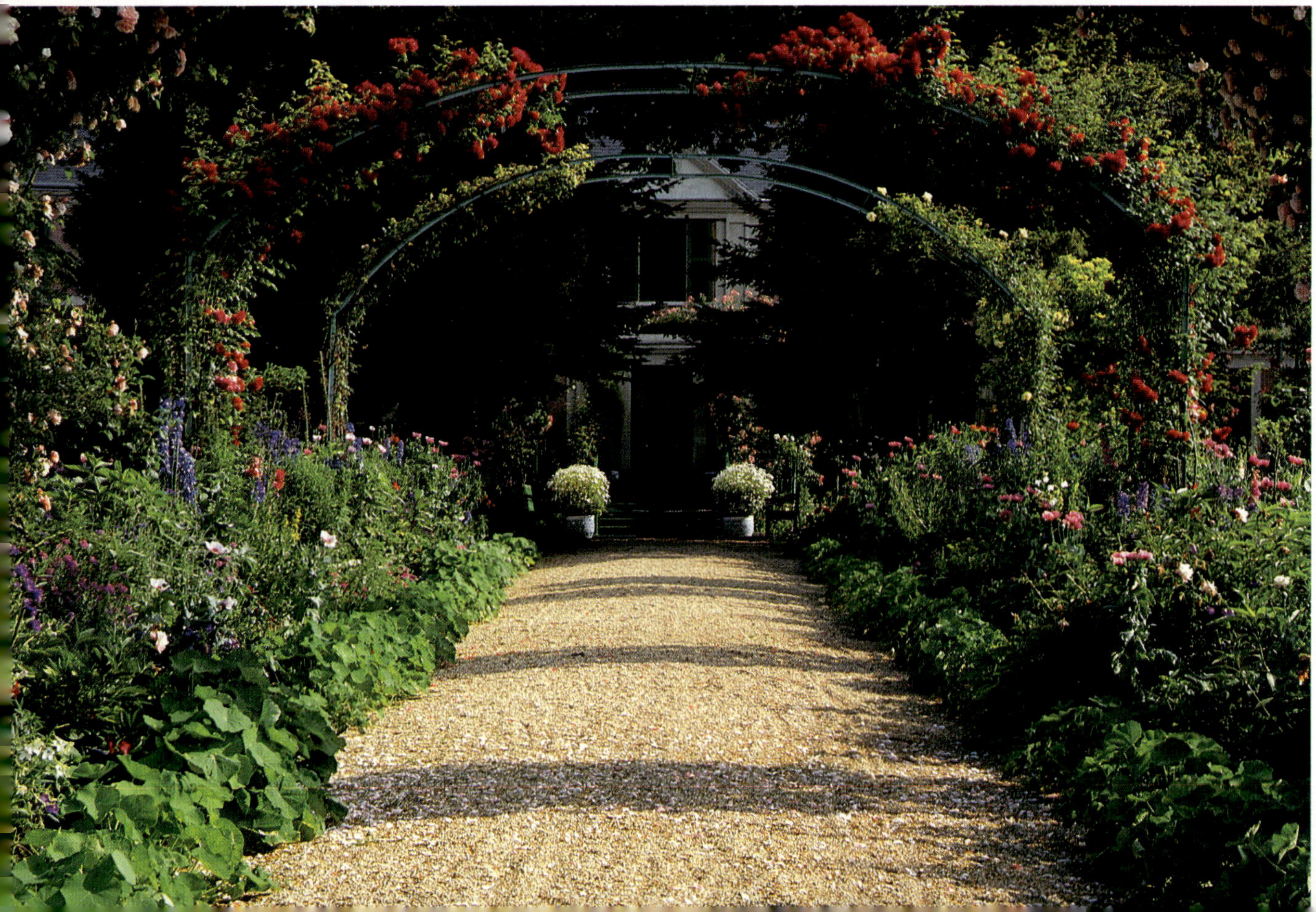
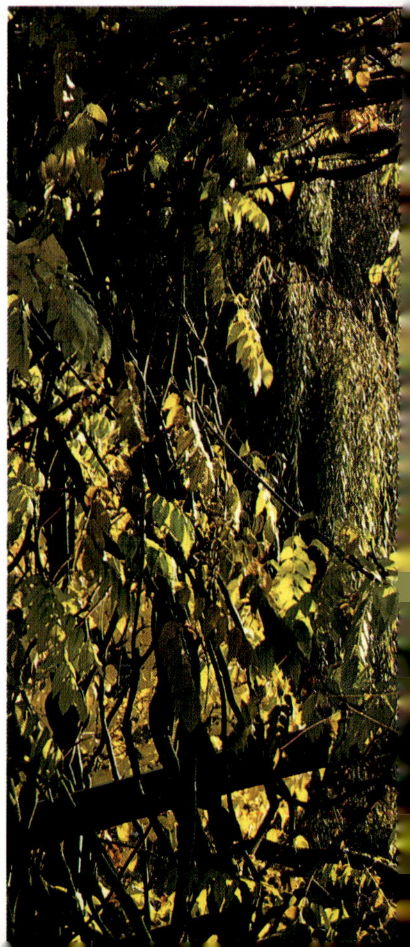

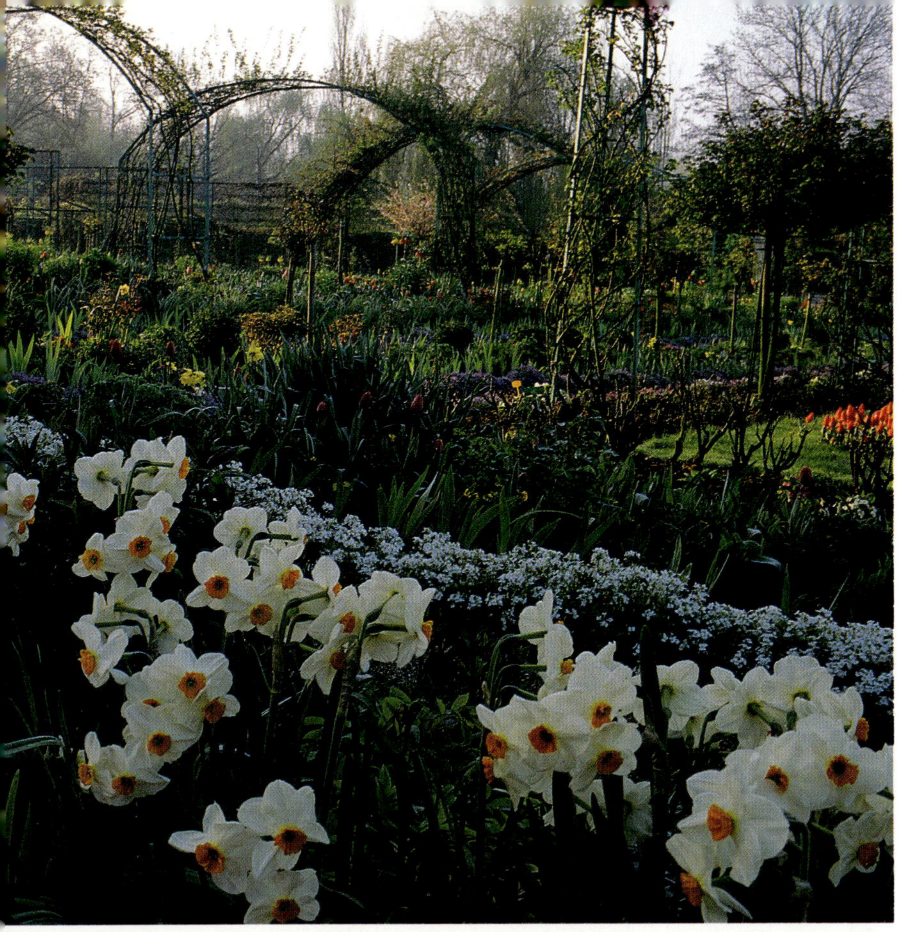
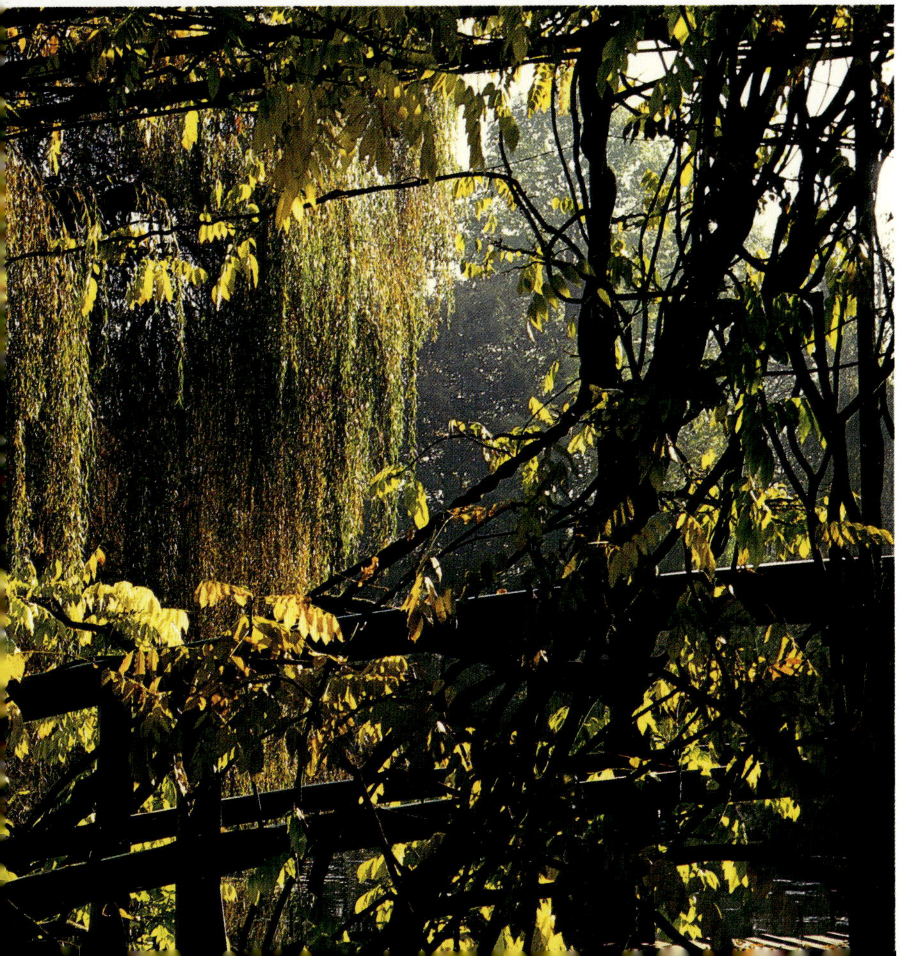

MONETS GARTEN

im Wechsel der Jahreszeiten

VIVIAN RUSSELL

DUMONT

Für Tante Là, Zelah Rameil, meine Großtante, die im Nachbardorf von Giverny lebte und malte – in einem kleinen, schlichten Garten, den sie mit ihren Enten teilte. Sie starb mit weit über neunzig Jahren und war bereits eine alte Dame, als ich anfing, zwischen den Schwertlilien und Rosen umherzulaufen; aber mit ihr verbinden sich meine frühesten und liebsten Erinnerungen an einen Garten. V. R.

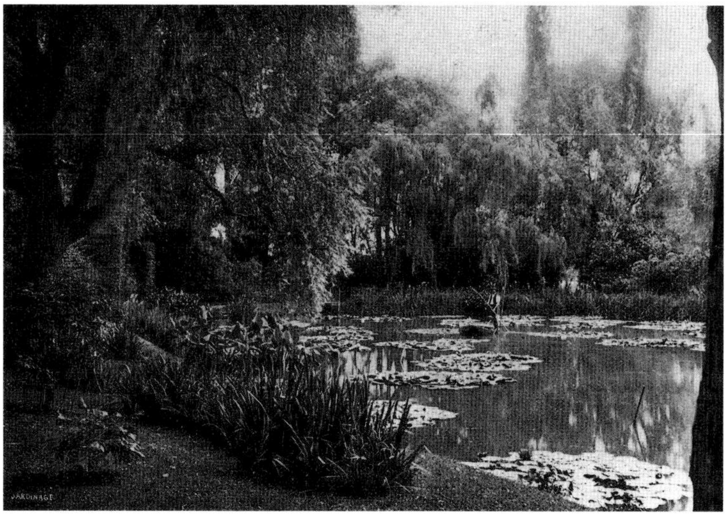

3. Auflage 1998

Aus dem Englischen von Stefanie Kuhn-Werner
Redaktion der deutschen Ausgabe: Gaile & Partner, Wiesbaden
Satz: Das DTP-Studio Moeres und Karg, Wiesbaden

Printed in Italy ISBN: 3-7701-3646-2

SEITE 1: *Im Frühling künden die vielen Tulpen und Vergißmeinnicht auf den Blumenbeeten vor dem Haus von der wärmeren Jahreszeit.*

SEITEN 2 U. 3: *Der Garten im Rhythmus der Jahreszeiten.*

OBEN UND GEGENÜBER: *So manche Gartenarbeit hat sich seit den Tagen Monets kaum geändert. Die Photographie aus dem Jahre 1924 (oben) zeigt einen Gärtner, der sich um die Wasserlilien kümmert. Sein moderner Nachfahre aus heutiger Zeit geht in gleicher Weise vor …*

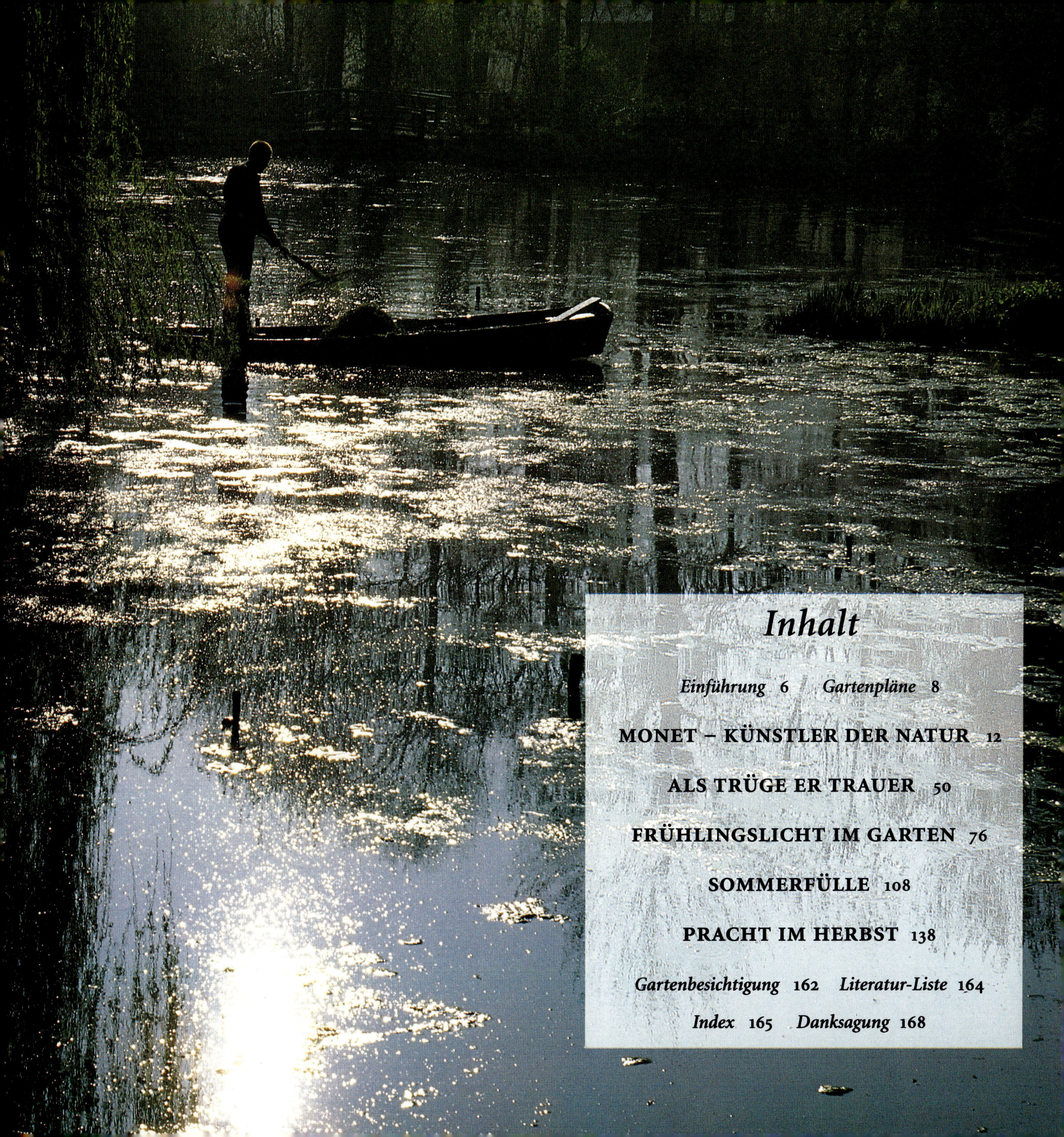

Inhalt

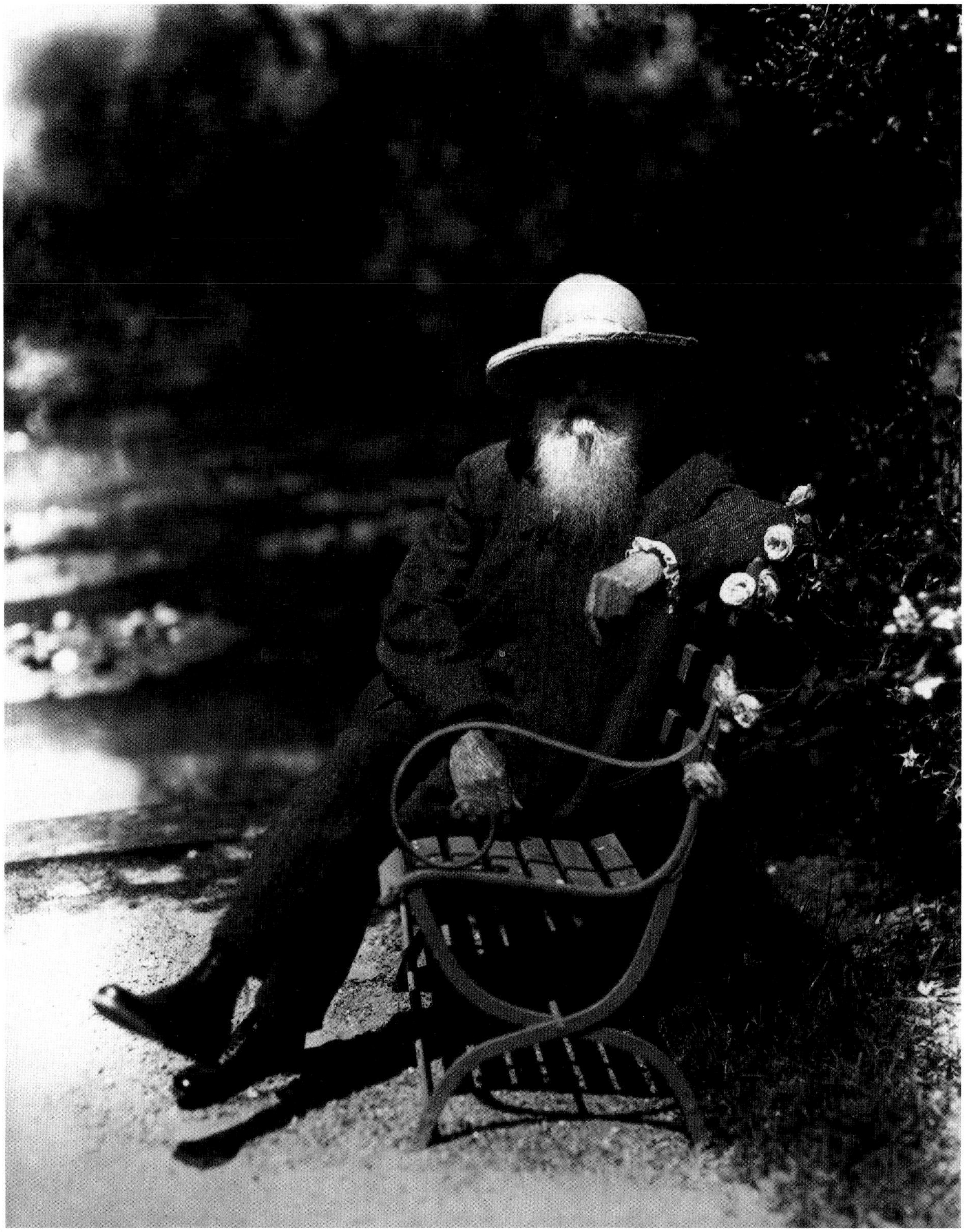

Claude Monet, der große alte Mann des Impressionismus, hier am Teich seiner Wasserlilien; die Photographie stammt aus dem Jahre 1926 – es sollte für ihn der letzte Sommer inmitten seiner geliebten Blumen werden.

Einführung

Monet war ein Maler, der seinen Garten liebte, einen Garten, der so berühmt wurde, daß er ins allgemeine Bewußtsein eindrang. Abbildungen davon zieren auf der ganzen Welt die Wände wie Tapeten. Und noch immer ist die Faszination nicht verblaßt. Fast eine halbe Million Besucher kommen jährlich, um in die einzigartige Welt dieses Gartens einzutauchen, die der Maler geschaffen hat – eine Welt, die er im Lauf der letzten dreiundvierzig Jahre seines schöpferischen Lebens bis zur Vollkommenheit entwickelte und in der er der wahren Kunst der Gartengestaltung huldigte. Monet wird nie mehr malen, seine Gemälde werden sich nie mehr verändern. Der Garten jedoch, der jedes Jahr aufs Neue aus der nackten Erde erblüht, ist immer wieder ein Wunder.

In seinen letzten Lebensjahren sitzt der Künstler oftmals entrückt wie die Sphinx auf einer Bank an seinem Teich. Umgeben von seinem eigenen gärtnerischen Zauber, welcher zum Motiv seines künstlerischen Schaffens wurde, ist Claude Monet, der Bildermacher, selbst zum Bild geworden. Die hinter einem großen Strohhut sowie einer Sonnenbrille verborgenen Augen und der hinter einem langen weißen Bart unsichtbare Mund verraten uns nichts, doch seine Hände sind von großer Ausdruckskraft – Hände, die die Visionen eines Mannes wiedergaben, dessen ganzes Leben in seinen Augen lag – Augen, die sein Leben bestimmten und es ihm dann nahezu nahmen, Hände, denen es schwerfiel zu malen, die jedoch weiterhin voll Freude gärtnerten. Leben und Seele eines Gartens sind unausweichlich mit Leben und Seele des Gärtners verknüpft, und der Weg, den Monet und sein Garten ein Leben lang nahmen, ist folglich ein gemeinsamer Weg.

Monet verwob alle Stränge seines schöpferischen Lebens in Giverny, so daß sie diese stets phantasievolle, oft einzigartige Struktur des Gartens bildeten. Es war vor allem der Garten eines Malers, entworfen und angelegt im Geist und Ethos der Impressionisten, die vielleicht mehr als jede andere Kunstbewegung neue Wege erkundeten, um die Welt neu zu interpretieren. Individualität des Ausdrucks, Spontaneität und die Verherrlichung der Natur waren deren Leitmotive, und das inspirierte Monet dazu, soviel „Sinnlichkeit" in eine Malerei einzuführen, die bisher nur „Stil" gekannt hatte, ferner Leuchtkraft auf die Palette zu bringen, wo vormals Nüchternheit vorherrschte. Der Impressionismus befreite die Malerei vom finsteren Mittelalter und erfüllte sie mit Sonnenschein und frischer Luft, indem er die freie Natur in den Mittelpunkt stellte und Leinwände mit Licht überflutete. Staffeleien, die jahrhundertelang in den Ateliers gestanden hatten, wurden nun bei jedem Wetter im Freien aufgestellt, um das jeweilige Licht einzufangen, das, wie Monet als erster feststellte, alles verwandelt. Zu einer Zeit, in der Werke mit heroischen Themen geschaffen wurden, studierten Monet und seine Impressionistenkollegen die japanischen Holzschnitte, die mit Aufnahme der Handelsbeziehungen in den Fünfziger Jahren des 19. Jahrhunderts nach Frankreich gelangten.

Vom Establishment wie Ketzer behandelt, wurden die Impressionisten bespöttelt und geschmäht, ihre Bilder in den Pariser Salons nicht gezeigt; auch mußten viele von ihnen Hunger leiden. Mit unerschütterlicher Zielstrebigkeit, die nie ins Wanken geriet, es sei denn, wachsender Ehrgeiz erschwerte die Aufgabe, verbrachte Monet siebzig Jahre mit der Herausforderung, auf über dreitausend Gemälden die vergängliche Natur dessen, was er *sah*, darzustellen und dabei seine Kunst zu vervollkommnen – im norwegischen Schnee ebenso wie in der Hitze der Riviera; auf den Fassaden von Bauwerken, auf Heuschobern, auf Mohnblumen und Pappeln: immer wieder die unendlichen Wechselspiele des Lichts auf dem Meer, dem Himmel entgegen und auf den Felsen. „Die Natur steht niemals still", war ein Lieblingsausspruch von ihm.

Doch das Bemühen um technische Perfektion in seiner Kunst war nur ein Teil der künstlerischen Zielsetzung im Leben dieses Ästheten, für den der Schaffensprozeß ebenso wichtig war wie das Ergebnis. Er war bekannt dafür, daß er nur ungern über seine Malerei sprach; einmal sagte er zu einem Journalisten: „Wenn Sie mich unbedingt einer Gruppe zuordnen müssen, dann nehmen Sie die alten Japaner; ihr verfeinerter Geschmack, ihre Ästhetik, die mit Hilfe eines Schattens einen Gegenstand andeutet, und mit wenigen Strichen ein Ganzes ... Sie sind ein zutiefst künstlerisches Volk. Ich habe einmal etwas gelesen, was mich sehr beeindruckt hat: Ein Maurer baute eine Mauer und legte eine Rose vor sich, damit er sie während der Arbeit ab und zu anschauen und ihren Duft einatmen konnte, und wenn die Mauer wuchs, legte er auch die Rose ein Stück höher, so daß er sie immer vor sich hatte. Finden Sie das nicht wunderbar?"

„Für mich ist das sujet nebensächlich," schrieb er. „Was ich darstellen will, ist das, was zwischen dem sujet und mir vorgeht." „Er malte Atmosphäre so wie andere Maler Akte; er empfand dabei physische Erregung", so schrieb der Kunsthistoriker John Rewald. Atmosphäre ist auch der Schlüssel bei der Anlage eines schönen Gartens, und in beidem war Monet ein Meister.

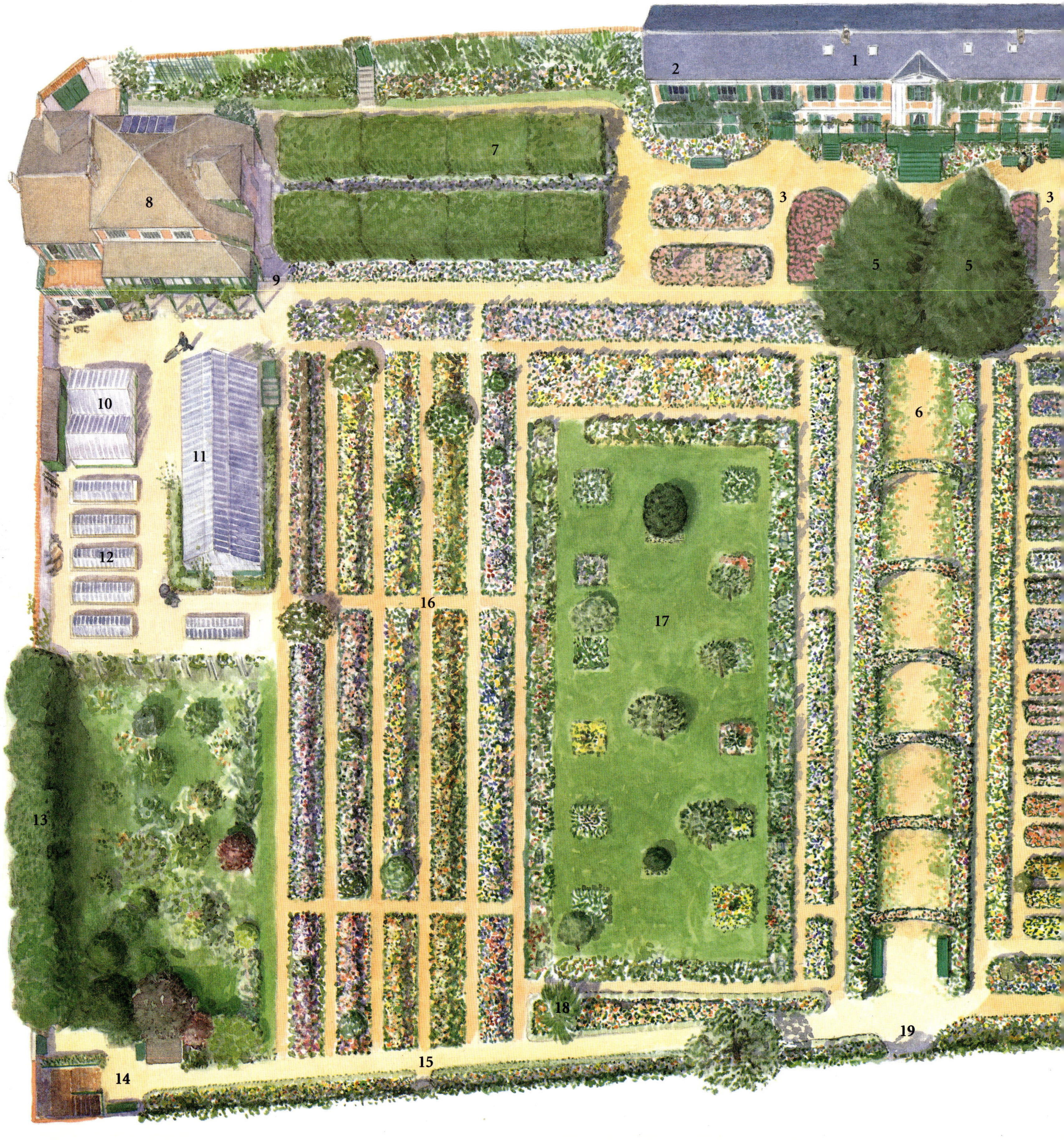
1
2
3
3
5
5
6
7
8
9
10
11
12
13
14
15
16
17
18
19

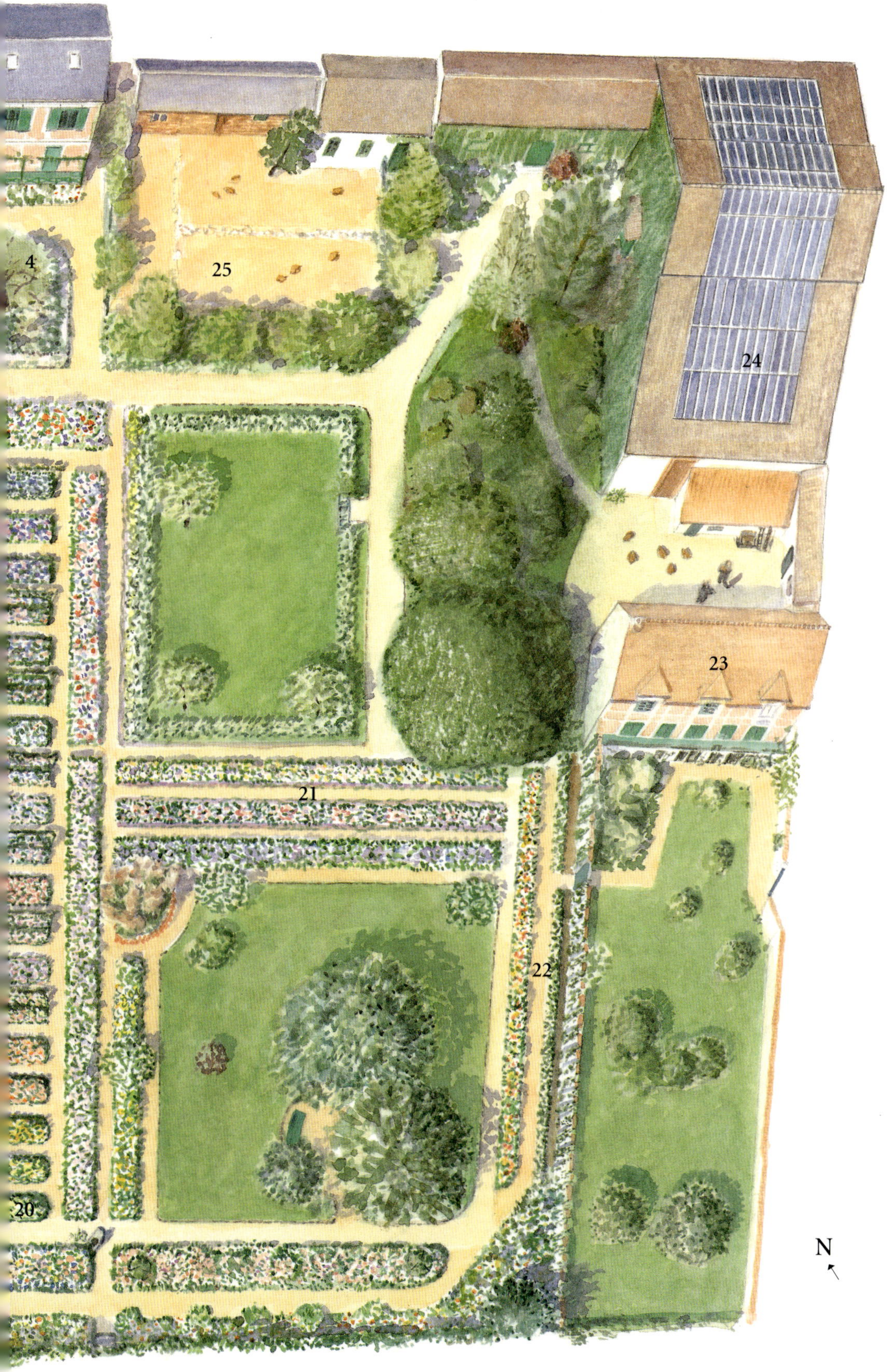

DER BLUMENGARTEN

Im Jahre 1883 bestand der Garten des Hauses, das Monet zuerst mietete und später kaufte, aus einem Küchengarten und einem Obstgarten, einem düsteren baumgesäumten Weg, der vom Haus auf die Straße führte, und ein paar langweiligen, traditionell bepflanzten Blumenbeeten. Hier pflanzte Monet seine Lieblingsblumen.

1 Monets Haus
2 Monets Schlafzimmer (über dem ersten Atelier)
3 Einzelbeete
4 Holzapfelbaum aus Monets Zeit
5 ein Paar Eiben
6 Grande Allée mit Rosenbögen
7 quadratisch geschnittene Linden, größtenteils aus Monets Zeit
8 Monets zweites Atelier
9 Taubenschlag
10 kleine Gewächshäuser
11 großes Gewächshaus
12 Frühbeete
13 Roßkastanienhecke
14 Eingang des unterirdischen Durchgangs zum Wassergarten
15 Garteneinfriedung, bepflanzt mit Feuerdorn und Kletterrosen
16 15 einfarbige und mehrfarbige Blumenbeete
17 Rasen mit Rosen, Obstbäumen und quadratischen Blumenbeeten
18 Tamariske
19 ehemaliges Haupttor
20 38 Malkastenbeete ('les tombes'), 7 Paar, von Klematisbögen überwölbt
21 Beete mit winterfesten Blumen
22 Spalierapfelbäume
23 Haus, das früher Monets Chefgärtner bewohnte
24 drittes Atelier, in dem die Seerosenbilder entstanden
25 Geflügelhof (Hühner und Truthähne)

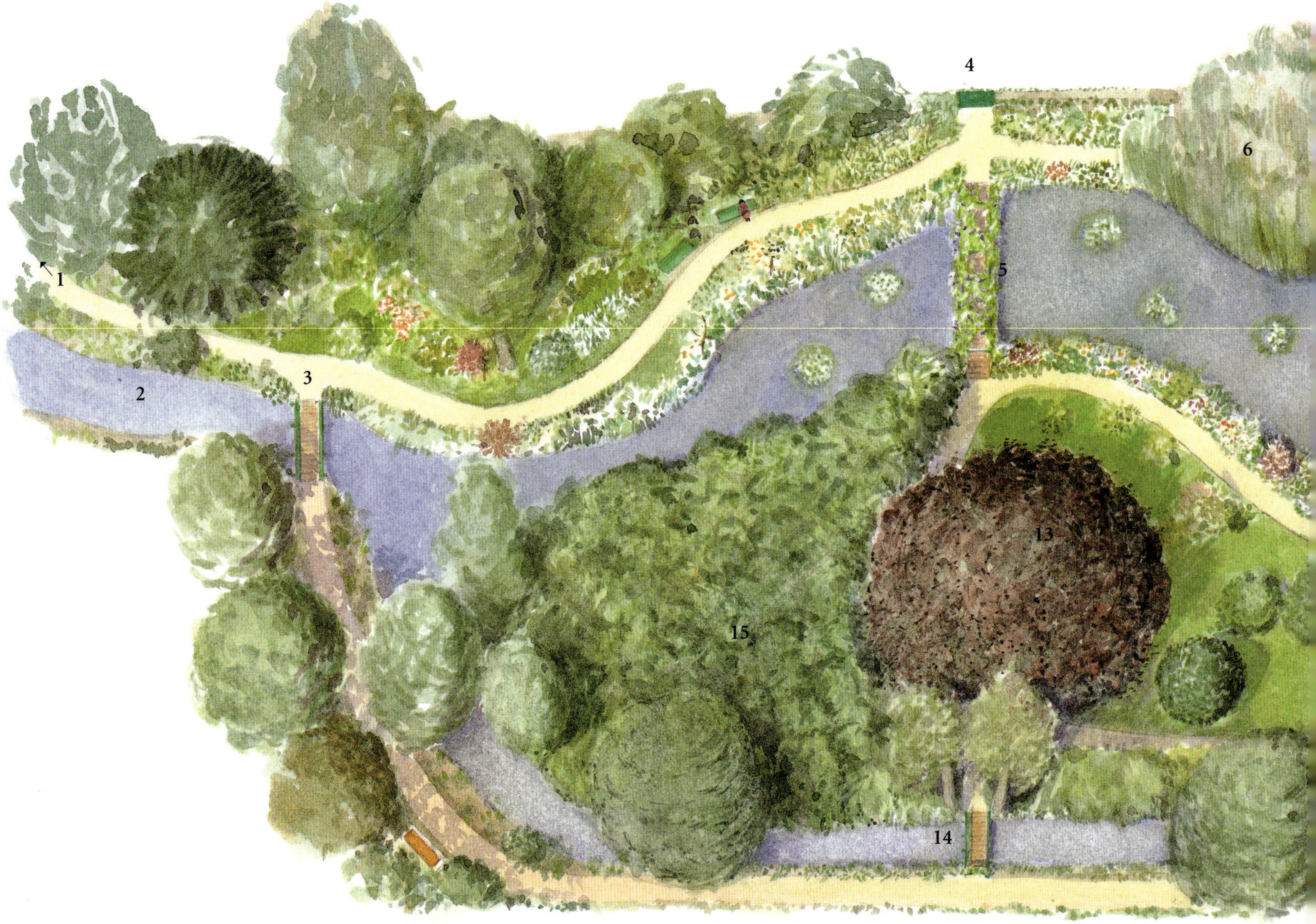

DER WASSERGARTEN

Im Jahre 1893 kaufte Monet ein Stück Land jenseits der Straße am Ende seines Gartens. Hier schuf er seinen Wassergarten, den man heute durch eine Unterführung erreicht.

Monets Wassergarten, mit der geschwungenen Brücke im japanischen Stil und den Seerosen, eröffnete seiner Gartenarbeit und seiner Malerei eine neue Dimension. In den unterschiedlichsten Stimmungen und zu allen Jahreszeiten auf der Leinwand festgehalten, ist er eines der dauerhaftesten Vermächtnisse Monets. Der Plan (rechts) zeigt die Lage des Blumengartens im Verhältnis zum Wassergarten.

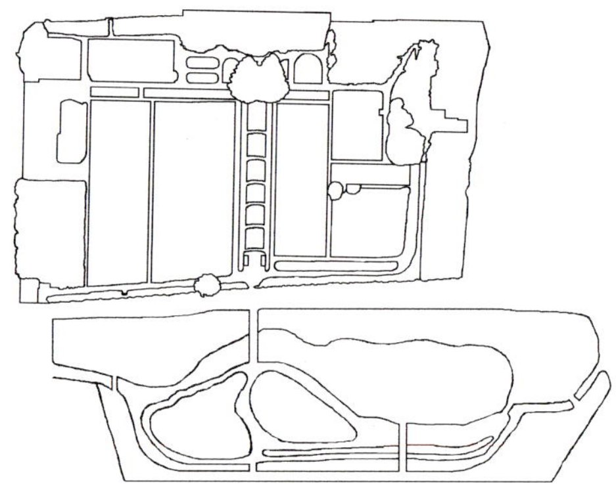

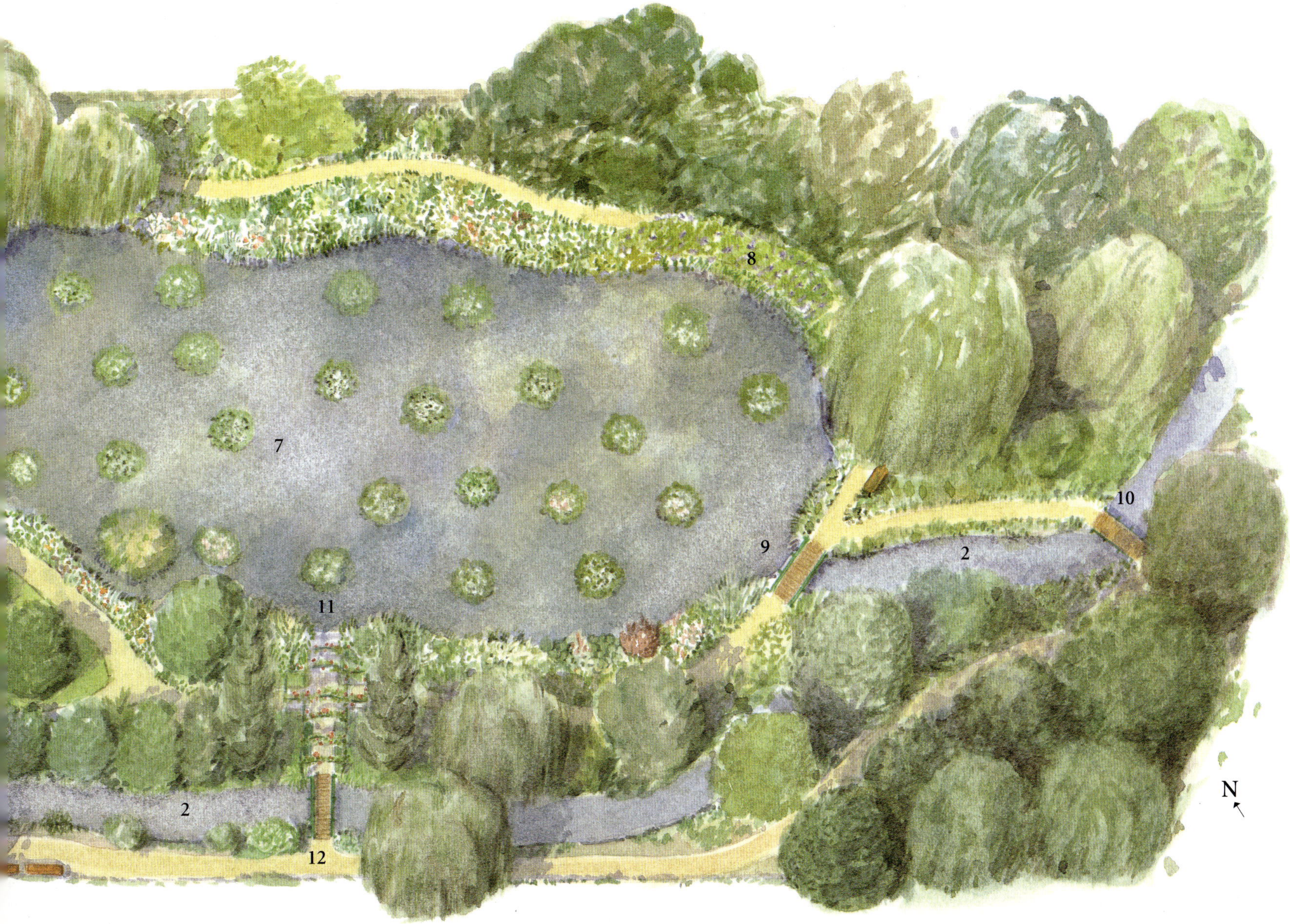

1 Eingang zum unterirdischen Gang vom Blumengarten aus
2 die Ru, die Monet umleitete, um den Teich anzulegen
3 Brücke
4 ehemaliges Haupttor auf der Achse der Grande Allée, jetzt nur noch von den Gärtnern benutzt
5 die glyzinenbewachsene japanische Brücke
6 Monets alte Trauerweide
7 der Seerosenteich
8 die ursprüngliche Glyzine, jetzt von einem Gitter gestützt
9 Brücke über dem alten Schleusentor
10 Brücke
11 Rosenbögen
12 Brücke
13 Blutbuche, ehemaliger Standort von Monets Päonienbäumen
14 Brücke
15 Bambusdickicht, angelegt von Monet

MONET - KÜNSTLER DER NATUR

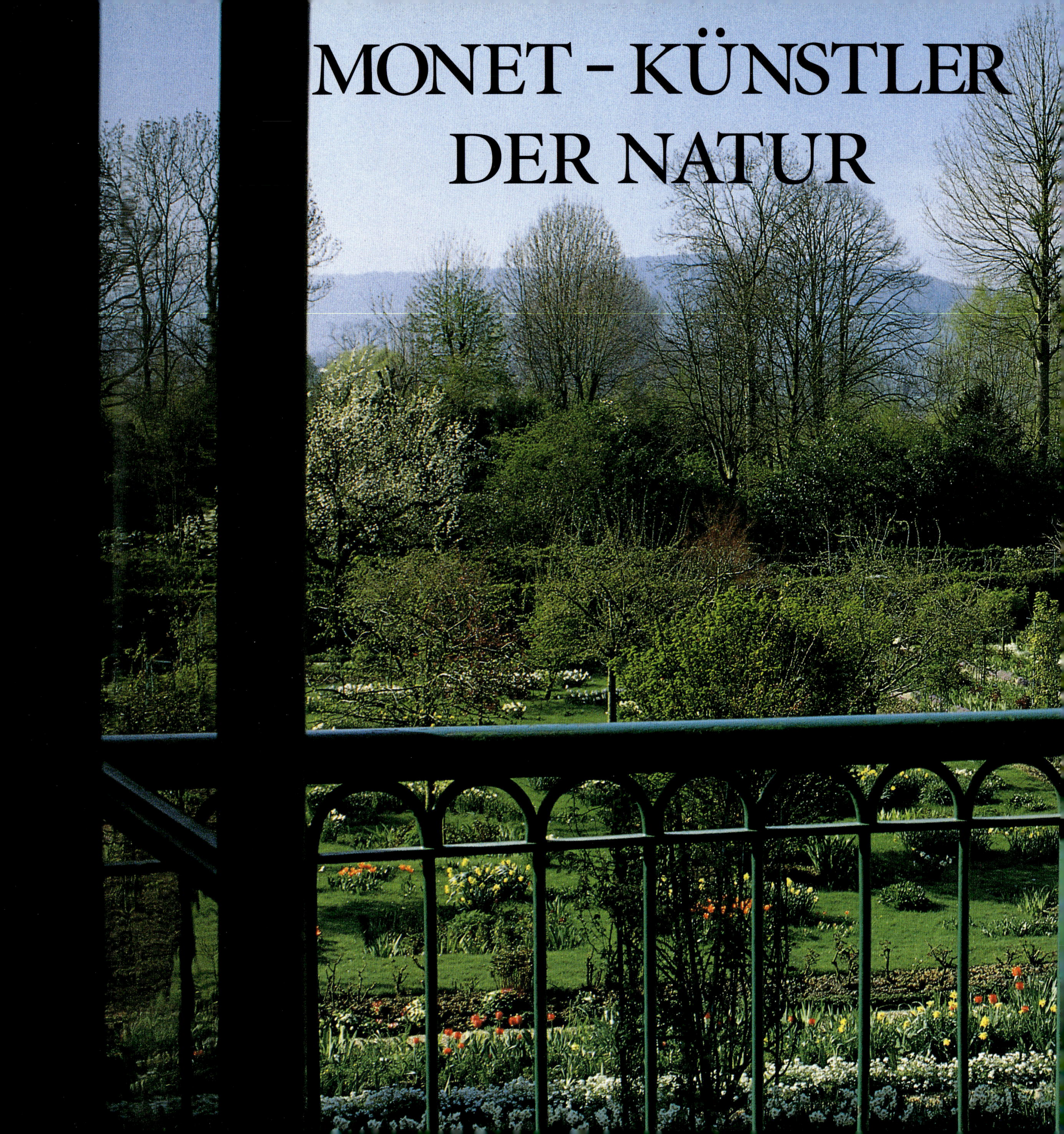

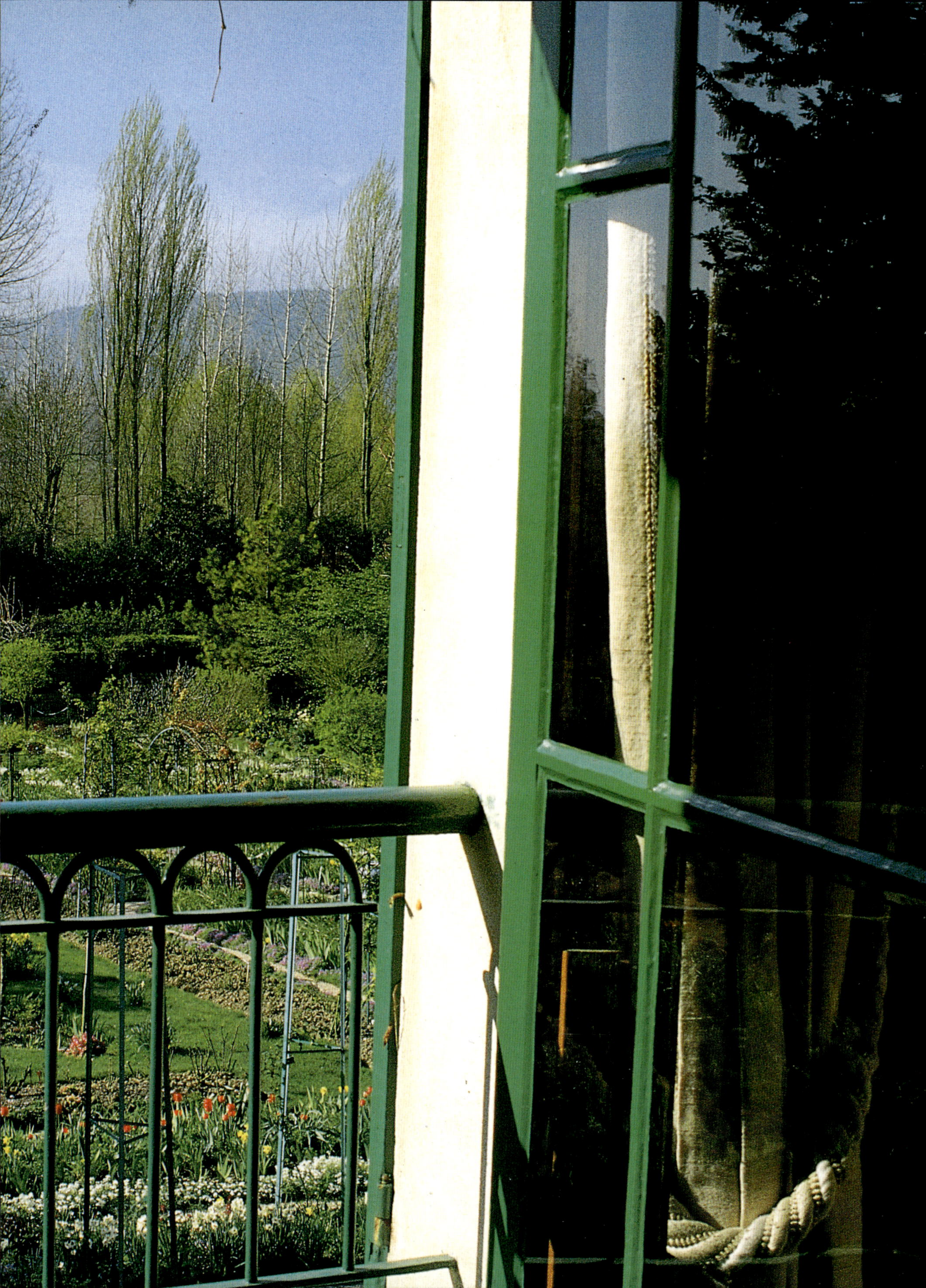

„Wie kann man nur in Paris leben? Es ist die Hölle. Ich ziehe meine Blumen und diesen Hügel am Ufer der Seine all Eurem Lärm und nächtlichem Lichterglanz vor.“

CLAUDE MONET

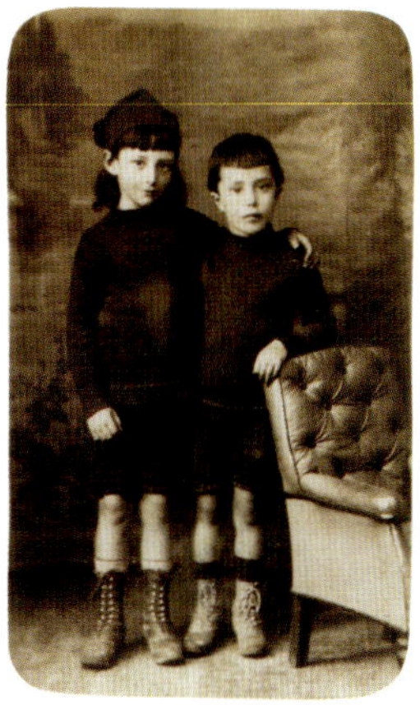

Die Geschichte von Giverny beginnt am 5. April 1883, als Monet einer der vielen Zwangsräumungsbescheide präsentiert wurde, mit denen man ihn regelmäßig belästigte. Selbst Witwer mit zwei Kindern, lebte er mit Alice Hoschedé, der von ihrem Mann getrennt lebenden Frau eines früheren Gönners, und ihren sechs Kindern in einem gemieteten Haus unweit der Seine in Poissy. Monet machte sich auf den Weg und erklärte, er werde erst zurückkommen, wenn er ein Haus gefunden hätte. Der unerschrokkene Kundschafter fuhr mit dem Zug flußabwärts, auf der Suche nach einem Haus in Vernon, wo es akzeptable Schulen für die älteren Kinder gab. Er folgte dem trägen Lauf der Epte, einem Nebenfluß der Seine. Die zerklüfteten Kalksteinfelsen, die den Fluß überragten, bildeten einen theatralischen Hintergrund für die pittoresken Dörfer La Roche-Guyon und Giverny. Die Seine mit ihren pappelgesäumten Ufern war eine Lieblingsziel des Malers.

VORHERGEHENDE SEITE: *Der Blick aus Monets Schlafzimmerfenster.*
OBEN: *Die beiden jüngsten Kinder in Giverny, Jean-Pierre Hoschedé, Monets Stiefsohn (links), neben ihm Michel Monet.*
RECHTS: *Ein später Oktobernebel liegt schwer über der Epte auf ihrem windungsreichen Weg nach Rouen und Le Havre.*

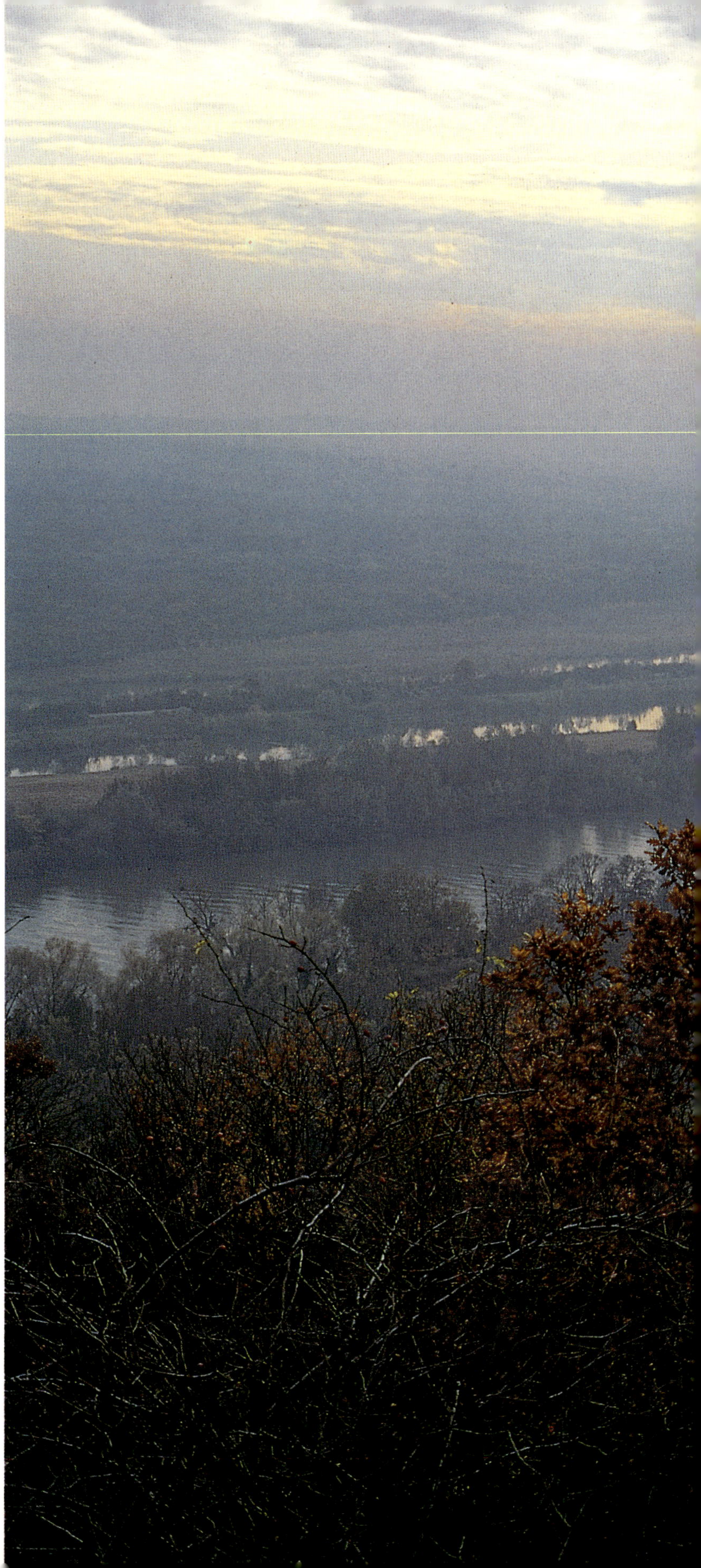

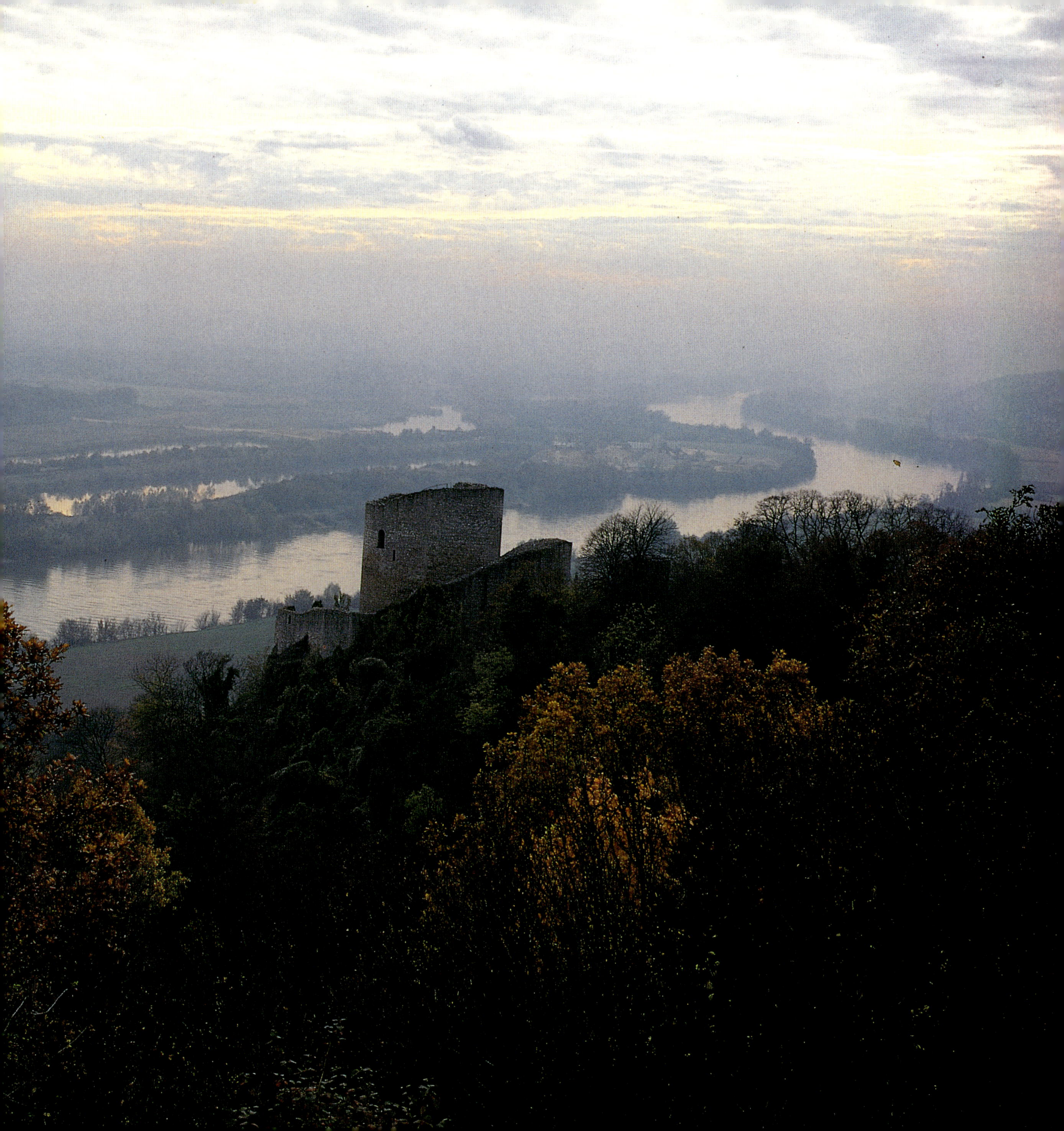

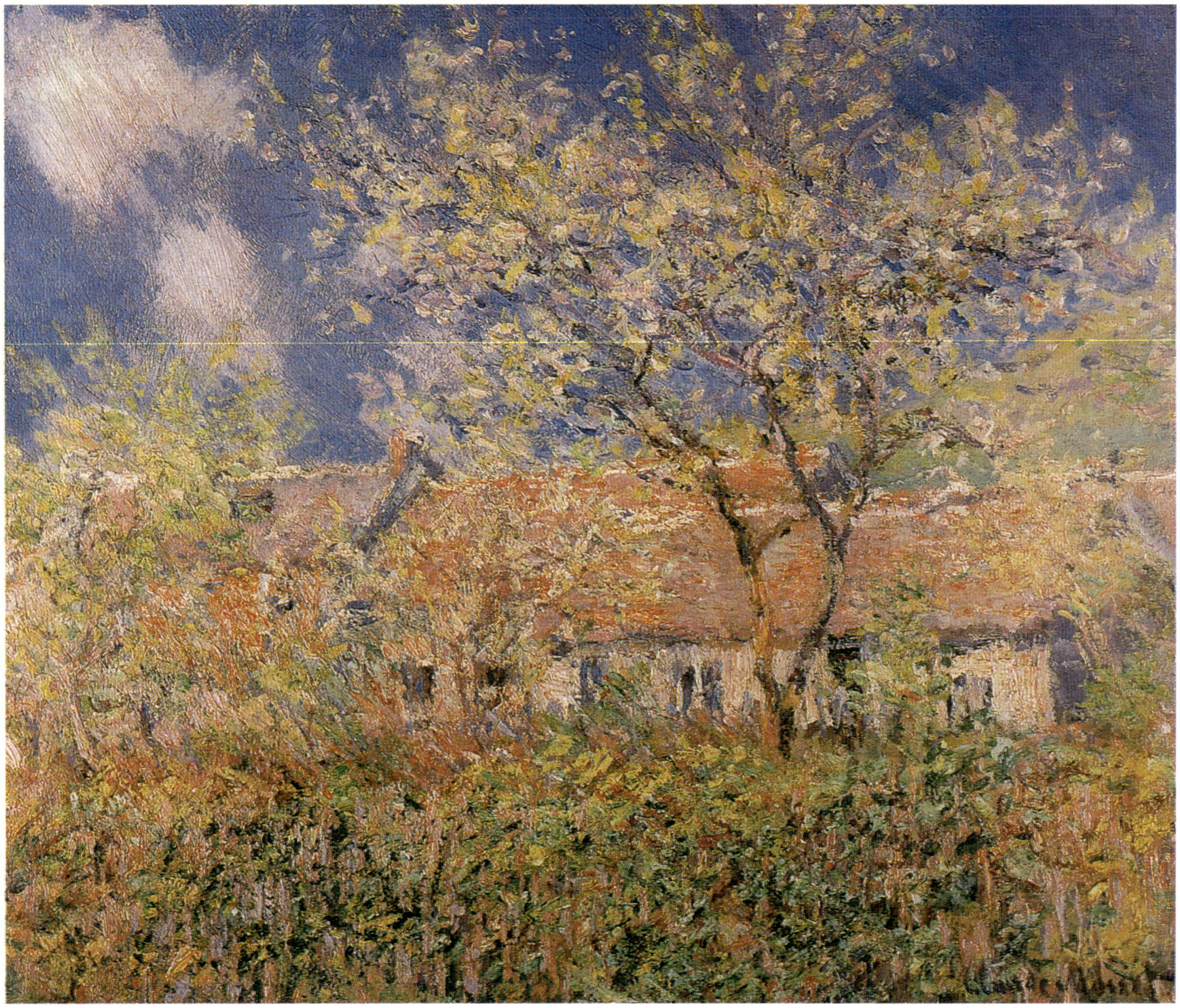

Monet hatte das Wasser immer geliebt und es oft von seinem Boot aus gemalt. Da er in Le Havre aufgewachsen war, von wo aus er häufig nach Étretat fuhr und erste Ausflüge in die Malerei unternahm (und in Argenteuil und Vétheuil lebte), hat er in gewissem Sinne sein ganzes Leben an diesem einen großen Fluß verbracht, der so wenig verschmutzt und klar war, daß man den Fischen beim Fressen zusehen konnte.

Hier in der Normandie, einer Gegend, die seit langem berühmt war für ihren Apfelwein, standen alle Apfelbäume in Blüte. Monet ging am Ufer entlang und nahm dann die kleine Straße durch Giverny, einem kleinen Dorf mit dreihundert Einwohnern, das nur drei Kilometer von Vernon entfernt lag. Im Norden erhoben sich hinter dem Dorf die sanften Umrisse eines mit Wein und Getreide bebauten Hügels. Im Süden erstreckten sich blühende, von Pappeln gesäumte Wiesen und dahinter, bis zum Fluß hinab, gab es Sumpfland, das den Sommer über mit gelben und lilafarbenen Schwertlilien bedeckt sein würde.

Dann kam das verlassene Haus eines Obstbauern in Sicht – Le Pressoir – ein langgestrecktes, rosa verputztes Haus mit grauen Läden, das zurückgesetzt am Rande eines ausgedehnten Obstgartens lag. Den ungewöhnlichen rosa Anstrich verdankte es einem früheren Besitzer, der Heimweh nach den Farben seines Geburts-

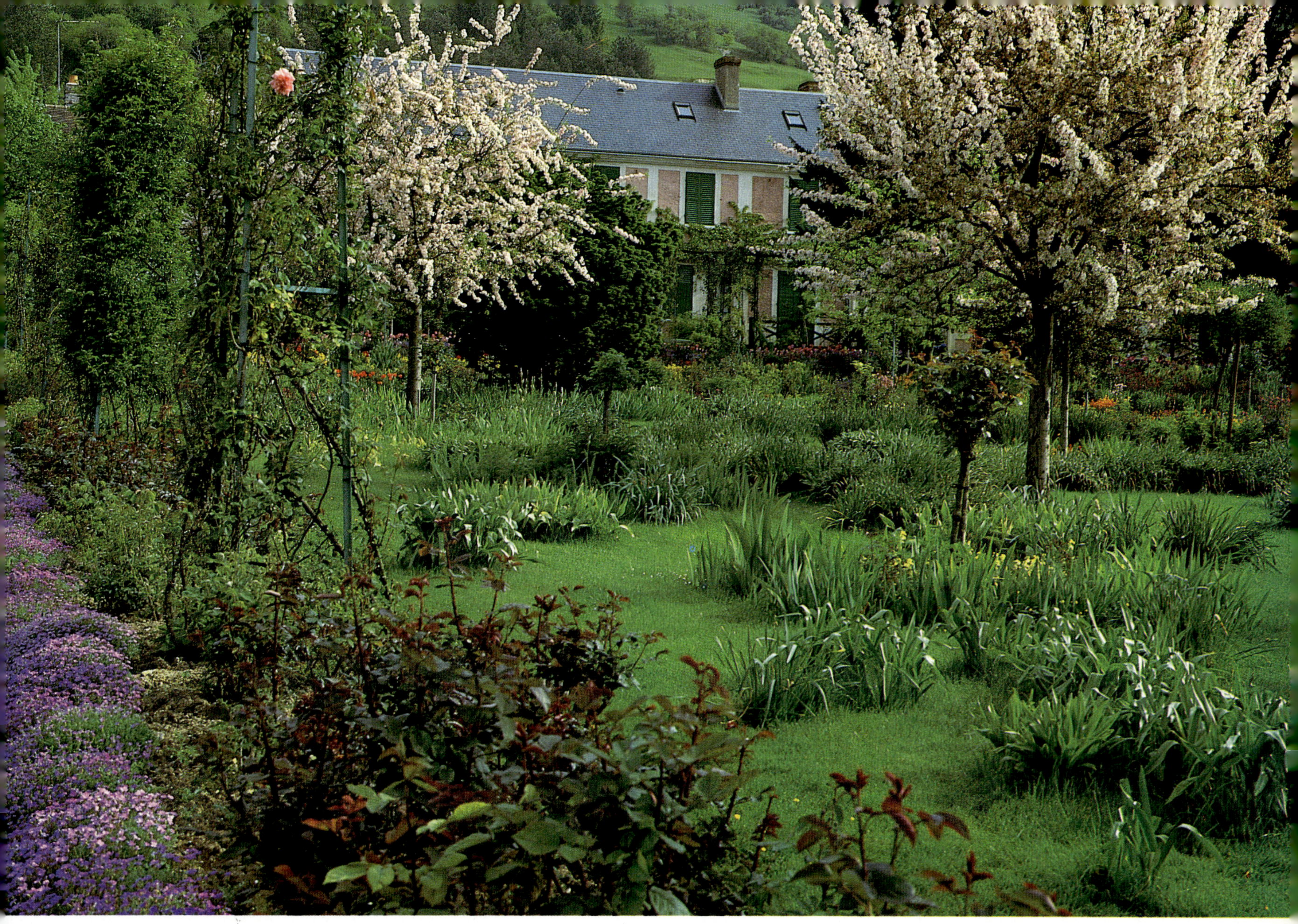

landes Gouadeloupe hatte. Die weißen Blüten vor dem rosa Haus gaben einen zauberhaften Anblick ab. Eine eindrucksvolle, wenn auch etwas übertrieben grandiose Allée aus Tannen, Zypressen und Eiben führte zur Eingangstür. Verführt vom Zauber und den Möglichkeiten von Le Pressoir, zog Monet Erkundigungen ein.

Das Haus gehörte Louis Singeot, dem Mitglied einer Familie von *cultivants,* der durch mehrere Erbschaften zu Reichtum gelangt war. Es war kein Problem, es zu mieten. Monet unterschrieb den Mietvertrag, und am 3. Mai 1883 zog die Familie ein – so arm, daß Monets Kunsthändler, Paul Durand-Ruel, Alices Fahrkarte bezahlen mußte.

GEGENÜBER: Frühling in Giverny *(1886), ein Stimmungsbild des Dorfes Giverny in zartestem Rosa. Vermutlich war es dieser erste Eindruck einer Gegend voll magischen Lichts und Zaubers, der Monet verführte und ihn für den Rest seines Lebens gefangennahm.*

OBEN: *Heute verdankt der Aprilgarten – ein Meer aus frischem Grün, durchsetzt von den blaßrosa Wolken der Kirschblüten – seine Metarmorphose Monets gartenbaulicher Zauberkunst.*

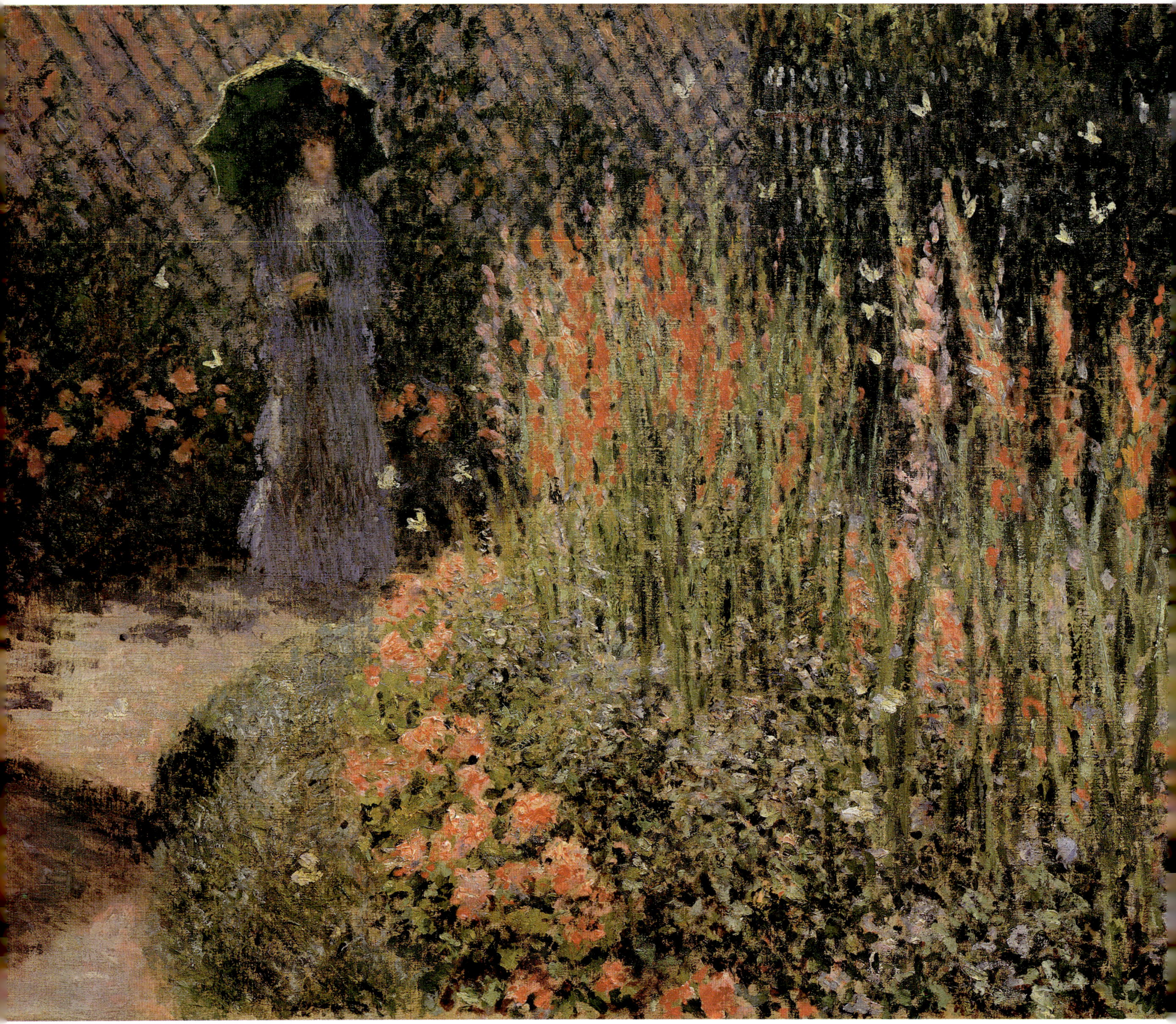

Ironie des Schicksals – Monet war dreiundvierzig Jahre alt, als er auf die Tür eines Hauses zuschritt, in dem er genau dreiundvierzig Jahre später sterben sollte. Es war ein von Sorgen geprägtes Leben, überschattet von Schicksalsschlägen. Da er zu arm war, um in Paris zu leben oder ein Haus zu kaufen, hatte er, wie er es ausdrückte, „Bauernkaten mit hübschen Gärten gemietet", um darin mit seiner Frau Camille und seinem Sohn Jean zu wohnen. Diese Gärten verschönerte er stets mit den schlichtesten Blumen – je nach Jahreszeit Gruppen von Gladiolen, Dahlien oder Stockrosen, die einfach zu ziehen und sehr gut zu malen waren. Er hatte in seiner Jugend mit genauen bildlichen Darstellungen von traditionellen Parks und Gärten *à la française* begonnen, obwohl er, als er im Jahre 1876 die Gärten der Tuilerien malte, geschickt die Zweige von Kastanienbäumen in den Vordergrund stellte, um die strengen Konturen zu kaschieren.

Je häufiger er die bescheidenen, von ihm angelegten Gärten malte, desto stärker und persönlicher wurden seine Gartenbilder, bis sie schließlich seine Gemütsverfassung widerspiegelten. Es sind aus der Zeit vor Giverny keine Photographien oder Briefe erhalten, die einen Garten zeigen bzw. zum Gegenstand haben, deshalb muß man die Art betrachten, in der Monet seine Gärten porträtierte, um seine Entwicklung zu einem großen Gärtner zu verstehen. Gegen Ende seines Lebens gab er eine aufschlußreiche Erklärung: „Gartenarbeit war etwas, was ich in meiner Jugend gelernt habe, als ich unglücklich war. Vielleicht verdanke ich es den Blumen, daß ich Maler geworden bin."

Sein vielgeliebtes heiteres, unbeschwertes Bild *„Die Terrasse in Sainte-Adresse"* (1867) wurde im Garten des örtlichen Marineklubs in der Nähe von Le Havre gemalt. Monets Vater sitzt dort, uns den Rücken zukehrend, und blickt aufs Meer. Es ist ein windiger Tag mit einem klarblauen Himmel. Hier ist der Garten mit ganz gewöhnlichen, oft zweifarbigen Blumen bepflanzt, die fünfzig Jahre lang Monets Spätsommergarten fröhlich stimmen sollten – Gladiolen, Kapuzinerkresse und Geranien.

Die Atmosphäre in Monets frühen Gartenbildern war ausnahmslos golden und heiter. Seine Leinwand für das Bild *„Frauen im Garten"* (1866-7) war so groß, daß er eine Furche in seine Gartenbeete graben und die Leinwand mit Hilfe eines Flaschenzuges herablassen mußte, um an den oberen Teil heranreichen und ihn bemalen zu können – eine pantheistische Hymne an flimmerndes, gefiltertes Licht.

Drama und Atmosphäre – Elemente, die seine Himmel- und Meeresbilder beherrscht hatten, das vom Wind aufgewühlte Meer, das gegen die Felsen peitscht, oder seine ausdrucksstarken Bilder der Dampflokomotiven im Bahnhof Saint-Lazare – flossen nach und nach auch in seine Gartenbilder ein. Er begann, Höhe, Menge und Dimension zu erforschen. Flieder, Sonnenblumen, Dahlien und Gladiolen wurden nun überlebensgroß. Camille wirkt geborgen unter einem Baldachin aus Fliederzweigen. Spätsommerdahlien und andere hochgewachsene dauerhafte Pflanzen beugen sich schützend über seinen drei Jahre alten Sohn Jean, der so schläfrig wirkt wie eine zufriedene Katze, die sich auf einem Gartenweg ausgestreckt hat. Die Personen werden in dem Maß kleiner, wie die Blumen an Bedeutung gewinnen. Auf seinem Bild *„Frauen zwischen den Dahlien"* (1875) sind nur zwei kleine Köpfe in einem Meer von gelben und orangefarbenen Blumen zu sehen.

Seine Gärten sind fröhlich unwirkliche Orte. Im Jahre 1876 malte er zwei Porträts von Camille, die damals bereits unheilbar an Krebs erkrankt war. Das eine zeigt sie mit einem blauen Kleid in einem nüchtern gehaltenen stillen Garten; verloren und nachdenklich steht sie neben großen rosa und roten Gladiolen, die wie Schwerter aufragen. Im gleichen Jahr, etwas später, malt er sie in Weiß neben einem üppigen Busch bedrohlich wirkender Dahlien mit dunkelbraunem Laub und zornroten Blüten, deren Stengel wie Speere aus der Mitte des Strauchs hervorstechen.

Aus dem Jahre 1880, ein Jahr nach Camilles Tod, stammt ein Bild vom Garten in Vétheuil *(„Der Garten des Künstlers in Vétheuil")* – ein Bild von fast mediterraner Heiterkeit, vielleicht eine Wiedergeburt. Es ist ganz sicher sein sonnigstes, fröhlichstes Gartenbild; eine Orgie von Sonnenblumen erhebt sich zu beiden Seiten des Gartenwegs, ein leuchtend blauer Himmel. Die Komposition ist eine Symphonie in Blau und Gelb, ebenfalls eine Farbzusammenstellung, die Monet besonders liebte und die er später auch dazu einsetzte, um in Giverny sein Eßzimmer und seine Küche zu streichen. Die Personen sind kleiner als je zuvor, als wären sie nur noch Geister im Garten.

GEGENÜBER: „Gladiolen" *(1876) wurde während der langen Krankheit Camilles gemalt, die drei Jahre später mit ihrem Tod endete. Trotz der leuchtenden Farben ist das Bild von Melancholie geprägt.*

UMSEITIG: *Mit* „Der Garten des Künstlers in Vétheuil" *(1880) kehrt die Freude in den Garten zurück. Eine sonnige, goldene Fülle von Sonnenblumen scheint bis an das Dachgesims des Hauses heranzureichen.*

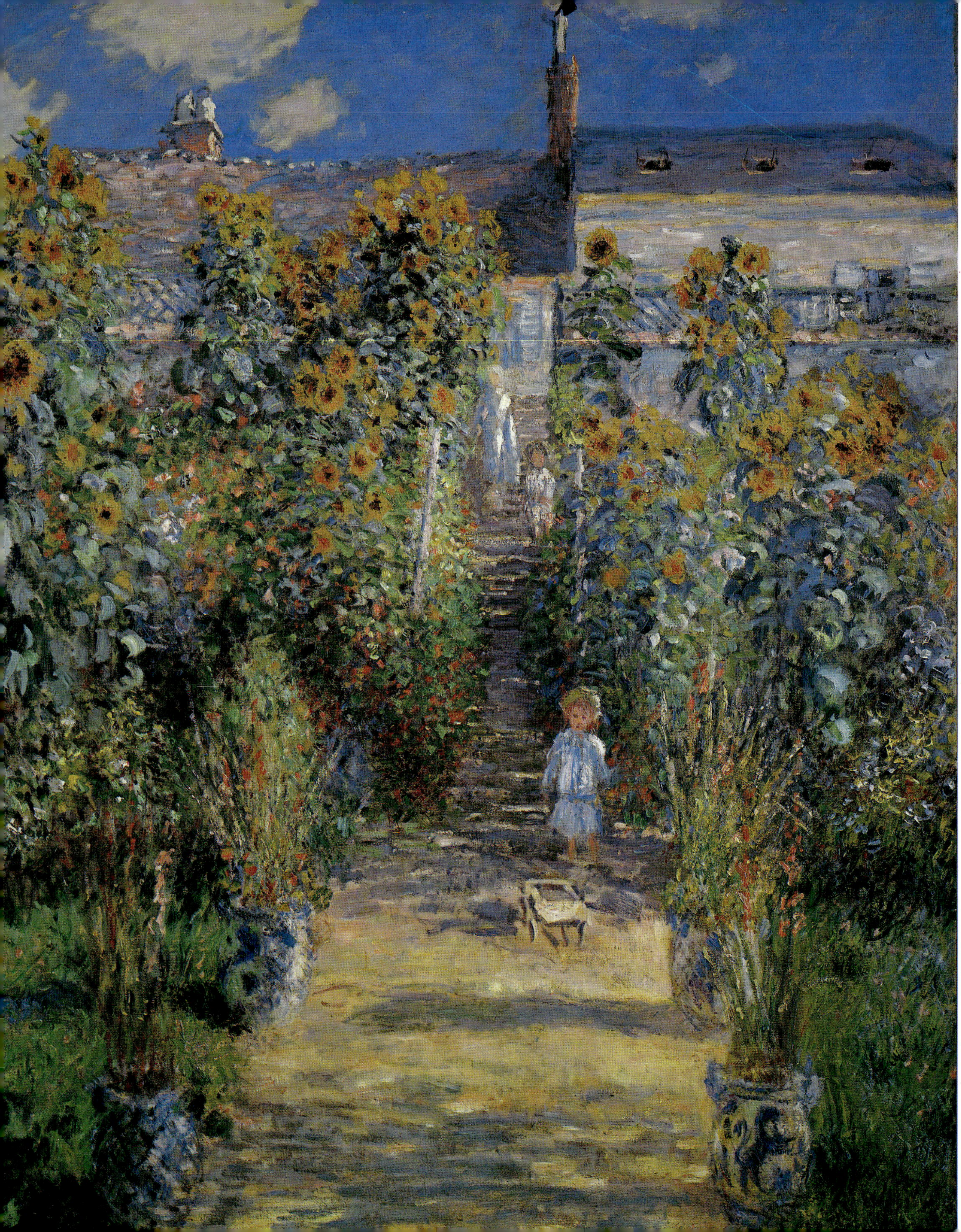
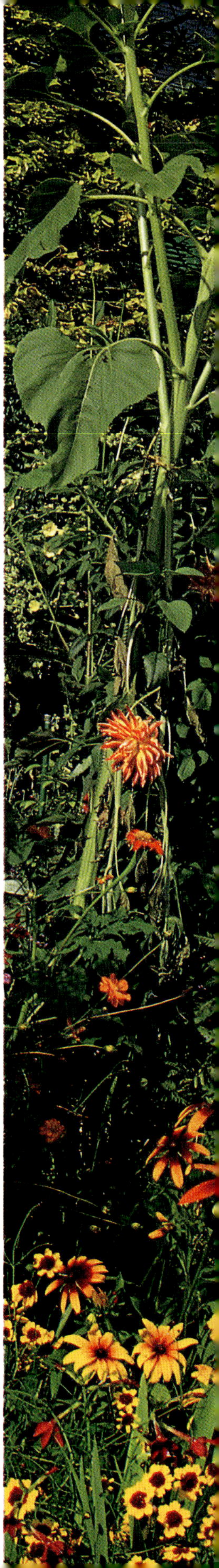

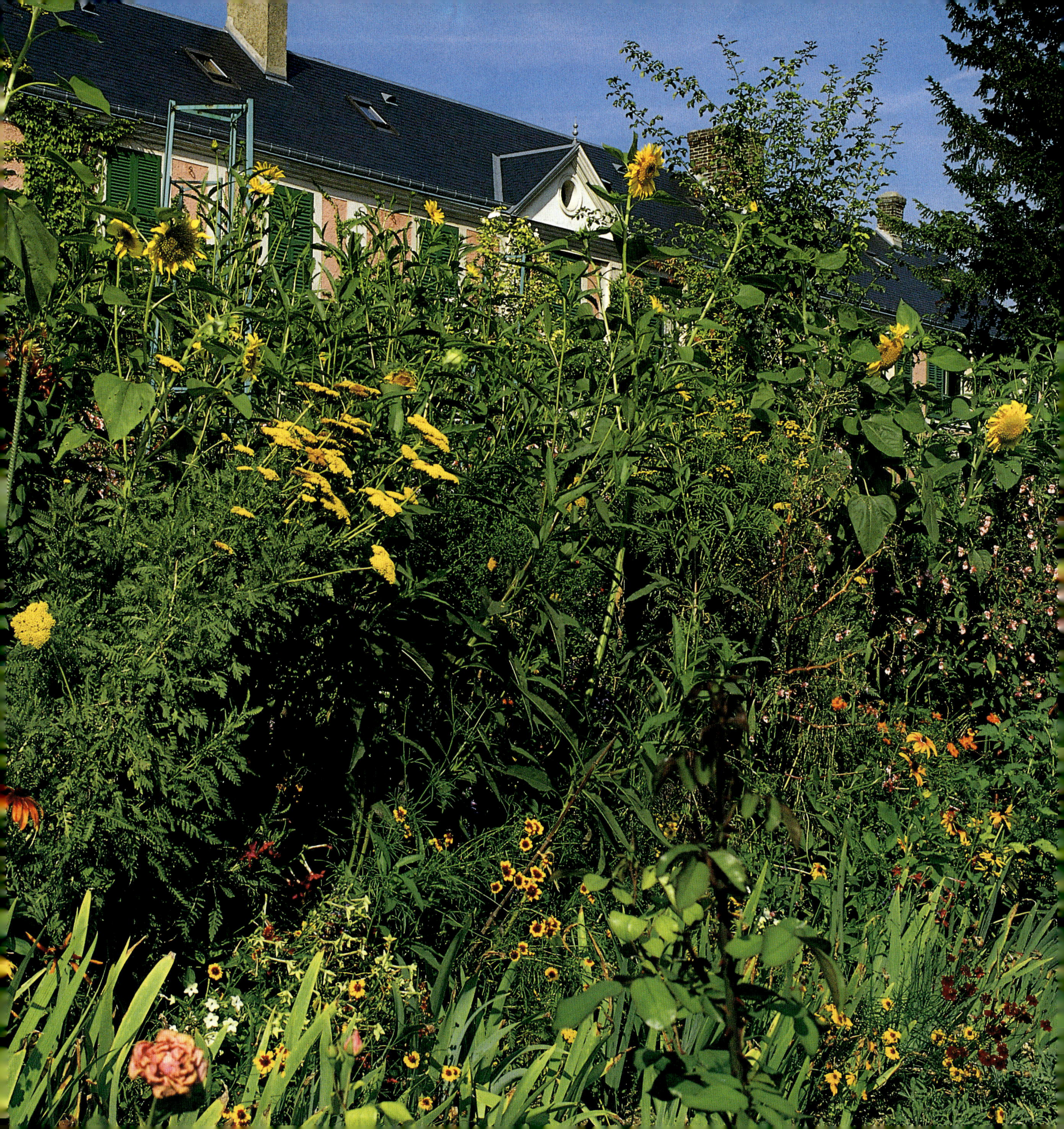

Als er den ein Hektar großen Garten von Giverny dann endlich vor sich hatte, sah er sich einer Größenordnung gegenüber, die für ihn völlig neu war. Nun konnte er in die Praxis umsetzen, was er bisher nur mit Farben versucht hatte – seine Vorstellung nämlich von Dimension, Farbe und Atmosphäre. Man vergleicht einen neuen Garten oft mit einer Leinwand, die darauf wartet, bemalt zu werden. Giverny war weniger eine Leinwand als vielmehr ein riesiger unbehauener Felsblock, der zu dem sinnlichen, intuitiven und intimen Garten erst noch gestaltet werden mußte.

Am Anfang bestand der Garten dieses Obstbauernhofs nur aus einer ertragreichen Apfelplantage und einem Gemüsegarten. Er wurde durch einen breiten Weg *(Grande Allée)* in zwei Hälften geteilt, welcher von der Vordertür des Hauses zu dem Tor, das auf die Straße ging, leicht abfiel. Die Einfassungen zu beiden Seiten der *Grande Allée* endeten vor dem Haus jeweils mit einer Eibe und bestanden auf ganzer Länge aus Zypressen und Tannen. Sie wurden von einem Rand aus gestutztem Buchsbaum begrenzt. Vor dem Haus befanden sich ein paar dekorativ geformte Einzelbeete, die gleichfalls mit Buchsbaum eingesäumt waren, während auf der Westseite sechs Paar Linden standen und dahinter ein Küchengarten lag.

„Begeistert und hingerissen", wie er es selbst formulierte, machte Monet sich daran, den Garten zu gestalten. Im Juni kam für drei Tage sein reicher Freund, Gönner und Gärtnerkollege, der Maler Gustave Caillebotte zu Besuch. Er kam mit dem Schiff direkt aus dem gegenüber an der Seine liegenden Petit-Gennevilliers, wo er im Jahr zuvor nach dem Tode von Mutter, Vater und Bruder ein Haus gekauft hatte. Für Monet wie Caillebotte war der Verlust von Angehörigen gleichermaßen der Auftakt zur Anlage eines neuen Gartens und der Beginn eines neuen Lebensabschnitts.

Monet pflanzte emsig Gemüse, damit die Familie etwas zu essen hatte; Jahre später schrieb er: „Mein *salon* war die Scheune. Wir arbeiteten alle im Garten. Ich selbst grub um, setzte Pflanzen, jätete Unkraut und hackte die Erde; abends gossen die Kinder. Als meine finanzielle Lage sich verbesserte, verschönerte und erweiterte ich den Garten, bis ich eines Tages jenseits der Straße mit dem Wassergarten beginnen konnte."

Er entfernte den gestutzten Buchsbaum und pflanzte Blumen rings um das Haus und in die Beete davor; an Durand-Ruel schrieb er, er habe zuviel im Garten zu tun, um zum Malen zu kommen, fügte jedoch rasch hinzu, „er wird mich mit Blumen versorgen, die ich an Regentagen malen kann." Damit bezog er sich auf die sechsunddreißig Täfelungen mit Blumen- und Obstdarstellungen, die Durand-Ruel 1882 für die Eßzimmertüren seiner Pariser Wohnung bestellt hatte. Es sollte vier Jahre dauern, bis sie schließlich fertig waren. Jede Türfüllung hatte ein anderes Blumenmotiv – Mohn, Sonnenblumen, Christrosen und Narzissen.

Im Laufe der Jahre entfernte er viele Apfelbäume und ersetze die altersschwachen durch einige japanische Kirschen und Aprikosen. Das wilde Gras wurde zu einem Rasen im englischen Stil, der reichlich gewässert, regelmäßig gemäht und stellenweise mit Büscheln von Narzissen, Iris, orientalischem Mohn und Pfingstrosen bepflanzt wurde.

Nur die Doppelreihe der quadratisch geschnittenen Linden blieb bei der radikalen Umwandlung, die der Garten im Lauf der Jahre durchmachte, unangetastet. Mit Alice gab es über die Dinge keinen Streit, bis auf einen Punkt: die Zypressen und Tannen entlang der *Grande Allée.* Alice gefiel die Begräbnisstimmung dieses langen, nüchternen, dunklen Tunnels und sie widersetzte sich folglich der Entfernung der Bäume. Schließlich lenkte sie ein und stimmte zu, daß die Zypressen entfernt wurden – nicht jedoch die Tannen. Die Tannen, so stellte Monet fest, zerstörten seine Blumenpflanzungen, aber Alice blieb unerbittlich. In seinen Erinnerungen hielt Jean-Pierre Hoschedé später fest, seine Mutter liebte alle Bäume; es tat ihr in der Seele weh, wenn ein Baum gefällt werden sollte.

Mit Alices Einverständnis wurden alle unteren Zweige der Tannen abgeschnitten, aber sie protestierte heftig, als man ihre Spitzen absägte, und die freigelegten Stämme wurden die Wirtspflanzen für die sogenannten „Säulenrosen" – Kletterrosen, die gerade der letzte Schrei waren. Im Jahre 1923, lange nach Alices Tod, standen die großen Stümpfe noch immer da, sozusagen als Symbol ihres Widerstands. Es waren ihre persönlichen Spuren, die sie in dem Garten hinterlassen hatte. Da diese Bäume von den Rosen, die ihre Wurzeln erstickten, noch zusätzlich geschwächt wurden, faulten sie von unten und fielen schließlich um. Anstatt sie also schnell zu entfernen, wurden sie am Ende langsam zerstört. Es ist dies die einzige düstere Episode in der ansonsten glücklichen Geschichte dieses Gartens.

Die Grande Allée *heute. Der düstere Vordergrund läßt ahnen, wie sie ausgesehen haben muß, als sie noch von Tannen eingesäumt war. Jetzt stehen nur noch die Eiben – hundert Jahre älter und höher.*

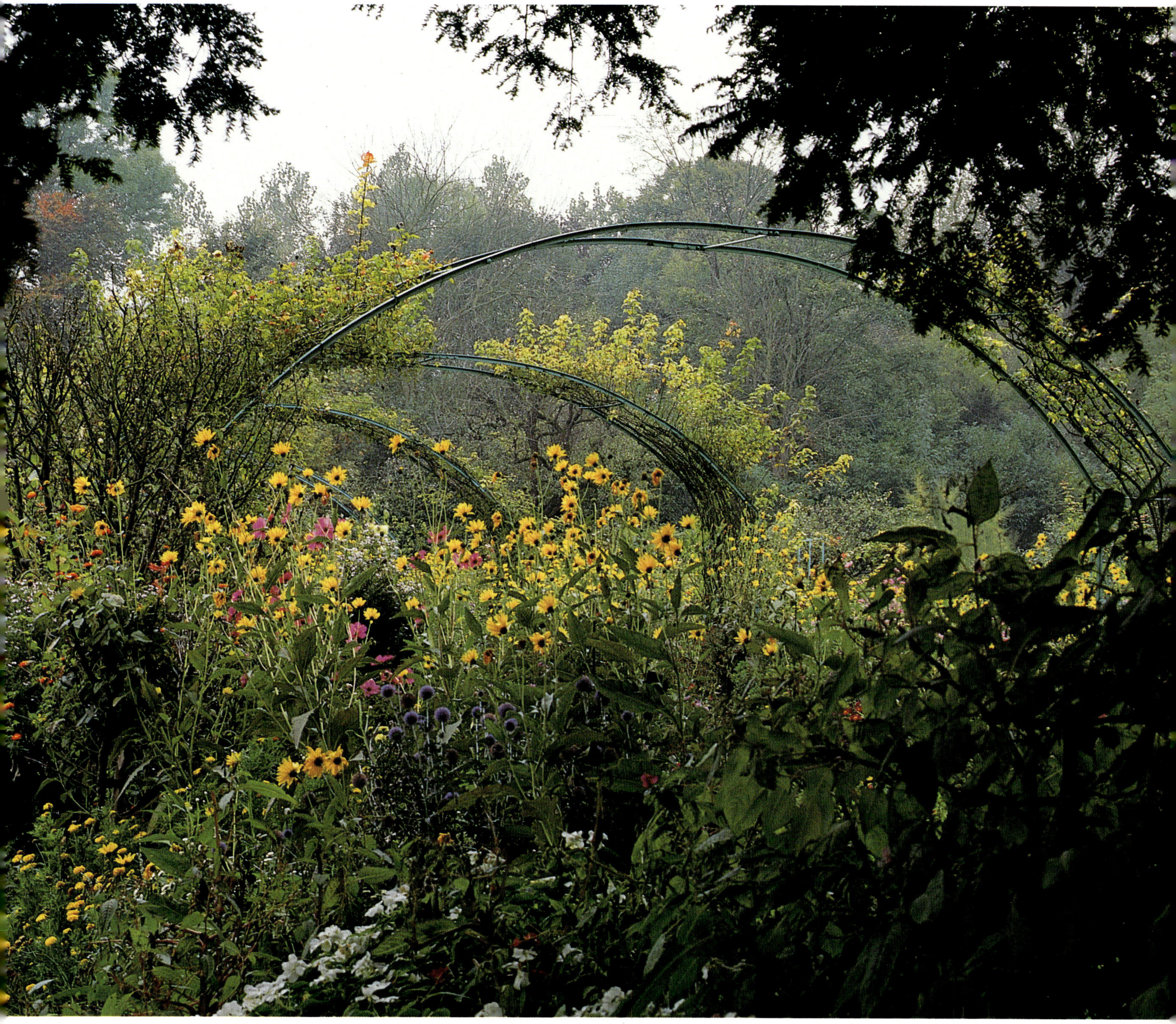

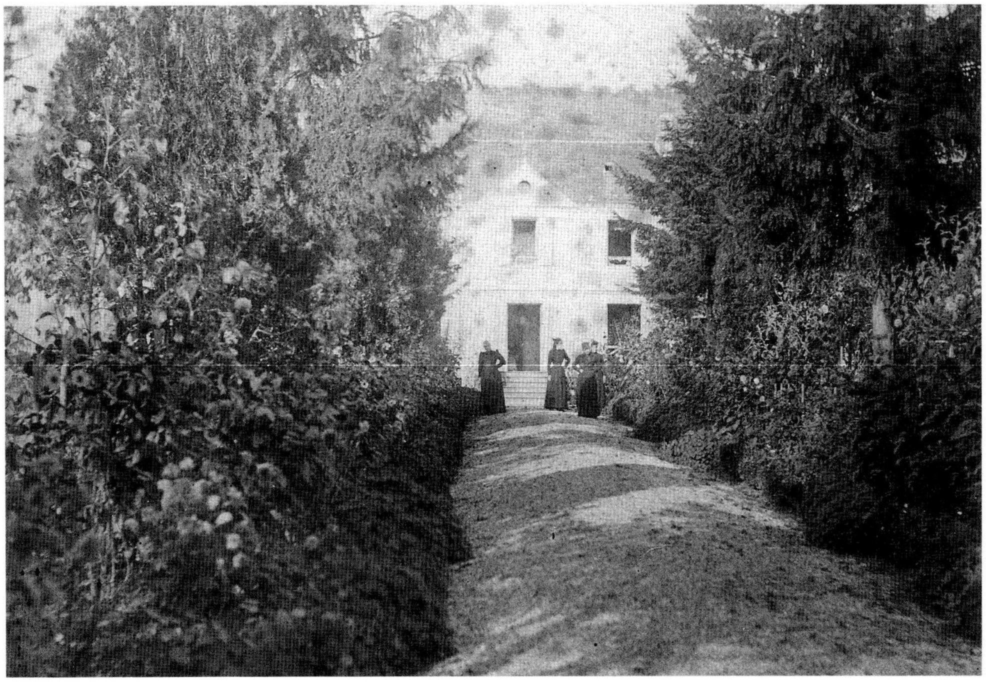

Die Grande Allée *machte zu Monets Lebzeiten viele Metamorphosen durch.*
LINKS: *Eine der ersten Fotografien zeigt sie, in Schatten getaucht, bevor die Zypressen entfernt und die Tannen verstümmelt wurden. Die Veranda war noch nicht gebaut, und von dem wilden Wein, der später die Fassade des Hauses bedeckte, war noch nichts zu sehen.*

RECHTS: Der Garten von Giverny *zeigt die* Grande Allée *im Hochsommer des Jahres 1902. Das Wechselspiel von Licht und Schatten ist auf diesem Gemälde wunderbar eingefangen. Die Astern und die Kapuzinerkresse stellen übrigens noch heute eine Hauptattraktion des Gartens dar.*

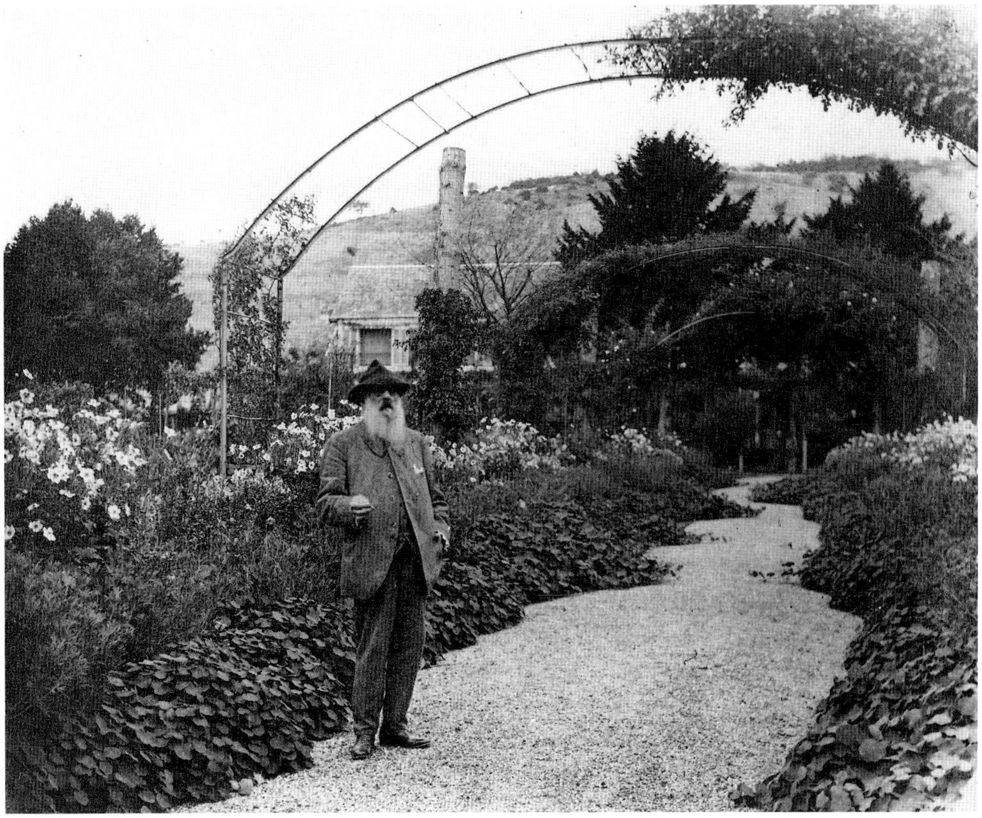

LINKS: *Im Vergleich zu dem ersten Foto (oben) machte die* Grande Allée *nun (etwa 1924) einen freien und lichten Eindruck. Die Bögen bringen die Kletterrosen prächtig zur Geltung, und die Kapuzinerkresse „kriecht“ auf die Mitte des Weges zu. Im Hintergrund sind deutlich die Überreste der Tannen zu sehen.*

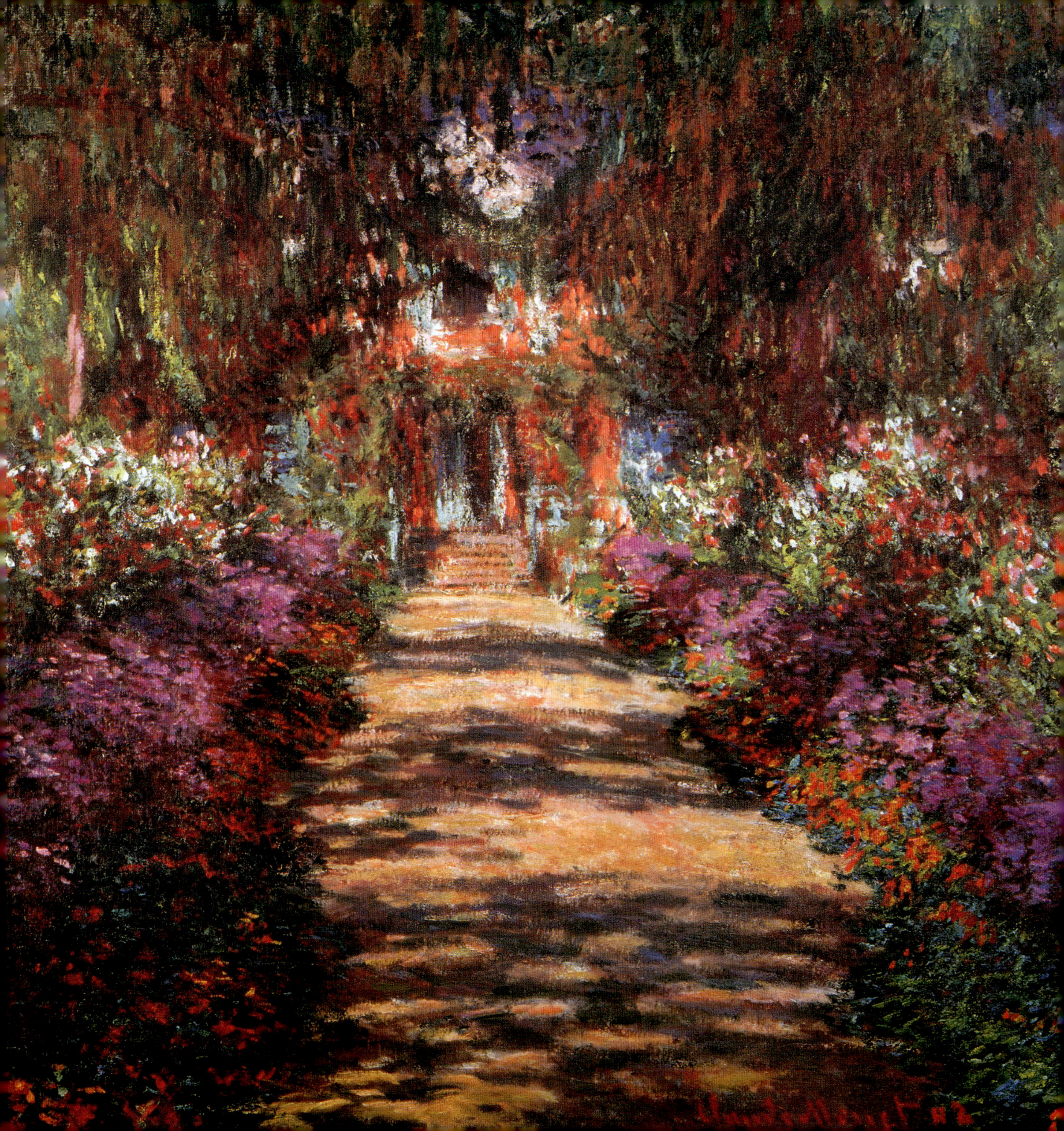

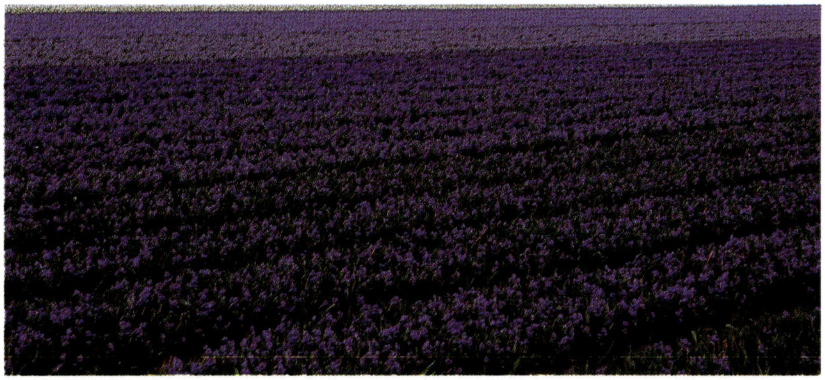

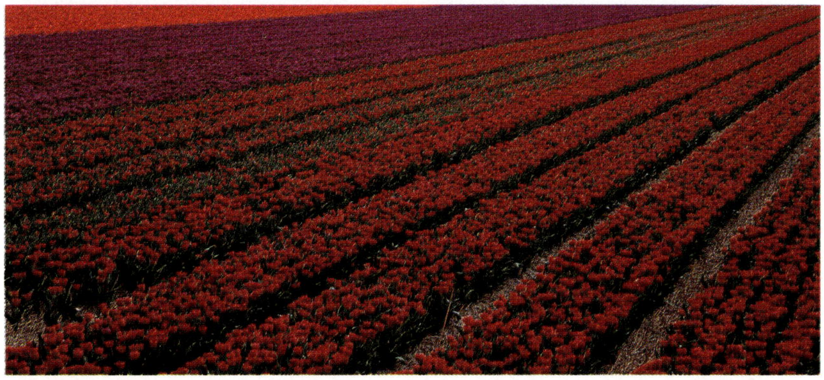

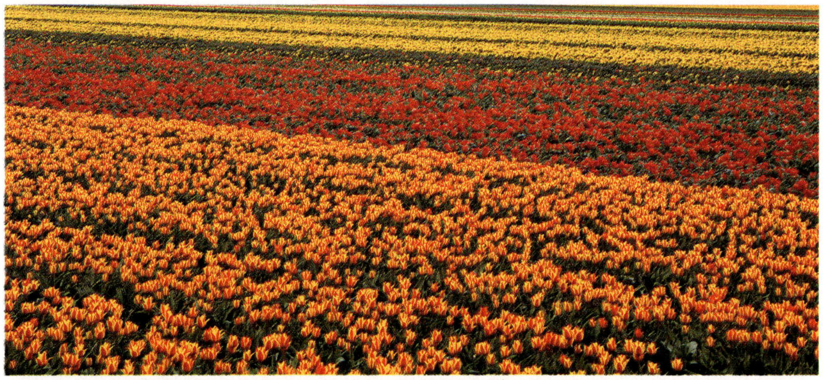

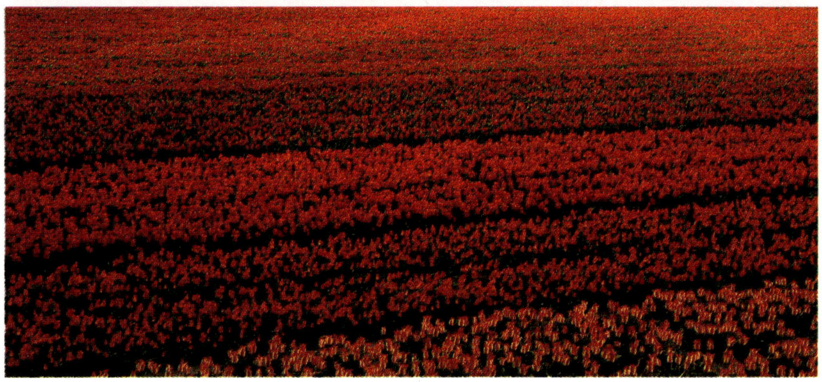

Im Jahre 1886 erhielt Monet eine Einladung nach Holland, sich die Tulpenfelder in der Nähe von Den Haag anzusehen, was seinen Einsatz von Struktur, Formgebung und Farbe im eigenen Garten beeinflussen sollte. Erstmals hatte Monet Holland 1871 besucht und sich dort weiter mit den japanischen Holzschnitten vertraut gemacht. Das veränderte die Art und Weise, wie er Struktur, Licht und Farbe bei seinen Gemälden einsetzte. Nun erstreckten sich die holländischen Tulpenfelder in weit wogenden Farbflächen vor ihm, was vor ihm noch kein Maler, auch kein Holländer, auf die Leinwand zu bannen versucht hatte. In einem Brief erwähnte Monet diese „riesigen, in voller Blüte stehenden Felder; es ist wunderbar, jedoch dazu angetan, einen armen Maler verrückt zu machen – unmöglich, es mit unseren unzulänglichen Farben wiederzugeben.“ Da Monet sich keiner Herausforderung entzog, griff er zum Pinsel und stellte in zwölf Tagen fünf Leinwände fertig.

Auch die Technik der Tulpenzüchter, die Zwiebeln zu kräftigen, indem man die Blütenköpfe abpflückt, wenn sie gerade voll erblüht sind, beeindruckte ihn. An den Ufern der Kanäle lagen Berge dieser Blüten. Monet faszinierte besonders, daß „man auf diesen kleinen Kanälen gelbe Punkte sieht, als würden unzählige Farbtupfer auf der blauen Spiegelung des Himmels schwimmen.“ Die Impression von Blumen, die auf einer Wasserfläche schwimmen, sollte ihn für den Rest seines Lebens nicht mehr loslassen.

Die Tulpenfelder als Vorlage nutzend, begann er, diese konzentrierten Farbflecken nachzubilden, indem er längliche, rechteckige Beete mit einer Sorte gleichfarbiger Blumen bepflanzte. Hin und wieder mischte er die Blumen, um unterschiedliche Farbharmonien zu erzielen. Dies wurde zum Thema mit Variationen im Blumengarten, der ständig durch neue Pflanzen und Farbzusammenstellungen ergänzt wurde – zum Beispiel durch Gruppen gelber Ringelblumen, durch lange, breite Streifen blauer Schwertlilien, Gladiolen in einer einzigen Farbe oder eine Kombination aus zwei Farben, ferner japanische Anemonen in Weiß und Rosa. Damit er mit einer noch größeren Vielfalt von Farben und Pflanzen experimentieren konnte, schuf er kleinere Varianten dieser langen Beete, seine berühmten „Malkastenbeete“, insgesamt achtunddreißig, die er paarweise vom oberen bis zum unteren Ende des Gartens anlegte. Die Gärtner bezeichnen sie immer liebevoll als *„les tombes“*, weil sie die gleiche Größe und Form wie ein Grab haben.

Wie auf seinen Gemälden mischte er seine Farben nie, sondern ordnete sie nebeneinander an oder schichtete sie übereinander, so

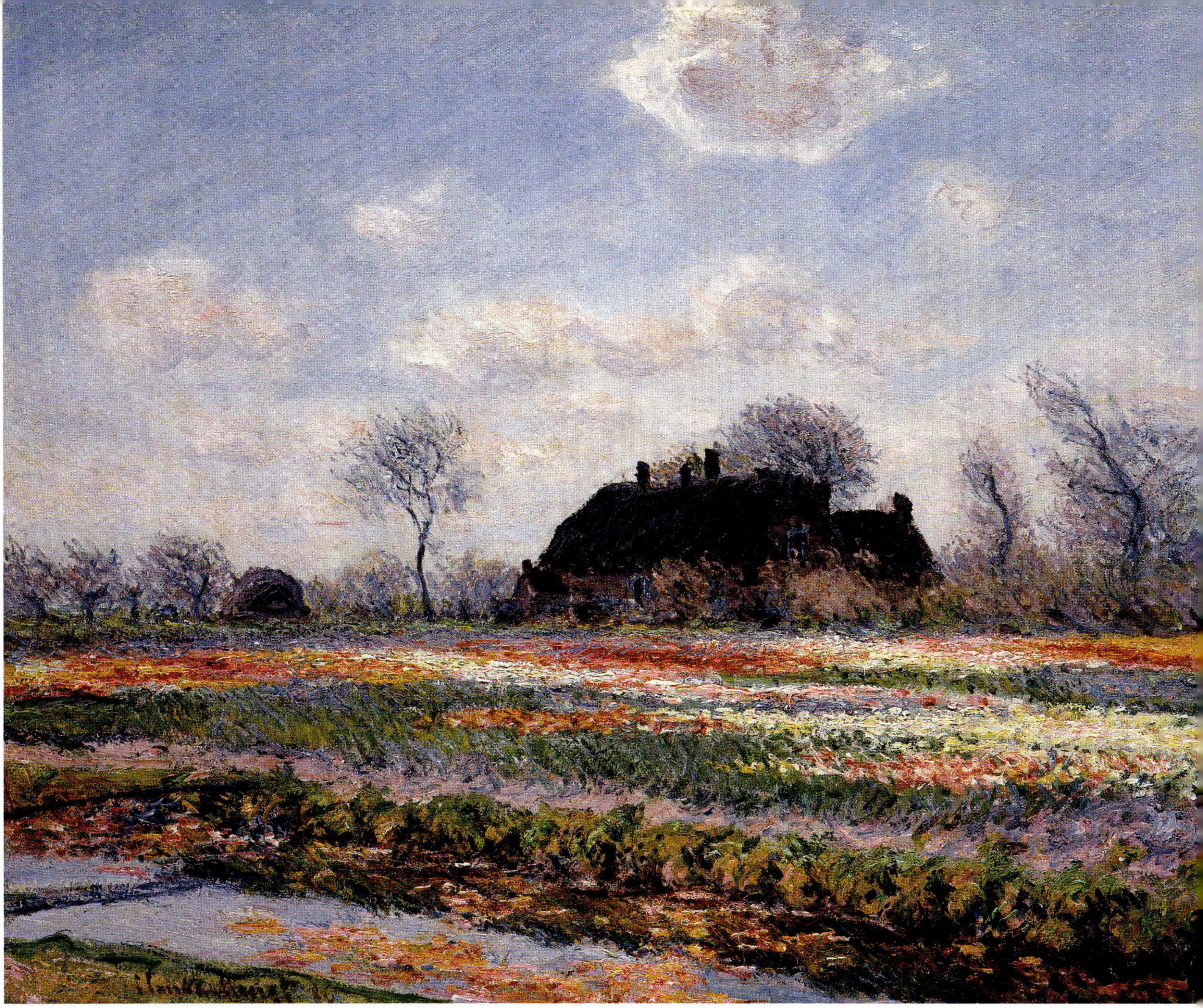

Da er darüber klagte, daß die „dürftigen Paletten“ des Malers die Farbe der Blumen nicht vollkommen einfangen könnten, schuf Monet statt dessen eine „lebende Palette“ aus Blumen in seinen Gärten. Die Farbflächen der damals kleiner und weniger streng als heute angelegten Tulpenfelder in Holland (gegenüber) inspirierten ihn vermutlich zu der Idee eines Gartens in Form von Farbgruppen, die ein Haus umgeben. Die „Tulpenfelder in Sassenheim bei Leiden“ *(oben) ist eines von fünf Gemälden, die Monet 1886 während seines Aufenthaltes in Holland von den holländischen Tulpenfeldern schuf.*

daß in seinem Garten nicht „rötlich" oder „bläulich" vorherrschten, sondern entweder „rot" oder „blau". Blumenzwiebeln, winterharte Pflanzen, Sträucher, einjährige Blumen und blühende Bäume wurden an strategisch exponierten Stellen gepflanzt und blühten dann in den vorgeschriebenen Farben. Es gefiel ihm besonders, blaue Pflanzen zusammenzustellen, da diese, wie er fand, in der Natur seltener vorkamen als Rot, Weiß oder Gelb. Gern stellte er die einfarbigen blauen Farbtöne einem (jenseits des Weges gelegenen) Beet in Rot gegenüber. Die Kombination von Gelb und Blau oder Gelb und Violett, die der englische Künstler und Schriftsteller Wynford Dewhurst 1904 mit dem „Gold und Saphirblau der Träume eines Künstlers" verglich, war in Monets Umgebung allgegenwärtig.

Monet liebte echte Farben und haßte Schwarz oder Asphaltgrau. Auf seinen Bildern verwendete er nie Schwarz oder Ocker – „mit einem Wort, keine Erdfarben", sagte er. Das war ein Grundsatz, den er auf seinen Garten übertrug.

Farbe verwandte er auch, um das Haus hervorzuheben. Zum dunkelrosa Putz gesellten sich als Kontrast die grünen Läden – das Grau war einem Apfelgrün gewichen, im Dorf als „*le vert Monet*" bekannt. Das war eine Farbstellung, die in den Blumenbeeten wiederkehrte, wo sich tiefrosa und rote Geranien oder rosa und rote Rosen von grünem Laub abhoben.

Auf Perspektive achtete er in seinem Garten so genau wie auf seinen Gemälden; er verwendete im Vordergrund der Rabatten kräftige, lebhafte und intensive Farben, die er im Hintergrund dann in schwächeren Tönen wiederaufnahm, um die Rabatten länger erscheinen zu lassen. Der gezielte Einsatz der Lichtverhältnisse war ihm in seinem Garten ebenso wichtig, wie dieser seine Malerei beeinflußte. Pflanzte man blaue Blumen unter Bäumen, so verstärkte dies die natürliche Blautönung, die der Schatten der Bäume verströmte. Orange, rote und gelbe Blumenbeete, die be-

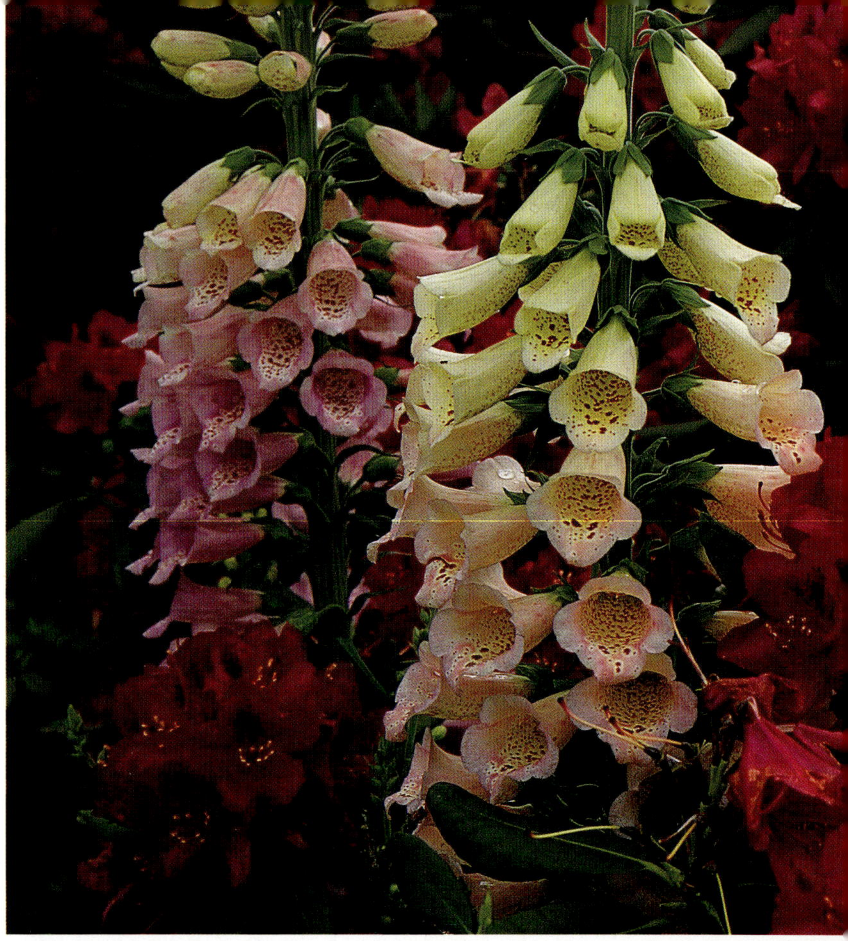

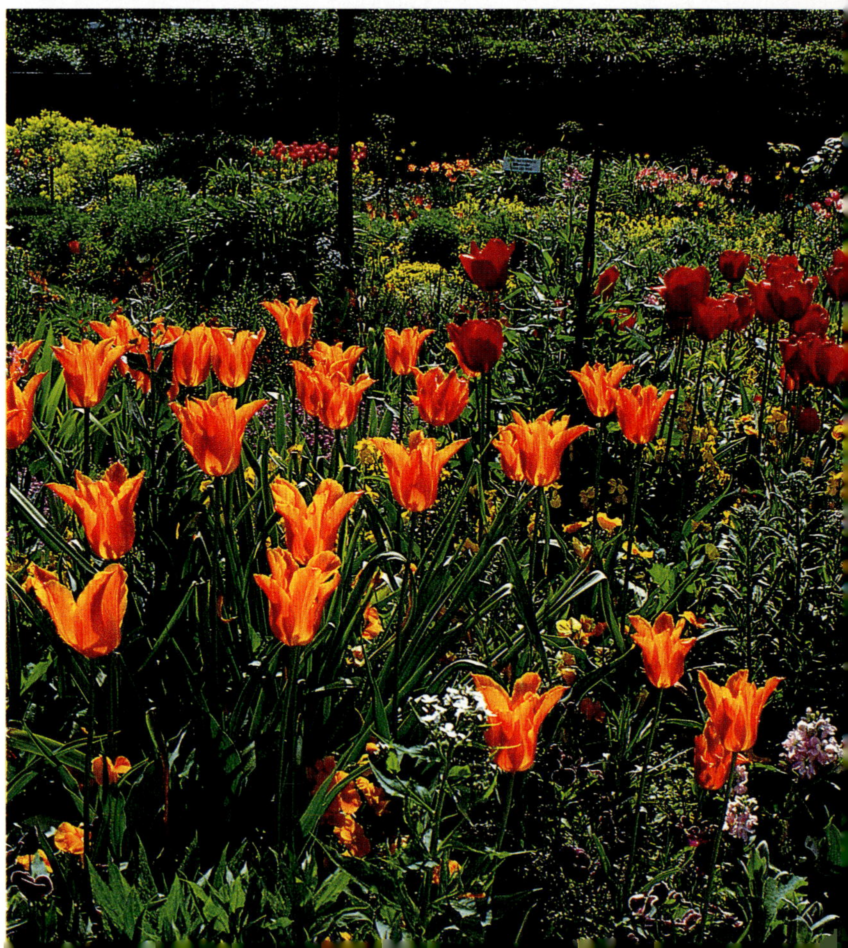

Die Farbkombinationen eines impressionistischen Gartens wurden in Giverny neu erschaffen. Ein Rhododendron und Fingerhut Excelsior (rechts oben) ergeben eine üppige Komposition. Eine rote und gelbe Frühlingsrabatte (rechts unten) besteht aus gelb- und orangefarbenen lilienblütigen Tulpen, roten Darwin-Tulpen und rosa Tulpen. Gelbe und purpurfarbene Schwertlilien (ganz rechts oben) – eine Lieblingsfarbkombination der Impressionisten – bilden einen kühnen Kontrast. Purpur- und weinrote Stiefmütterchen (ganz rechts unten) mischen sich mit blaßblauen Vergißmeinnicht.

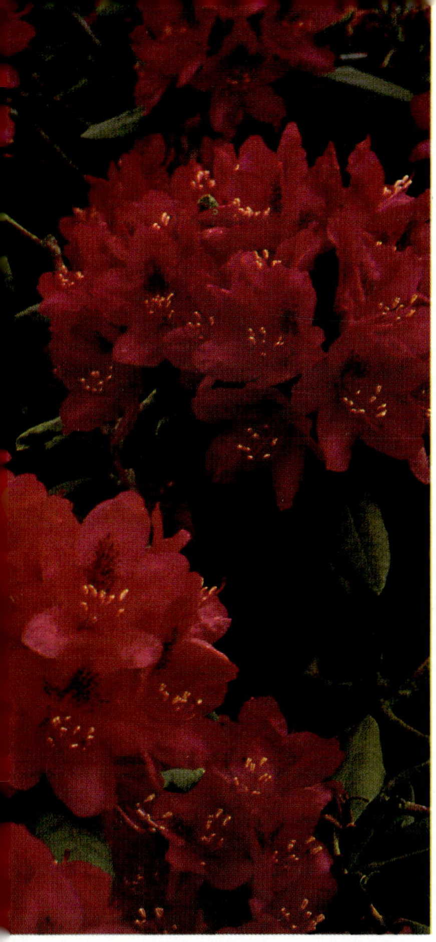
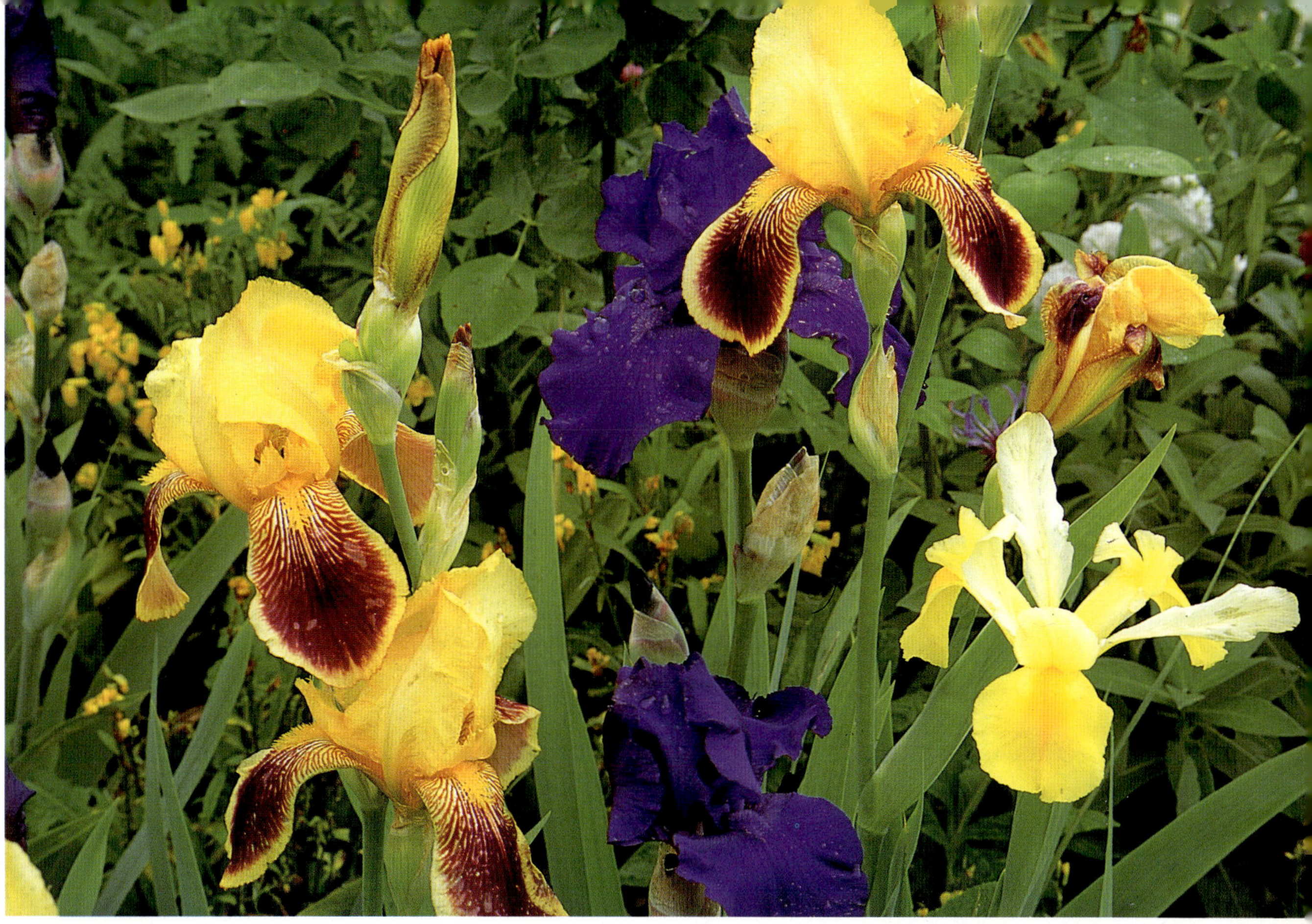
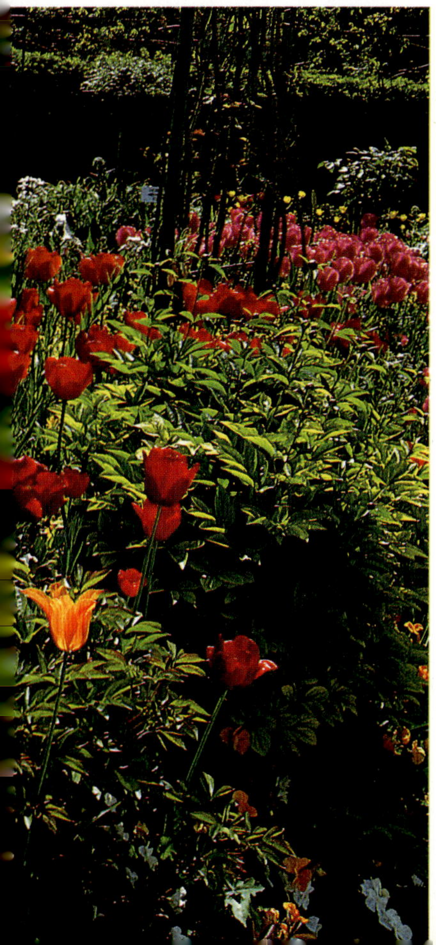
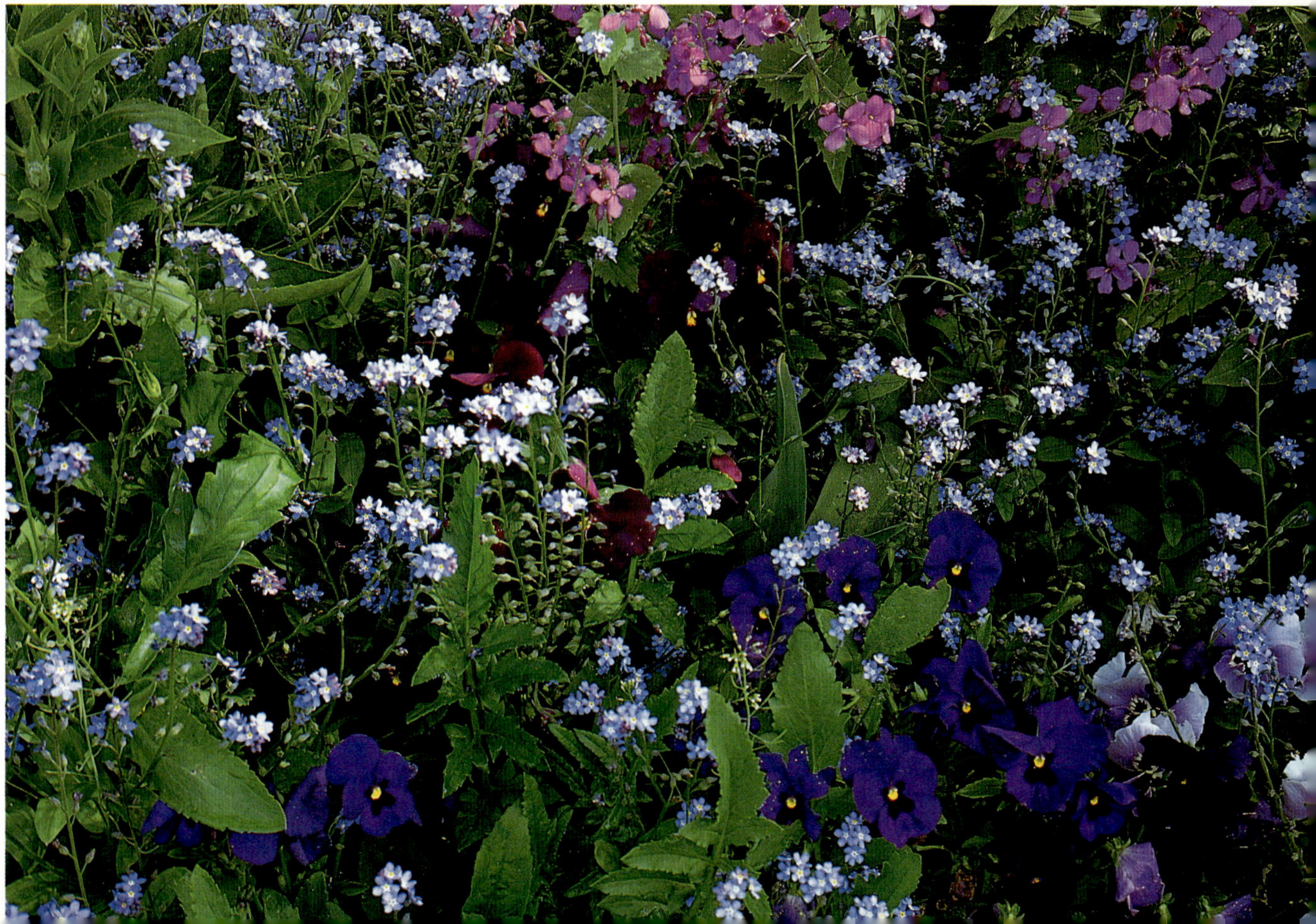

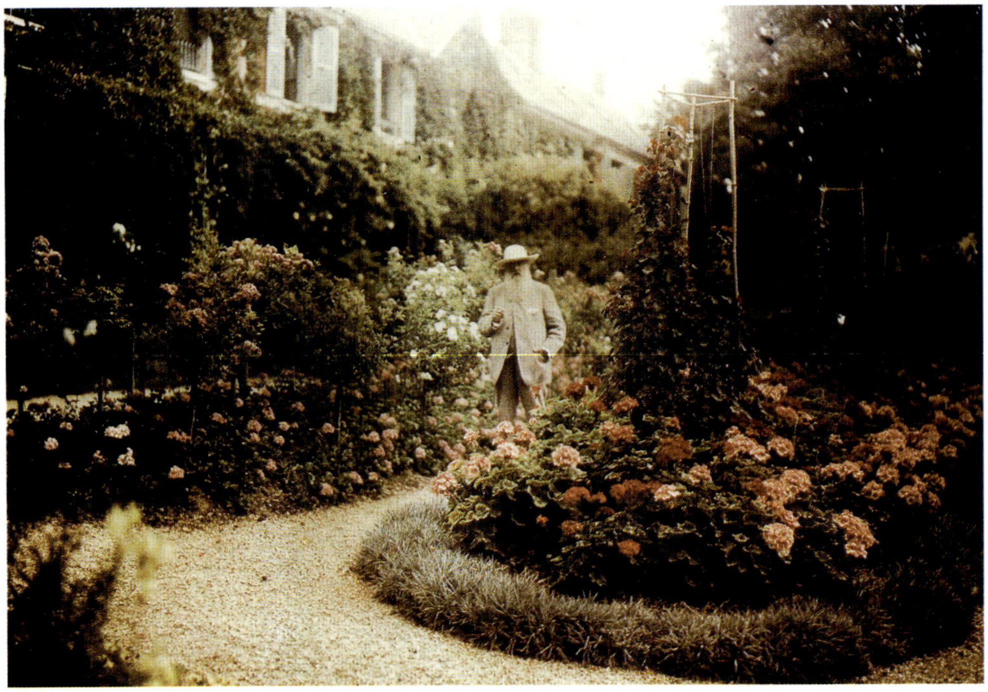

Aufgenommen auf einem Autochrom von etwa 1924, gelingt es Monet, in dem einzigen förmlich angelegten Bereich seines Gartens ungezwungen auszusehen. Das graue Laub der rosa Nelken läßt die rosa und roten Geranien höchst wirkungsvoll hervortreten, während die dunkelroten Blüten der Kapuzinerkresse und die roten Geranien vorzüglich miteinander harmonieren. Der rosa Putz der Fassade ist nun vollkommen unter wildem Wein verborgen. Links im Vordergrund blühen Nachtkerzen.

wußt auf der Westseite des Gartens gepflanzt wurden, fingen die langen goldenen Strahlen der untergehenden Sonne ein und vertieften so ihr Leuchten.

Die Beete und Rabatten des Gartens hatten häufig eine besonders abgestimmte Einfassung. Die Einzelbeete vor dem Haus, die einzigen nicht rechteckigen oder quadratischen Beete, waren in Rosatönen gehalten. *Iris pumila* stellte eine wirkungsvolle Umrandung der Gladiolenbeete dar – am berühmtesten jedoch waren die blauen und lilafarbenen Blaukissen, die in Farbe und Blütezeit auf die blauen Bartschwertlilien abgestimmt waren (deren Beete sie umrandeten). Monet verwendete als Einfassungen auch Steinbrech, Glockenblumen, Kapuzinerkresse und *Ceratostigma plumbaginoides (Plumbago larpentiae)*.

Er nutzte für seine Gestaltungen Wände, Bäume und Gitter. Alles, was sich daran befestigen, anbinden oder verankern ließ, wurde ordnungsgemäß gepflanzt und rankte aufwärts. Für die Einzelbeete baute er „*tuteurs*" – dreibeinige Konstruktionen aus Bambusstäben, an denen er dunkelrote Kapuzinerkresse emporranken ließ. Er selbst entwarf schräg abfallende Gerüste, die über jedem zweiten Paar der Malkastenbeete errichtet wurden, um vor allem seine weißen und blaßrosa *Clematis montana* zu stützen. Sie erzielten im Frühling eine prachtvolle Wirkung.

Da er bei seiner Gartengestaltung genauso revolutionär und schöpferisch war wie in seiner Malerei, wurde Monet zu einem höchst erfinderischen Gärtner, der Traditionen übernahm, wenn es ihm paßte, und neue begründete, um seinen unersättlichen Hunger nach Farben und Formen zu stillen. Gegen Ende des 19. Jahrhunderts gab es in Frankreich eine Bewegung, die sich gegen das starre Diktat von André Le Nôtres formellen Gartenstil wandte, eine Bewegung, der auch Monet angehörte. In einem 1920 erschienenen Buch verurteilte der bedeutende Landschaftsarchitekt und Restaurator der Bagatelle-Gärten, J.C.N. Forestier, Le Nôtres. Um seine Ansichten zu unterstreichen, zitierte Forestier den englischen Architekten John Sedding. Dessen Ansicht: „Er (der Franzose) übertreibt die Planung. Er vermittelt einem den Eindruck, als wäre er weitaus mehr in seine Vorstellungen von der Natur als in die Natur selbst verliebt; als nutzte er ihre Reichtümer nicht, um sie in ihrem eigenen Sinn zu interpretieren oder zu vervollkommnen, sondern um seine eigenen interessanten Ideen zu verwirklichen … daher rührt eine gewisse Skrupellosigkeit gegenüber der Natur im französischen Garten …"

Im gleichen Jahr wie Monet wurde Edouard André geboren, der Forestiers Ansichten und Monets Sensibilität teilte; er war eine Art Renaissancemensch, von Hause aus Botaniker, Pflanzensammler, Landschaftsarchtitekt. Es gab keinen gartenbaulichen Aspekt, mit dem er sich nicht erfolgreich befaßt hatte. Vier Jahre, bevor Monet nach Giverny zog, veröffentlichte André seine berühmte Abhandlung über die Gartenkunst „*L'Art des jardins …*", *in* der er für ein natürlicheres Aussehen plädierte. Monet muß von diesen Vorstellungen beeinflußt worden sein.

Was ihm zutiefst zuwider war, waren gerade die populärsten Vorstellungen der Epoche. Jean-Pierre Hoschedé zählt in seinen Erinnerungen die Künstlichkeiten auf, die Monet besonders verhaßt waren: „Felsen mit Wasserfällen, riesige Pilze aus Zement, Säulen, Statuen, kunstvoll beschnittenes Baumwerk, viktorianische Beete in floralen Mosaikmustern, bepflanzt mit Stiefmütterchen, Gänseblümchen, Heliotrop und Leberbalsam".

Während Monet mit den herkömmlichen Rosen und Geranienbeeten in der unmittelbaren Umgebung des Hauses eine (wenn auch aufgelockerte) viktorianische Förmlichkeit beibehielt, pflanzte er in Giverny Wildblumen im Überfluß. Unter die Klematisbögen setzte er *Verbascum thapsus*, eine zweijährige Blume englischer Herkunft. Die Leute fanden es erstaunlich, daß er eine so gewöhnliche Pflanze zu schätzen wußte, aber er mischte das Gewöhnliche häufig mit dem Exotischen. Zum Beispiel wurden die Gemeinen Weidenröschen, wie Stephen Gwynn 1933 anmerkte, „wegen ihrer hohen Stiele und der klaren Farbe in Gruppen in regelmäßigen Abständen angepflanzt". Mohn und Verbascum durften sich selbst aussäen und wachsen, wo sie wollten – und dies trug, zusammen mit Monets dichter Bepflanzung, zu dem dschungelhaften, ländlich schönen Aussehen seines Gartens bei.

Auch im Umgang mit Rosen war Monet ungemein modern. Im Jahre 1920 schrieb Forestier: „Noch vor knapp zwanzig Jahren waren die vielgeschmähten Rosen in unseren Gärten kaum vertreten; auch in den öffentlichen Gärten wurden sie nicht angepflanzt. In den Parks großer Landhäuser wurden sie oft in den Gemüsegarten verbannt, zusammen mit der Fülle dauerhafter Blumen, die nur als Schnittblumen gezogen wurden." Monet und andere, die für eine neue Form der Gartengestaltung kämpften, holten den gering geschätzten Gemüsegarten, seine Blumen und Rosen gewissermaßen aus dem Exil zurück und verwendeten letztere anstelle der für das 19. Jahrhundert typischen Sträucher und symmetrischen Beete. In einem Artikel, den er 1901 für die Zeitung „*Le Figaro*" verfaßte, nahm Arsène Alexandre dieses Thema auf, indem er Monets Garten mit einer Abwandlung des „gewöhnlichen Gemüsegartens" verglich, in welchem Blumen statt Karotten und Salat wuchsen.

Monets Geschmack tendierte zum Schlichten. Er liebte Gartenblumen, die Wildblumen am ähnlichsten waren, Rosen, die wie Wildrosen aussahen, und ungefüllte Rosen, wie seine Lieblingskletterrose „Meerjungfrau", die er vor seinem Schlafzimmerfenster pflanzte. Er mochte keine gefüllten Blumen oder verschiedenartiges Blattwerk, weil er fand, dies sähe unnatürlich aus; aber obwohl er die ungefüllten japanischen Baumpäonien vorzog, machte er bei den Rabattenpfingstrosen eine Ausnahme.

Monet liebte das Einfache, aber er hatte auch seine Marotten. Der Mann, der den Haushalt mit Spargel belieferte, erinnerte sich, daß Monet darauf bestand, daß er auf dem Rückweg alle verwelkten Blumen abtransportierte. Auch legte er keinen Wert auf Gemüse in seinem Garten; deshalb verlegte er kurz nach 1900, als er genügend Geld hatte, seinen Küchengarten ans andere Ende des Dorfes, indem er ein Haus *(„La Maison Bleue")* mit ummauertem Garten mietete, der so groß war wie sein eigener. Dort brachte er einen seiner Gärtner unter, und das Gemüse war so aus seinem Blickfeld verschwunden. In den dunklen Kellernischen wurden Pilze gezüchtet, und in glasgedeckten Kästen zog sein Gärtner Florimond die empfindlichen Kräuter, Gewürze und Gemüse, an denen Monet Geschmack gefunden hatte.

Es war nur natürlich, daß sich eine so eng mit der Natur verbundene künstlerische Strömung ihre Motive im Garten suchte. Doch während die Impressionisten Gärten und Stilleben mit Obst und Blumen malten, waren nur Caillebotte und Monet wirkliche Gärtner. Es heißt zwar, daß Renoir mit Monet Kartoffeln ausgemacht haben soll. Aber tatsächlich zu gestalten pflegte Aline (Madame Renoir) Renoirs Garten „Les Collettes" in Cagnes (Côte d'Azur). Nachdem Madame Pissarro ihr Haus mit sieben Kindern gefüllt und diese in jämmerlicher Armut aufgezogen hatte, setzte sie ihr Werk fort, indem sie ihren Garten mit Hunderten von Pfingstrosen in ihrer Lieblingsfarbe Rosa füllte – das sujet von Pissarros bemerkenswertestem Stilleben.

In Monets Garten wurde jede Blume mit der Sensibilität des Malers ausgesucht und jede Wirkung abgestimmt, denn es war vor allem der Garten eines impressionistischen Malers. Sieben Jahre nach Monets Tod sah Stephen Gwynn den Garten 1933 von der Straße aus. Er schrieb:

> „Man sah ein langgestrecktes, niedriges Bauernhaus, vor dem sich eine Fülle leuchtender Blumen befanden, alle ganz gewöhnlich und wegen ihrer Leuchtkraft ausgewählt: Löwenmaul, Samtblumen, Glockenblumen, Gla-

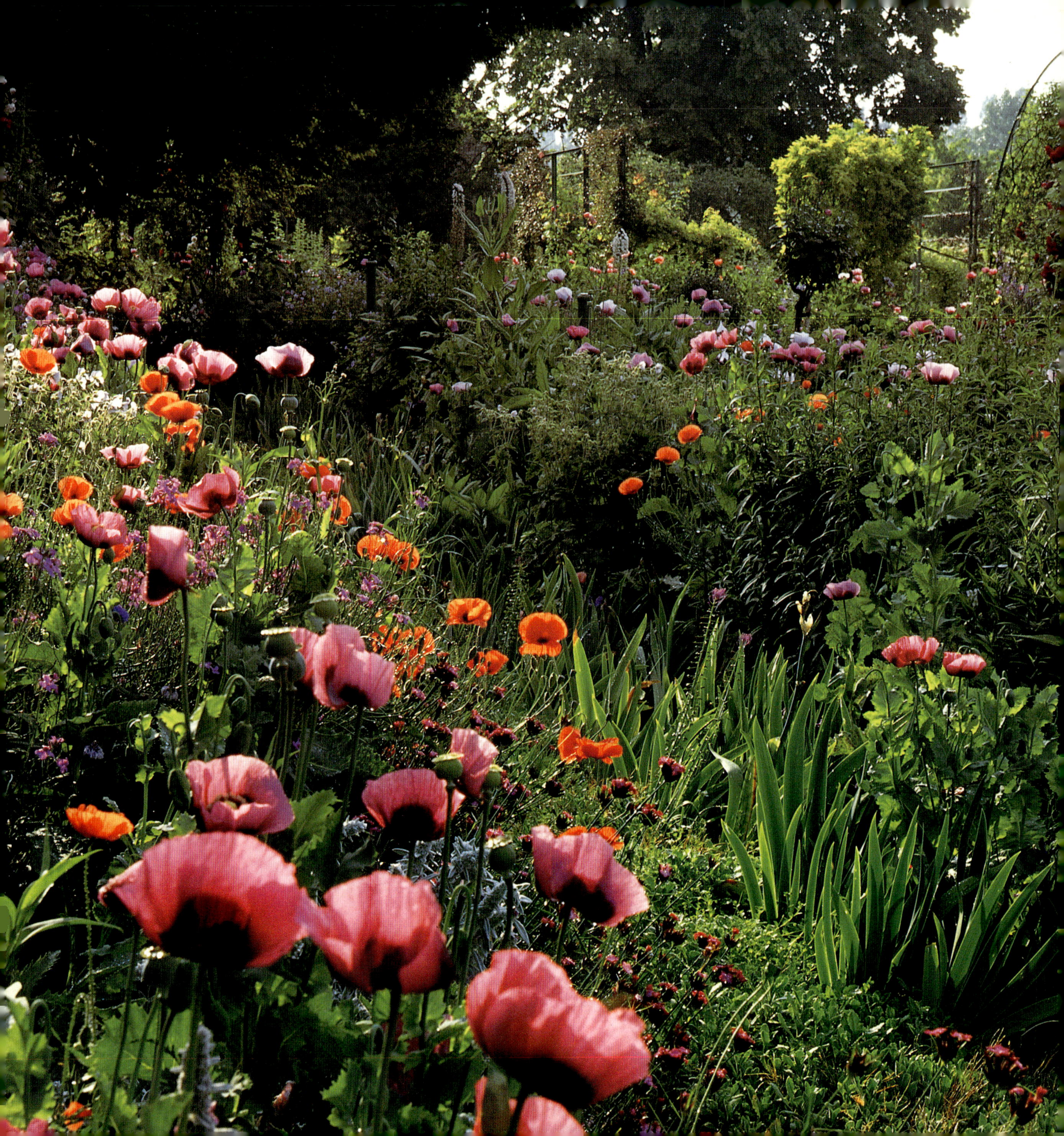

diolen und ähnliches. Was mir sofort auffiel, war, daß es keine genaue Gliederung dieser Fülle gab. Der Maler hatte seinen Garten vor sich wie eine gut fünfzig Meter breite und mindestens halb so lange Leinwand; und die Wirkung, um die es ihm ging, war die Wirkung des Ganzen. Es war ein einziges Wogen leuchtender Farben; durch die Bäume erhielt alles eine Form … nichts war dem Zufall überlassen, doch das Gesamtbild erschien so abwechslungsreich und willkürlich wie ein Weizenfeld, in dem sich Mohn und Kornrade selbst ausgesät hatten. Alles fügte sich zusammen wie das Gefieder eines Fasans oder eines Pfauen."

Monet war vor allem ein sinnlicher Mensch, er liebte das Licht und das Leben. Sein Verlangen nach solchen Dingen machte sich überall bemerkbar. Er stellte hohe Ansprüche an das Essen, die Einrichtung seines Hauses und an die Kleidung, die er trug. Seine Kunst und sein Garten waren schlicht und äußerst anspruchsvoll zugleich. Doch während seine künstlerischen Meisterwerke das Auge erfreuen und ihn auch auf intellektueller Ebene herausfordern und befriedigen konnten, war sein Garten die reine Sinnlichkeit – mit Wohlgerüchen, zarten Blüten, einer unendlichen Vielfalt von Farbschattierungen und Nuancen, wundervoll geformten Blumen, kühnen Formen und seltsamen Maserungen. Das beste war, daß er dort seiner Phantasie freien Lauf lassen konnte, ohne den Zwang, malen zu müssen.

Monet las alle Gartenzeitschriften und Pflanzkataloge, besuchte Blumenausstellungen, besichtigte viele Gärten und tauschte mit Freunden Pflanzen aus. Die führende Gartenzeitschrift der Zeit war *Jardinage*, herausgegeben von dem Pflanzenzüchter Georges Truffaut, der ihm auch viele Pflanzen für den Garten besorgte. Die Zeitschrift war eine Kombination aus praktischen Gartentips und Artikeln über Gärten. Sogar Monets Chefgärtner Félix Breuil schrieb für *Jardinage*. Viele der Pflanzenzüchter, bei denen Monet Kunde war, beispielsweise Nonin oder Moser & Fils, veröffentlichten große Anzeigen in dem Magazin, und in späteren Jahren kam Truffaut häufig nach Giverny – zum Mittagessen und um einen Rundgang durch den Garten zu machen.

Monet bezog nicht nur Pflanzen aus der Zucht von Truffaut, sondern nutzte auch den zunehmenden Versandhandel von Gartenbauprodukten und unterstützte die örtlichen Gärtnereien ebenso wie den Fachhandel. Häufig bat er Caillebottes Freund Godefroy, der eine Pflanzenzucht in Argenteuil besaß, ihm seine ausgefalleneren Wünsche zu erfüllen. Natürlich bestellte er Seerosen in der Pflanzenzüchterei Latour-Marliac, wo es Joseph Bory Latour-Marliac 1879 gelungen war, eine hybride rosa Seerose zu züchten – zu einer Zeit, da es nur weiße Sorten gab. Monet bezog einige seiner Pfingstrosen von Kelways in England, und es existiert ein kurzer Brief an Pissarros Sohn Lucien, in dem er ihn bat, auf seiner nächsten Englandreise die Adressen zweier Pflanzenzüchter ausfindig zu machen – Barret & Son und Thomas Ware.

Monet besaß auch eine umfangreiche botanische Bibliothek (*„La Flore des Serres et des Jardins d'Europe"*), u.a. eine 1845 erschienene Ausgabe in 26 Bänden, die er regelmäßig zu Rate zog. Sein Leben lang blieb er den obligatorischen Blumen jedes französischen Gartens treu – Teerosenhybriden, Dahlien, Gladiolen, Geranien etc. Aber er bewunderte die Pflanzen, die er in botanischen Gärten und auf Blumenausstellungen sah, sammelte freilich nicht um des Sammelns willen. Er kaufte stattdessen Pflanzen, die ihren eigenen Wert besaßen. Seine Skizzenbücher waren voller Pflanzennamen, die er während seiner Reisen und auf Spaziergängen auf dem Land rasch notierte. Er war ständig auf der Suche nach neuen Gewächsen und berichtete, daß er auf einem seiner Ausflüge endlich den blaßgelben Goldlack, *Erysimum cheiri*, gefunden hatte, der jetzt en masse zur gleichen Zeit blüht wie Monets alter Holzapfelbaum vor der Küche. Seine beiden jüngsten Kinder, Michel Monet und Jean-Pierre Hoschedé, wurden ebenfalls besessene Amateurbotaniker, und Monet dachte auf seinen Reisen immer an sie, da er wußte, daß das schönste Mitbringsel für sie nichts anderes sein konnte als eine ungewöhnliche oder langgesuchte Pflanze. Der Pfarrer des Ortes und Freund der Familie, Abbé Anatole Toussaint, arbeitete mit Jean-Pierre Hoschedé zusammen an einem 1898 veröffentlichten Buch (*„La Flore de Vernon et de La Roche Guyon"*). Die beiden experimentierten mit dem Hybridisieren und Kreuzen von *Papaver orientale* und *Papaver rhoeas*, um *Papaver* × *monetii* zu produzieren (wovon der derzeitige Chefgärtner noch nie etwas gehört hatte!).

Ungewöhnlich für einen damaligen französischen Garten, herrscht in Giverny Ungezwungenheit vor. Mohn und andere Wildblumen durften sich ungehindert selbst aussäen und sind nun so verbreitet, daß sie ausgedünnt werden müssen.

Eines der letzten Gemälde von Monets Garten in Vétheuil – („*Blumenbeete in Vétheuil*“ 1881) zeigt eine Fülle von Sonnenblumen und dahinter, jenseits der Seine, das Ufer von Petit-Gennevilliers, wo Caillebotte die letzten zwölf Jahre seines Lebens seinen Garten bestellen sollte. Wie auf einem unvollendeten Bild zu erkennen ist, das Caillebotte gleich, nachdem er das Haus 1882 gekauft hatte, von dem Garten anfertigte, war er nach dem herkömmlichen Fruchtwechselsystem angelegt. Rund fünf Jahre später zeigt ein Foto den Garten radikal verändert, mit exakt angeordneten geometrischen Beeten. Sie alle sind mit einer Randbepflanzung eingefaßt, die der in Giverny gleicht. Die Beete gruppieren sich um ein Gewächshaus herum, das die gleiche Form wie dasjenige Monets hat, jedoch fünf Jahre früher gebaut wurde. Monet nahm es als Vorbild, als er sein eigenes Treibhaus baute und ließ sich von Caillebotte beraten.

Weder Monets noch Caillebottes Garten war hinter hohen Mauern verborgen. Ausflügler, die sonntags mit dem Dampfer die Seine entlangtuckerten, sahen am Ufer Caillebottes Garten liegen, den ein Journalist 1887 als Garten beschrieb, der „vor Rosen und Dahlien überquoll. Die Glasscheiben des großen Gewächshauses, in dem der Besitzer dieses kleinen Vorstadtschlosses seine Pflanzen durch Ableger vermehrte, glänzten im Sonnenschein“. Das untere Ende von Monets Garten war anfangs von einer hohen Steinmauer eingefaßt, doch Monet, der einen freien Blick liebte, ließ die Mauer zur Hälfte abreißen und durch ein Eisengitter ersetzen, durch das im Spätsommer und Herbst leuchtendroter *Tropaeolum speciosum* rankte. Der Garten war auch von dem kleinen Zug aus zu erkennen, der parallel zur Straße fuhr; daß Monet das Haus von diesem Zug aus das erste Mal sah, wird zwar immer wieder behauptet, ist jedoch ein Irrtum. Im Jahre 1901 bemerkte Arsène Alexandre, der Anblick von außen sei zwar herrlich, das Gefühl, das man beim Betreten des Gartens empfände, jedoch noch überwältigender. Selbst die örtlichen Bauern waren von diesem Garten beeindruckt, obwohl er nichts Eßbares lieferte, und blieben stehen, um ihn zu bewundern. Als Autos in Mode kamen, verringerten viele Leute die Geschwindigkeit, wenn sie daran vorbeifuhren, doch die Autos wirbelten Staub auf, der sich auf den Blumen niederließ und sie verderben konnte.

So großzügig er es jedem gestattete, seinen Garten zu besichtigen, teilte Monet mit anderen auch den Garten und seine Pflanzen. Besucher wurden ständig angewiesen, sich zu beeilen, damit sie im Frühjahr oder Sommer nicht die Pracht der Schwertlilien versäumten. Wenn sie spät an einem Sommernachmittag eintrafen, wurden sie auf der Stelle zum Wassergarten geführt, um die Seerosen zu bewundern, bevor sich um fünf Uhr ihre Blüten schlossen. Blumen, die seine Freunde besonders bewundert hatten, wurden ihnen daraufhin bei der ersten Gelegenheit per Bahn geschickt. Hunderte von Pflanzen aus Giverny gingen von der kleinen Bahnstation in Vernon quer durch ganz Frankreich: Dahlien für Caillebotte, ein Sortiment Schwertlilien für Madame Pissarro, Unmengen Gladiolen und Hundskamille an den Freund und Staatsmann Georges Clemenceau für dessen Garten in der Vendée an der Atlantikküste und ebenso viele für seinen Freund, den Schauspieler und Bühnenautor Sacha Guitry. Da ihm kein Geschenk als zu gering erschien, schickte Monet traditionsgemäß ein Körbchen mit erlesenen Pflaumen an seine Freunde Octave Mirbeau oder Caillebotte. Caillebotte revanchierte sich, indem er der Familie eine Riesensendung Garnelen zukommen ließ.

Monet liebte auch Vögel und teilte Haus und Garten gern mit ihnen. Er ließ die Terrassentüren des Eßzimmers offen, damit die Spatzen hereinfliegen und sich Brotkrümel vom Tisch holen konnten. Es soll einen einbeinigen Spatzen gegeben haben, der drei Jahre lang jeden Tag kam. Die Menschen, die zu Monets engsten Freunden zählten, waren fast alle leidenschaftliche Gärtner, und zwischen den hochgeistigen Gesprächen über Politik, Literatur und Philosophie unterhielt man sich eben auch über Kompost, alkoholsüchtige Gärtner und prächtige Gärten, die man hier oder dort gesehen hatte. Die drei besten Freunde Monets waren (neben Caillebotte) der Schriftsteller Octave Mirbeau, der Staatsmann Georges Clemenceau und der Kritiker Gustave Geffroy, der mit allen dreien befreundet war und Monets Biograph wurde. Diese Freunde fragten einander über alle Arten von Pflanzen aus, angefangen von den gewöhnlichsten bis hin zu den ganz seltenen. Einmal im Mai bat Monet den Schriftsteller Mirbeau brieflich herauszufinden, wo er die einjährigen Pflanzen bekommen könne, die er gerade bei einer Blumenausstellung entdeckt hatte. In einem anderen Brief an Caillebotte erwähnte er eine japanische Pflanze namens Erythrochaete *(Ligularia japonica)*, die gerade aus Belgien eingetroffen war, und bat Caillebotte, mit Godefroy darüber zu sprechen und ihm zu sagen, wie man sie behandeln müsse.

Der Übersensible Octave Mirbeau betete Monet an und widmete sich dem Gärtnern mit solcher Begeisterung, daß Monet von ihm sagte, er sei der perfekte Meistergärtner (*„le maitre jardinier“)*. Mirbeau schrieb viele Briefe und Essays über seine gartenbaulichen Erfolge und Katastrophen, auch viele enthusiastische Artikel über Giverny. Monet jedoch hielt ihn für genau so bedeutend wie Tolstoj und verbot allen in seinem Haushalt, daran auch nur den leisesten Zweifel zu hegen. Mirbeau fuhr mit seinen gärtnerischen Bemühungen fort und war weiterhin als Ghostwriter für die Gartenzeitschrift „*Le Jardin*" tätig. In einem Brief beschrieb er die wilden Orchideen, die er in einem Wald entdeckt hatte, als „so schön wie alle exotischen Exemplare" und versprach, sich darum zu bemühen, Monet einige der zweiundzwanzig Sorten zukommen zu lassen. Gleichzeitig bat er Monet, ihm noch ein paar seiner Dahlien zu schicken. Für das kommende Jahr versprach Mirbeau ihm eine erlesene Auswahl von Chrysanthemen von einem Gärtner in Vaudreuil. Mirbeau schenkte Monet u.a. Phlox, den der Freund in seinem Garten bewundert hatte, und Astern. Monet revanchierte sich mit Gemswurz. Auch tauschten sie Dahlienknollen aus. Als Monet eines Tages seinen Chefgärtner verlor, war es Mirbeau, der Félix Breuil für ihn entdeckte, der Sohn des Chefgärtners seines Vaters.

Manchmal gab es lange Perioden, in denen Monet nicht malte, doch, und darin stimmen alle Berichte überein, spazierte er dann entweder durch den Garten, betrachtete den Garten oder arbeitete im Garten. Da er über eine eiserne Konstitution und große Energiereserven verfügte, ging er bis ans Ende seines Lebens drei- oder viermal am Tag durch den Garten, wobei er beständig über Verbesserungen und neue Gestaltungsformen nachdachte. Mirbeau beschrieb ihn in Hemdsärmeln – sonnenverbrannt und fröhlich, die Hände schwarz von Erde, eine vertraute Gestalt, die eine Schubkarre vor sich her schob, die an einem Tag mit Pflanzen und am nächsten mit aufgerollten Leinwänden beladen war. Als der Garten berühmt wurde und Journalisten, Kunstkritiker und Kunsthändler auftauchten, empfing er sie in einem seiner besonders geschnittenen, pastellfarbenen Seidenhemden mit den gekräuselten Manschetten, einem lohfarbenen Samthut und einem beigekarierten grobgewebten Tweedanzug oder in den gutgeschnittenen Sommeranzügen aus weißem Leinen, was typisch für seine schlichte Eleganz war.

Monet war kein besonders geselliger Mensch; selbst seine Freunde mußten zugeben, daß ihn niemand wirklich kannte. Er fühlte sich wohl im Kreis seiner Familie und seiner engen Freunde, war im Dorf geachtet, zeigte jedoch selten seine Gefühle und ließ nicht erkennen, was er über andere Leute dachte. Menschen, die ihn nicht kannten, hielten ihn für streng: Ein Mädchen, das Blanche bei der Wäsche zur Hand ging, erzählte, sie sei ihm häufig im Garten begegnet, aber „ich hätte nicht sagen können, ob er Zähne hatte, da ich ihn nie lächeln sah." Wenn es mit dem Malen nicht gut voranging, blieb er übellaunig in seinem Zimmer; war er jedoch damit zufrieden, konnte es geschehen, daß er am Tisch saß und das Torerolied aus Bizets Oper „*Carmen*" schmetterte.

Seine gemeinsame Ausstellung mit Rodin im Jahre 1889 und Durand-Ruels unermüdlicher Einsatz in Amerika für sein Schaffen machten ihn wohlhabend. Und 1890, im Alter von fünfzig Jahren, konnte Monet sein Haus endlich kaufen. Dieses Ereignis wurde mit dem Bau von zwei Gewächshäusern, der Einstellung von sechs Gärtnern und der Feier zweier Hochzeiten gebührend gewürdigt. Zuerst fand seine eigene Hochzeit mit Alice statt (Caillebotte fungierte als Trauzeuge), vier Tage später führte er Alices Tochter Suzanne zum Altar, als diese nämlich den amerikanischen Maler Theodore Butler heiratete. Von nun an verwendete Monet sein nicht unbeträchtliches Einkommen nur noch dazu, sein Haus und seinen Garten zu verschönern und zu vergrößern; einige Jahre später bemerkte er: „Mein ganzes Geld fließt in meinen Garten."

Nachdem Monet den vollkommenen Blumengarten, den „*Yin*" geschaffen hatte, träumte er hernach von seiner perfekten Ergän-

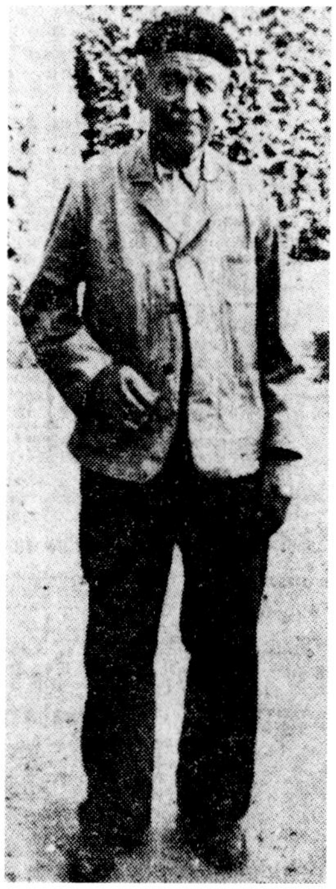

Félix Breuil, hier im Alter von 82 Jahren, war fast dreißig Jahre lang Monets Gärtner. Sein pessimistisches Naturell trug nichts dazu bei, Monets ohnehin erregbares Gemüt zurückzuhalten. „Monet," sagte er in dem Interview, bei dem dieses Foto aufgenommen wurde, „liebte alle Blumen."

zung, dem „*Yang*“ – von Wasser, Grün und Geheimnissen. „Ich bin auf der Suche nach etwas“, schrieb er Mirbeau, „das ich noch nicht ausprobiert habe, nach einem *frisson,* was mir meine Malerei noch nicht gegeben hat.“ Er fand das Gesuchte in einem Mysterium der ganz besonderen Art – der blumenbedeckten Oberfläche eines Teiches. Nach seinen geometrischen Blumenbeeten sehnte er sich nun nach verschlungenen Pfaden; nach seinem bunten Kaleidoskop verlangte es ihn jetzt nach etwas Sanftem, Exotischem. Jenseits der Straße und der Eisenbahngleise kaufte er ein mit Espen und Pappeln bestandenes Stück Sumpfland, durch das das kleine Flüßchen Ru floß, ein Seitenarm der Epte, die ihrerseits ein Nebenfluß der Seine ist. „Es gab einen Fluß, die Epte,“ sagte er, „die, aus Richtung Gisors kommend, die Grenzen meines Besitzes berührte. Ich legte einen Graben an, damit ich den kleinen Teich füllen konnte, den ich in meinem Garten ausgehoben hatte. Ich liebe das Wasser, aber ich liebe auch Blumen. Deshalb wollte ich den Teich, nachdem er gefüllt war, mit Pflanzen schmücken.“

Im Jahre 1893 beantragte er die Genehmigung, den Fluß in einen länglichen Teich umzuformen, um dort Wasserpflanzen zu kultivieren, die er malen wollte. Die Genehmigung wurde mit der Begründung verweigert, er könne das Wasser mit seinen Pflanzen vergiften. Monet war außer sich vor Zorn. Er befand sich gerade auf einer Malreise und befahl Alice, alle Ausschachtungarbeiten zu stoppen und die Seerosen, die er besorgt hatte, in den Fluß zu werfen. Mirbeau schrieb an den örtlichen Präfekten, der übrigens ein persönlicher Freund von ihm war, sich für Monet zu verwenden, und eine Woche später wurde endlich die Erlaubnis erteilt. Monet leitete dann den Nebenarm der Epte so um, daß dieser seinen langgezogenen Teich füllte und errichtete ein Schleusensystem, um das Wasser täglich zu reinigen. Da er wußte, daß die Strömung für die empfindlichen Blüten der Seerosen zu stark sein würde, baute er ein kammartiges Gitter ein.

Zwei Jahre später wurde auf der gleichen Achse wie der *Grande Allée* eine kleine geschwungene Brücke gebaut, die an Japan erinnerte, aber in einem grünen Farbton, statt dem traditionellen japanischen Zinnoberrot gestrichen war – ein perfektes Beispiel dafür, wie Monet seine Vorstellungskraft umsetzte. Er malte die ja-

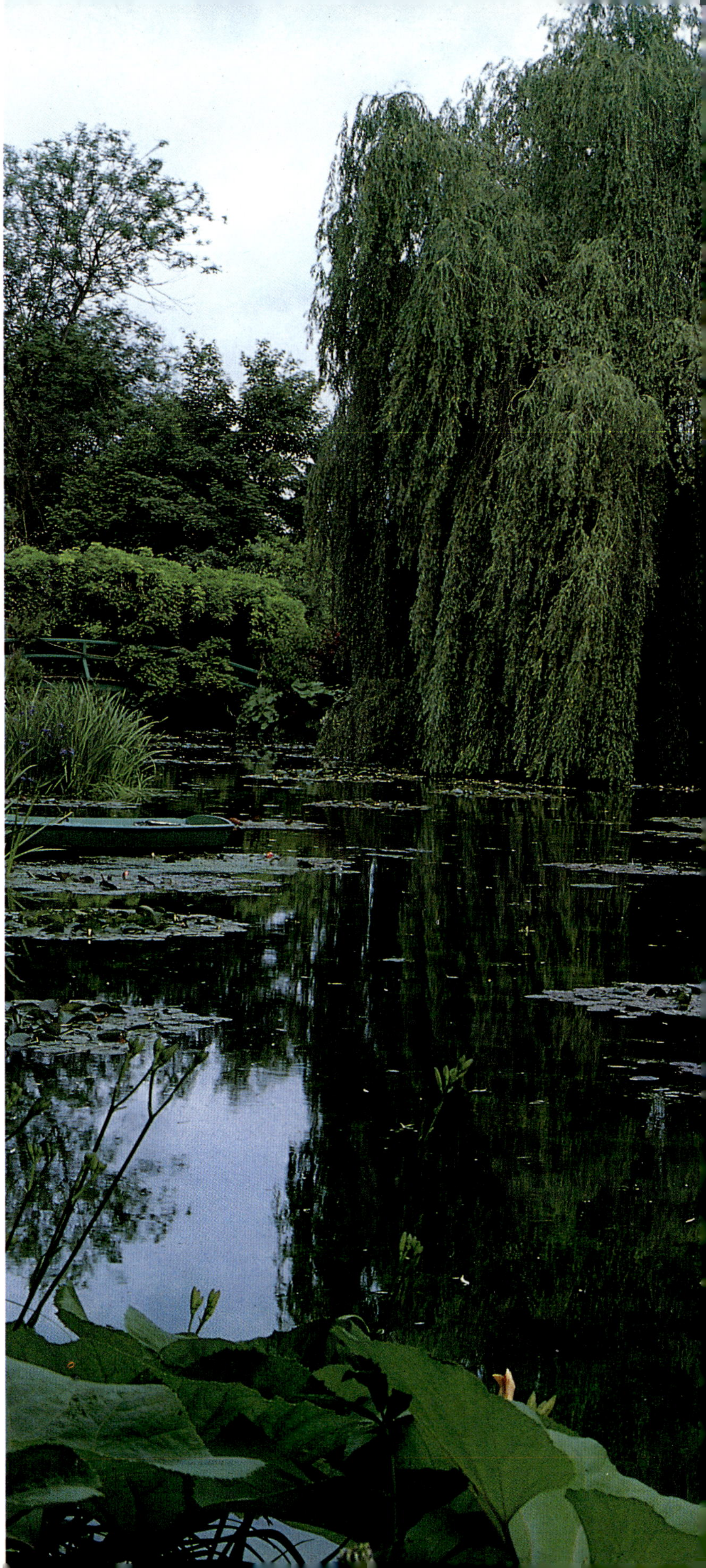

Der Wassergarten, dahinter der Blumengarten. Die Reihe der Rosenbögen begleitet die Grande Allée *auf ganzer Länge und führt in einer geraden Achse über die Straße zur japanischen Brücke.*

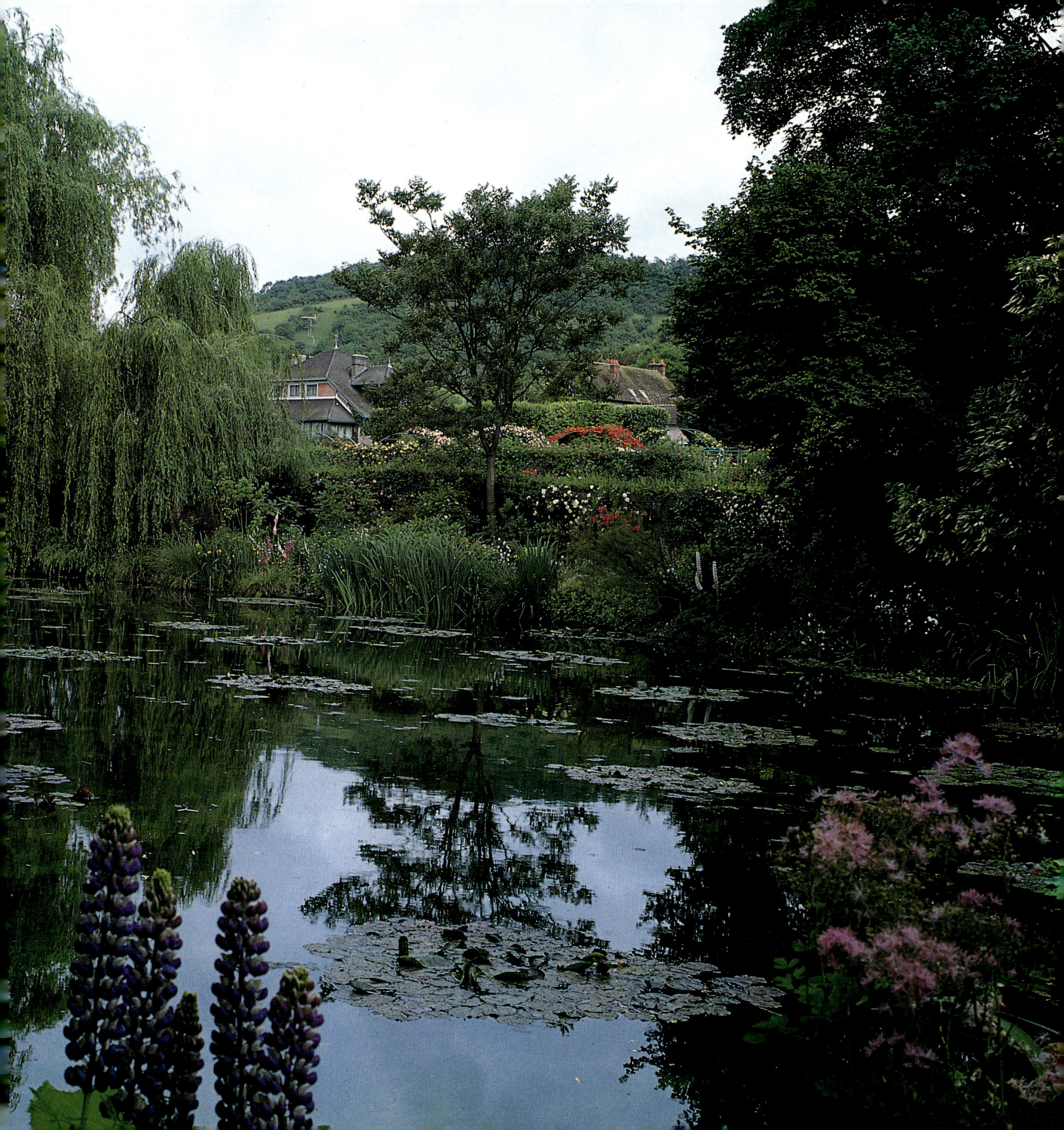

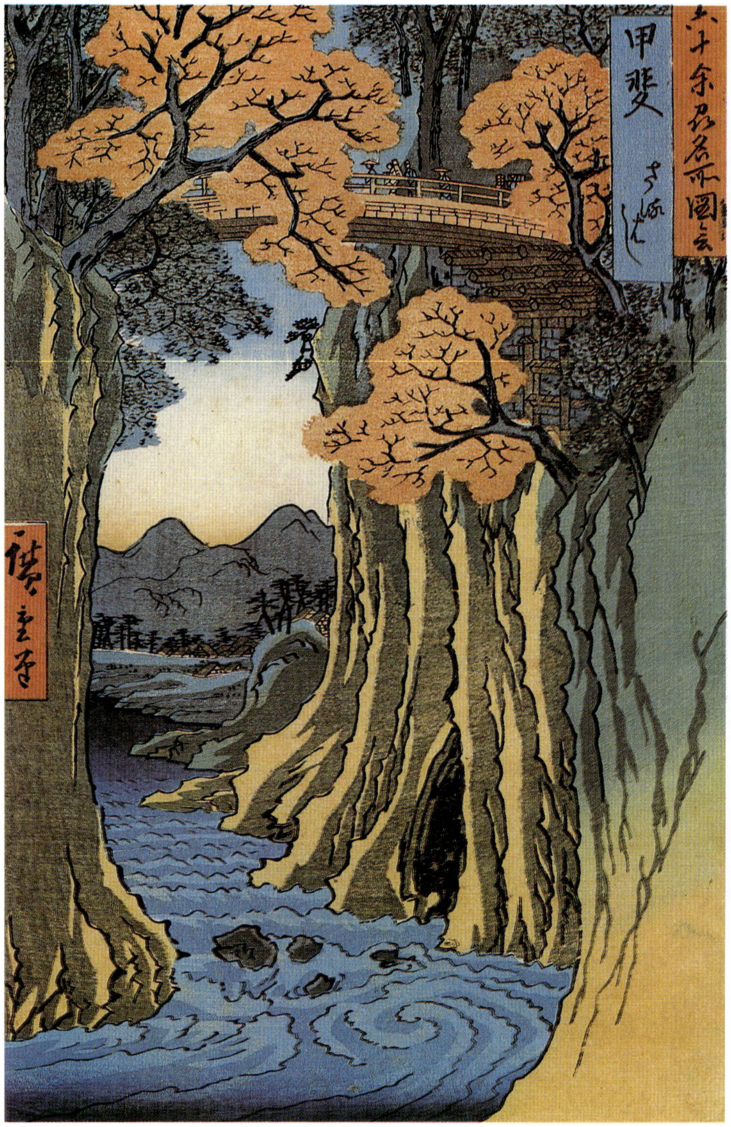

OBEN UND GEGENÜBER: *Dieser Farbholzschnitt aus der Sammlung in Monets Haus ist ein Beispiel für die japanische Kunst kühner Kompositionen und einer surrealen Abbildung der Natur. Die Brücke ist nahezu identisch mit derjenigen, die Monet für den Wassergarten errichtet hatte; sowohl auf dem Holzschnitt als auch dem Foto des Wassergartens von heute ist sie teilweise von Bäumen verdeckt. Die Braun- und Goldtöne des welkenden Herbstlaubs auf dem Foto finden ihr Echo in den herbstlichen Farbtönen des Holzschnitts.*

panische Brücke lange, bevor er sich auf den Blumengarten konzentrierte.

Der Wassergarten wurde ein Garten der Perspektive und des Unerwarteten. Er besaß Ähnlichkeit mit den japanischen Gärten des siebzehnten Jahrhunderts mit ihren Seen und gewundenen, verschwiegenen Pfaden sowie Orten der inneren Einkehr. Wieder gestaltete Monet den Garten selbst und schuf, wie der Kritiker und Kunsthistoriker Louis Vauxcelles es ausdrückte, eine „traumhafte Szenerie, die zutiefst asiatisch ist". Er steigerte diese Eindrücke noch durch die Anpflanzung von Bambus, Ahorn, japanischen Baumpäonien mit großen Einzelblüten in Rot, Dunkelrot, Weiß und Rosa, durch Trauerweiden und alle bekannten Varietäten von Seerosen. Eine schmale Umrandung aus Gras faßte den Teich ein, und um die Ränder fließend zu gestalten, verwendete er einheimische Sumpfpflanzen – Sumpfdotterblumen, Trollblumen, Pfeilkraut, rosa und gelbe Wiesenraute, Schmucklilien, seltene Sorten japanischer Lilien, Gladiolen, Pestwurz mit riesigen runden Blättern und Wasserpflanzen.

Während der Blumengarten nur aus geraden Linien bestand, gab es im Wassergarten überall Kurven, Bögen über den Wegen, kreisförmige Beete, die gegenüber dem Teich aus dem Rasen ausgehoben wurden – als Pendant zu den kreisförmigen Seerosenteppichen. In diese Beete setzte Monet seine japanischen Baumpfingstrosen und – das Kreismotiv wiederholend – die rundblättrige Pestwurz, die er neben die Brücke in die Nähe des Bambus pflanzte. Und wo der Blumengarten in Blumen schwelgte, betonte der Wassergarten das Laub. Er beließ die Pappeln und Espen an ihrem Standort und ergänzte sie durch die mittlerweile berühmten Trauerweiden. Den äußeren Rand bepflanzte er mit Azaleen, Rhododendron, Hortensien und Heckenrosen. Den Rest füllte er mit Pflanzen aus, die einen sauren Boden liebten, zum Beispiel Lorbeerrosen, Azaleen, Geißbart, Stechpalmen und Riesenfarn. 1920 hielt Forestier fest: „Am Ende des Teiches standen hohe Pappeln schützend über einer Gruppe säureliebender Pflanzen, in deren Mitte sich die stolzen Blüten der Goldbandlilie erhoben." Monet erklärte, der Gedanke, diese Lilie zu pflanzen, sei ihm beim Anblick des Porträts eines Kindes inmitten vielerlei Lilien gekommen, das sein Freund John Singer Sargent gemalt hatte.

Der Hintergrund, den Sargent gewählt hatte, bestand aus einer Masse von *Lilium auratum*, die im Garten der reichen Amerikanerin Mrs. de Navarro in den Cotswolds wuchsen. Im Zeitraum eines halben Jahrhunderts waren sie zu einem einzigen gewaltigen Stamm zusammengewachsen.

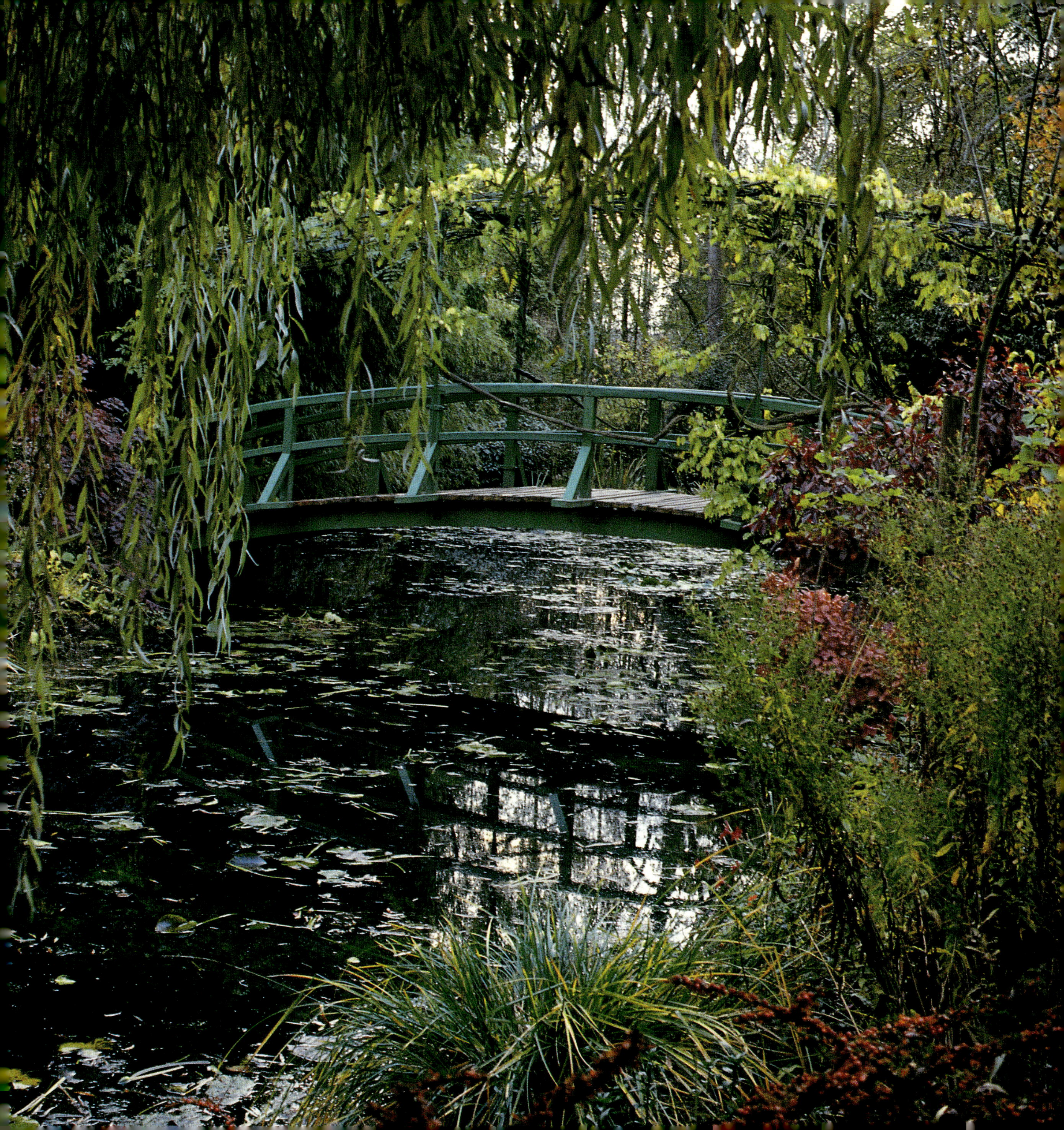

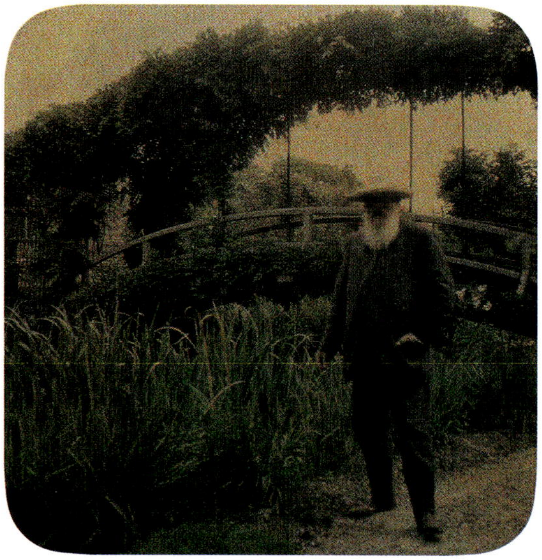

Gelbe, weiße, purpurrote, rosa und lavendelfarbene Seerosen blühten vom Frühling an den ganzen Sommer hindurch. Seltenere, empfindliche Seerosen wurden in einem speziell dafür konstruierten auszementierten Bassin am einen Ende des Teiches gezüchtet, allerdings ohne großen Erfolg. Über den Bögen, die die Wege überspannten, und an den Baumstämmen rankten die Rosen 'Crimson Rambler', die kräftige 'La Belle Vichyssoise' sogar acht Meter hoch empor, mit Büscheln von kleinen rosa Blüten. Aus den Steinen zweier Bänke, die vorher einander gegenüber am Ende der *Grande Allée* gestanden hatten, baute sich Monet eine Bank, die er auf der anderen Seite der Brücke im Halbrund eines Bambusdickichts aufstellte, um sich gegen den Wind zu schützen, und von der aus er den Garten betrachten konnte.

OBEN: *Monet ging regelmäßig durch seinen Garten, warf stets ein wachsames Auge auf das Wachstum seiner Pflanzen und die Arbeit seiner Gärtner. Dieses Foto zeigt ihn vor der glyzinenbewachsenen japanischen Brücke.*

RECHTS: *Dampfend wie ein zugewucherter Urwald, so präsentiert sich der westliche Teil des Teiches während eines plötzlichen Sommergewitters. Links ist das von Monet persönlich gepflanzte, undurchdringliche Bambusdickicht zu erkennen. Weitere von ihm gesetzte asiatische Akzente sind die Glyzinen.*

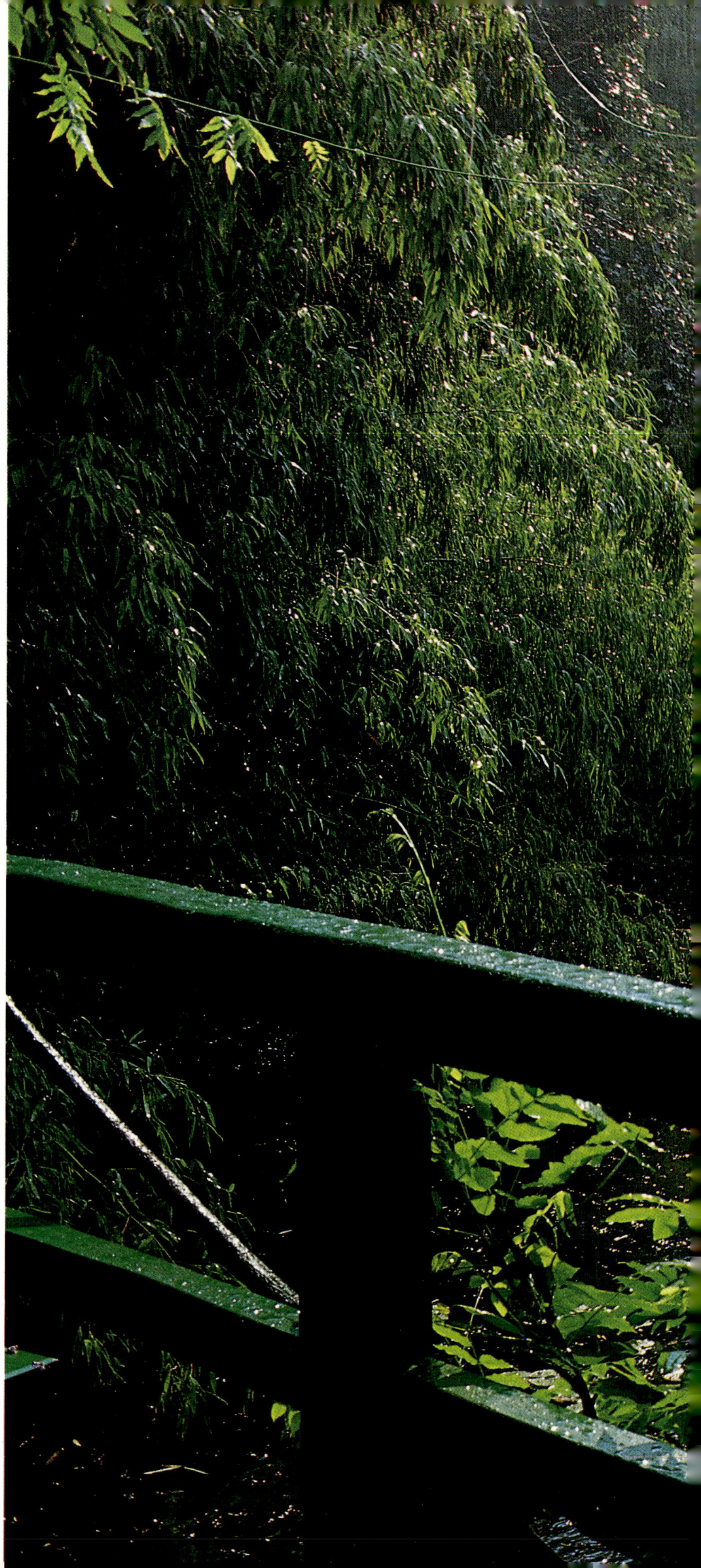

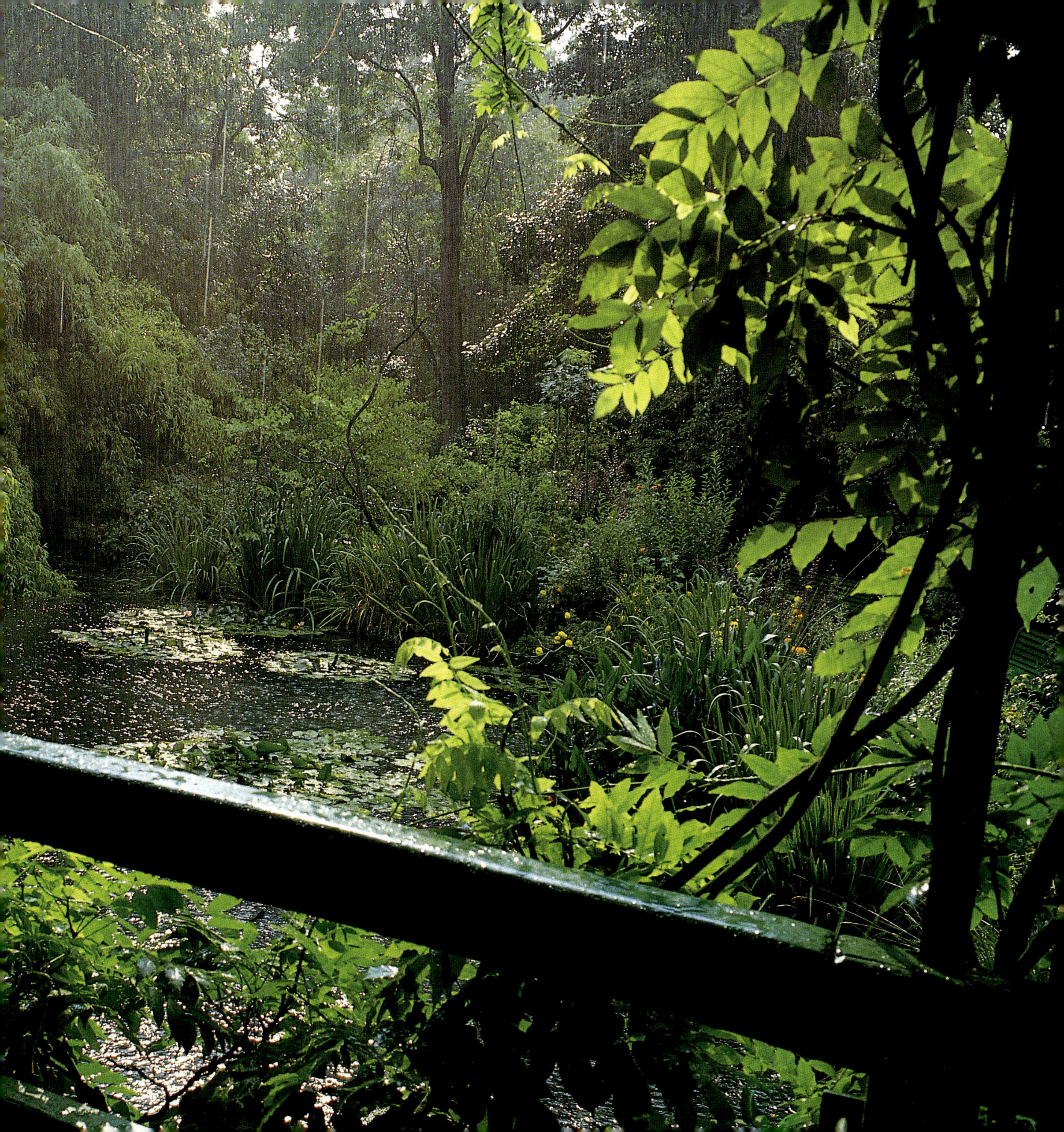

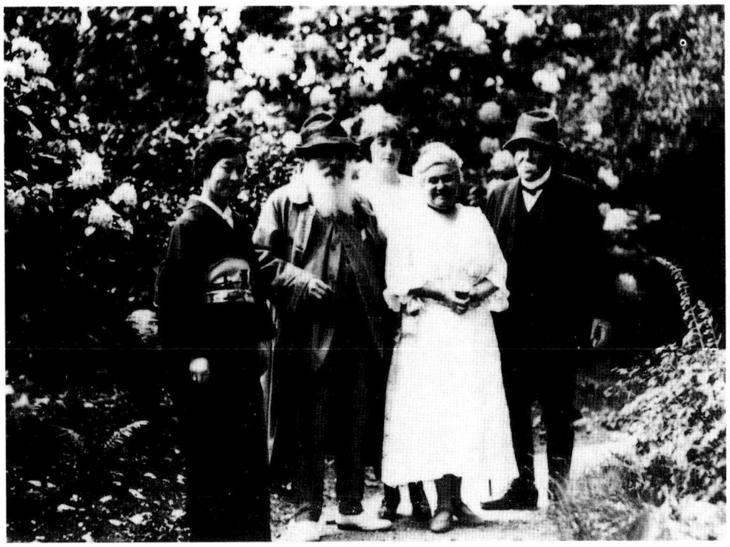

Diese Szenerie am Wasser war nicht nur eine künstlerische Eingebung, sondern auch ein allgemeiner Treffpunkt, auf den Monet sehr stolz war. Nach dem Mittagessen wurden Besucher unweigerlich zu den Blumenbeeten, den Gewächshäusern und durch den Garten geführt, und am 6. Juni, Monets Namenstag, wurden am Teich Freudenfeuer angezündet. Als die Opernsängerin Marguerite Namara nach Giverny kam, bestand sie darauf, im Wassergarten für Monet zu singen.

Seerosen haben gern warme Füße, das heißt, sie wollen dicht an der Wasseroberfläche gepflanzt werden. Sie beanspruchen auch viel Platz, um ihre Blätter auszubreiten; deshalb war es die Aufgabe des Gärtners, die Blattgruppen zu kreisförmigen Flächen zurechtzuschneiden und jeden Morgen, bevor Monet mit Staffelei und Sonnenschirm erschien, den Teich zu säubern, die Algen zu entfernen, die verwelkten Blüten abzuknipsen, alle welken Blätter zu entfernen und den Staub von den Seerosenteppichen abzuspülen. Angeblich verbrachte Monet täglich viele Stunden am Teich, bevor er zum Pinsel griff…

Vielleicht ist Monets Teich identisch mit dem, in den die meisten Menschen hineingeblickt haben – Millionen von Augenpaaren, die zu sehen hofften, was er sah. Monet schrieb einmal, als Maler sei er ein hypersensibler Rezeptor, und seine Malerei schilderte er als ständige Aufgabe, alles, was er sah, in Partikel aus Licht und Farbe zu zerlegen. Clemenceau sagte einmal zu ihm: „Wenn ich einen Baum betrachte, sehe ich nur einen Baum. Aber Sie, Sie schauen ihn mit halbgeschlossenen Augen an und denken, wie viele Schattierungen von wie vielen Farben gibt es in den Nuancen des Lichts in diesem schlichten Baumstamm?" Über dreißig Jahre lang mühte Monet sich mit der schier unmöglichen Aufgabe ab, die er sich selbst gestellt hatte – mit Farben die klare, leuchtende Eigenart einer flüchtigen Atmosphäre einzufangen.

Nachdem er sich ein Leben lang gemüht hatte, durch Luft gefilterte Atmosphäre einzufangen, stellte er sich nun die Aufgabe, Atmosphäre festzuhalten, die durch Wasser gefiltert wurde – eine Atmosphäre, die noch schwieriger einzufangen war, da die Oberfläche dieses trügerischen Spiegels gleichzeitig reflektiert wie absorbiert und die Seerosen zugleich auf Wolken wie auf schwankenden Wellen zu schwimmen scheinen. Dies wirkt sich auf das Bewußtsein aus wie eine „optische Reise". Monet selbst schrieb sein Genie bescheiden lediglich dem ausgeprägten Instinkt zu. Er erklärte:

> „Weil ich intuitive und geheime Kräfte wiederentdeckte und ihnen erlaubte, die Oberhand zu gewinnen, gelang es mir, mich mit meiner Schöpfung zu identifizieren und mich in sie zu vertiefen… Ich habe meine Staffelei vor dieser Wasserfläche aufgestellt, die eine angenehme Frische in meinen Garten bringt; ihr Umfang mißt weniger als 200 Meter… mein 69. Lebensjahr liegt bald hinter mir, doch meine Sensitivität hat mit dem Alter nicht etwa abgenommen, sondern sich eher noch verstärkt; ich habe keine Angst vor dem Alter, solange die unverminderte Kommunikation mit der Außenwelt meine Neugier weiter anstachelt und meine Hand ein bereitwilliger, verläßlicher Interpret meiner Wahrnehmung bleibt."

Was er damals noch nicht ahnen konnte, war, daß ihn einst nicht seine Hände, sondern seine Augen im Stich lassen würden.

OBEN: *Ein Foto zeigt Monet im Wassergarten, zusammen mit (von links nach rechts) Madame Kuroki, seiner Stiefenkelin Lily Butler, seiner Schwiegertochter (und gleichzeitig Stieftochter) Blanche Hoschedé-Monet und Georges Clemenceau.*

RECHTS: Das Bild „Seerosen" *(1903) ist ein Tongedicht in zarten Gelb-, Blau- und Grüntönen. Der federleichte, filigrane Vorhang der Trauerweide schwebt sanft über der schwimmenden Welt der Seerosen.*

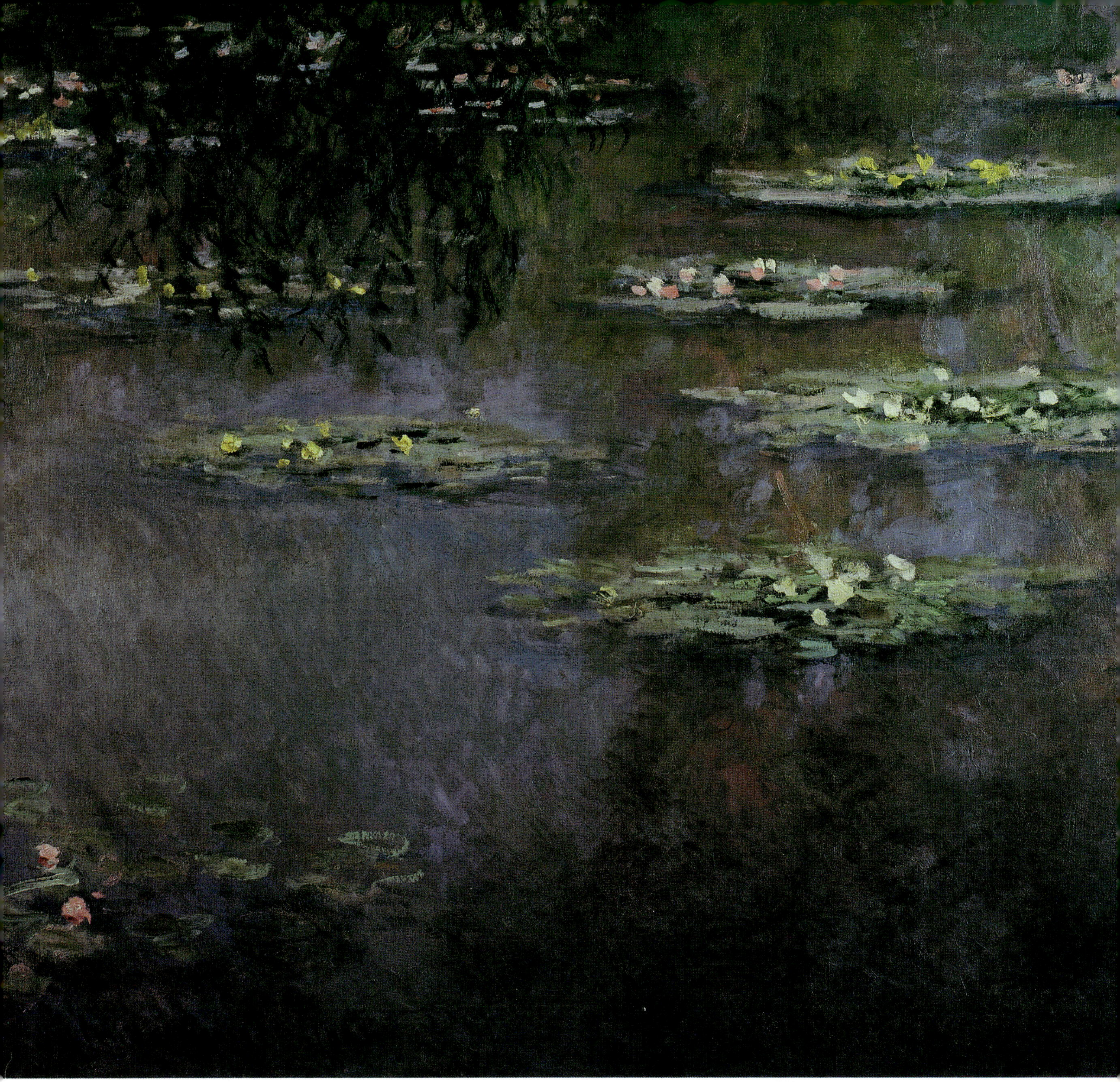

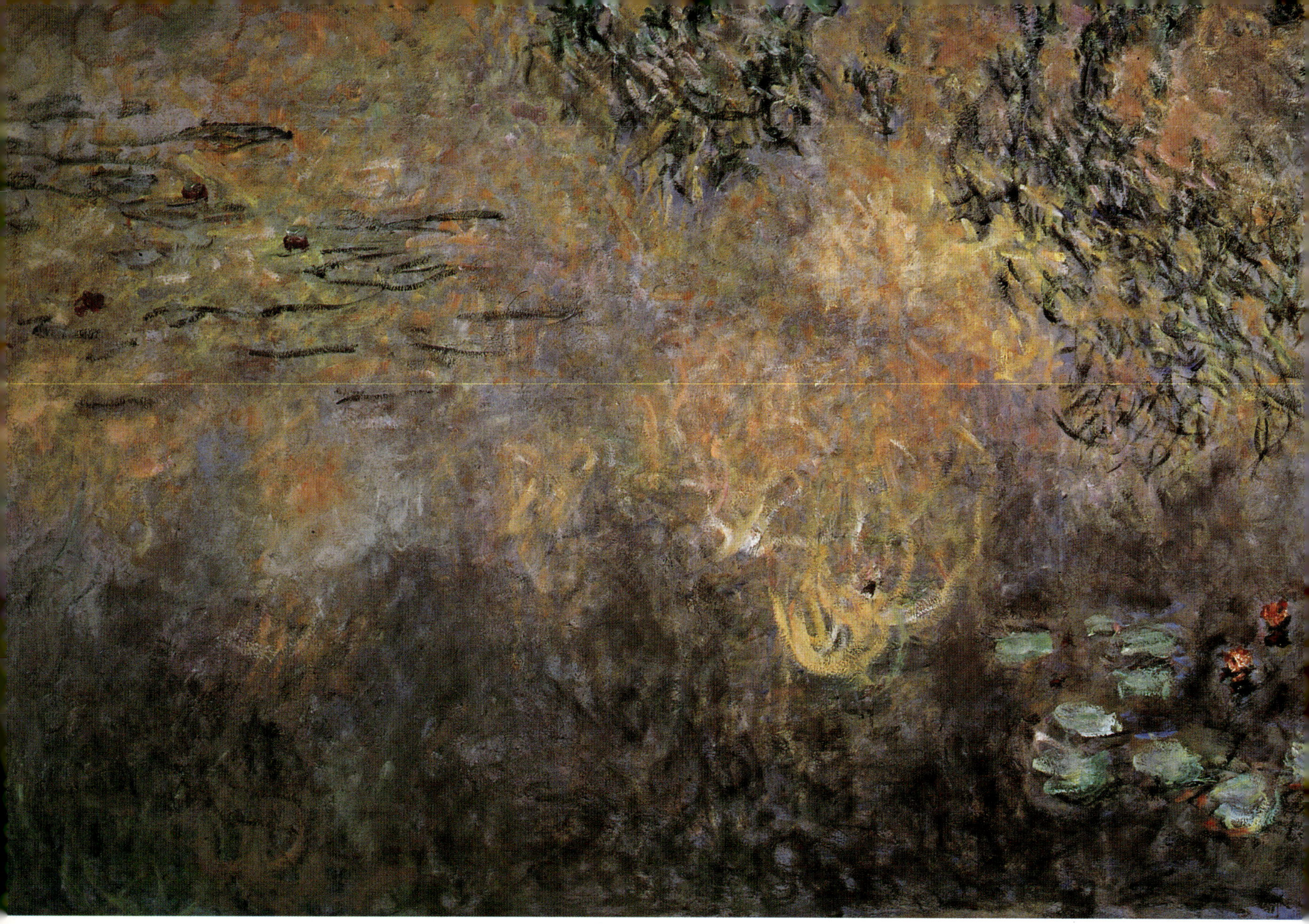

Das Schicksal ersinnt grausame Ironien, um Genies daran zu erinnern, daß auch sie nur gewöhnliche Sterbliche sind. Mirbeau bekam so ernsthafte Kreislaufprobleme, daß er keinen Schreibstift mehr halten konnte. Als Alice 1911 starb, erlosch das Licht in Monets Leben, und auch das Licht seiner Augen wurde nach und nach schwächer. 1908 wurde bei ihm auf beiden Augen grauer Star diagnostiziert, weshalb er nur noch durch einen verschwommenen, gelblichbraunen Schleier sehen konnte; dieser Zustand verschlimmerte sich im Laufe der folgenden fünfzehn Jahre. Als er schließlich einverstanden war, sich operieren zu lassen, war seine Sicht inzwischen so atmosphärisch und impressionistisch geworden wie alle Bilder, die er gemalt hatte. Schlimmer noch war, daß er die Farben nicht mehr genau unterscheiden konnte – „mein Rot und Rosa verwaschen und fade, die übrigen Farbtöne kann ich nicht erkennen". Er, der die Farben immer umworben, hofiert und kultiviert hatte, begann zu seinem Entsetzen Bilder wie alte Gemälde zu malen und geriet darüber häufig so in Wut, daß er die Leinwand mit einem Fußtritt bedachte. Bei einem Menschen, der den Schaffensprozeß des Malens als den Wunsch verstand wiederzugeben, was man fühlt, mußte zwangsläufig in Rage geraten, wenn er eben dazu nicht in der Lage war. Da er sich viele Jahre lang weigerte, sich am Grauen Star operieren zu lassen,

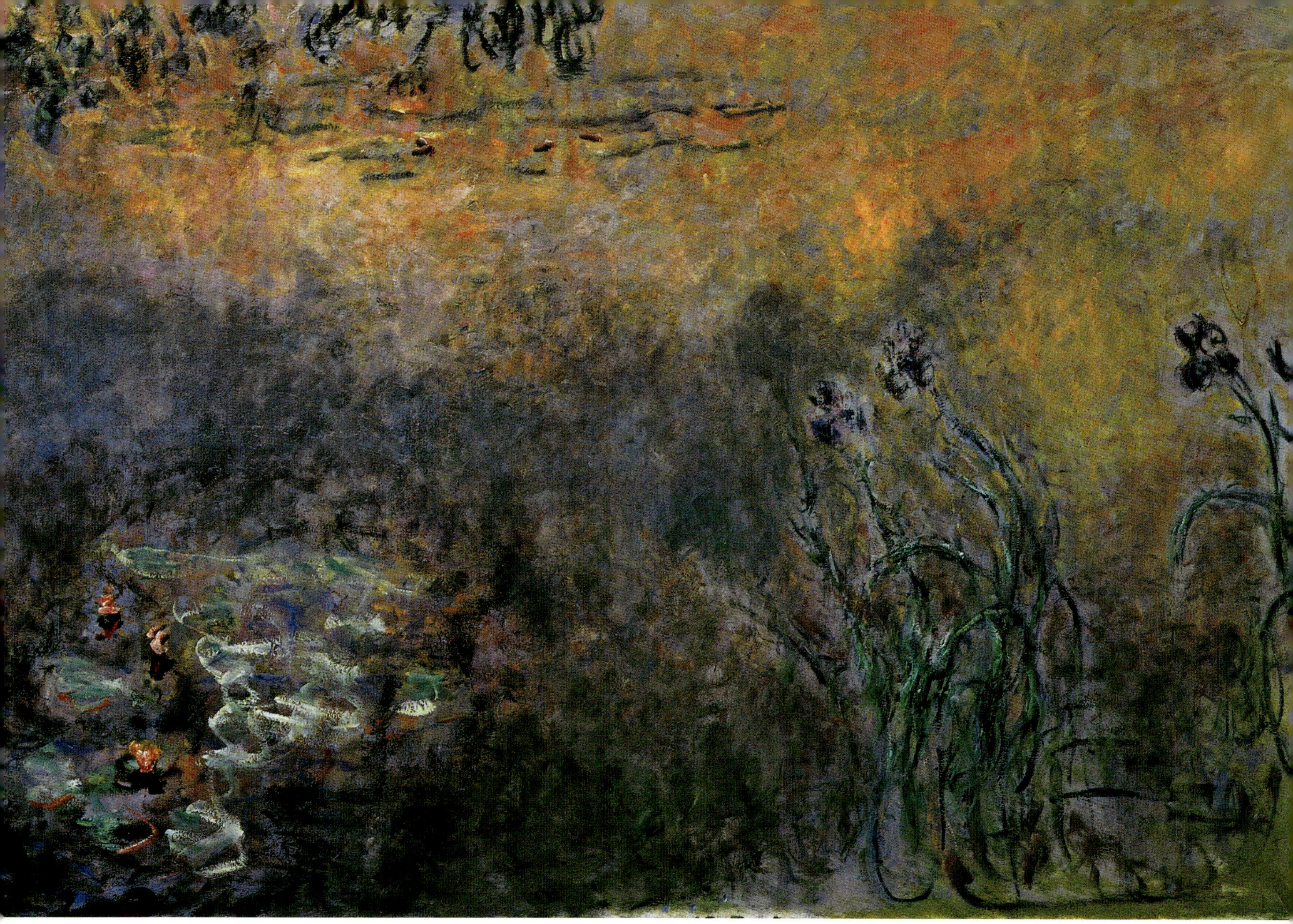

muß sein Leben zuletzt eine echte Qual gewesen sein. Als Monet sich nach der Operation immer noch über sein schlechtes Sehvermögen beklagte, schrieb sein Augenarzt Dr. Coutéla an Georges Clemenceau: „Wenn er die Dinge genauso wie ein gewöhnlicher Mensch sähe, wäre er mehr als zufrieden mit seiner Sehkraft." Aber Monet sah tragischerweise eben nicht auf die gleiche Weise wie andere Leute.

Im Jahre 1914 brach der Krieg aus; im gleichen Jahr starb sein Sohn Jean, doch Monet wollte Giverny nicht verlassen. „Wenn diese Barbaren mich umbringen wollen, dann inmitten meiner Bilder – vor meinem Lebenswerk," schrieb er an Geffroy. Von

Das Gemälde „Seerosenteich mit Iris" *(1910) ist eines der Bilder, die Monet nach dem Krieg dem französischen Staat vermachte.*

Blanche getröstet, gepflegt und umsorgt, verbrachten die beiden ein einsames Leben mit Gartenarbeit und Malerei. Mitten im Krieg, 1916, baute er ein drittes Atelier, das *„Grand Atelier"*, um die riesigen Leinwände für die Seerosenbilder, die er plante, unterzubringen. Die gelben Schwertlilien und Schmucklilien, die er in dieser Zeit malte, sind zart sowie spinnenartig und in den gleichen heiteren, sanften Blau- und Grüntönen gehalten, wie es die Seerosenbilder einst sein würden – es war seine „Blaue Periode".

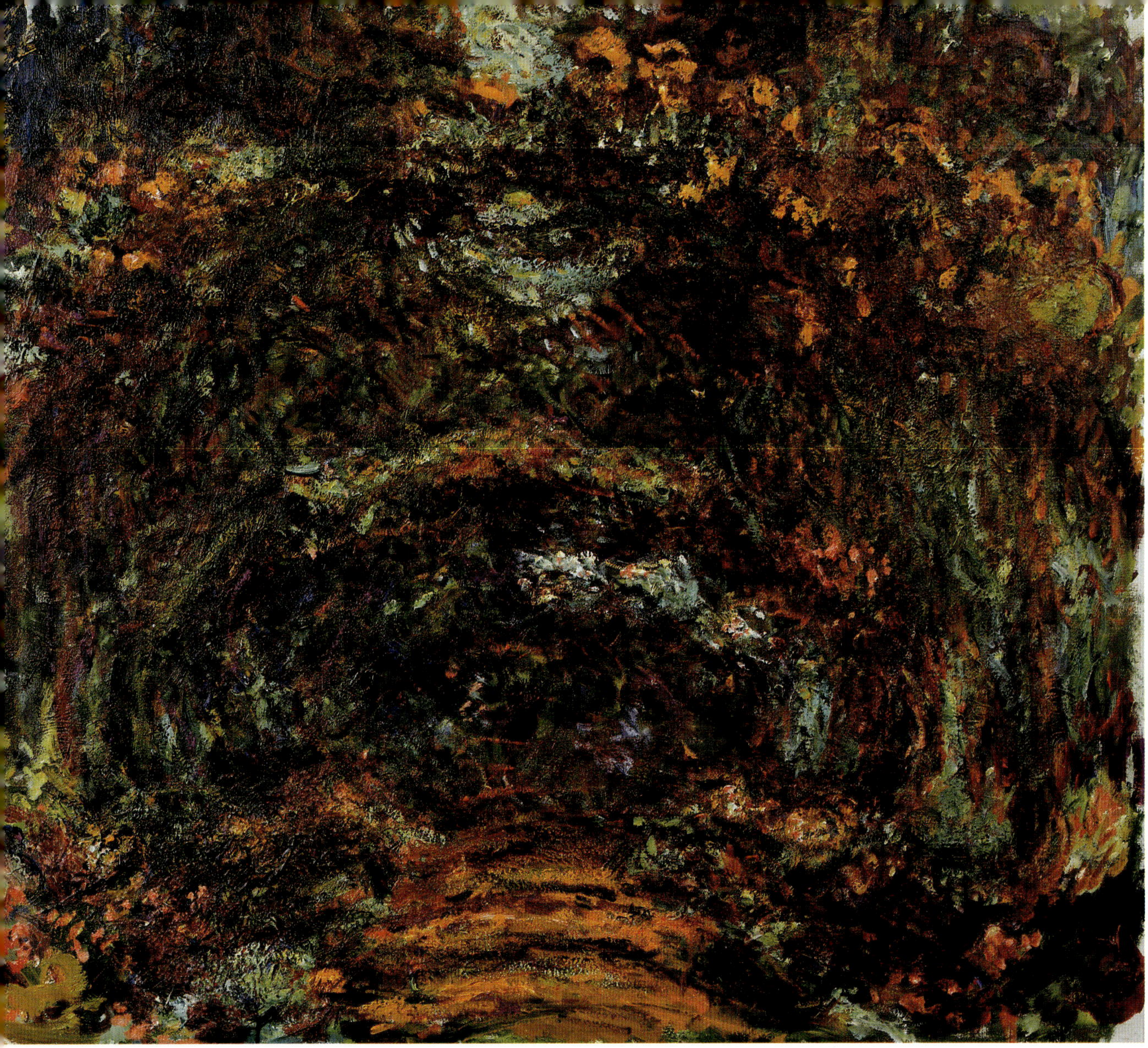

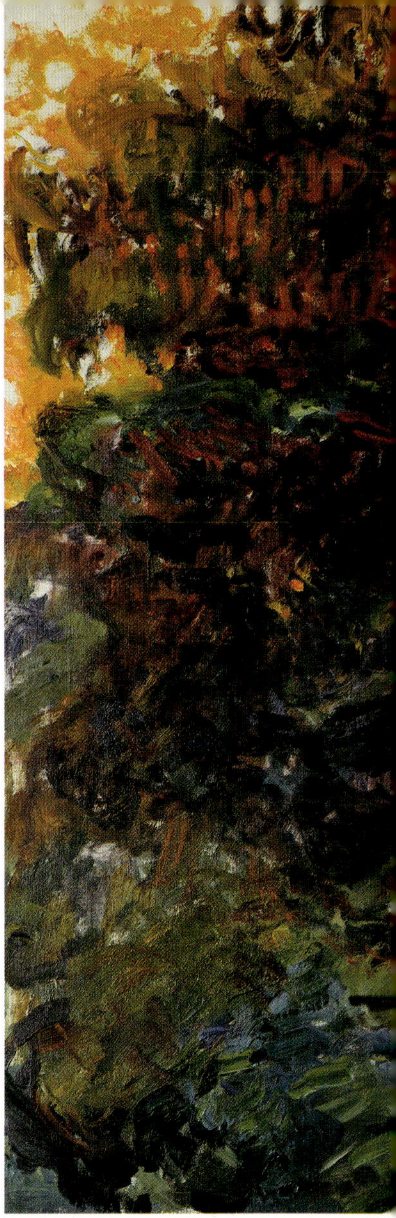

In dieser Zeit hielten ihn seine Freundschaften aufrecht. Vor allem Clemenceau wurde seine Stütze und sein Halt. Als sie sich in den Siebziger Jahren des 19. Jahrhunderts kennenlernten, hatten die beiden Männer wenig gemeinsam. Clemenceau notierte: „Ich lebte für die Politik und Monet ausschließlich für seine Kunst." Später jedoch kamen sie sich durch ihren gemeinsamen Freund Geffroy näher und achteten, verstanden und schätzten einander. Im gleichen Alter wie Monet, war auch Clemenceau ein eifriger Gärtner, und beide teilten die Vorliebe für Häuslichkeit, gutes Essen und Reisen. Als Arsène Alexandre Monets Garten 1901 zum erstenmal besuchte, fiel ihm die üppige Fülle auf, die dem Garten seine besondere Eigenart verlieh.

Clemenceau, der während des Krieges Ministerpräsident war, nahm hin und wieder Abstand vom Frontgeschehen. Dann suchte er Monet im Garten von Giverny auf, wobei es verboten war, über den Krieg zu sprechen. Das Jahr 1919 brachte der Welt Frieden, Giverny jedoch das Chaos und Monet, der mittlerweile achtzig Jahre alt und fast blind war, viele Sorgen. Er schrieb an Bernheim Jeune, einen Händler: „Alle meine Gärtner, die seit zwanzig Jahren hier sind, haben mich verlassen – und das ist ein völliges Drunter und Drüber für mich, besonders bei dieser Trockenheit. Ich habe einen Moment lang daran gedacht, meinen Garten und Giverny zu verlassen. Aber das führt alles zu nichts. Die Unterzeichnung des Friedensvertrags ist eine echte Erleichterung."

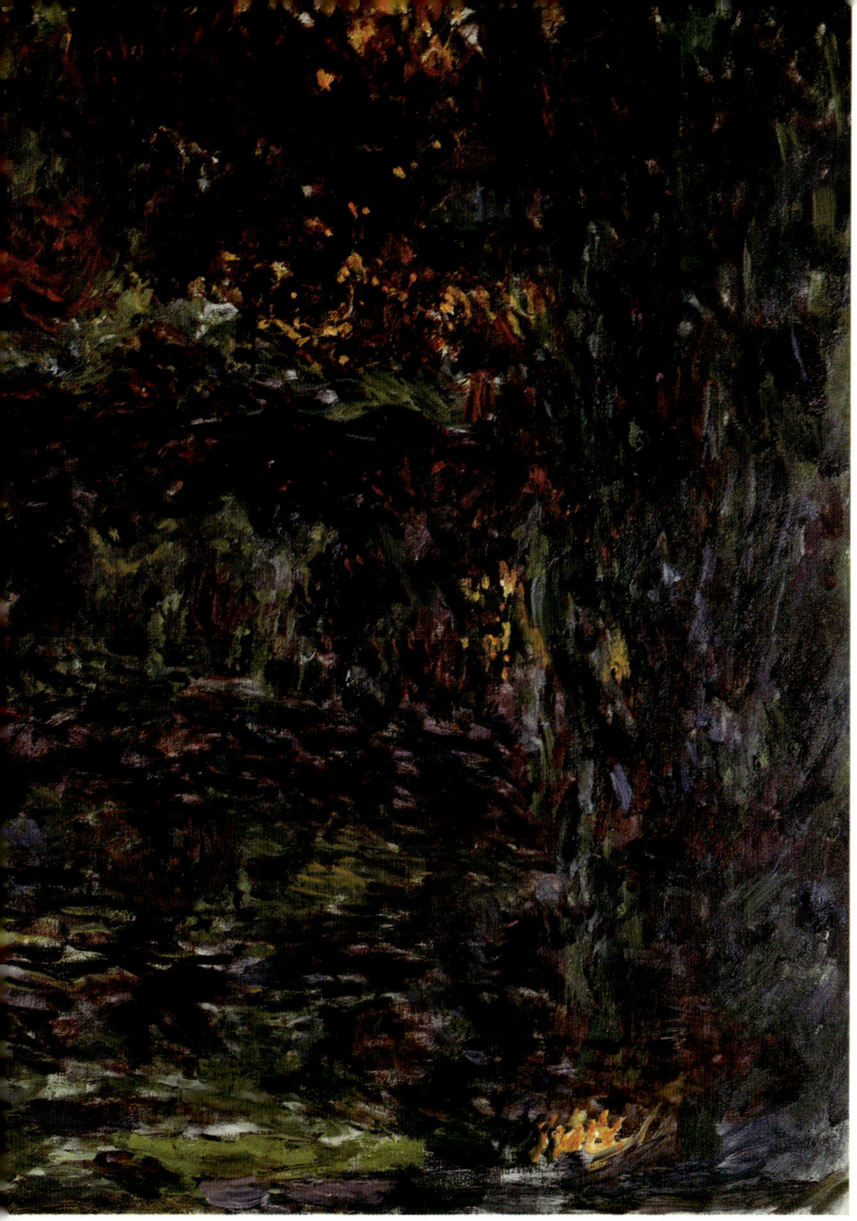

Das Bild „Weg mit Rosenbögen“, Giverny *(ca. 1922, ganz links) und* „Die japanische Brücke in Giverny“ *(ca. 1923, links) sind Beispiele dafür, wie eng in den rund zehn Jahren, die auf den Tod von Alice und Monets älterem Sohn Jean folgten, Monets Kunst und sein Garten mit seinem Gefühlsleben verwoben waren. Der Garten scheint mit sich selbst im Streit zu liegen, der Maler wirkt aufgewühlt, trauernd und von Zorn erfüllt.*

Nach dem Krieg kehrte Félix Breuil auf den Besitz Remalard von Mirbeaus Vater zurück und wurde durch den sehr fähigen Léon Lebret ersetzt, der den Garten in Giverny in Monets Sinne weiterführte, bis er im Zweiten Weltkrieg fiel.

Clemenceau kehrte in seine Heimat in der Vendée zurück und mietete ein abgelegenes Haus an der Atlantikküste. Monet sandte ihm per Bahn unzählige Pflanzen, die der Freund alle in den Sand zwischen den Meeresdünen pflanzte. Clemenceau zufolge war es „ein Blumengewitter; es ist unbeschreiblich – ein Meer von Rosen“. Der Garten war ein Urwald aus schlichten Blumen. Es gab Gruppen riesiger Hundskamille, ferner Kugeldisteln, Schwertlilien, Levkojen und Kräuter.

Voller Zorn über sein nachlassendes Augenlicht, malte Monet in den Jahren unmittelbar nach dem Krieg kraftvolle, leidenschaftliche, abstrakte Bilder, die einen Garten in Flammen zeigen, voller Vitalität, einen Garten, der solange auf das Wesentliche reduziert wurde, bis nur noch ein Bogen übrigblieb – zum Beispiel der Bogen der japanischen Brücke, die geschwungene Linie der Rosenbögen, die Biegung der *Grande Allée.*

Nun bemühte sich Monet, inzwischen nahezu erblindet, seine Seerosenbilder zu vollenden. Clemenceau, der Monets Verzweiflung kannte, saß derweil an seinem Schreibtisch, von dem aus er seinen prachtvollen Garten und das Meer vor einem ansonsten leeren Horizont erblicken konnte, und schrieb ihm gefühlvolle Briefe, die den alten Kämpfer zum Weitermachen ermuntern sollten. In seiner Wut und Enttäuschung über sein mangelndes Sehvermögen vernichtete Monet einige seiner Seerosenbilder, die ihm nämlich unzulänglich erschienen, und änderte andere, was übrigens zu verheerenden Ergebnissen führte. Im Dezember 1922 bestand er auf einer Operation seiner Augen und wurde im darauffolgenden Jahr dreimal operiert. Die Genesung ging nur langsam voran und, ein weiterer grausamer Schicksalsschlag, er sah zunächst alles gelb und später alles blau. Gerade die Farben, die er sein ganzes Leben lang geliebt hatte, verhöhnten ihn jetzt! 1924 schließlich teilte er Clemenceau mit, daß er die Gemälde, die er der Nation versprochen hatte, nun doch nicht liefern könne. Ein wütender Clemenceau entzog ihm daraufhin seine Freundschaft. Monet, nun mit einer Brille, mit deren Hilfe er besser sah, lenkte aber ein und schrieb 1925 an Clemenceau, Frankreich könne die Bilder, ungeachtet ihres Zustands bekommen, jedoch erst nach seinem Tod. Jetzt hängen sie in der Orangerie in Paris und dürften wohl als die eindringlichsten, heitersten, poetischsten Zeugnisse von Licht gelten, die jemals gemalt wurden. Nachdem Félix Breuil, zu dessen Aufgabenbereich in Giverny der Wassergarten gehörte, in den Ruhestand getreten war, kehrte er niemals mehr zurück, um seinen Teich zu betrachten. Stattdessen ging er in die Orangerie, um ihn dort anzuschauen.

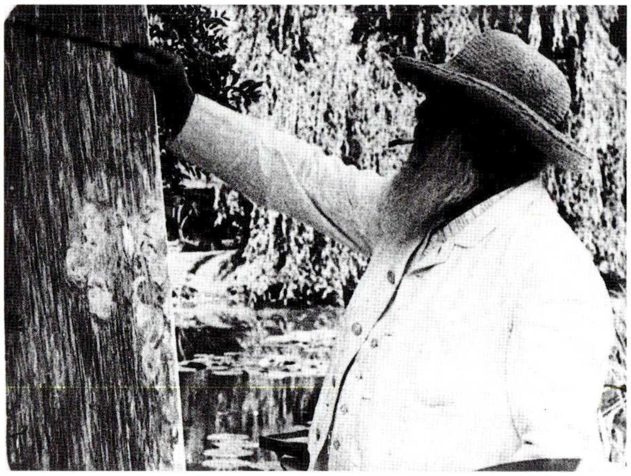

Im April 1926 begannen Monets Kräfte rapide nachzulassen. Im November des gleichen Jahres aß Clemenceau mit ihm zu Mittag. Monet, der sein Leben lang geraucht hatte und an einem Emphysem und einem Tumor starb, von dem er nichts wußte, hatte die Malerei inzwischen aufgegeben und sprach nur noch über seinen Garten. Er erzählte dem Gast, er habe gerade eine Sendung mit Blumenzwiebeln seiner Lieblingsblume, der japanischen Lilie, erhalten, und jeden Tag kämen „zwei bis drei Kisten sehr teurer Samen, die Blüten in wundervollen Farben hervorbringen würden". „Sie werden sie alle im Frühjahr sehen," sagte er zu Clemenceau. „Ich werde dann nicht mehr da sein." Aber Clemenceau hatte den Eindruck, daß Monet insgeheim daran nicht glaubte. Doch nach Wochen heftiger Schmerzen starb Monet um die Mittagszeit des 5. Dezember. Er hatte den Wunsch geäußert, in aller Stille beerdigt zu werden und daß die Gärtner seinen Sarg tragen sollten. Am Morgen des 8. Dezember verließ Monet sein Haus zum letzten Mal. Clemenceau ersetzte das schwarze Leichentuch durch ein geblümtes Tuch aus dem Haus, und die Gärtner erschienen in ihrer Arbeitskleidung. Der Sarg wurde auf den Leichenwagen des Dorfes gehoben und Monet von seinen Gärtnern genauso vorsichtig die Straße entlanggefahren, wie er stets selbst seine Schubkarren mit Leinwänden oder Pflanzen geschoben hatte.

OBEN UND RECHTS: *Die vier wesentlichen Elemente des Wassergartens hier in einer Großaufnahme festgehalten, sind: blaugrünes Wasser voller Spiegelungen, die grazilen, schwimmenden Blüten der Seerosen, ihre deutlich ausgeprägten, typischen Blätterteppiche und der zarte Vorhang der Trauerweiden.*

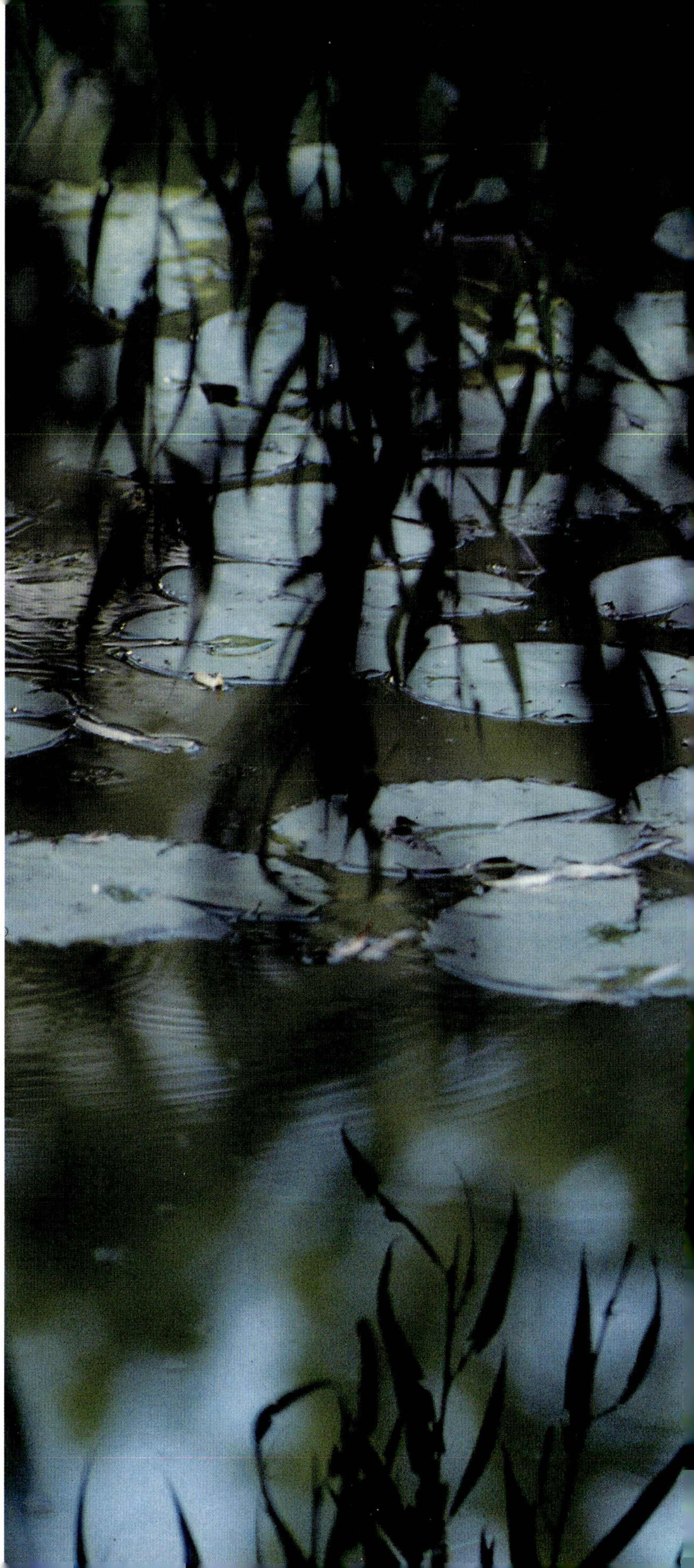

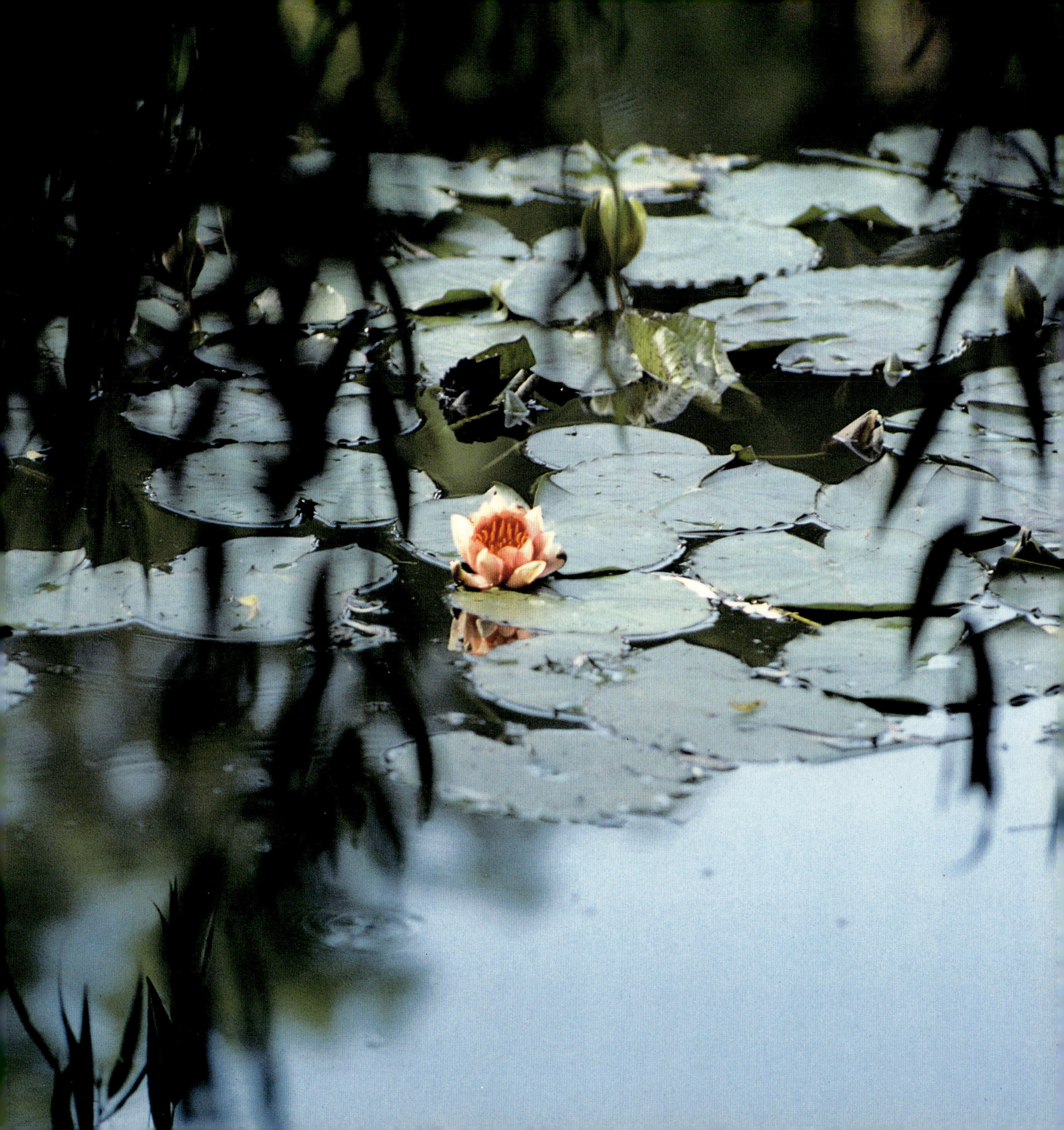

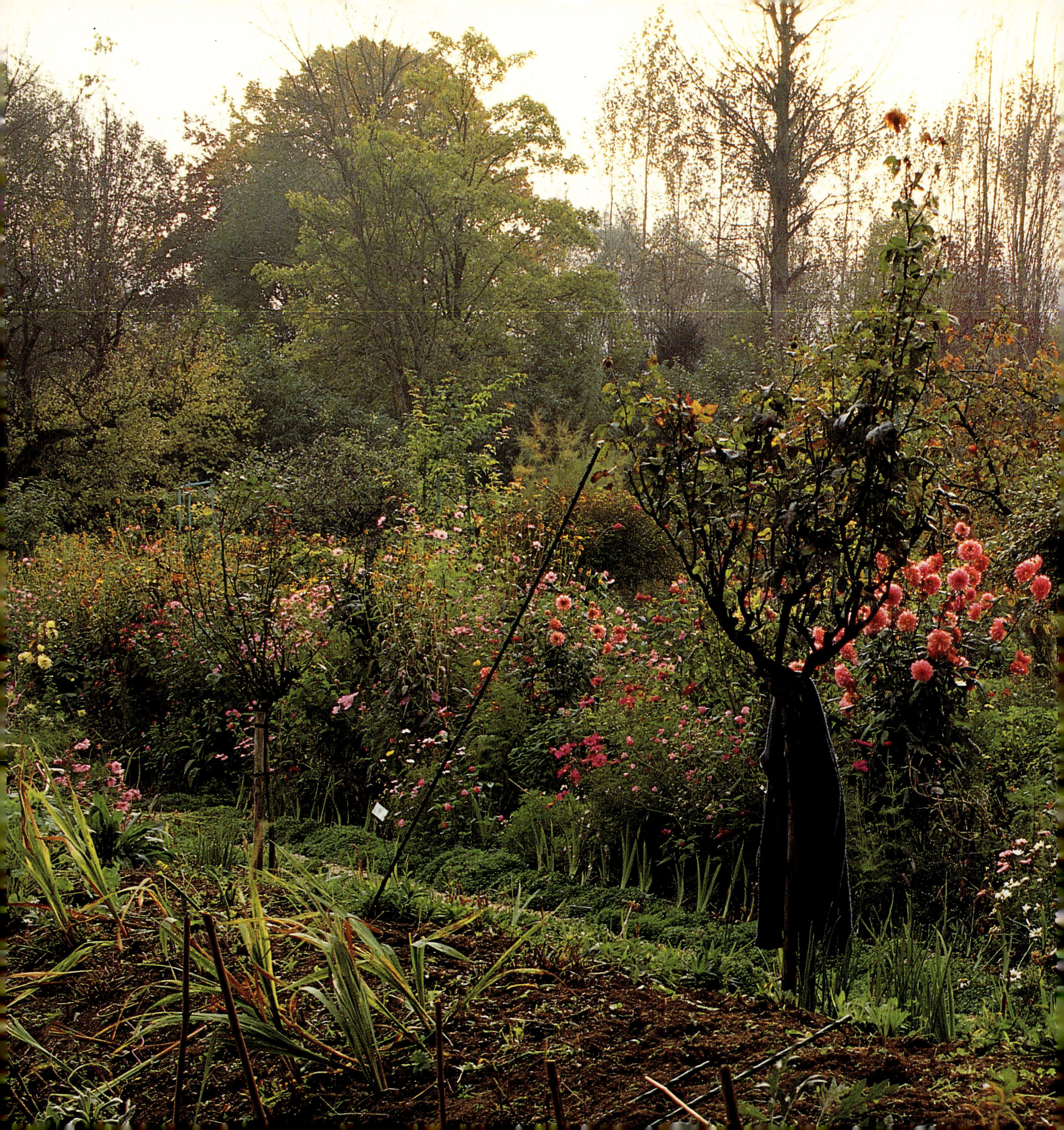

ALS TRÜGE ER TRAUER

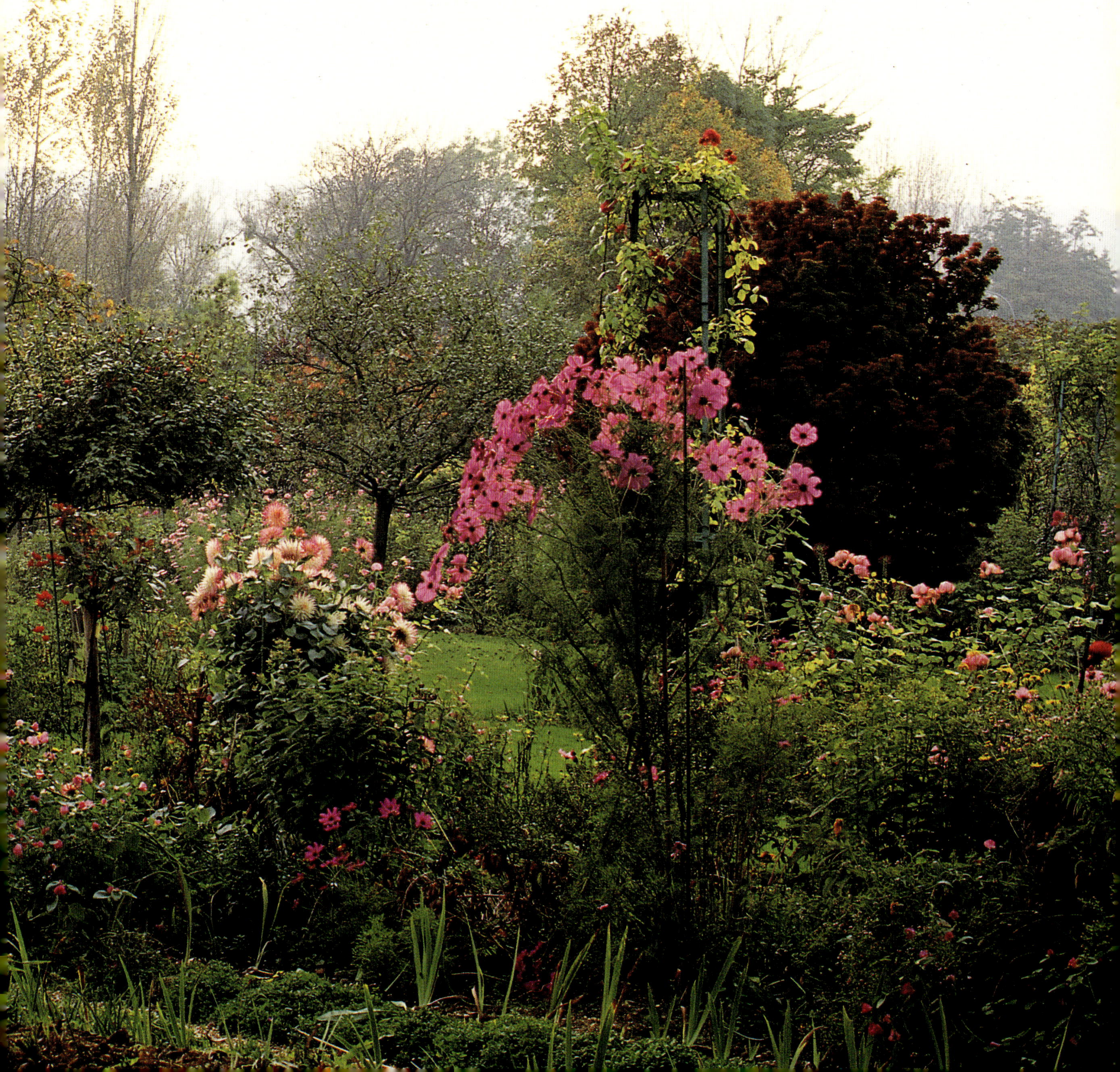

„Das Haus hat seine Seele verloren. Alles hier ging von ihm aus.“

BLANCHE HOSCHEDÉ

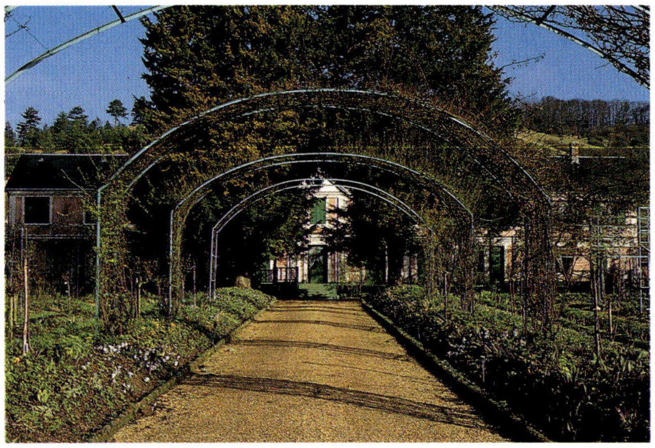

Im Winter 1926 versank der Garten in seinen üblichen Winterschlaf, nicht ahnend, daß Monet nicht mehr da war, um sich, wie in den vergangenen 43 Jahren, um ihn zu kümmern, und daß er auch nicht da sein würde, um seine Auferstehung im Frühling zu feiern.

Monet fühlte sich nie von dem angelockt, was die Gärtner als „Reiz des Winters“ bezeichnen; deshalb bepflanzte er seinen Garten auch nicht mit Beerensträuchern oder Bäumen mit interessanter Rinde, um die Monate ohne Blumen besser zu überstehen. Er hatte den normalen gelben Winterjasmin und Christrosen, auch Schneeglöckchen und Blaustern waren überall im Garten verteilt und wurden ins Haus geholt, um die Zimmer freundlicher zu gestalten. Ihnen folgten Krokusse und die ersten Primeln, die er aus dem nahegelegenen Wald von Bizy geholt und in den Garten gepflanzt hatte. Aber dies waren nur die allerersten Vorbo-

VORHERGEHENDE SEITE: *Es ist November, aber noch so warm, daß ein Gärtner während der Arbeit seine Jacke an eine Hochstammrose hängen kann.*

OBEN: *Der Winter geht zu Ende. Nach und nach erscheinen junge Triebe, und schon blühen die ersten Winterstiefmütterchen.*

RECHTS: *Der Wassergarten ist nur mit Schneeglöckchen geschmückt. Speziell an den Ufern des Flusses gepflanzte Weiden liefern hervorragende Stützpfähle.*

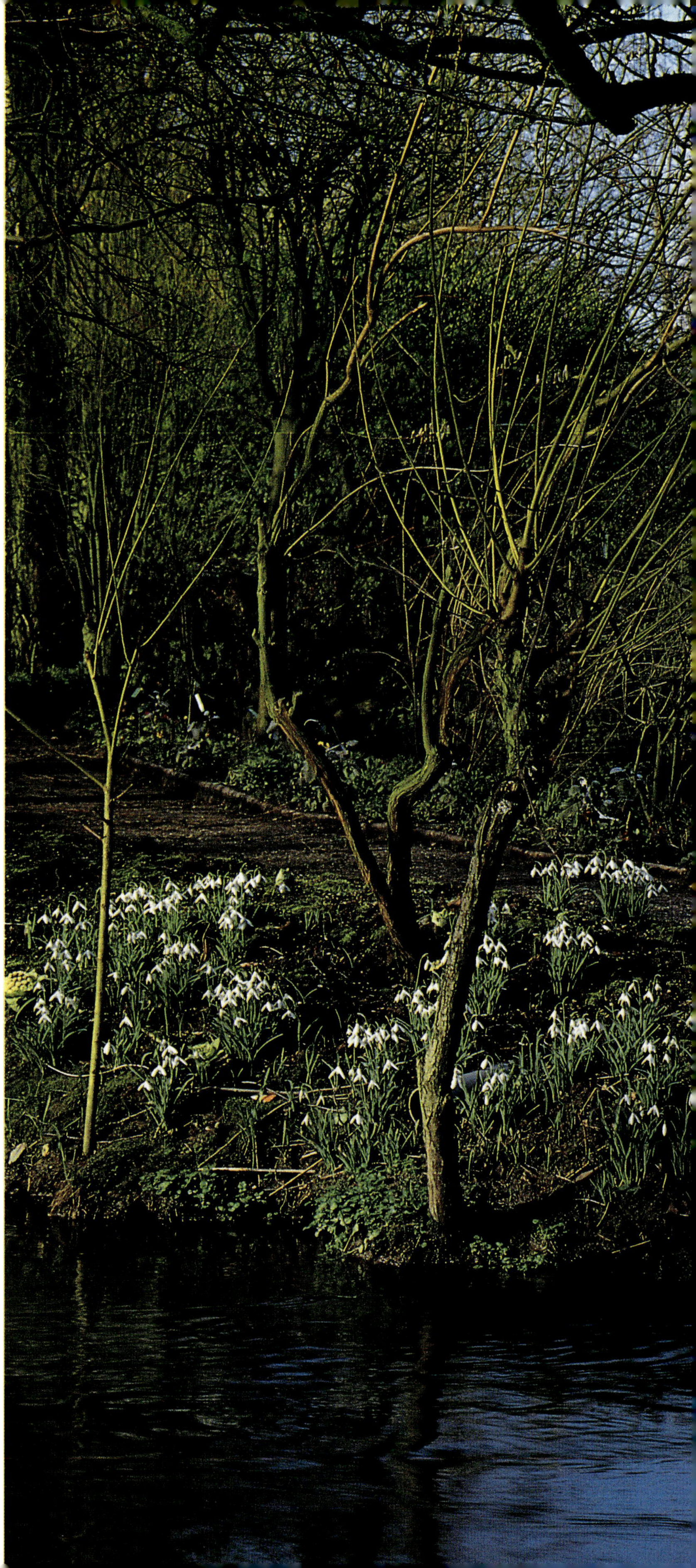

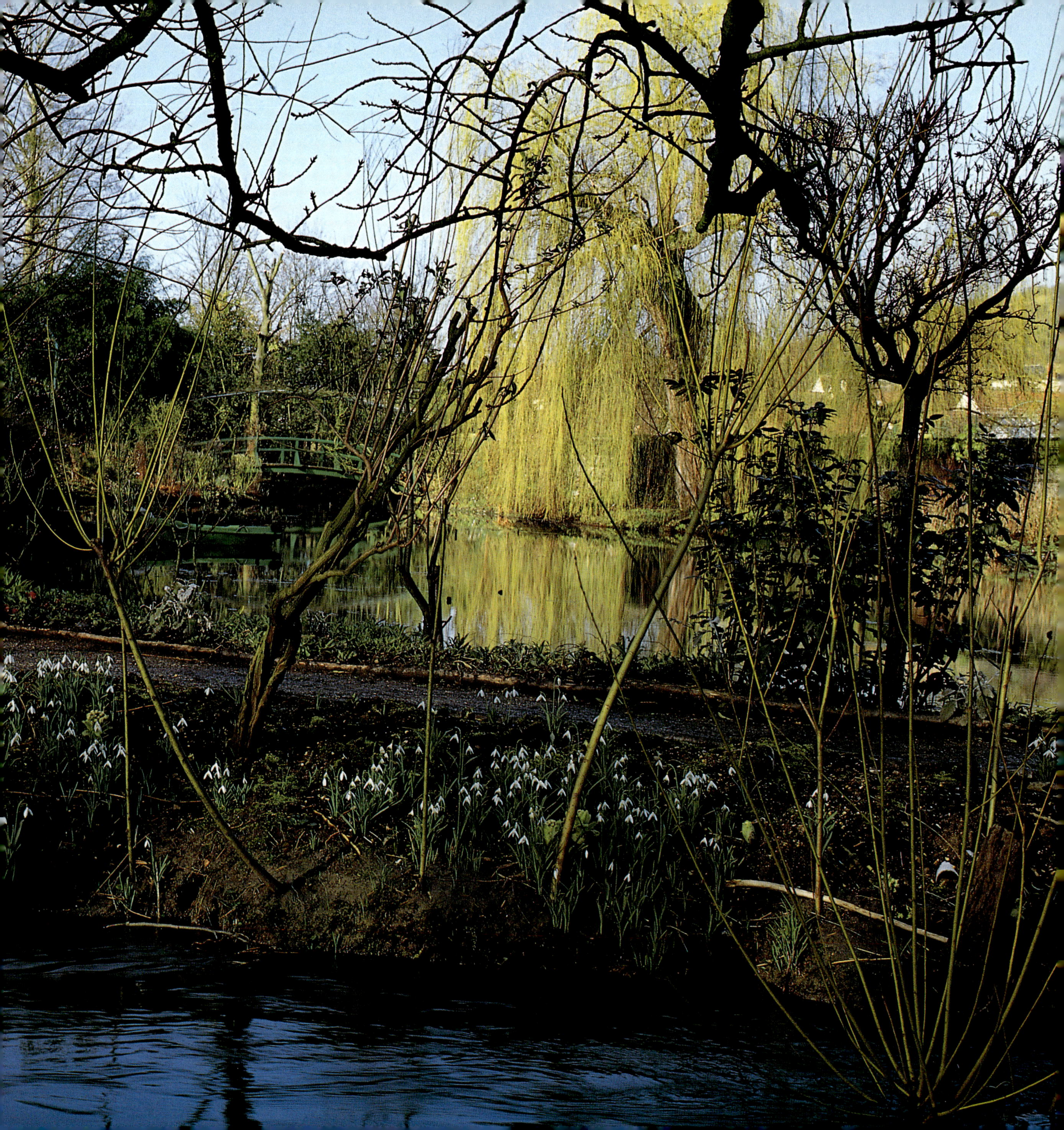

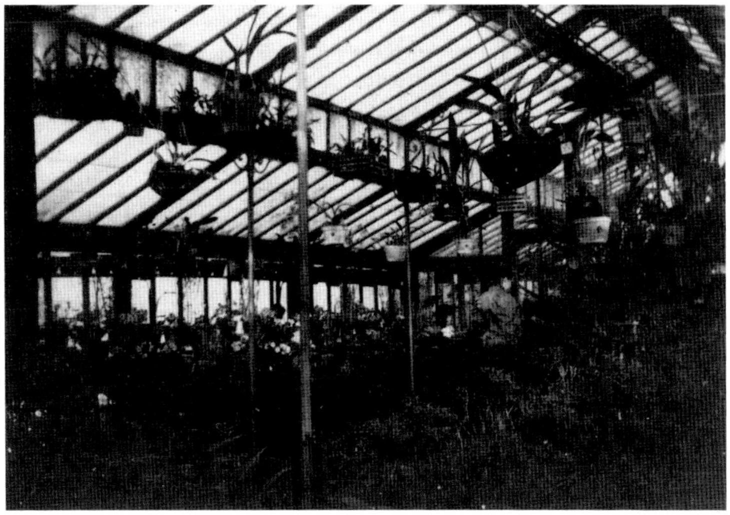

OBEN: *Wenn er im Winter auf Malreisen weilte, vermißte Monet die Pracht seines Gewächshauses. Im März 1895 schrieb er Alice aus Norwegen von seiner Sehnsucht, alles wiederzusehen: „Ich hoffe, alles ist noch genau so schön. Wie ich meine Heimkehr genießen werde!"*

UNTEN: *Als die Seine im Januar 1910 über die Ufer trat, war der Wassergarten wochenlang überflutet. „Monets Verzweiflung," berichtete seine Frau, „will, genau wie die Epte, nicht abflauen…"*

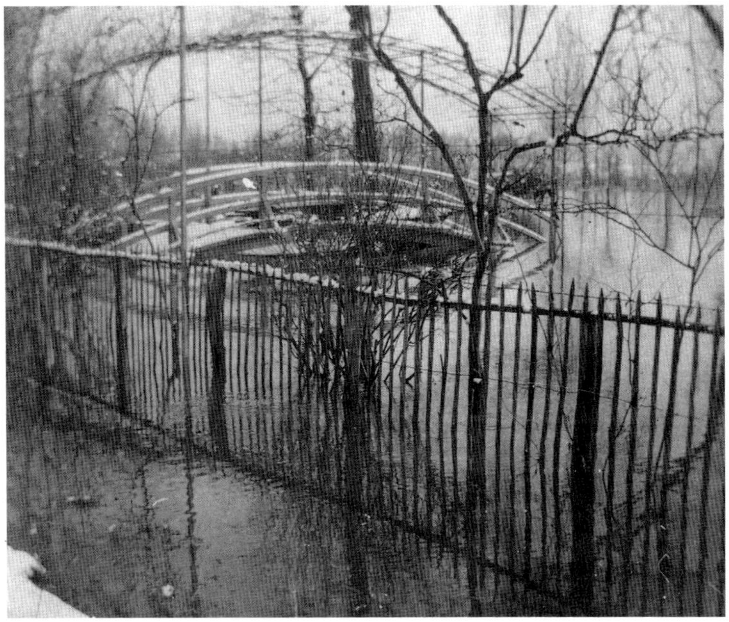

ten des Frühlings; erst sehr viel später, im März oder April, begann der Garten mit seinen aufeinanderfolgenden Blütezeiten von Narzissen, Tulpen und Schwertlilien seine Pracht neu zu entfalten.

Der Winter war keine Jahreszeit, die Monet gern in seinem Garten in Giverny genoß. Es gab an anderen Orten soviel bessere Lichtverhältnisse, und in den Anfangsjahren verschwand er den Winter über regelmäßig, um „irgendwo" zu malen. Nach dem Tod seiner Stieftochter Suzanne im Jahre 1899 spürte er, daß er seine untröstliche Frau nicht mehr für längere Zeit allein lassen dürfe und blieb deshalb weitgehend zu Hause. Als er dann nach Alices Tod wieder die Freiheit zu reisen gehabt hätte, ließen ihn seine Augen im Stich.

Monets wahrer Wintergarten befand sich in dem 1893 erbauten Treibhaus. Am 11. Juni desselben Jahres schrieb er darüber erstmals an Caillebotte:

> „Ich habe auf der Blumenschau nach Dir Ausschau gehalten und gedacht, ich würde auch Godefroy treffen, aber ich habe niemanden gesehen. Ich hatte ein paar Fragen wegen eines Gewächshauses – da ich noch nie eines hatte, weiß ich nicht, an welchen Bauunternehmer ich mich wenden soll, und ob ich besser Doppelverglasung mit Holz bzw. Metall nehmen soll oder nur einfaches Glas… auf jeden Fall muß es groß genug sein, um einen kalten und einen leicht temperierten Teil darin unterzubringen…"

Das neue Gewächshaus erlaubte Monet, seinem Geschmack an allem Exotischen zu frönen, was seiner gärtnerischen Experimentierfreude neue Möglichkeiten eröffnete. Als er 1894 seine Serie von Bildern der Kathedrale von Rouen malte, vom Fenster einer Hutmacherin aus, lernte Monet Monsieur Varenne kennen, den Direktor des Botanischen Gartens in Rouen, dessen Orchideenausstellung Monet *„épatant"* (= großartig) fand. Varenne beriet Monet und half ihm, sein neues Treibhaus mit Passionsblumen, zwei sehr seltsamen Sorten Kapuzinerkresse und einer schönen Begonie zu bepflanzen, was auf dem üblichen Weg, per Zug, nach Giverny geschickt wurde. Die Begonie erwies sich als so kräftig, daß sie regelmäßig zurückgeschnitten werden mußte, damit sie nicht durch das Dach des Treibhauses wuchs und das Glas zerbrach. Im warmen Bereich seines Treibhauses zog Monet eine eindrucksvolle Sammlung von Orchideen und exotischen Farnen.

Trotz aller Freude und des Interesses, das er für sein Gewächshaus empfand – später wurde noch ein kleineres errichtet – war der Winter für Monet gleichbedeutend mit Sorge. Wenn er zu Hause war, sorgte er sich um seinen Garten, wenn er unterwegs war, tat er es umso mehr. Manchmal blieb er monatelang fort, doch es traf kaum ein Brief zu Hause ein, der nicht eine Anmerkung zum Garten enthielt – eine Frage, eine kleine Befürchtung, ein zarter Wink. Alle mit der Gartenbestellung zusammenhängenden Details beschäftigten ihn und machten ihn nervös, wenn er nicht da war, um sie persönlich zu beaufsichtigen. Er sorgte sich um seine Blumenzwiebeln, seine empfindlichen Pflanzen, seine Treibhäuser. Waren sie bei Kälte auch beheizt worden? Hatte man seine Dahlien, Baumpäonien und Tigerblumen vor dem Frost geschützt? Hatte jemand daran gedacht, während einer Trockenperiode zu gießen oder das Gewächshaus zu verdunkeln?

Ein Perfektionist, was seine Kunst und seinen Garten betraf, war er; nichts überließ er dem Zufall, auch wenn er zu Hause war. Seine Nachbarin, die amerikanische Malerin Lilla Cabot Perry, erinnerte sich an den Fall, als in einem der Treibhäuser ein neuer Ofen eingebaut wurde. Monet teilte seiner Frau mit, er werde die ganze Nacht aufbleiben, um sicherzugehen, daß er auch richtig funktioniere. Alice bestand darauf, an seiner Nachtwache teilzuhaben – ebenso wie die Töchter – und so geschah es, daß die gesamte Familie wachend zwischen den Gloxinien verbrachte.

Es gibt keine schriftlichen Aufzeichnungen darüber, wie Monet seinen Garten plante und die Gartenpflege organisierte. Auch gibt es keinerlei Pflanzpläne oder Notizen, nur in ein Skizzenbuch gekritzelte Pflanzennamen, Fragmente von Briefen und Berichte von Besuchern – zumeist von Kunstkritikern, die nichts von der Gartenbaukunst verstanden. Gartenfanatiker wie Octave Mirbeau, Georges Truffaut und Jean-Pierre Hoschedé beschrieben den Zustand des Gartens im Frühjahr, Sommer und Herbst, aber keiner von ihnen erwähnt den Winter. Doch ist ein wertvolles Dokument erhalten, das sich auf den Wintergarten bezieht. Im Februar 1900 (oder 1901) stellte Monet am Vorabend einer seiner nun seltener werdenden Auslandsreisen eine Liste mit Anweisungen für seinen Chefgärtner Félix Breuil zusammen:

> „Säe ungefähr 300 Töpfchen Mohn, 60 Töpfchen Gartenwicke, etwa 60 Töpfchen weißen und 30 Töpfchen gelben Stachelmohn. Blauen Salbei – Blaue Seerose in einen Topf (Treibhaus). Dahlien – *Iris kaempferi* [jetzt *I. ensata*]. Kümmere Dich ab dem 15. bis 25. um das Wachstum der Dahlien. Nimm vor meiner Rückkehr Ableger von den Seitentrieben; denk an die Lilienzwiebeln. Wenn die Pfingstrosen eintreffen, pflanze sie sofort ein, falls das Wetter es erlaubt, und achte von Anfang an darauf, die jungen Triebe vor Kälte und Sonne zu schützen. Schneide die Bäume – laß die Rosen nicht zu lang, mit Ausnahme der älteren, dornigen Sorten. Säe im März den Rasensamen, pflanze die kleine Kapuzinerkresse nach draußen und paß gut auf die Gloxinien, Orchideen usw. im Gewächshaus und auf die Pflanzen in den Frühbeeten auf. Bepflanze die Rabatten wie abgesprochen. Zieh Drahtgitter hoch für die Klematis und die Kletterrosen. Bei schlechtem Wetter kannst Du Schilfmatten anfertigen – aber etwas dünner als die letzten ..."

Abgesehen von der alltäglichen Sorge um das Wohlergehen seiner Pflanzen bei kaltem und nassem Wetter, brachte der Winter manchmal weitaus dramatischere Bedingungen, gelegentlich sogar Katastrophen mit sich. Wenn Überschwemmungen, gefolgt von Frost, den Wassergarten in eine Eisbahn verwandelten, schrieb Monet an Alice, sie möge darauf achten, daß die Kinder die Ränder schonten, wenn sie ausgelassen auf der Eisfläche umhertobten. Ein anderes Mal, im Winter 1910, trat die Seine über die Ufer und verursachte das schlimmste Hochwasser, das Frankreich seit einem Jahrhundert erlebt hatte. Der Wassergarten stand über zwei Monate lang völlig unter Wasser. Die japanische Brücke und die kleine Holzbrücke unter den Rosenbögen mußten mit Ketten befestigt werden. Monet, der alles glaubte, was der hoffnungslos pessimistische Breuil ihm erzählte, ging im Zustand tiefster Verzweiflung umher und glaubte seinen Garten für immer verloren. Seine Niedergeschlagenheit in jenem Winter warf einen dunklen Schatten auf Giverny und war für seine Frau und seine Familie äußerst belastend. Als das Hochwasser zurückging, hinterließ es Schlamm, Stroh, Korken und sogar tote Katzen sowie andere Kadaver. Der verwüstete Wassergarten machte Monet tieftraurig, und es bedeutete zwei Monate bangen Wartens, bis abzusehen war, welche Pflanzen die Verwüstungen überstanden hatten. Zum Glück stellte sich heraus, daß man den Schaden zu hoch geschätzt hatte. Alice berichtete, daß die Fäulnis die Schwertlilien zerstört habe und viele andere Pflanzen eingegangen seien. Die Bäume, Sträucher und Rhododendronbüsche hatten jedoch überlebt, auch wenn sie in jenem Jahr nur kümmerlich blühten. Nicht im geringsten getröstet, klagte Monet damals: „Welch eine Katastrophe, und nur Unannehmlichkeiten!"

Monet hinterließ Giverny nach seinem Tod seinem jüngeren Sohn Michel, aber es war seine Stieftochter Blanche (gleichzeitig die Witwe seines älteren Sohnes Jean), die bis zu ihrem Lebensende dort wohnte. Sie kümmerte sich weiterhin um den Garten und beließ ihn, so gut sie es vermochte, in seinem bisherigen Zustand. Félix Breuil war Ende des Ersten Weltkriegs in Pension gegangen, jedoch durch Léon Lebret ersetzt worden, der dreißig Jahre dort blieb, bis er während der deutschen Besatzungszeit starb. Trotz eines weitaus geringeren Budgets gelang es diesem Schüler Monets zumindest, dessen Geist zu bewahren. Doch da niemand das Kommando übernahm, verfiel der Garten ein wenig; Pflanzen und Farben tauchten auf, die nicht hineingehörten, andere wiederum, die immer dagewesen waren, verschwanden. Ohne Monet blieb der Garten statisch, glich einem lebenden Museum. Pflanzen, die eingingen, wurden nicht ersetzt; der Garten sah nett und ordentlich aus, aber es gab immer weniger Blumen. Blanche verkörperte die letzte direkte Verbindung zu Monet, und als sie 1947 starb, schwand Monets Gegenwart für immer aus Giverny.

In den Vierziger und Fünfziger Jahren ließ Michel Monet die geerbten Gemälde durch die Galerie seiner Freundin im Dutzend verkaufen, um die Safaris zu finanzieren, die seine eigentliche Leidenschaft waren. Das Haus stand leer, kein Geld floß in den Garten, und ein einziger Gärtner lebte im Gärtnerhäuschen. Wenn zehn festangestellte Gärtner, die einst unter Monets strenger Aufsicht arbeiteten, nicht ausreichten, was konnte dann ein Gärtner allein ausrichten? Er hatte kaum genug Zeit, das Gras zu mähen und das Unkraut zu jäten. Claire Joyes, Kunsthistorikerin und Ehefrau von Jean-Marie Toulgouat, Monets Stiefurenkel, die noch heute im Dorf lebt, erinnert sich, daß dieser Gärtner eine erlesene Sammlung von Gartenzwergen auf der Veranda ausgestellt hatte. Seine Versuche, das Unkraut zu beseitigen, indem er die Blumenbeete umpflügte, bereiten den jetzigen Gärtnern anhaltende Probleme.

Im Alter von zweiundachtzig Jahren kam Michel bei einem Autounfall ums Leben. Keiner der beiden Söhne Monets hatte Kinder, deshalb vermachte Michel Giverny dem Staat, beziehungsweise der *Académie des Beaux-Arts.* Als Vermächtnis war Giverny eine ziemlich große Belastung; die bereitgestellten Mittel waren gänzlich unzureichend, und Haus und Garten schienen unrettbar verloren.

Die Académie wandte sich an den unermüdlichen Gérald van der Kemp, der, zusammen mit seiner ebenso tatkräftigen amerikanischen Frau Florence, die Restaurierung von Versailles bewerkstelligt hatte, indem er prominente amerikanische Spender für das Projekt gewinnen konnte. Es steht außer Frage, daß ohne dieses außergewöhnliche Duo Giverny inzwischen Vergangenheit wäre. Wie in Versailles, bemühte sich van der Kemp, Amerikaner zu finden, die bereit waren, für die Restaurierung von Giverny Geld zu spenden. Kunstmäzen zu sein, läßt sich in den Vereinigten Staaten von der Steuer absetzen; außerdem verspürten die Amerikaner eine besondere Vorliebe für Monet und spendeten deshalb nur zu bereitwillig. Angezogen von Monet, hatten bekannte amerikanische Maler wie Frederick Frieseke, John Leslie Breck, Louis Ritman und Theodore Robinson, um nur einige zu nennen, eine erfolgreiche Künstlerkolonie in Giverny gegründet.

Vor allem aus Empörung darüber, daß in ganz Frankreich das Haus keines einzigen Künstlers vollständig erhalten war, bat van der Kemp die amerikanische Regierung in Washington um die Genehmigung, Giverny unter die Schirmherrschaft der Versailles-Stiftung zu stellen (die er auch erhielt). Dies ermöglichte es US-Bürgern, steuerlich absetzbare Schenkungen an Giverny zu machen. Als er eines Tages das *Metropolitan Museum* in New York betrat, bemerkte er, daß alle Säle mit frischen Blumen geschmückt waren. Auf seine Nachfragen hin erfuhr er, daß es diesen Blumenschmuck immer gab, dank einer Spende von Lila Acheson Wallace, der Mitbegründerin von Reader's Digest. Umgehend verabredete sich van der Kemp mit der Blumenspenderin zum Mittagessen, die ungefragt, noch bevor der Kaffee serviert wurde, einen Scheck über eine Million Dollar ausstellte …

Amerikanische Gelder ermöglichten die Restaurierung, so wie sie es ein Jahrhundert zuvor Monet erlaubt hatten, Giverny von einem einfachen Obst-, Gemüse- und Landhausgarten umzuwandeln. Trotz der Anstrengungen, die sein Kunsthändler Paul Durand-Ruel seinetwegen in Europa unternahm, wäre Monet arm gestorben, wenn er in den zehn Jahren nach seinem Umzug nach Giverny nicht soviel Anerkennung bei den Amerikanern gefunden hätte. Dabei hatte Durand-Ruel anfänglich nicht weniger zu kämpfen als Monet; er hielt dreißig Jahre lang beharrlich durch, bis Monets Bilder sich endlich verkauften. „Wäre ich nicht der Sohn eines Kunsthändlers gewesen und in der Branche aufgewachsen, hätte ich diesen Kampf gegen den öffentlichen Geschmack bestimmt nicht ausgestanden," vertraute Durand-Ruel Jahre später Monets Biographen Geffroy an.

Nachdem die Amerikaner Monet Anfang der Neunziger Jahre des 19. Jahrhunderts vor der Mittellosigkeit bewahrt hatten (indem sie es ihm ermöglichten, sein Haus zu kaufen und den Wassergarten sowie die Gewächshäuser zu errichten), sprangen sie nun im 20. Jahrhundert erneut ein und erweckten den heruntergekommenen Garten zu neuem Leben. Sie hatten dabei natürlich im Sinn, den Garten möglichst genauso zu rekonstruieren, wie er zu Monets Zeit ausgesehen hatte. Aber Giverny sollte auch als Wallfahrtsort und Quelle der Inspiration für Maler dienen. Blanche erzählte Stephen Gwynn 1933, daß zu Monets Lebzeiten niemand außer ihm selbst den Garten gemalt hatte. Und auch Monet malte schließlich keine Personen mehr im Garten. Dank der Wiederherstellung ist Giverny jetzt wieder ein Künstlergarten – auch wenn die Künstler, die Monet huldigen, heute Schulkinder, Studenten und Amateurmaler sind.

Als begeisterter Gärtner belegte van der Kemp Kurse an der *École d'Horticulture* in Versailles, wo er den jungen Gärtner Gilbert Vahé kennenlernte, der seine Ausbildung dort abgeschlossen hatte und im Garten arbeitete. Im Jahre 1976 wurde Vahé engagiert, um Kemp bei der Restaurierung von Giverny zu helfen. Seitdem untersteht ihm die Betreuung des Gartens.

Wie bei einem völligen Neuanfang nicht anders zu erwarten, mußten der Wasser- und der Blumengarten von Grund auf instandgesetzt werden. Mit Ausnahme der Bäume und Sträucher, wurde der ganze Blumengarten dem Erdboden gleichgemacht und umgepflügt, die Beete wurden rekonstruiert und die Wege neu angelegt. Die Firma, die damit beauftragt war, das Fundament für die Wege und die neuen Klematisbögen oberhalb der Malkastenbeete zu legen, beging freilich einen gravierenden Fehler: Anstatt eine Mischung aus Kieselerde, Sand und großen Steinen als Fundament für die 20 cm tief ausgehobenen Wege zu verwenden, nahm man eine Mischung aus Mörtel und Mergel – eine Katastrophe für einen ohnehin sehr alkalihaltigen Garten. Denn das hindert die Pflanzen daran, Eisen und andere der notwendigen Spurenelemente aufzunehmen. Um diesem Mangel abzuhelfen, ist es nun nötig, dem Wasser regelmäßig geringe Eisenmengen zuzusetzen (und für die Behandlung der Rosen, die rings um die Fundamente der Klematisbögen wachsen, größere Mengen).

Die Spenden reichten zwar für die Kosten der Restaurierung von Haus und Garten aus, doch das Budget war extrem niedrig. Gilbert Vahé erinnert sich, daß sie praktisch mit nichts anfingen. Freunde schenkten ihm Sämereien, und sie klapperten die örtlichen Fischhändler ab und baten um Kisten für die Aussaat und Vermehrung von Pflanzen. Auch auf anderem Gebiet erwies sich das Team als erfinderisch. Vahé fand eine praktische und sparsame Lösung, Pflanzen, wie etwa Dahlien, durch den Einsatz von stahlverstärkten Stangen zu stützen. Sie sind noch heute in Gebrauch.

Es wurde ein tiefer Brunnen gebohrt, um den Blumengarten aus einer eigenen Wasserquelle zu versorgen. Alle Beete mußten neu bepflanzt werden. Mit Ausnahme des alten Holzapfelbaums *(Malus floribunda)* vor Monets Haus und der Doppelreihe der Linden, unter denen die Familie so oft photographiert wurde, gibt es an dauerhaftem Wuchs aus Monets Zeit nur noch eine Aster, die niemand bestimmen kann und die einfach nicht eingeht, sowie der überall vertretene *Helianthus rigidus*.

Bei der Rekonstruktion der Bepflanzung konnten sich Kemp und Vahé auf unzählige Schwarz-Weiß-Fotos und zwei Sätze Autochromplatten stützen. Ein Satz wurde etwa um 1917 von Monets Freund, dem Amateurfotografen Etienne Clémentel aufgenommen, der andere etwa 1924 für die Zeitschrift *L'Illustration*. Was die Farben betraf, verließen sie sich, Vahé zufolge, größtenteils auf die Erinnerung von André Devillers, nach dem Ersten Weltkrieg Georges Truffauts Assistent und später Leiter der Pflanzenzüchterei. Devillers pflegte Truffaut auf seinen Besuchen in Giverny zu begleiten und lernte Monet 1923 kennen. Im Jahre 1976 war die Firma Truffaut dabei, Listen der Pflanzen zusammenzustellen, die Monet bestellt hatte, und sie an Kemp zu schicken; doch zwei Monate, bevor sie eintrafen, wurden sie bei einem Feuer zerstört, bei dem auch die Gärtnerei völlig niederbrannte. Glücklicherweise hinterließ Truffaut eine umfassende Auflistung der Pflanzen in einem Artikel, den er 1924 für die Zeitschrift *Jardinage* geschrieben hatte. Unschätzbare Hilfe leisteten auch Jean-Marie Toulgouat und Claire Joyes, die von Jean-Maries Onkel Jimmy (James Butler, Suzannes Butlers Sohn) eine Liste der Schwertliliensorten und seine persönlichen Erinnerungen an den Garten erhalten hatten. Claire Joyes, die in die Familie Monet eingeheiratet hatte und das Monet-Archiv betreut, konnte mit ihrem Rat und ihren Schriften viel dazu beitragen, das „Geheimnis Monet" aufzuhellen. Weitere Informationsquellen umfaßten Erinnerungen der Leute aus dem Dorf, Berichte von Journalisten und das

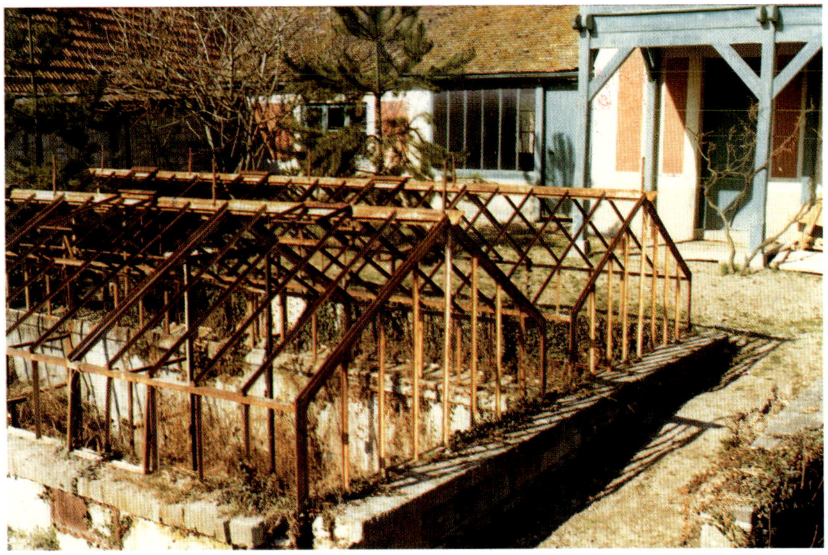

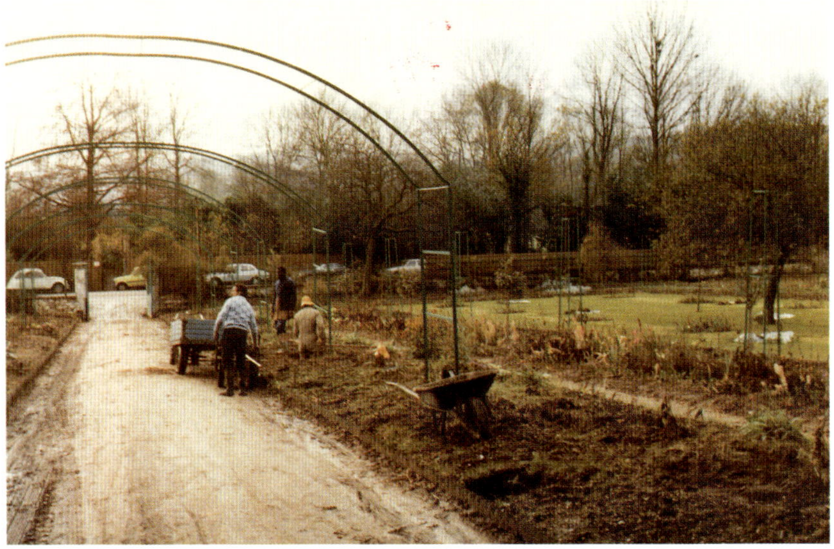

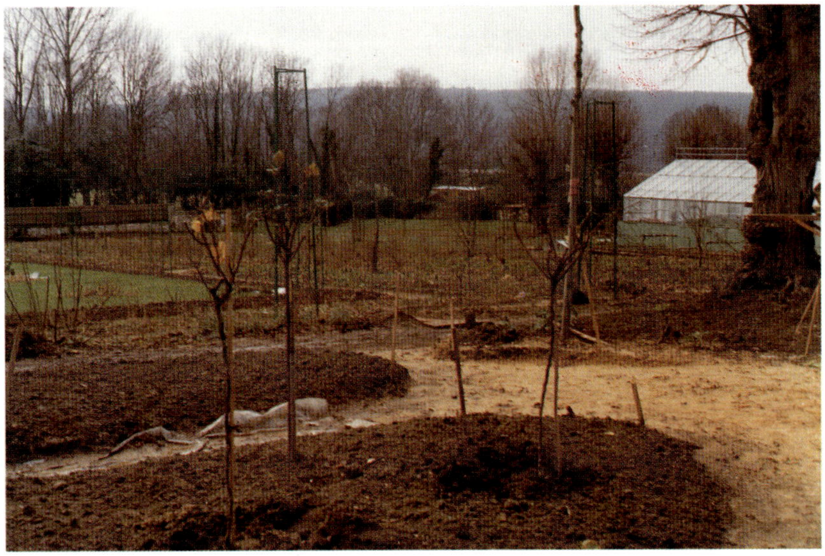

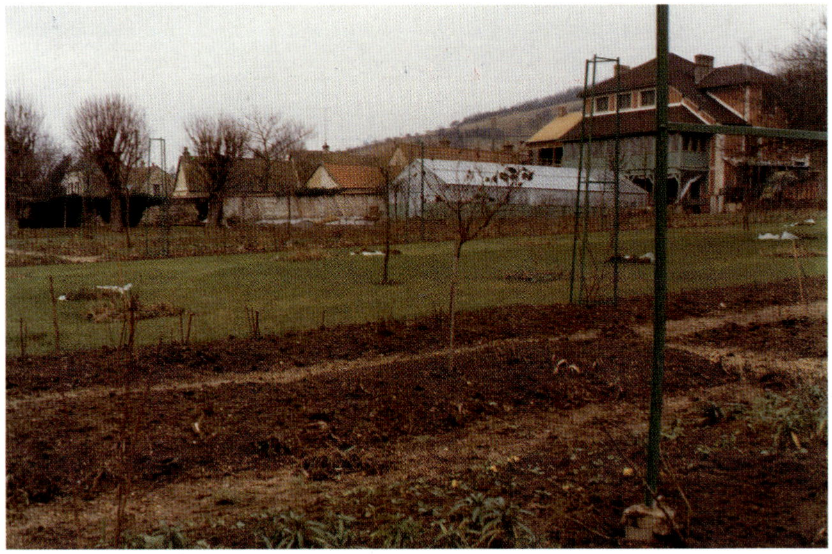

Eine Reihe von Schnappschüssen, aufgenommen während der dreijährigen Rekonstruktionsphase des Gartens. Im Grunde wurde ein neuer Garten geschaffen.

OBEN: *Der Blumengarten mit einem der Treibhäuser zu Beginn der Restaurierung und die fortschreitende Arbeit an der* Grande Allée *sowie den Blumenbeeten.*

RECHTS: *Arbeiten im Wassergarten, um die japanische Brücke wieder zu errichten und den Teich mit Wellblech auszukleiden, als Verstärkung des Ufers und als Schutz gegen die Ratten.*

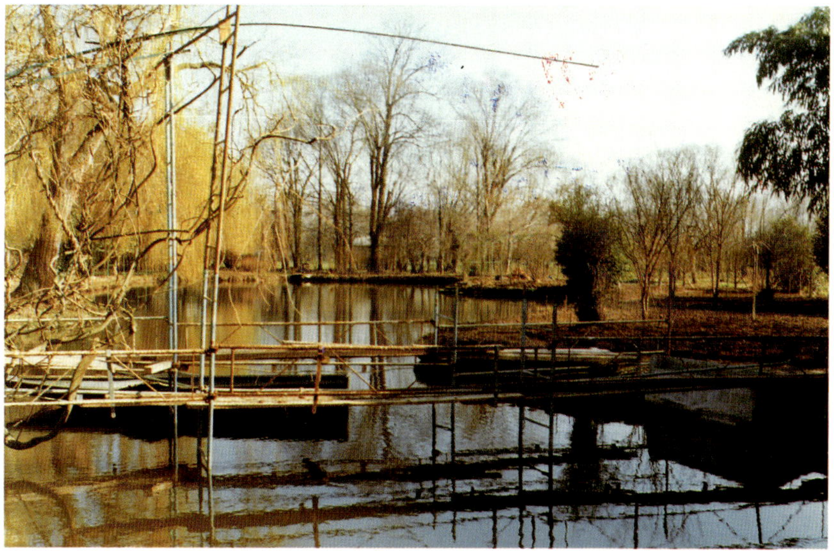
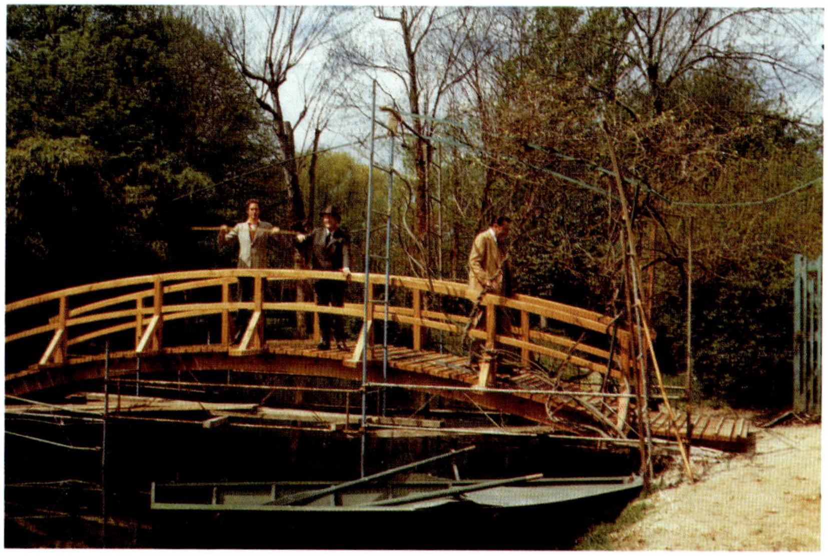
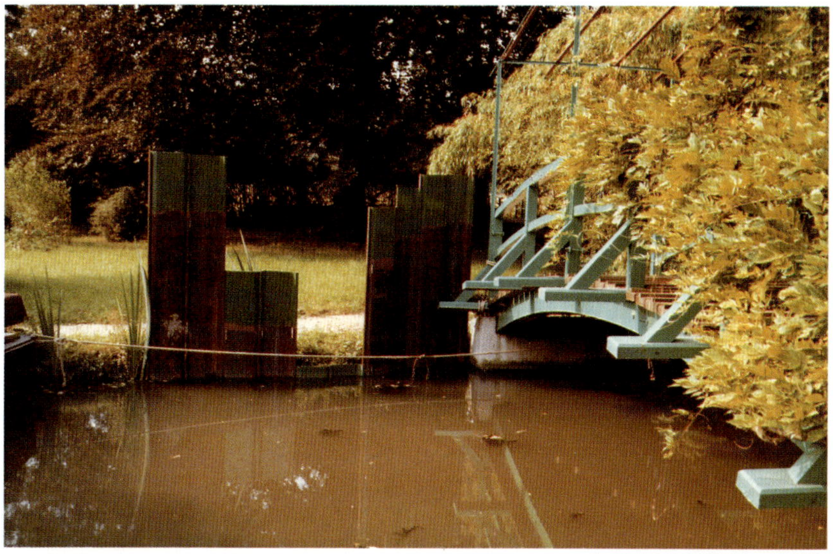
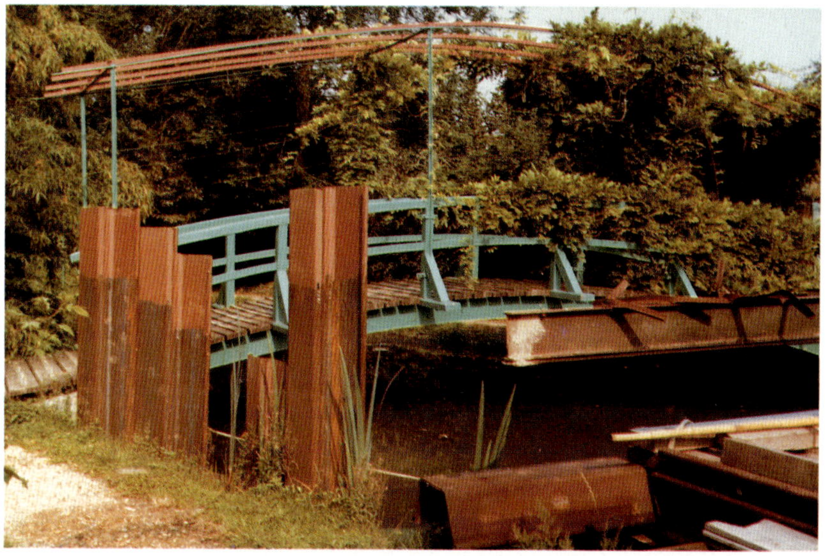
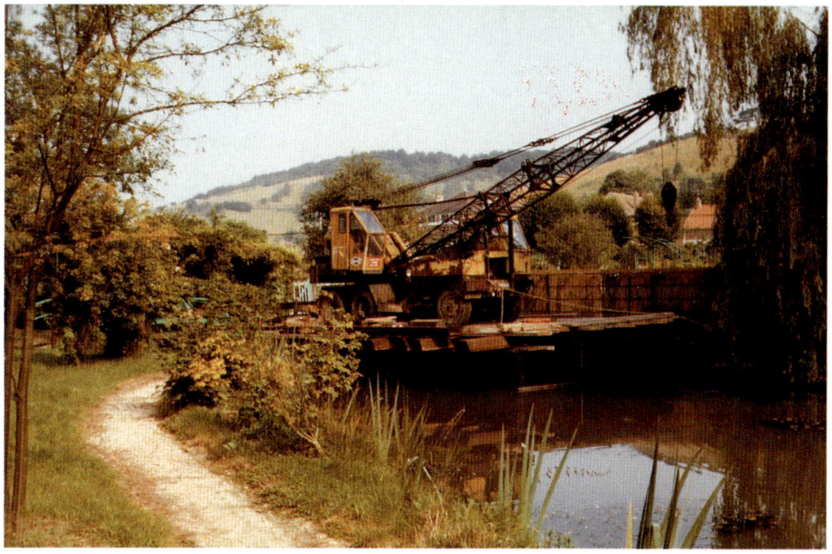
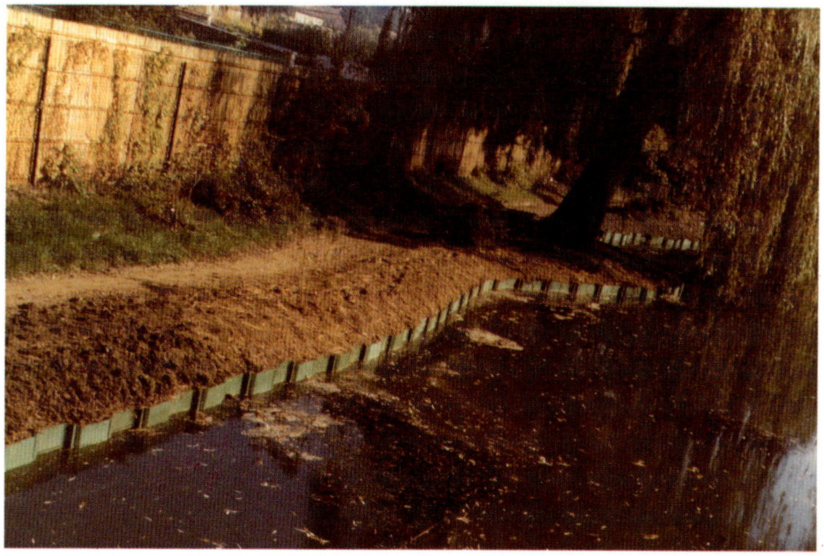

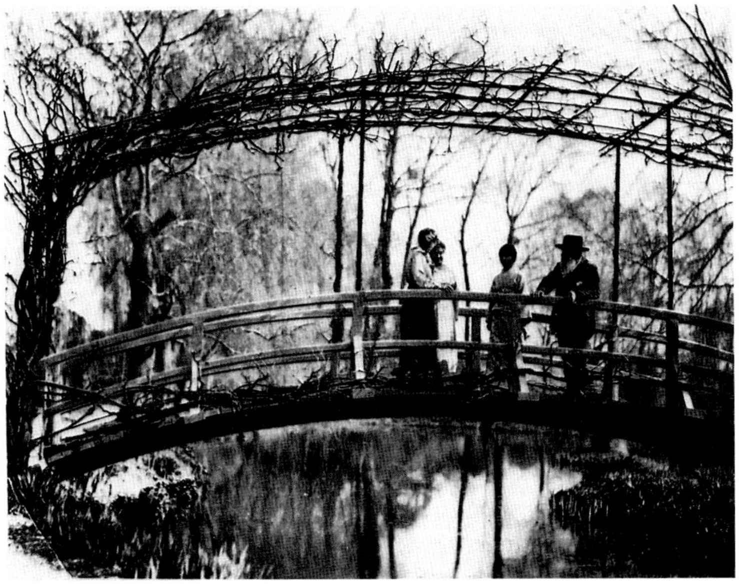

dem Garten gewidmete Kapitel aus dem Buch „*Claude Monet, ce mal connu*“, in dem Monets Stiefsohn Jean-Pierre Hoschedé Anekdoten erzählte und Monets Vorlieben und Abneigungen beschrieb.

Auch die Rekonstruktion des Wassergartens war eine mühevolle Arbeit. Die Espen und Pappeln, die dort standen, als Monet den Wassergarten anlegte, und die er stehenließ, waren Anfang der Sechziger Jahre gefällt worden, weil sie so hoch geworden waren, daß ihr Schatten auf das Wasser fiel. Gut zwanzig Jahre später mußten aus dem gleichen Grund eine Reihe von Pappeln auf einem nahegelegenen Feld gefällt werden. Die japanische Brücke war verfault und ins Wasser gestürzt; deshalb wurde eine genaue Kopie aus den Buchenholzbeständen der östlichen Normandie angefertigt. Auch die Rankgerüste der Rosen waren verrostet und mußten ersetzt werden.

Der Teich selbst hatte sich mit Schlamm gefüllt und Unkraut überwucherte die Uferböschungen, die im Lauf der Jahre allmählich ins Wasser abgerutscht waren. Der Teich mußte von Grund auf neu ausgehoben und das Ufer befestigt werden. Es wurde eineinhalb Meter tief mit Wellblech eingefaßt, denn die größte Gefahr droht dem Seerosengarten von den Bisamratten. Sie waren ursprünglich während des Zweiten Weltkriegs aus Amerika für eine billige Pelztierhaltung eingeführt worden. Der Krieg ging zu Ende – Bisamrattenmäntel kamen aus der Mode, aber die Bisamratten blieben und vermehrten sich. Ihre Lieblingsnahrung? Seerosen! Die Einfassung des Teiches stellt einen Schutzwall gegen diese seerosenliebenden Plagegeister dar. Und bis vor kurzem wurde der Teich noch jeden Herbst abgelassen, um die Seerosen den Winter über mit feinem Maschendraht zu schützen.

Als der Teich mit Wasser aus dem Fluß wieder aufgefüllt wurde, das von den Abwässern von stromaufwärts gelegenen Fabriken verschmutzt war, wurde er schnell zur stinkenden Kloake. Das Problem konnte nur mit Hilfe einer neuen Quelle gelöst werden. Man bohrte einen tiefen Schacht durch den Kalkstein und errichtete eine Pumpe, die jetzt frisches, klares Wasser liefert – kein Tropfen stammt mehr aus der Epte.

Es dauerte drei Jahre, bis die Restaurierung abgeschlossen war und der Garten schließlich im September 1980 dem Publikum übergeben wurde. Wenn möglich, versucht das Gärtnerteam, die ursprünglichen Pflanzensorten zu bekommen und Monets Farbpalette genau einzuhalten. In vielen Fällen sind die ehemaligen Sorten nicht mehr aufzutreiben; wenn sie durch neue, ähnliche Arten ersetzt wurden, verwenden die Gärtner diese. Alle Beete werden ständig in den gleichen Farbzusammenstellungen bepflanzt, falls jedoch bestimmte Sorten nicht mehr lieferbar sind oder eine neue Züchtung auftaucht, nimmt Gilbert Vahé leichte Veränderungen vor. Der neue Garten in Giverny stellt den Gärtner vor das Problem, einen ständigen Anreiz für das Publikum zu schaffen. Um die Besucher anzulocken und die enorm hohen Instandhaltungskosten bestreiten zu können, wurde die strikte Authentizität zugunsten von größeren Blumen und längeren Blütezeiten aufgegeben. Aber kein Garten bleibt ewig unverändert, und wer weiß, ob Monet, der immer darauf aus war, jede Neuheit zu bekommen, nicht selbst einige der neu hinzugekommenen Pflanzen ausprobiert hätte?

In Monets Zeit hatte der Garten insgesamt ein ursprünglicheres, romantischeres Aussehen. Auch nach seiner Restaurierung wirkte die Bepflanzung noch viel natürlicher, doch der Erfolg Givernys, der meistbesuchte Garten dieser Art auf der Welt zu sein, zwang die Verantwortlichen, immer mehr Kompromisse einzugehen. Es ist gleichermaßen wichtig, sich auf den enormen Besucherstrom einzustellen und dafür zu sorgen, daß die Gartenarbeit nicht behindert wird. Die Wege wurden verbreitert, zementiert und mit Backsteinen eingefaßt. Die Menschenmassen müssen über ausgesuchte Wege geleitet werden und haben zu vielen Teilen des Gartens keinen Zugang, damit er keinen Schaden nimmt.

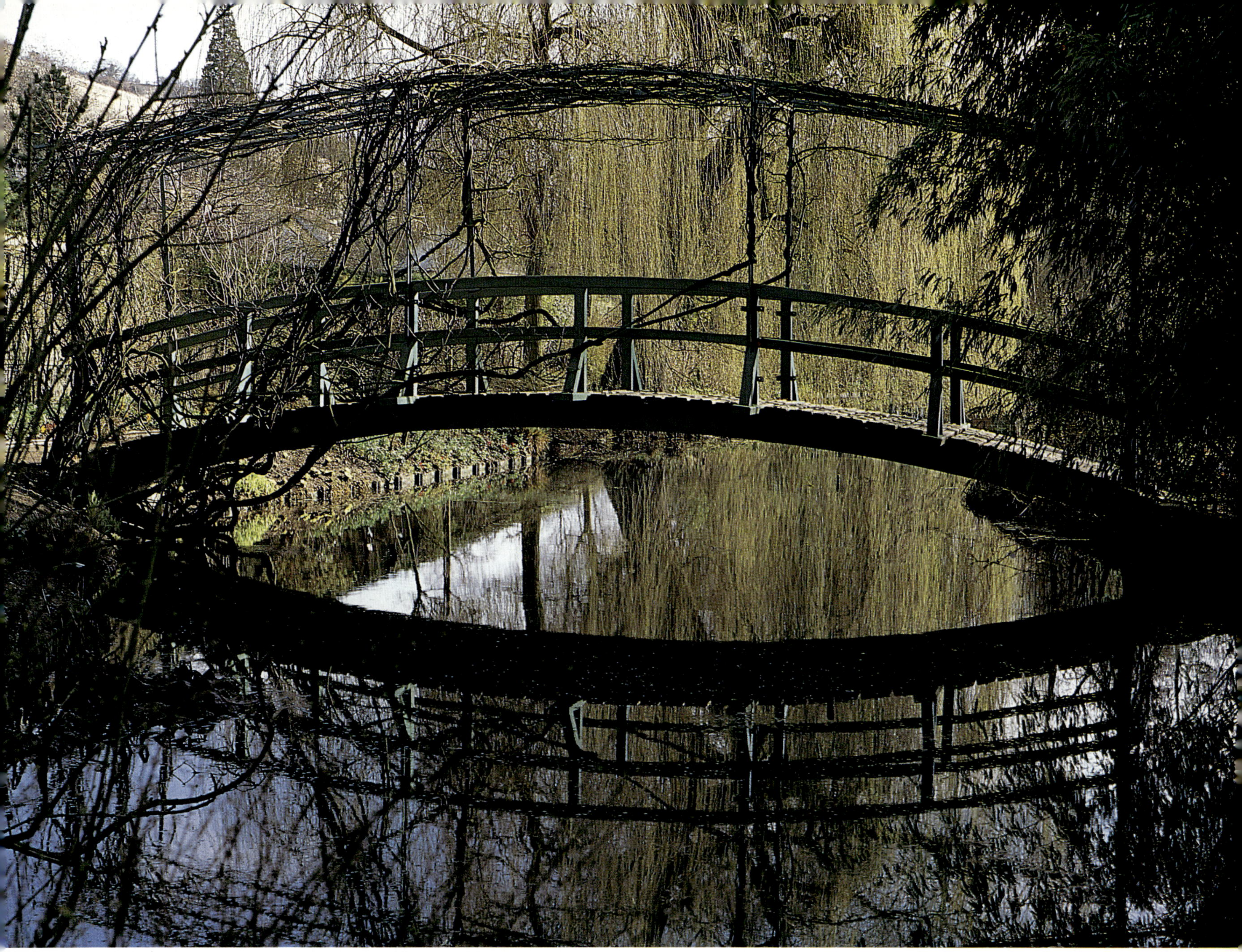

GEGENÜBER: *Ein Foto aus dem Jahre 1921 zeigt Madame Kuroki und Monet, zusammen mit Blanche Hoschedé-Monet und Monets Stiefenkelin Lily Butler auf der glyzinenbewachsenen japanischen Brücke. An den Flußufern sind Hunderte von jungen Iristrieben zu erkennen. Im Jahre 1906 hoffte die schon lange leidende Alice, sie und Monet würden den Winter im Ausland verbringen, doch, wie sie ihrer Tochter Germaine schrieb, „er (Monet) wartet nur darauf, daß die ersten jungen Triebe am Teich erscheinen, damit er anfangen kann zu malen.“*

OBEN: *Eine Nachbildung der Brücke schmückt den Teich. Im Hintergrund steht die von Monet gepflanzte Trauerweide, die den Orkan von 1923 überlebte. Die Wellblechbefestigungen gegen die Bisamratten, die jetzt die Ufer des Teiches säumen, sind deutlich zu erkennen.*

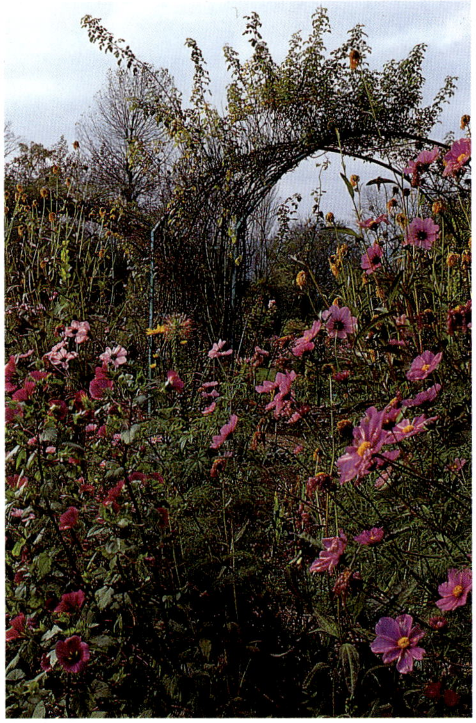

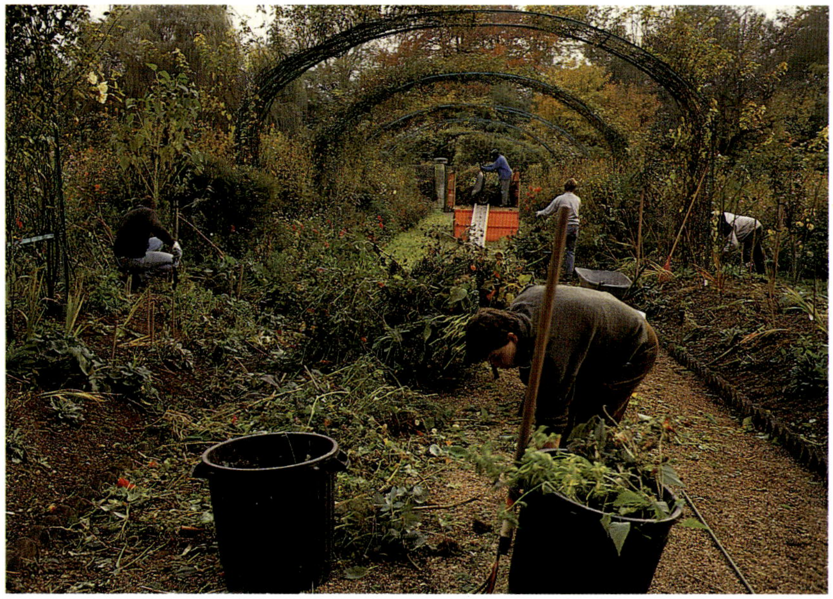

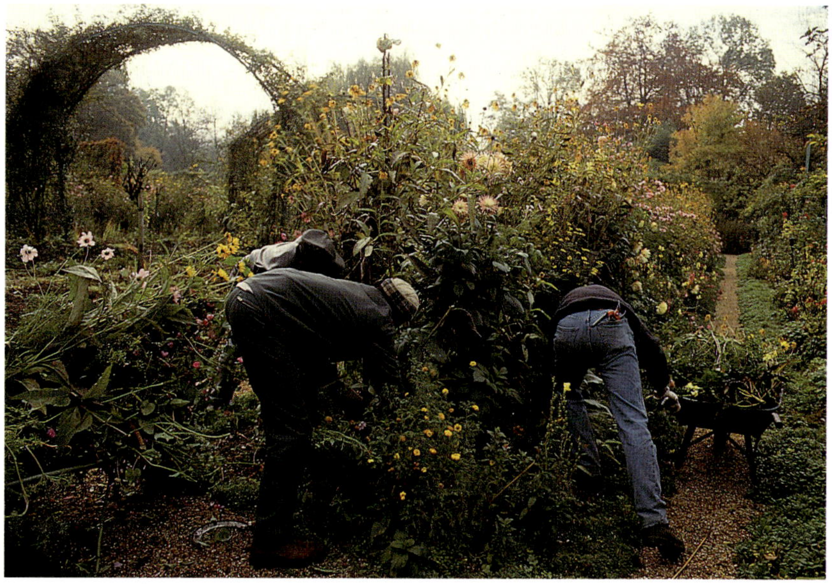

An einer Stelle wurde rings um das Bambusdickicht ein Elektrozaun mit Niederspannung installiert, um die Leute daran zu hindern, hindurchzulaufen und die jungen Triebe zu zertrampeln.

Jedes Jahr am 31. Oktober schließt der Garten seine Pforten und bleibt fünf Monate geschlossen. Kaum hat sich der Schlüssel im Schloß gedreht, beginnen auch schon die Vorbereitungen für das Frühjahr. Von diesem Zeitpunkt an arbeiten die Gärtner ununterbrochen, um den Garten für seine Wiedereröffnung am 1. April herzurichten. Dabei wechseln ihre Aufgaben zwischen Pflanzenaufzucht und der Vernichtung alten Pflanzenbestands. Die Traumwelt, die zu schaffen und den Sommer über zu bewahren sich alle so bemüht haben, wird plötzlich zerstört; im Wettlauf mit dem Frost verschwindet der Garten schneller als das Hauptzelt eines Zirkus nach der letzten Vorstellung...

Am 2. November beginnt die Arbeit im Garten. Alle Pfähle abseits der Wege werden entfernt, und ein großer Lieferwagen mit Greifarm fährt rückwärts die *Grande Allée* entlang. Eine Rampe geht nach oben, und im Verlauf der folgenden Monate, „schluckt" der Lieferwagen den ganzen Blumengarten von Giverny.

Die Beete werden von allen Pflanzen befreit. Am ersten Tag werden die empfindlichen Pflanzen ausgegraben und aus dem

OBEN LINKS: *Die spätblühenden Sonnenblumen und Kosmeen werden abgeschnitten, wenn der Garten am 31. Oktober schließt.*

OBEN: *Die Aufräumarbeiten in der* Grande Allée *beginnen am 2. November. Das Laubwerk wird abgeschnitten, auf Schubkarren gehäuft oder in Gefäße gepackt und auf den Lieferwagen geladen.*

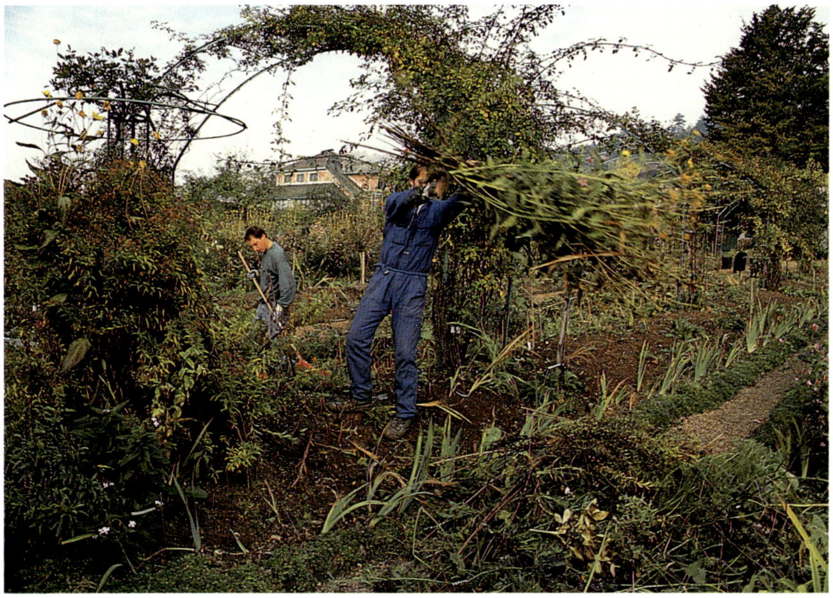

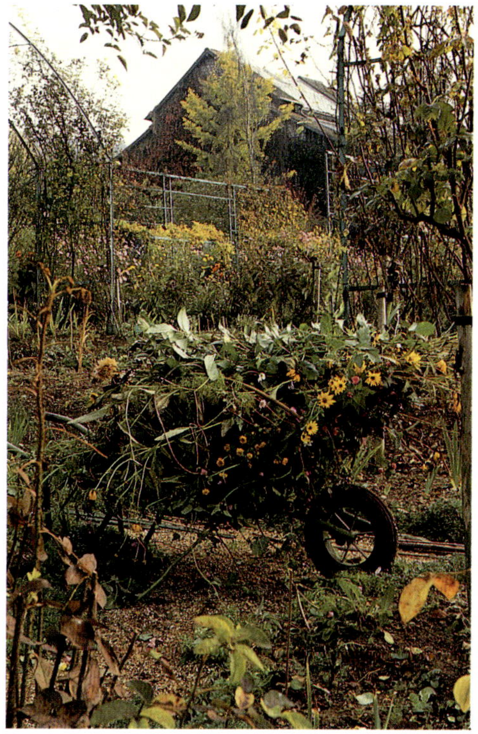

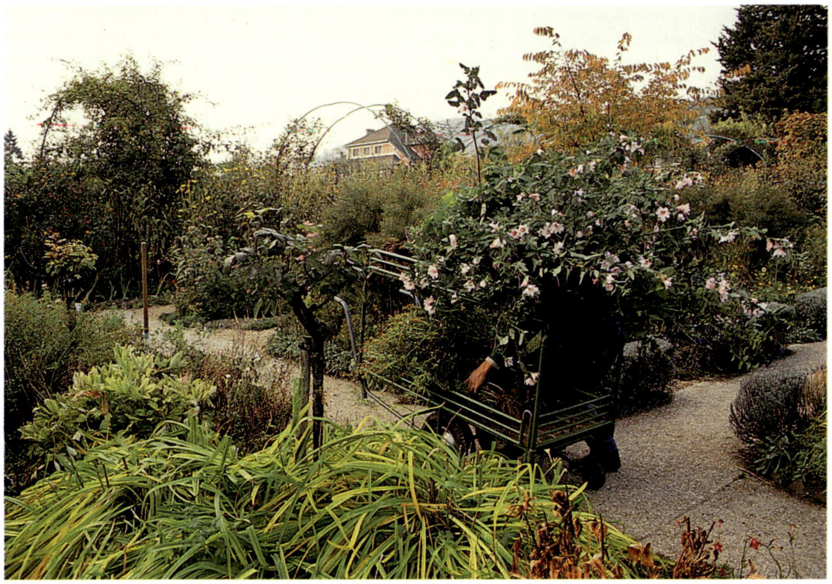

OBEN: *Die Beete werden abgeräumt, bevor der Frost den Boden verhärtet; wann immer es die Zeit erlaubt, werden die kostbarsten Exemplare ins große Gewächshaus transportiert.*

OBEN RECHTS: *Dieser Schubkarren wird während der Aufräumungsarbeiten im Garten für Dutzende von Fuhren benutzt. Freitags werden alle Gartengeräte gesäubert.*

Garten geholt, um in dem zu diesem Zweck gebauten großen Treibhaus jenseits der Straße zu überwintern. Dazu gehören alle in Töpfen gezogenen Pflanzen wie Bleiwurz und Stechapfel, die Schmucklilien, Astern und Nachtschatten sowie ein *Cornus florida* aus dem Wassergarten.

Am zweiten Tag beginnt man die Dahlien auszugraben, einschließlich der 150 Dahlien der Sorte 'Jet', die auf beiden Seiten der *Grande Allée* stehen. Alle werden ausgegraben und in die Garage gebracht, wo sie nach Varietäten sortiert werden und acht bis zehn Tage trocknen, bis sie in dem Keller unter der Garage auf einer Torfschicht aufbewahrt werden.

Am dritten Tag beginnt die Arbeit an den Beeten vor dem Haus und an der *Grande Allée.* Die rosa und roten Geranien sowie alle ein- und zweijährigen Blumen werden ausgemacht. Das Laub der größeren winterharten Pflanzen, wie beispielsweise Astern, Goldrute *(Solidago canadensis)*, Sonnenblumen und Pfingstrosen, wird abgeschnitten. Nachtviolen, orientalischer Mohn, Ochsenzunge und Primeln werden dabei nur ausgedünnt und an Ort und Stelle belassen, da sie den drastischen Schnitt, der den anderen dauerhaften Pflanzen zugemutet wird, nicht überstehen würden. Die Stangen werden ebenfalls herausgenommen, gereinigt und gelagert. Wenn sie Zeit dazu haben, graben die Gärtner auch die Malvensträucher aus und bringen sie zum Überwintern in das Gewächshaus auf der anderen Straßenseite.

Wenn im Garten von Giverny alle ein- und zweijährigen Pflanzen entfernt, die winterfesten Pflanzen ab- oder zurückgeschnitten und auch die Rosen versorgt sind, können die Gärtner und das Hilfspersonal ihre Aufmerksamkeit endlich den Gladiolen zuwenden. Sie werden ausgegraben und mit Stengeln und Blättern einige Wochen in numerierten Kisten in der Kühle des Kellers aufgehoben. Wenn sie trocken sind, dann entfernt das Gartenpersonal die Blätter, und die neuen Triebe werden von der alten Pflanze abgeschnitten.

Die unbarmherzige Räumung des Gartens ist ein Vorgang, der wenig Raum für Gefühlsregungen läßt. Man wirft jedoch nicht alles weg – alle Sonnenblumen, Dahlien und Gladiolen, die noch blühen, werden von den Gärtnern beim Säubern der Beete zu Sträußen gebunden und abends mit nach Hause genommen. Alles übrige häuft man auf Schubkarren.

Giverny wird durch ein ausgeklügeltes Wassersystem gespeist, das wie der Rest des Gartens für den Winterschlaf sorgsam vorbereitet werden muß. Niedrige, in Bodennähe befindliche Sprenganlagen müssen mit einer Umhüllung aus Stroh und Plastik vor Frost geschützt werden. Die in der Höhe an Pfählen angebrachten Berieselungsanlagen haben sehr empfindliche Köpfe. Die Gärtner

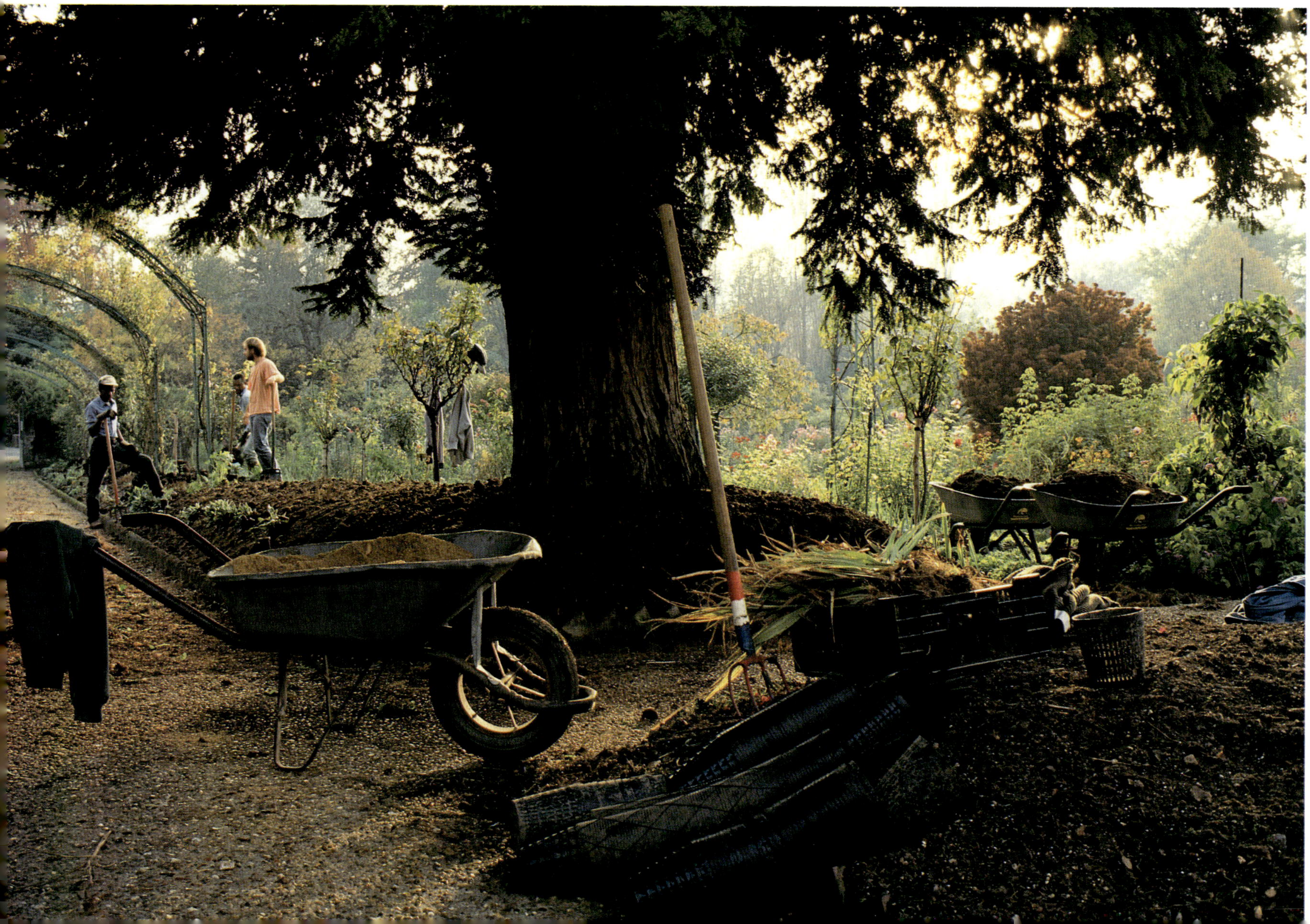

GEGENÜBER: *Die große Eibe bringt eine gewisse Unausgewogenheit in die Proportionen der* Grande Allée. *In die schwarzen Plastikbehälter im Vordergrund setzt man die Kaiserkronen, die in reinen Sandboden gepflanzt werden.*

UNTEN: *Beim Umgraben der* Grande Allée, *von links nach rechts, Rémi Lecoutre, zuständig für die östliche Seite des Gartens, Gilbert Vahé, Jean-Luc Lerenard, Mamadou Niakhate, Yves Hergoualc'h, zuständig für die Westseite des Gartens.*

schrauben sie im November ab und bewahren sie vorsichtshalber in einem Keller auf.

Sind die Beete vor dem Haus und der *Grande Allée* leer, können die Gärtner mit dem Umgraben anfangen. Eile ist geboten, weil diese beiden Flächen mit den Zwiebeln und Wurzelstöcken für die Frühjahrsblumen bepflanzt werden müssen, bevor der Boden aufgrund von Frost und starken Regenfällen nicht mehr bearbeitet werden kann. Große Büsche, Rosen, die Schwertlilien und die winterfesten Bodendecker, die die Beete einfassen, wie zum Beispiel Blaukissen, Gänsekresse und verschiedene Holunderarten, bleiben stehen, während alles andere, einschließlich der Pfingstrosen, ausgegraben wird.

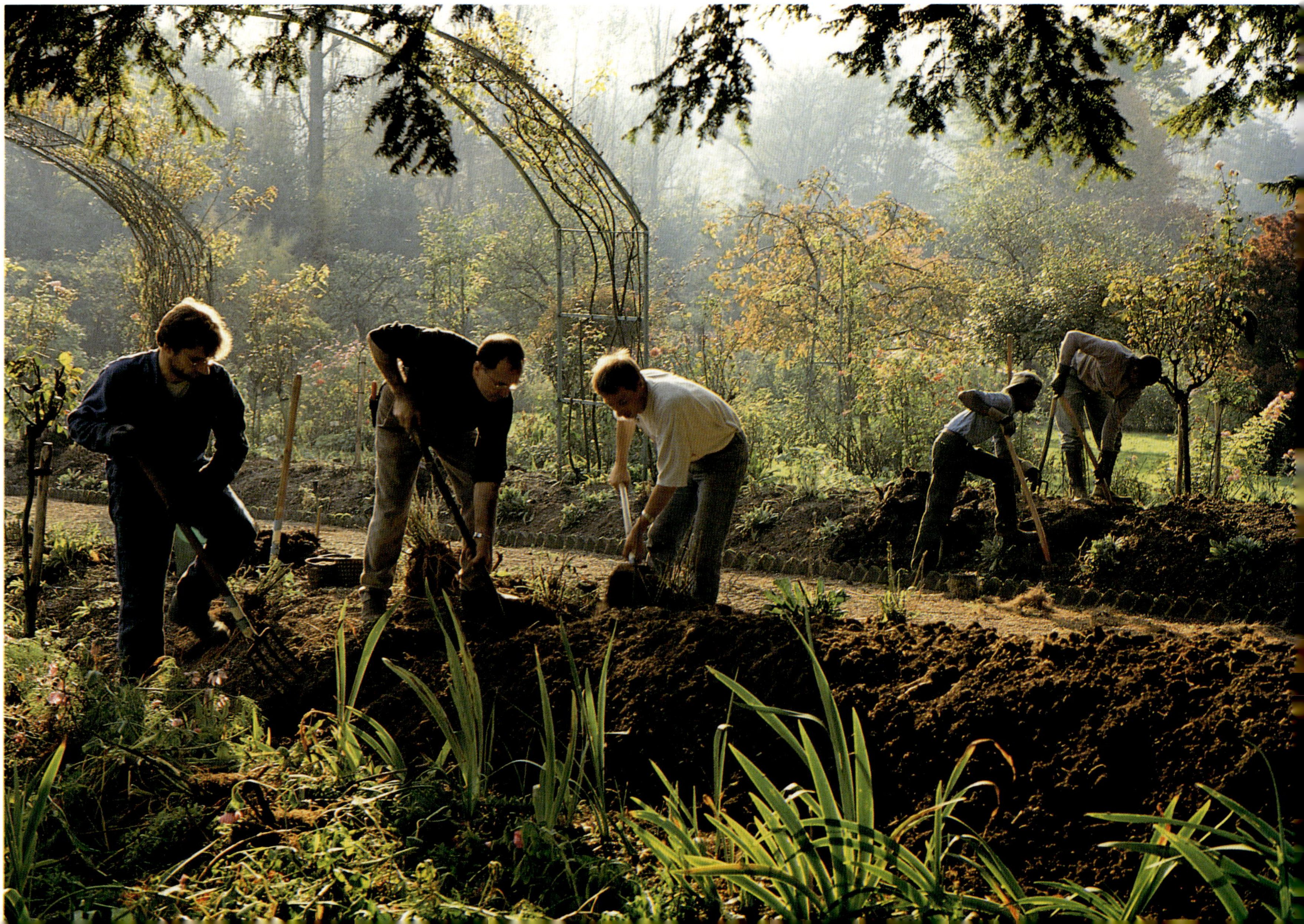

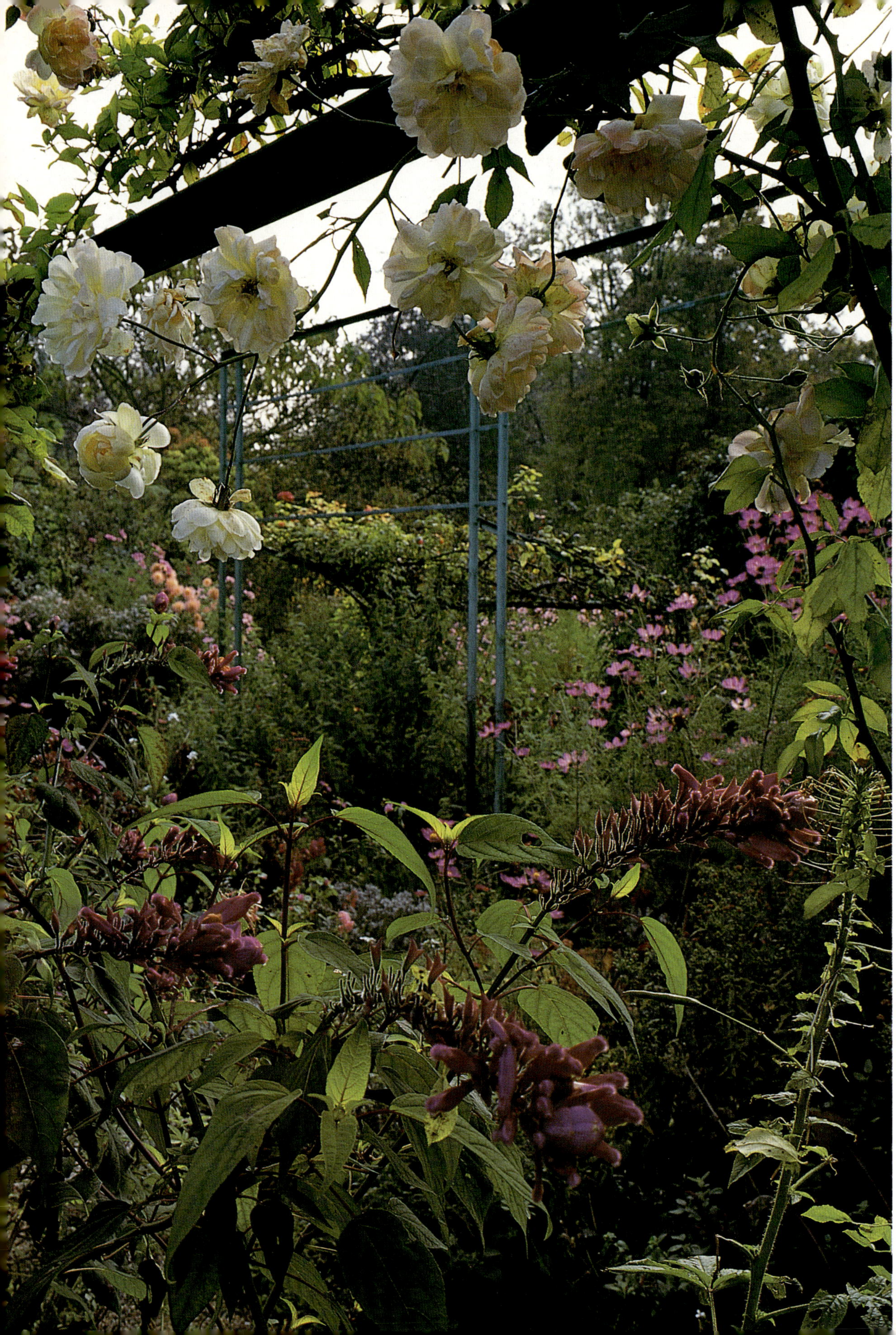

LINKS: *Noch im November sind die Rose* 'Phyllis Bide' *und Salvia involucrata* 'Bethellii' *ein festlicher Anblick. Die Rosen müssen sorgfältig geschnitten und festgebunden werden sowie den Anschein erwecken, ganz natürlich zu wachsen; ihre Nachbarn dürfen sie jedoch nicht in den Schatten stellen.*

RECHTS: *Mit Hilfe einer gegen einen der Bögen der* Grande Allée *gelehnten Leiter nimmt Yves Hergoualc'h Anfang November bei der Kletterrose* 'Maréchal Niel' *den Schnitt vor.*

GANZ RECHTS OBEN: *Die Methode, die Hauptstämme von Kletterrosen um dreieckige Stützen zu winden, ist typisch für Giverny und seine „Säulenrosen". Im März werden sie erneut geschnitten und danach regelmäßig kontrolliert und befestigt, um so zu gewährleisten, daß keine losen, dornigen Zweige herabhängen.*

GANZ RECHTS UNTEN: *Die Beete sind bearbeitet und bepflanzt; große Mengen Dünger wurden eingebracht, um die Rosen zu versorgen und die Bodenbeschaffenheit zu verbessern.*

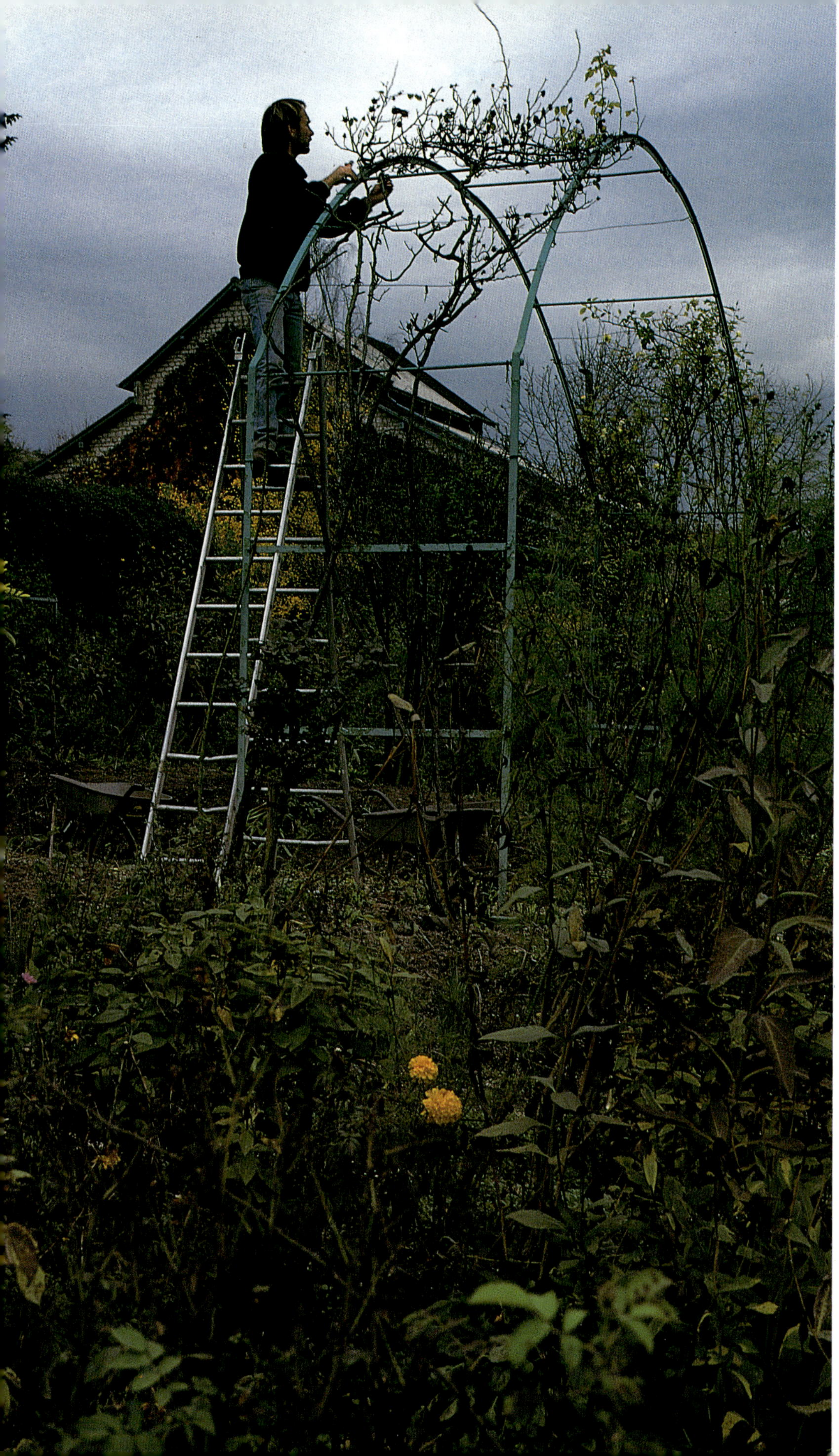

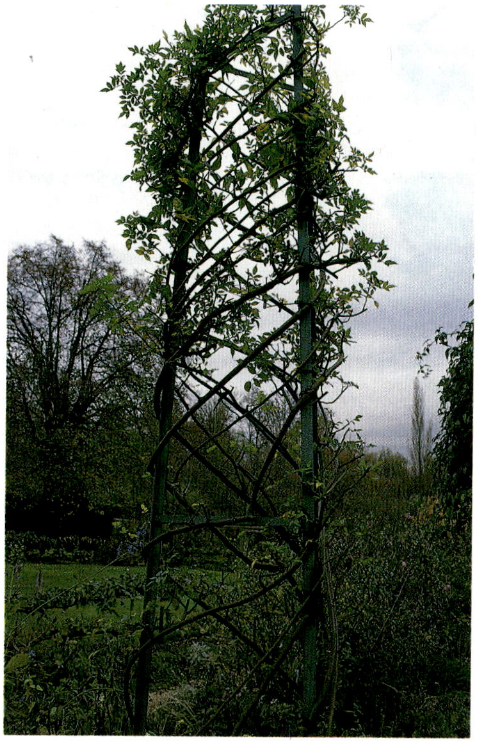

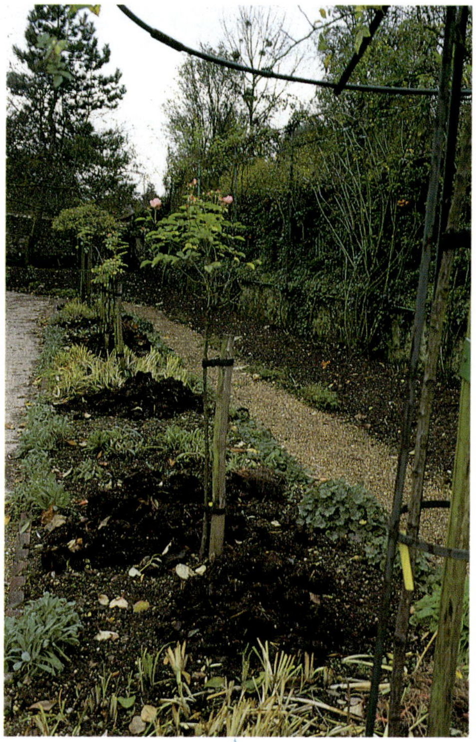

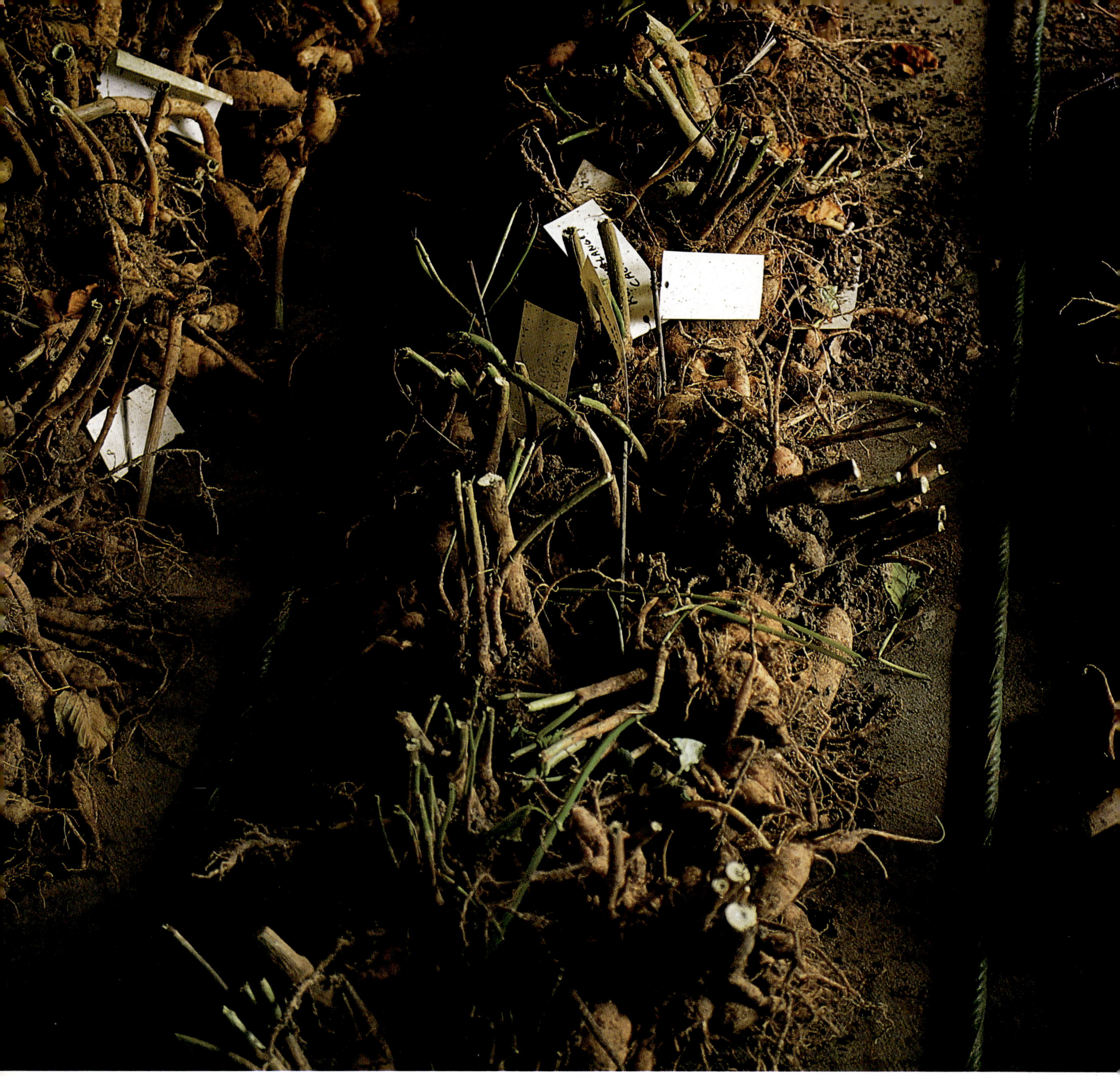

Die Zwiebeln und Wurzelstöcke von Kaiserkronen und Steppenkerzen werden als erste in der *Grande Allée* gepflanzt. Wenn die Gärtner damit fertig sind, nehmen sie sofort die Bepflanzung rings um das Haus vor und kehren dann ans obere Ende der *Grande Allée* zurück, um die Tulpenzwiebeln zu setzen. Diese werden jedes Jahr neu gekauft. Die Gärtner haben leider keine Zeit mehr, die Blüten abzuknipsen oder die Zwiebeln zu sortieren, zu säubern und zu besprühen.

Bevor das schlechte Wetter einsetzt, wenden sich die Gärtner als nächstes den Beeten zu, die am dichtesten an der Mauer zur Straße liegen. Da der Garten vom Haus zu dieser Mauer hin abfällt, sind dies die Beete, die am ehesten vom Wasser überschwemmt werden und dem Frost ausgesetzt sind. Wenn es regnet oder der Boden zu hart ist, setzen sie die Aufräumungsarbeiten in anderen Teilen des Gartens fort. Bei der Bearbeitung der restlichen Beete genießen diejenigen Vorrang, in die die meisten Tulpen gepflanzt werden müssen. Wenn alle Tulpen in der Erde sind, werden die kleineren Zwiebeln gepflanzt – u.a. Anemonen, Lauch und holländische Schwertlilien *(Lilium xiphium* × *Lilium tingitana).* Letztere werden *à la française* mit Hilfe eines Fadens in einer kerzengeraden Reihe zwischen die Bartschwertlilien und die übrige Rabatte gepflanzt.

Die Weihnachtsferien stellen den Wendepunkt dar. Wenn die Gärtner danach zurückkehren, beginnen sie mit dem Auspflanzen der zweijährigen Pflanzen, die sie im Gewächshaus gezogen und danach in die dafür vorgesehenen Beete gesetzt haben. Für diese Aufgabe brauchen sie vier bis sechs Wochen – Stiefmütterchen, Leimkraut, Vergißmeinnicht, Glockenblumen, Goldlack und Levkojen. Aus irgendeinem Grund werden die Levkojen von allen Gärtnern eindeutig abgelehnt. Viele Jahre lang machte sich niemand die Arbeit, die jungen Pflanzen zu beschneiden; so wurden sie bis zu 40 cm hoch – staksig und unansehnlich, fast ohne Blätter und mit wenigen Blüten, standen sie wochenlang wie vernachlässigtes Gemüse im Garten.

Mehr als 180.000 einjährige, zweijährige und winterfeste Pflanzen werden aus Samen gezogen. Nach den bisher gemachten Erfahrungen werden etwa drei Viertel davon verwendet; der Rest ist eine Art Versicherung gegen unvorhergesehene Verluste. Vahés größte Befürchtung ist es, daß die Bestände vom Wetter oder Krankheitsbefall heimgesucht werden, was in seinen Rabatten empfindliche Lücken hinterlassen könnte. Außer den Tulpen werden nur die Geranien für die Einzelbeete unmittelbar vor dem Haus hinzugekauft.

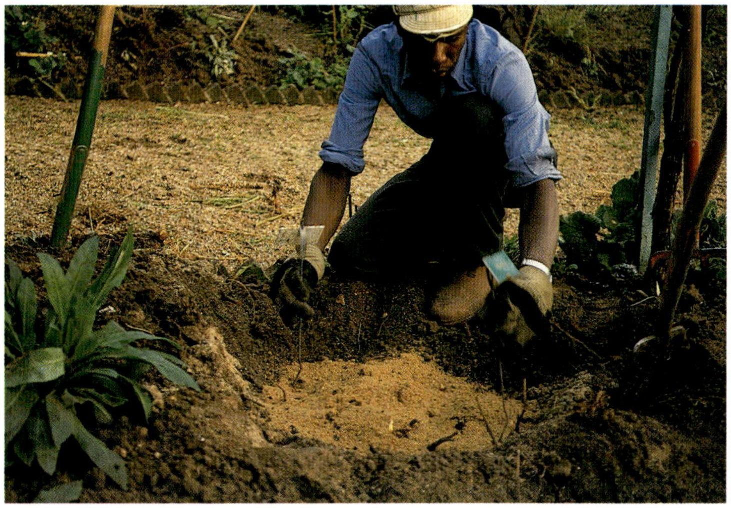

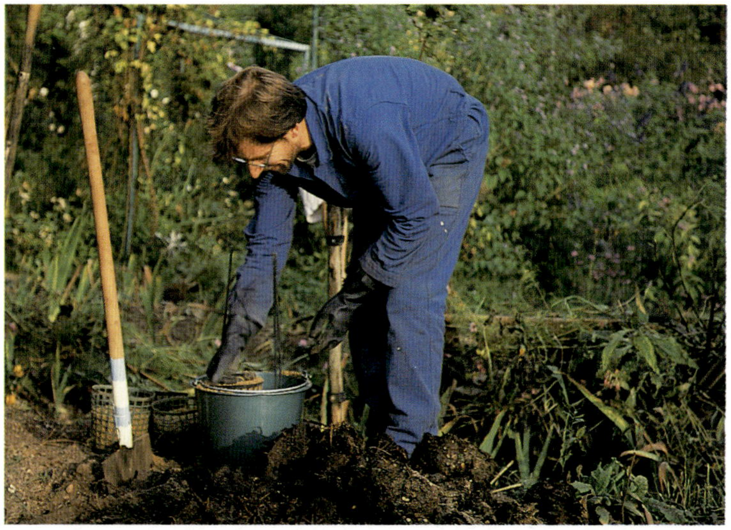

OBEN: *Mamadou Niakhate (ganz oben) pflanzt in der* Grande Allée *Steppenkerzen, jeweils drei oder vier in ein mit sandiger Gartenerde gefülltes Loch. Während diese Blumen normalerweise bei Störungen mehrere Jahre nicht blühen, garantiert diese Pflanzmethode, daß die meisten im folgenden Jahr wieder blühen. Rémi Lecoutre (unten) pflanzt Kaiserkronen in (mit dem gleichen Sand gefüllte) Töpfe.*

GEGENÜBER: *Die Dahlienknollen werden ein paar Tage lang zum Trocknen ausgebreitet, bevor sie den Winter über im Keller gelagert werden. Vahés berühmte* fers à béton *trennen die sorgfältig etikettierten Sorten voneinander.*

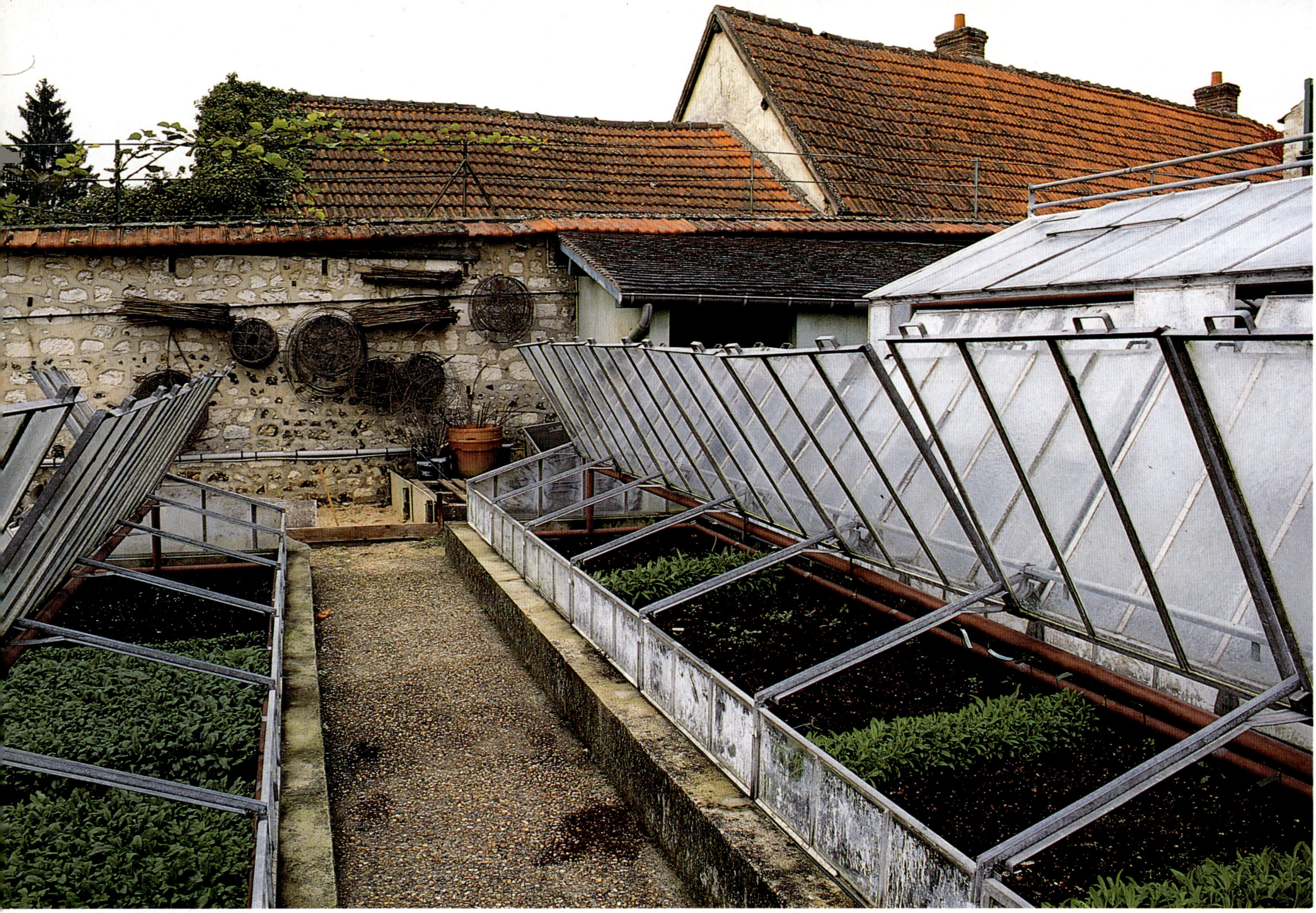

OBEN: *Die an den Frühbeeten entlanglaufenden Heizungsrohre liefern die Wärme für die Sämlinge. Monet benutzte viele Jahre lang Frühbeete – bevor er es sich leisten konnte, Gewächshäuser zu bauen. Im Hintergrund an der Wand hängen die* cercles de pivoines, *die zum Stützen der Pflanzen verwendet werden.*

RECHTS: *Die* Campanula medium *sind bereit, auf die Anzuchtbeete gesetzt zu werden.*

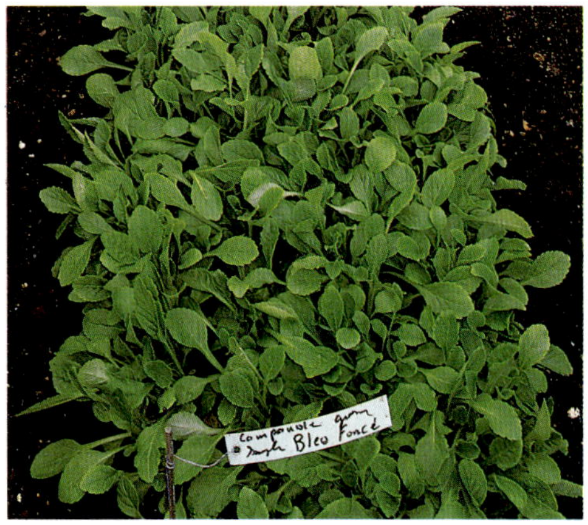

RECHTS: *Die Zweige eines Holzapfelbaumes hängen wie ein Vorhang zwischen den ersten Beeten des Blumengartens und den Anzuchtbeeten. Links befinden sich Töpfe mit vielen Sorten von* Papaver orientale. *Klatschmohn, Shirley- und Schlafmohn säen sich selbst aus.*

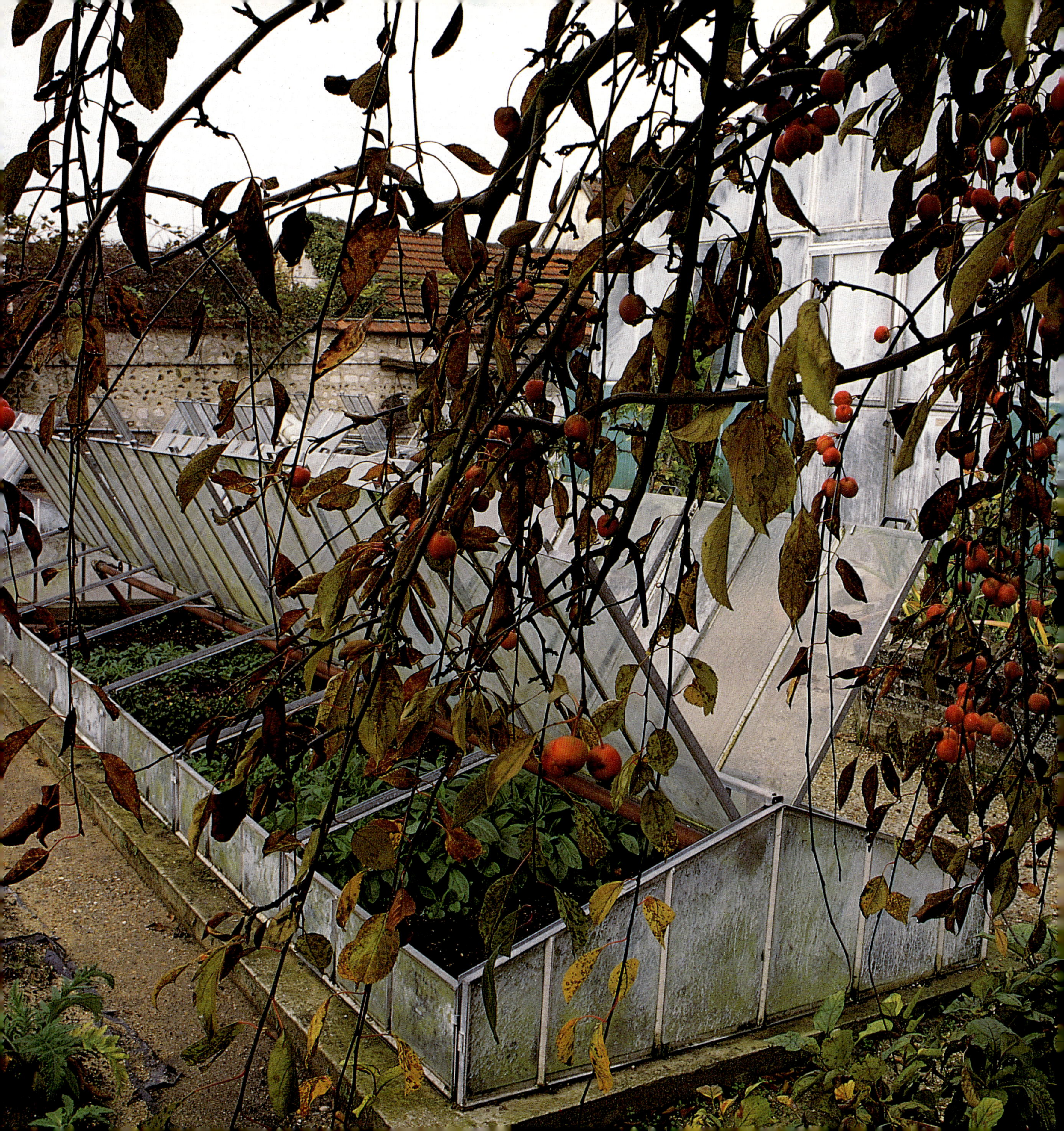

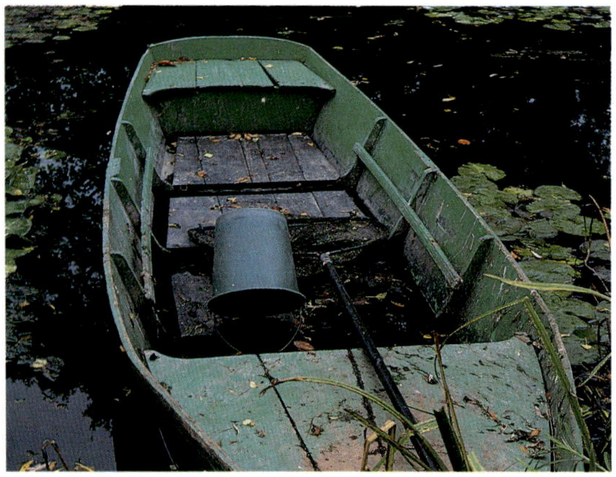

Um die Seerosen im Wassergarten kümmert man sich von einem Boot aus. Wenn der Garten seine Pforten schließt, werden sie mit einer langen Sense abgeschnitten – die Stengel möglichst tief unterhalb der Wasseroberfläche, um das Faulen der Blätter zu verhindern; Stengel, Blätter und verwelkte Blüten werden zusammen mit allen auf der Wasserfläche schwimmenden Algen anschließend in das Boot geladen. Die Seerosen werden in Dreiergruppen in einen Korb gepflanzt, der wegen des einfacheren Transports mit Griffen versehen ist. Ein in den Grund des Teiches getriebener Pfahl, der ein winziges Stück aus dem Wasser herausragt, kennzeichnet den Standort jedes einzelnen Korbes.

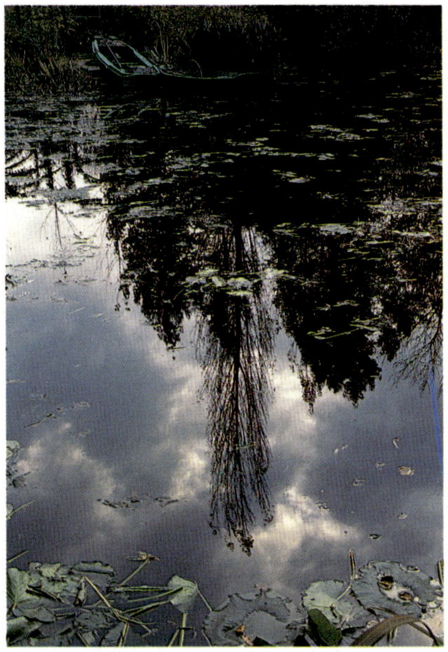

Der Garten wirkt nun skelettartig, aber friedlich. Alle, das Management, die Büroangestellten, der Hausmeister und die Gärtner brauchen diese kurze ruhige Phase, um sich von dem ständigen Ansturm von Kindern und Besuchern, Kutschfahrten und läutenden Telefonen zu erholen.

Bis auf das Gerippe entblößt, wirkt der Garten jetzt ruhig und streng. Seine karge, plastische Schönheit beruht ausschließlich auf der Art, wie das Licht das Wasser in seinen unterschiedlichsten Ausformungen einfängt – als leichten Nebel, der alles einhüllt, als Regen und hin und wieder als Frost. All des schmükkenden Laubwerks beraubt, werden die architektonische Silhouette der japanischen Brücke, der kräftige bemooste Stamm der Trauerweide, das Gefüge der Bögen und Stangen aus Metall allseits von jenem winterlichen Licht erhellt, dessen magische Kraft Monet sein Leben lang so sehr entzückte.

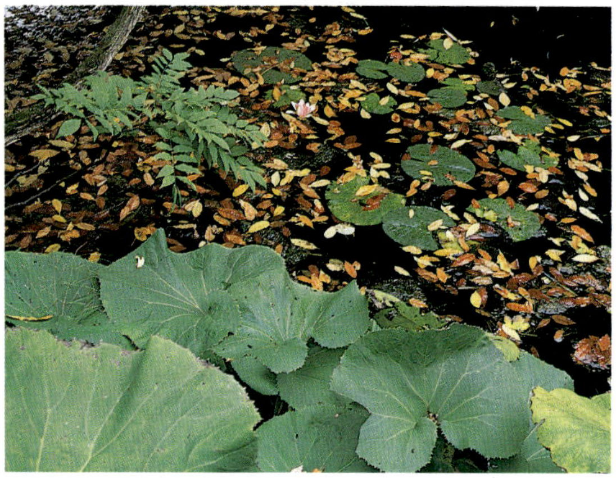

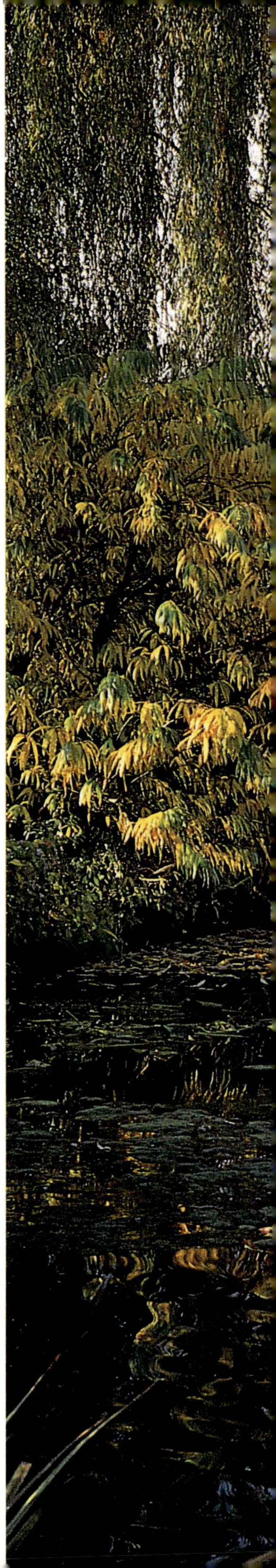

LINKS: *Die drei wesentlichen Komponenten des Wassergartens im Winter; keine Kopie von Monets Boot (ganz oben), sondern einer der traditionell auf Teichen verwendeten Kähne; da er die meiste Zeit im Wasser liegt, muß der Boden jedes Jahr neu geteert werden. Die Oberfläche des Teiches wirkt dunkel, wenn sie einen stürmischen Himmel widerspiegelt (Mitte). Eine letzte einsame Seerose erinnert an die Pracht des Sommers (unten).*

GEGENÜBER: *Jean-Marie Avisard, allein verantwortlich für den Wassergarten, schneidet die Seerosenblätter mit einer Sense ab und fischt sie dann mit einem Netz auf, um zu verhindern, daß das faulende Laub das Wasser verschmutzt.*

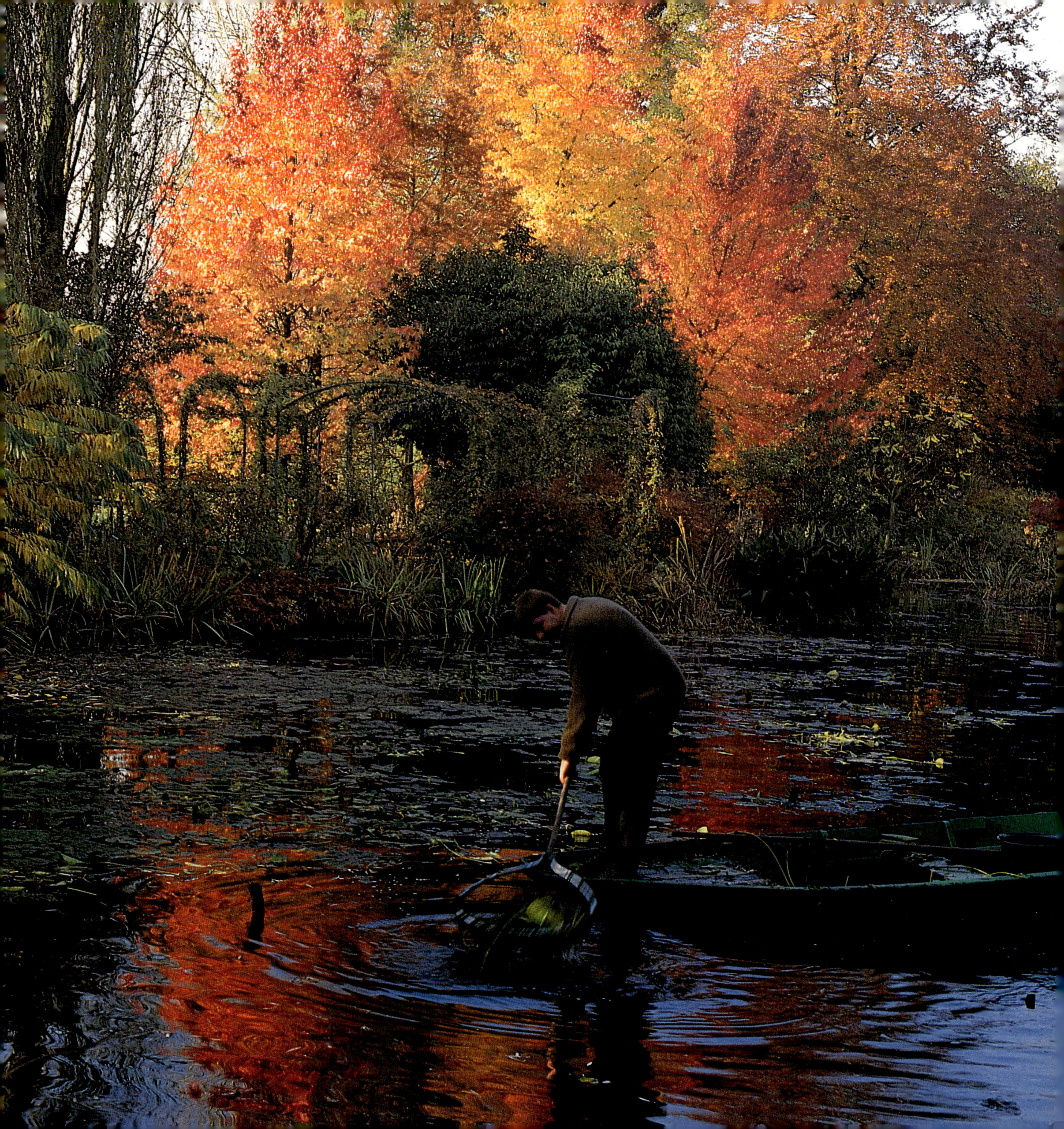

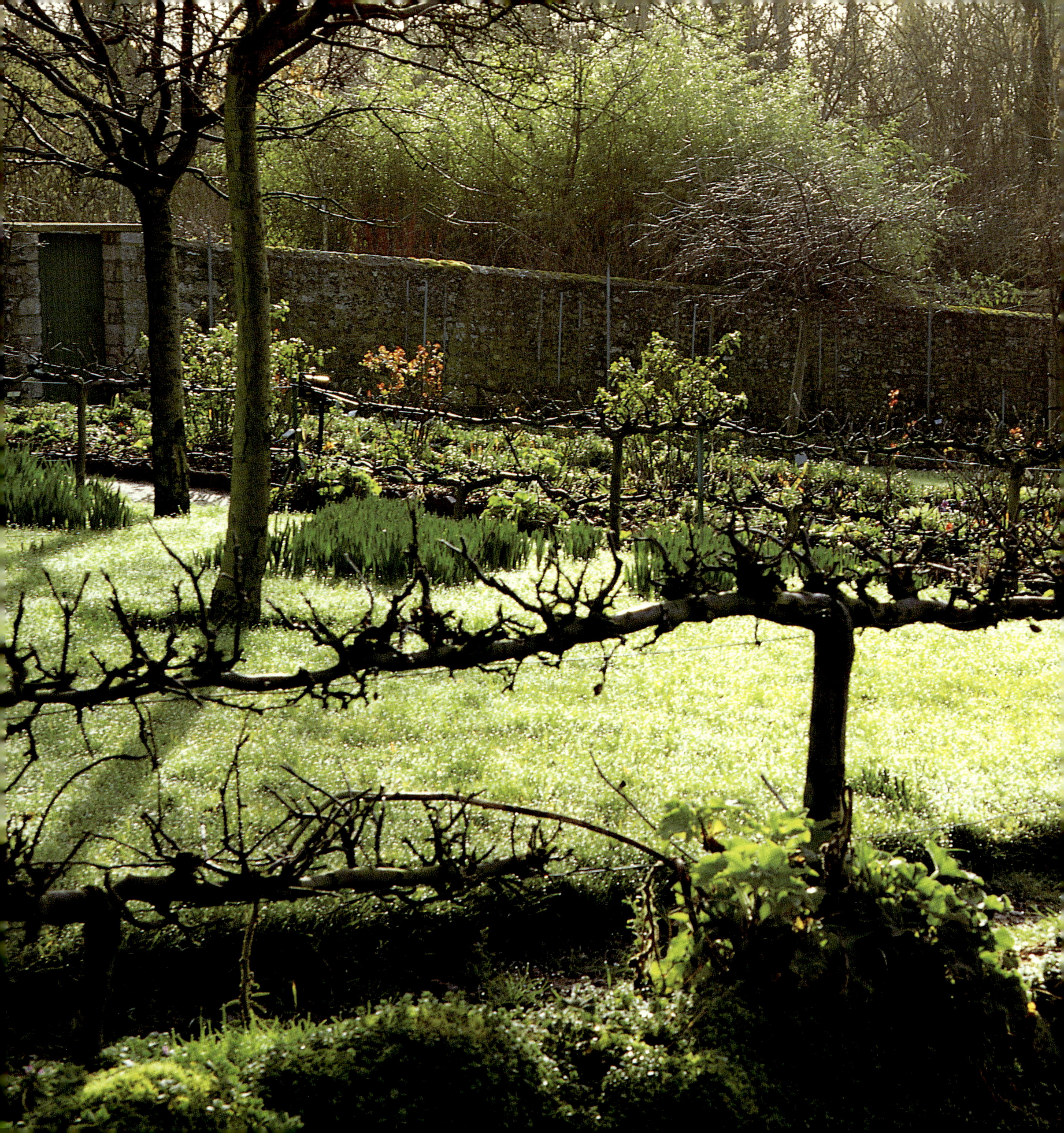

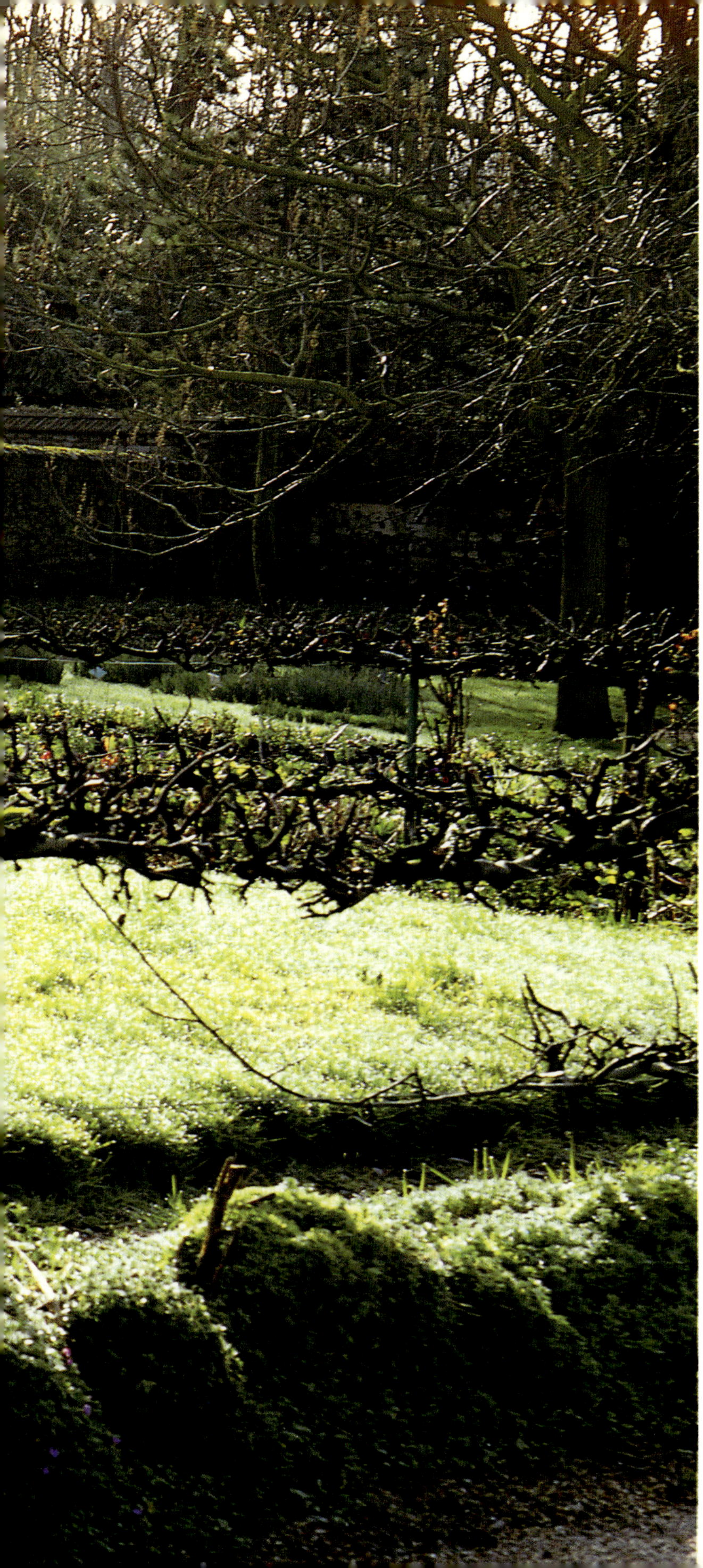

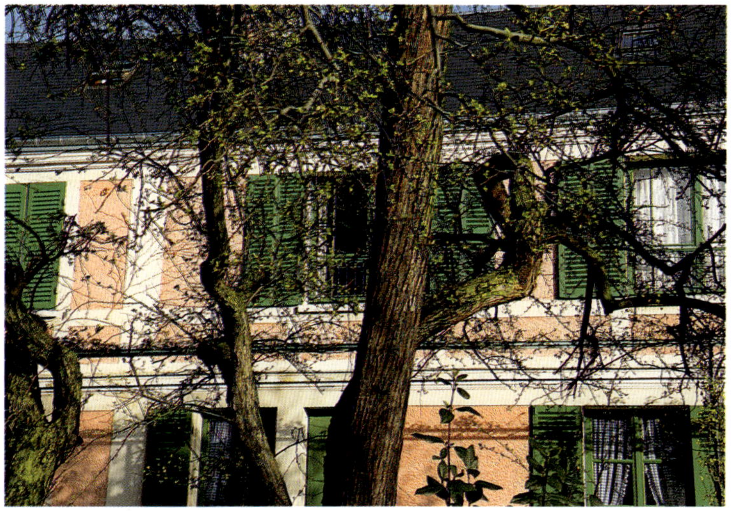

In Giverny ist jetzt jeder Quadratzentimeter Erde umgegraben, gedüngt, bepflanzt, jede Rose beschnitten und festgebunden, die Schwertlilien stehen in kerzengeraden Reihen und Blaukissenteppiche verleihen den monotonen, exakt geformten, langen, rechteckigen Beeten sanftere Konturen. Wie durch die vielen Facetten eines Kaleidoskops betrachtet, funkelt der winterliche Garten in braunen und grünen Farbtönen aus Baumrinde, Blättern und Erde, Rasen und jungen Trieben, einem Baldachin aus immergrünem Efeu und Moos, dem Morgentau auf einer Reihe von Spalierbirnbäumen, auch tiefroten und grünen Schößlingen. Dann, ab Februar, kommen nach und nach die Blumen zum Vorschein, erst winzige Schneeglöckchen und Krokusse in den unterschiedlichsten Farben, und wenn dann die grünen Spitzen der Osterglocken und Narzissen ans Licht drängen, verschwindet die braune Erde allmählich.

OBEN: *Der Winter neigt sich dem Ende zu; dieser noch aus der Zeit Monets stammende Holzapfelbaum treibt inzwischen junges Grün. Die Schlafräume im ersten Stock waren früher den Kindern überlassen, werden heute jedoch von den* gardiens *benutzt.*

LINKS: *Diese* en double cordon *gezogenen Apfelbäume umsäumen den Rasen, eine von nur drei Grasflächen, die für das Publikum zugänglich sind.*

FRÜHLINGSLICHT

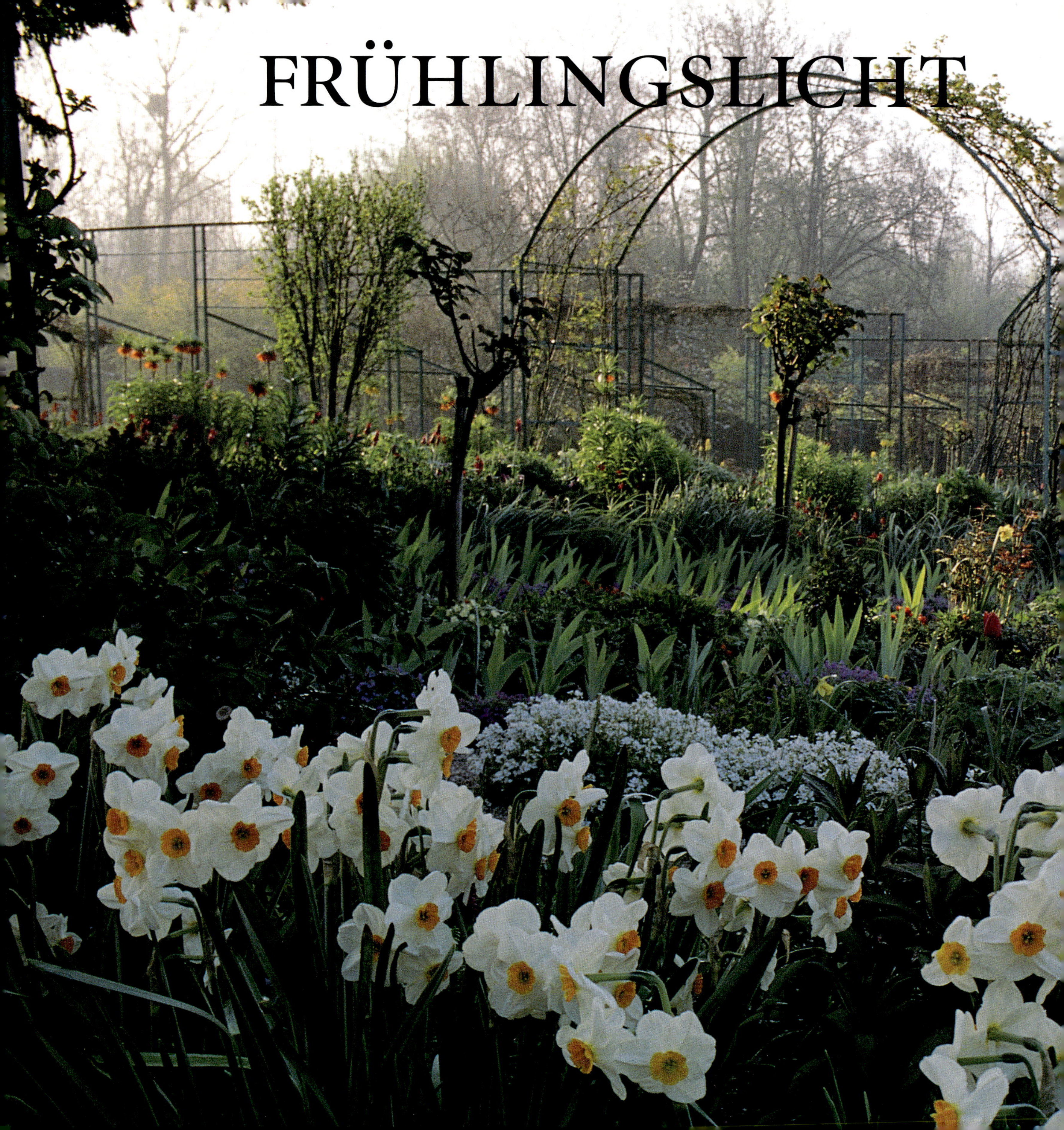

IM GARTEN

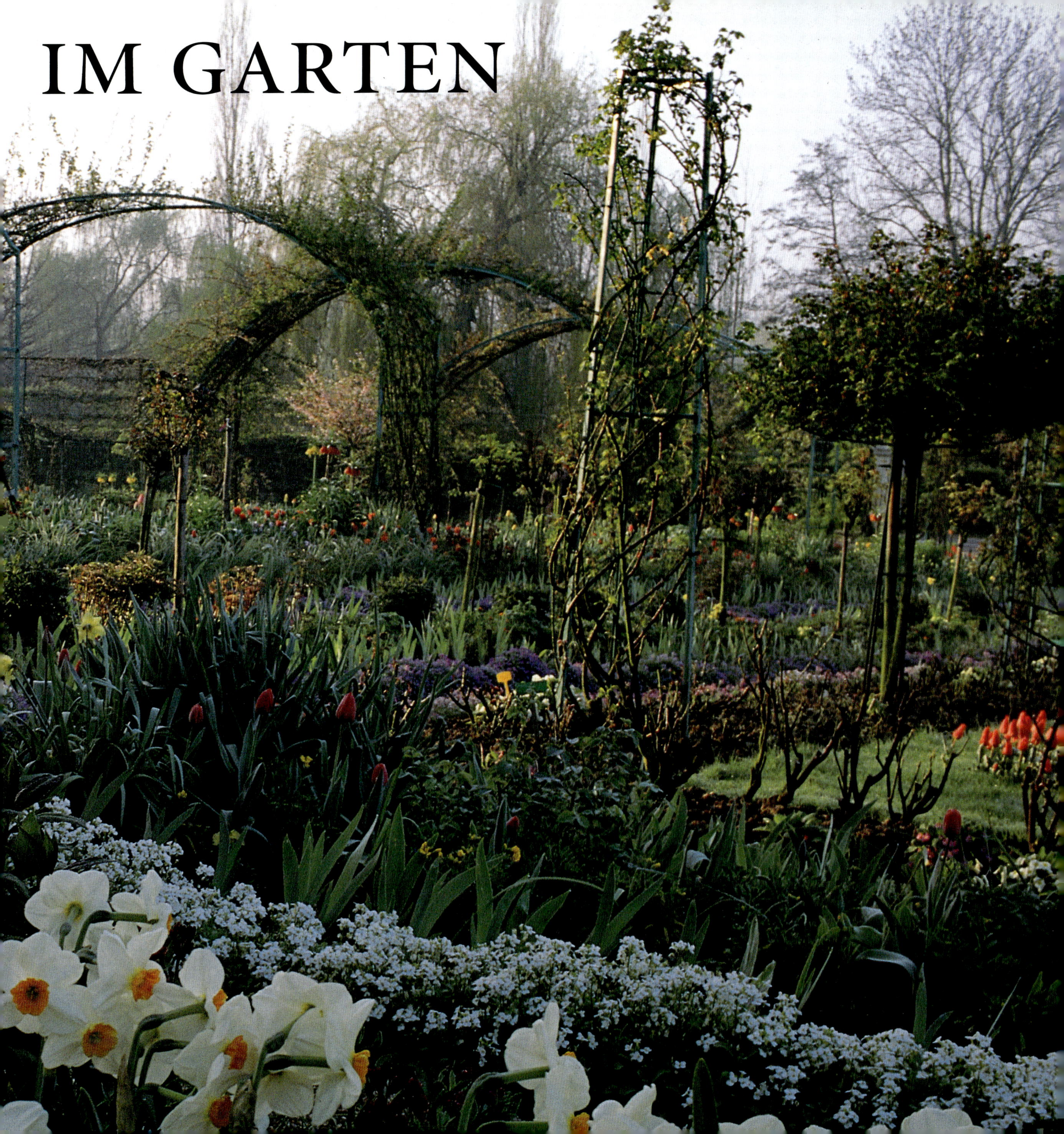

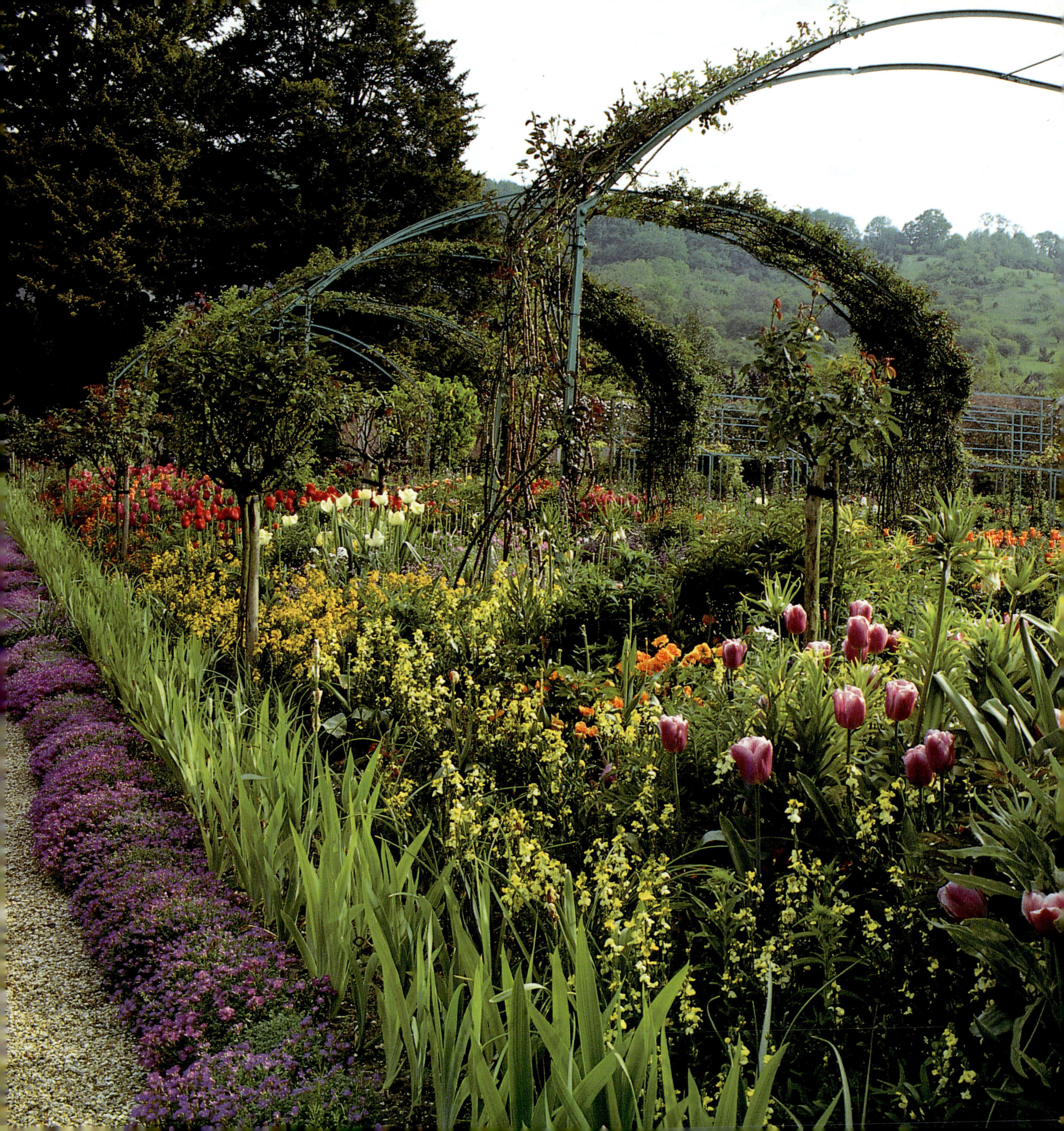

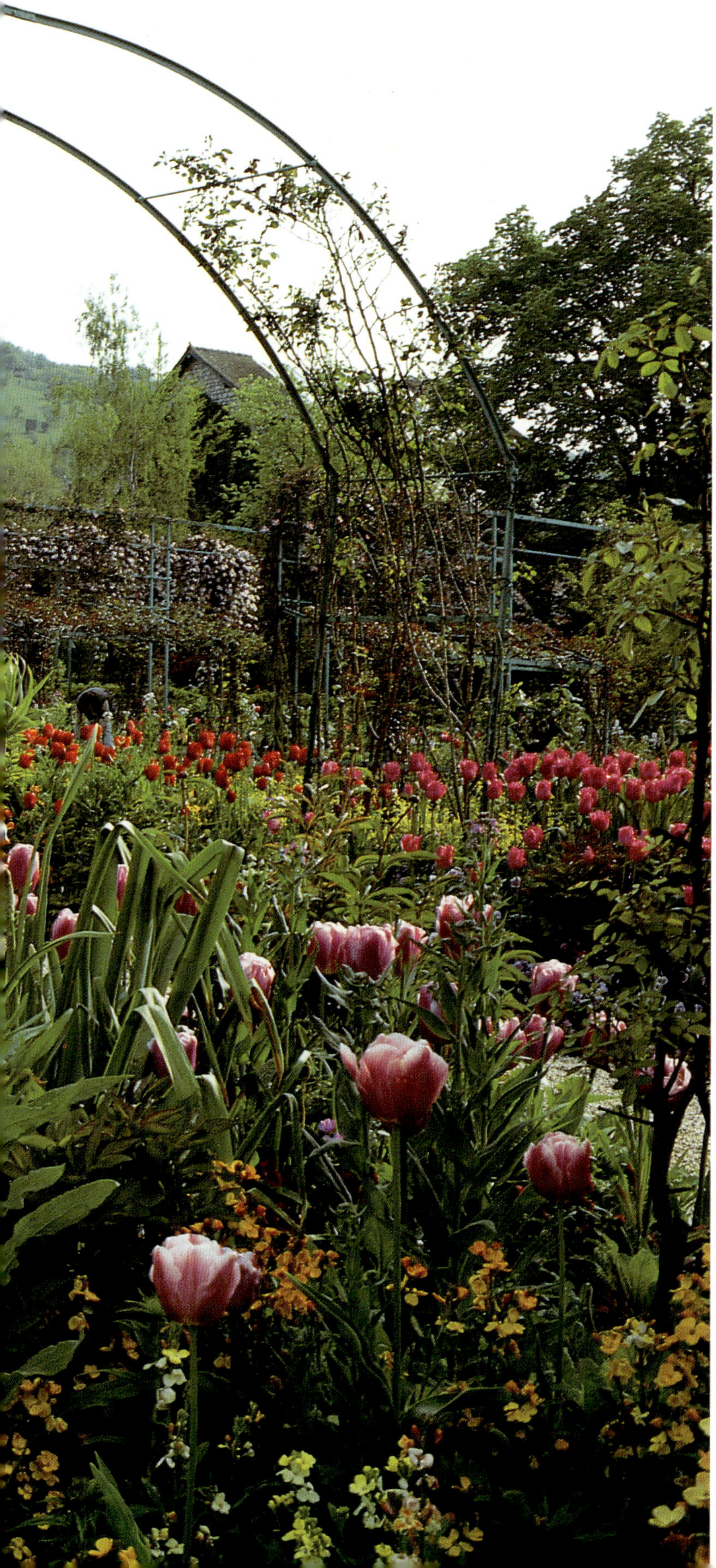

„Wenn es erst einmal Februar ist, kommt der Frühling mit den ersten Blumen, und Monet rührt sich nicht mehr von der Stelle."

ALICE HOSCHEDÉ

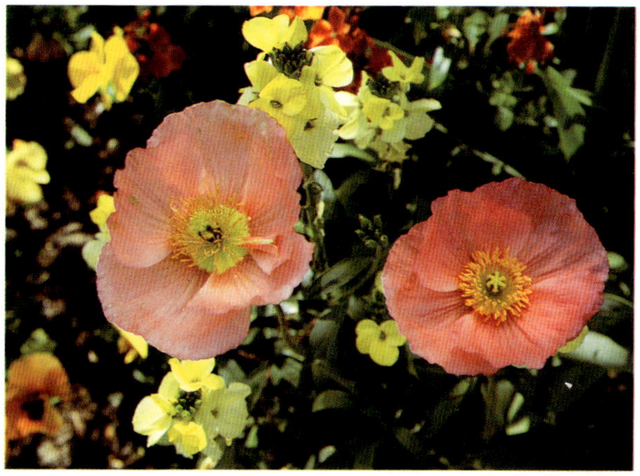

In keiner anderen Jahreszeit ist die Verwandlung von Giverny drastischer als im März, April und Mai. Innerhalb von drei Monaten vollzieht sich im Garten der Wandel von nackter Erde zur Üppigkeit blühender Frühsommerblumen. Bis zum Juni dann sind Blumen in allen Regenbogenfarben aus dem Boden gesprossen.

Giverny ist vor allem ein Garten für den Liebhaber von Farben. „Was den Besucher am meisten beeindruckt", schrieb schon Georges Truffaut, „ist die Harmonie, die durch das Nebeneinander gegensätzlicher Farben entsteht, und der Geschmack, der die Anlage dieses floralen Wunders bestimmt hat." Monet setzte Farben sehr spektakulär ein: leuchtende Farben gingen in blassere Töne über (um dann in noch kräftigerer, größerer Form wiederzukehren). Durch die stellenweise äußerst gewagten Farbkombinationen verblüffte sein Garten immer wieder solche Leute, die an zarte Pastelltöne gewöhnt waren, doch er konnte auch leise und kühl wirken.

VORHERGEHENDE SEITE: *Ein frischer neuer Blumenteppich entfaltet sich mit Narzissen, Gänsekresse, den ersten purpurroten Blaukissen und einigen frühen rosa Tulpen.*
LINKS: *In der* Grande Allée *ist der Frühling auf dem Vormarsch.*
OBEN: *Das blaßgelbe Innere des rosa Islandmohns spiegelt das helle Gelb von* Erysimum cheiri.

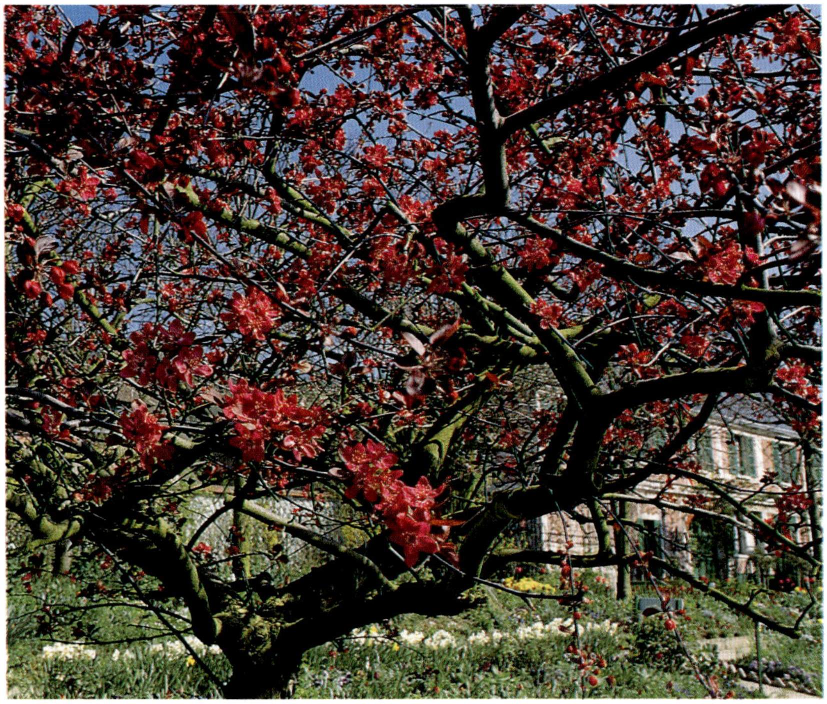

Der Frühling schickt seine ersten Vorboten bereits einen Monat, bevor der Garten in Giverny offiziell seine Pforten öffnet. Als erstes blüht Anfang März das leuchtende Blaukissen, dann folgt die zartrosa Blüte von Monets Holzapfelbaum vor dem Küchenfenster, unter dem sich blaßgelber *Erysimum cheiri* ausbreitet. Ansonsten präsentieren die blühenden Kirsch-, Pflaumen- und Apfelbäume die ganze Farbskala von hell- und dunkelrosa Blüten; das zartrosa Blütenmeer ist weithin über den Garten hinaus zu sehen und spiegelt den warmen Farbton des Hausanstrichs wider. Bald nach seinem Eintreffen in Giverny ersetzte Monet einen Teil der Apfelbäume im Obstgarten durch japanische Zierkirschen. Einige der jetzt im Blumengarten stehenden japanischen Kirschbäume kamen 1990 als Geschenk des japanischen Botschafters nach Giverny.

Die Rasenflächen unter den Kirschbäumen sind zu Beginn des Frühlings mit Büscheln weißer Narzissen und Osterglocken geschmückt. Georges Truffaut, der 1924 in der Zeischrift *Jardinage* einen Artikel über den Frühlingsgarten schrieb, erwähnte besonders die Fülle der Narzissen – große gelbe Trompetennarzissen sowie die Kaiser- und Pfauenaugennarzissen.

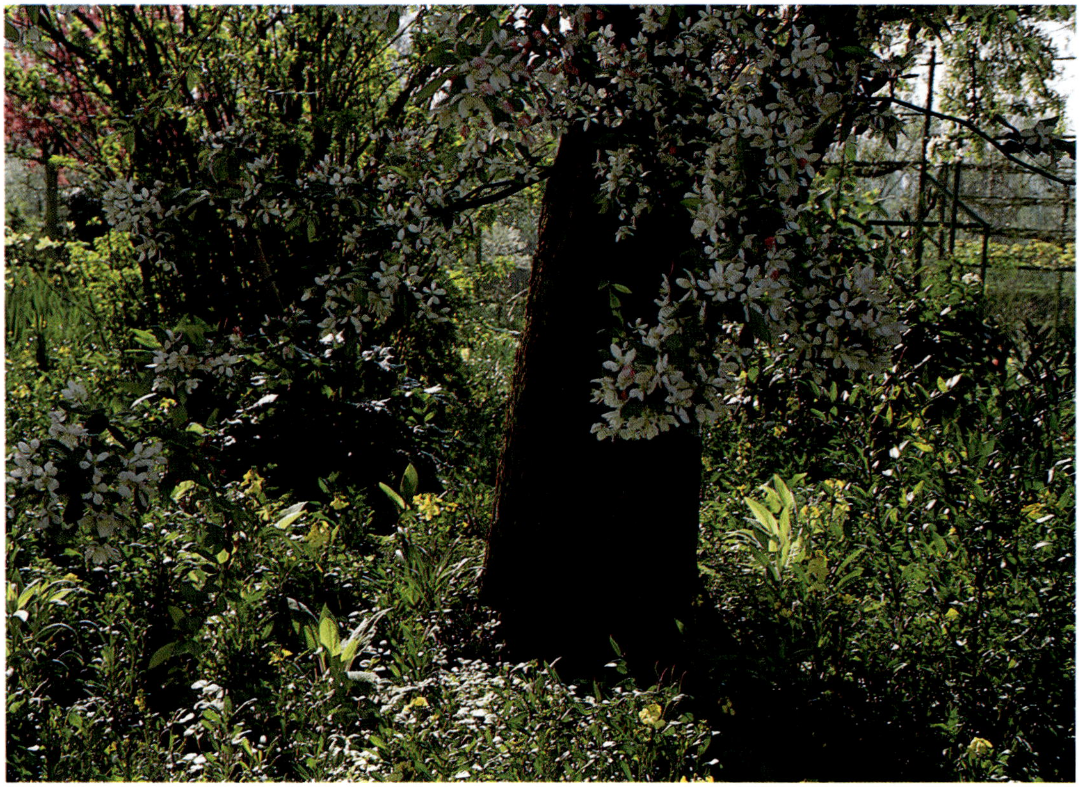

Die Blüten von Kirsche und Holzapfelbaum beherrschen den Garten im April.
LINKS OBEN: *Die blaßrosa Fassade des Hauses gibt einen perfekten Hintergrund für die auffallend rosa Blüten eines der Holzapfelbäume ab. Die Zweige sind im japanischen Stil geschnitten, um ein ausladendes Wachstum zu fördern.*

LINKS UNTEN: *Die blaßgelben* Erysimum cheiri *unter Monets altem Holzapfelbaum sind fast verblüht. Der Gärtner entfernt sie gründlich, so daß sich, wenn die Blüten vom Baum fallen, ein eindrucksvoller schneegleicher Teppich über die dunkle Erde legt.*

RECHTS: *Auf den von Spalierapfelbäumen und Kaiserkronen umsäumten Rasenflächen leuchten Osterglocken, Narzissen und Tulpen. Wenn diese welken, hinterlassen sie einen schlichten Grashintergrund für die Sommerrabatten.*

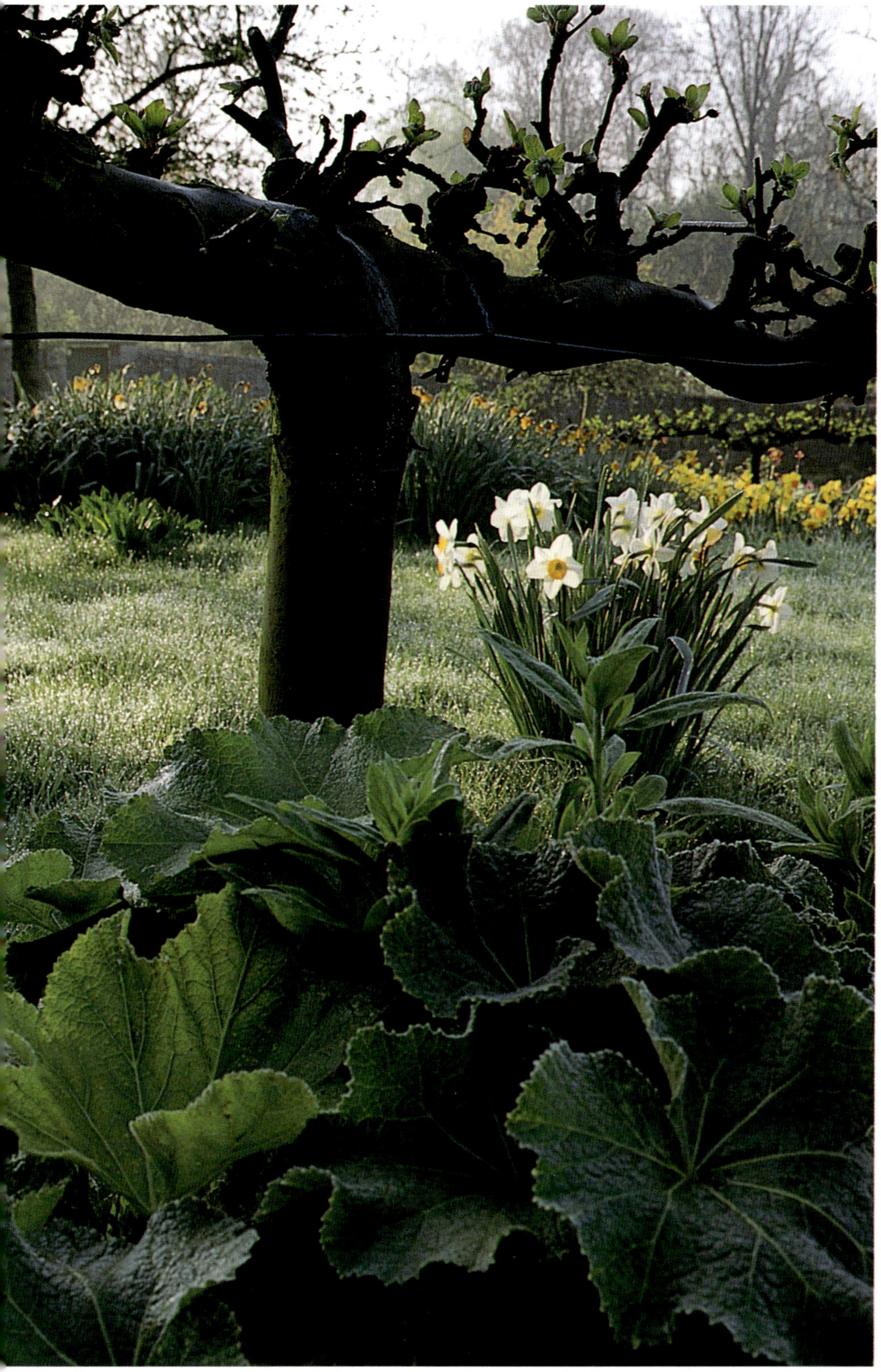

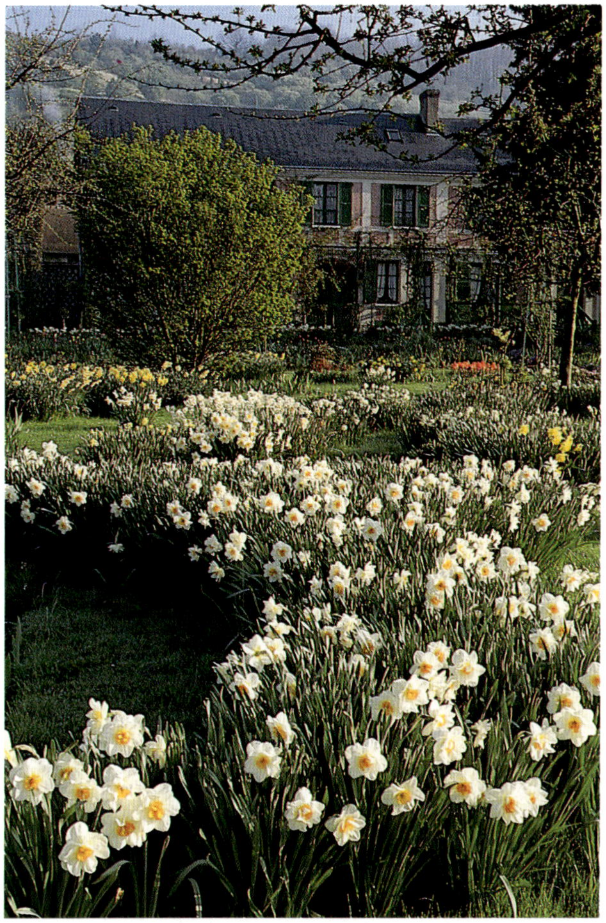

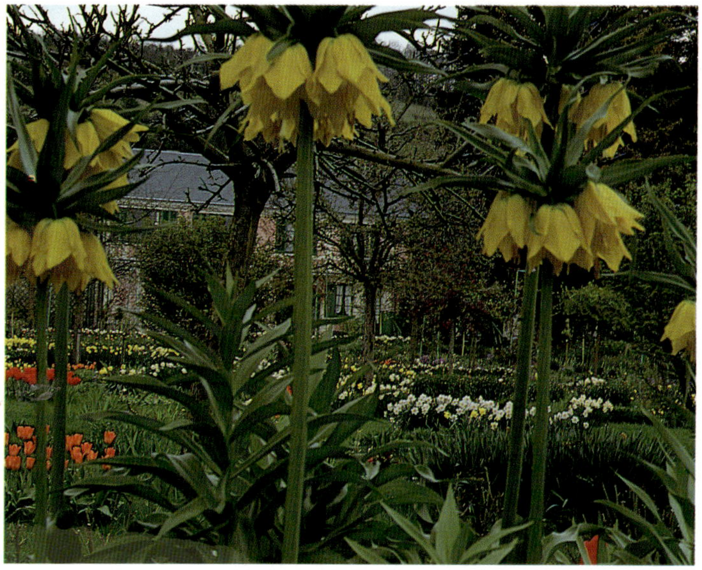

Zu Beginn des Frühjahrs haben die Gärtner vor allem mit der jährlichen Pflege der Gehölze zu tun, besonders mit den Rosen und Obstbäumen. Die remontanten Rosen – die nach der Hauptblüte noch einmal blühen – werden jetzt stark zurückgeschnitten; die Sommerblüher, die bereits im August beschnitten wurden, erhalten im Februar ihren endgültigen Schnitt und werden in Form gebracht. Beide Sorten werden *bien palissé* – an ihren Rankhilfen befestigt.

Andere Mitglieder des Gärtnerteams widmen sich der nie endenden Aufgabe, die Beete für die kommende Saison zu bepflanzen. Bis Ende März sind sie damit fertig, die im Frühjahr blühenden Zweijährigen auszupflanzen – das heißt Stiefmütterchen und Goldlack. Auf diese folgen Unmengen von kurzlebigen, im Sommer blühenden ein- und zweijährigen Pflanzen sowie einige winterfeste, die der Reihe nach, je nach der gewünschten Blütezeit, in den Treibhäusern ausgesät werden. Sie werden im Verlauf von drei Monaten, entsprechend ihrer Robustheit, ins Freie gepflanzt, wobei die empfindlichsten – zum Beispiel einige Kornblumensorten – erst im Juni ausgepflanzt werden. Es besteht immer die Gefahr, daß eine verlängerte Kälteperiode oder ein Frost im Mai die früh ins Freie gepflanzten Blumen zerstört. Monet kannte die Kapriolen des Wetters nur zu gut. Im Februar 1916 schrieb er, es sei „ein warmer Winter, und die ersten japanischen Aprikosenbäume stehen in Blüte, auch unsere Trauerweide ist bereits völlig grün." Im Gegensatz dazu sprach er im Mai eines anderen Jahres von „einer gänzlich ausgefallenen Frühjahrsblüte". Diesen Unwägbarkeiten begegnet man heute durch die Art, in der in Giverny die früh nach draußen gepflanzten Blumen gezogen werden. Damit sie nämlich kräftig und gesund werden, sät man sie in Töpfe mit lockerem, magerem, wegen des guten Abfließens mit Perlit versetztem Kompost. Der magere Boden fördert die Wurzelbildung, da diese sich auf der Suche nach Nährstoffen ausbreiten. Die jungen Pflanzen werden in einem Folientunnel abgehärtet, aber das verzweigte Wurzelsystem ermöglicht es ihnen, draußen auch früh in der Saison zu überleben.

Die Pflanzen, die als erste zum Vorschein kommen, sind *Chrysanthemum maximum*, *Campanula medium* (Glockenblume) und Fingerhut *(Digitalis purpurea)*. Im Lauf der Jahre hat die Erfahrung die Gärtner gelehrt, den geeigneten Zeitpunkt, um sie ins Freie zu pflanzen, ganz genau zu bestimmen, doch eine gewisse Anzahl aller Pflanzen wird immer in den Gewächshäusern gehalten, falls ein jäher Wettereinbruch Verheerungen anrichten sollte.

Vor der Saisoneröffnung am 1. April geht es in Giverny zu wie in einem Bienenhaus. Zu den schönsten Aufgaben für Gilbert Vahé, der sich ansonsten in seinen Gewächshäusern am wohlsten fühlt, gehört es, für die Topfpflanzen im Haus zu sorgen. Schon bald nach Monets Tod waren sowohl das große Gewächshaus als auch das kleinere, das er später errichtet hatte, in baufälligem Zustand, und während des Zweiten Weltkriegs wurden sie von Bomben

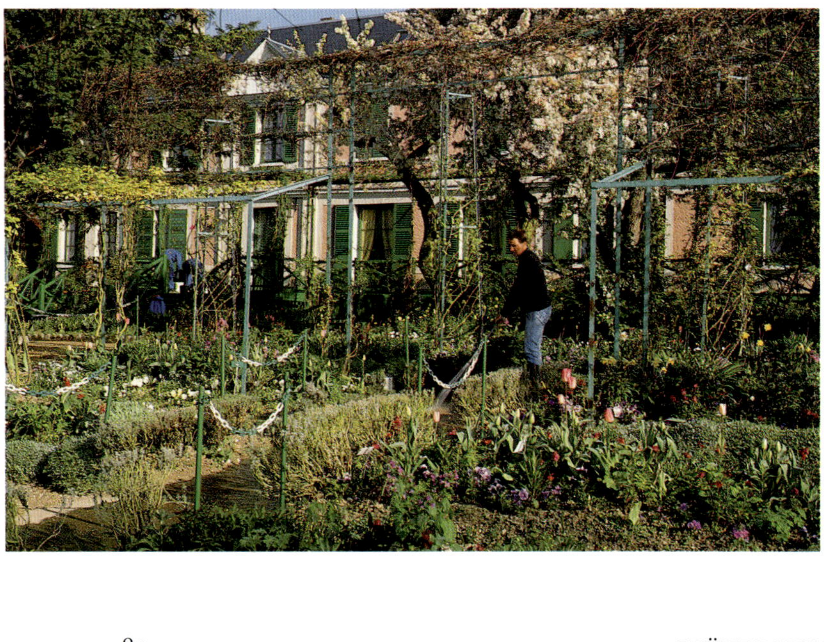

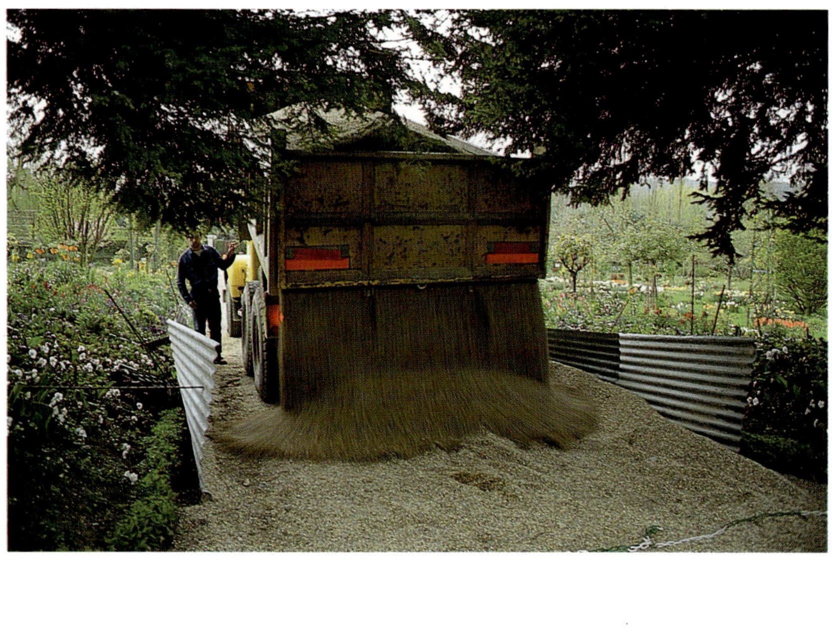

nahezu völlig zerstört. Das Treibhaus, das im Zuge der Restaurierung errichtet wurde, um das von Monet zu ersetzen, ist viel kleiner als das Original, verfügt aber ebenfalls über einen temperierten Bereich. Dieser beherbergt eine Sammlung von vier verschiedenen Orchideenarten.

Unmittelbar vor der Öffnung des Hauses fährt Vahé seinen mit Zimmerpflanzen beladenen Karren vorsichtig die Wege entlang, die nie breit genug sind, weshalb er sich häufig in den Sträuchern verheddert und steckenbleibt. Im Frühjahr füllt er das Haus mit Zinerarien, Azaleen, Gloxinien und Orchideen. Im Frühsommer werden sie durch Spaltblumen ersetzt – eine Sorte, die beim Publikum große Bewunderung hervorruft, man erkundigt sich ständig danach, was es ist – gefolgt von Buntlippe und Begonien. Im Herbst ist das Haus voll mit schmückenden Chrysanthemen.

Bevor der Garten geöffnet wird, finden noch ein paar abschließende Schönheitskorrekturen statt. Entlang der Wege werden alle Teile der Blaukissen, die im letzten Sommer von einjährigen Pflanzen erdrückt oder im Laufe eines strengen Winters beschädigt wurden, ersetzt, damit keine Lücken entstehen. Genau wie die Rasenkanten werden auch die Wegeinfassungen aus Blaukissen mit militärischer Präzision geschnitten: Man spannt entlang des Weges einen langen Faden und schneidet die Pflanzen genau in dieser Höhe ab. Auch alle anderen Steingarten- oder Einfassungspflanzen, die es nötig haben, werden versorgt und geschnitten.

Die Veranda und die Treppe zum Haus bekommen einen neuen Anstrich in der berühmten apfelgrünen Farbe „*le vert Monet*", auch die frisch gestrichenen Bänke werden draußen an ihrem angestammten Platz aufgestellt.

Dann endlich können die 1.000 Meter langen Wege ihren letzten Schliff bekommen. Den ganzen Winter über sind viele Schritte über sie hinweggetrampelt und unzählige, mit Pflanzen, Erde und Kompost vollbeladene Schubkarren über sie hinweggerollt. Wenige Tage vor Öffnung des Gartens wird der Beton mit einem Hochdruckreiniger abgespritzt und geschrubbt. Buchstäblich einen Tag, bevor der Garten wieder öffnet, werden zwölf Kubikmeter feiner, neuer Kies geliefert, in Haufen abgesetzt, und (am oberen Ende der *Grande Allée* beginnend) auf den Wegen verteilt, die das Publikum nicht betreten darf. Wenn dann die grünweißen Ketten angebracht sind, ist der Garten bereit, seine Pforten zu öffnen, und alles sieht nagelneu aus.

Nur noch wenige Tage bis zur Eröffnung, Haus und Garten erhalten nun den letzten Schliff. Jean-Luc Lerenard spritzt die Wege mit einem Hochdruckreiniger ab, bevor der Kies eintrifft. Der Kies wird in der Grande Allée *ausgekippt, wobei Wellbleche vorübergehend einen Schutzwall bilden. M. Vahés Wagen steht mit Pflanzen für das Haus bereit. Töpfe, die den blauen ähneln, die Monet aus Holland mitbrachte und die auf seinen in Vétheuil und Argenteuil gemalten Bildern erscheinen, wurden aus dem Lagerraum geholt und vor der frisch gestrichenen Veranda aufgestellt.*

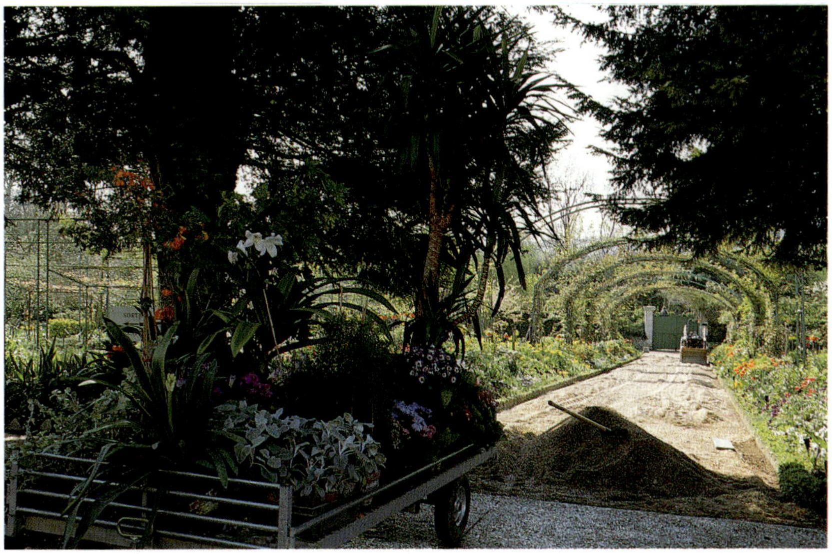

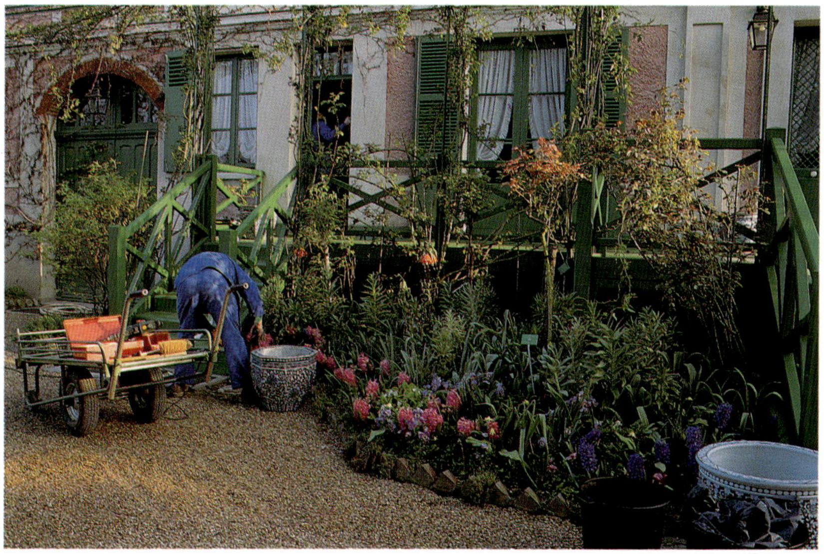

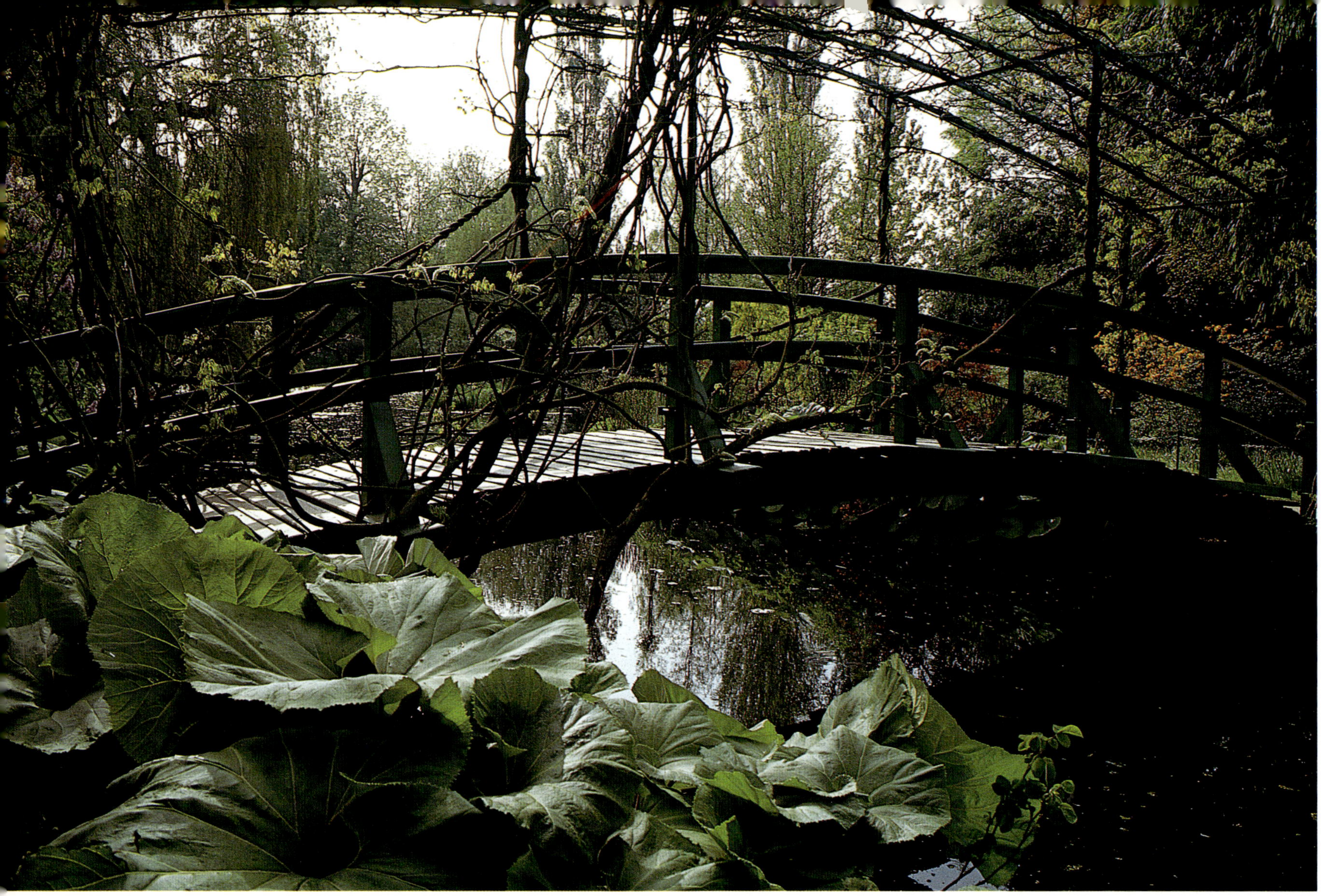

Der Wassergarten ist zu Beginn des Frühlings vielleicht am schönsten, wenn die Knospen gerade aufbrechen und die Sonne den vielen Gelb- und Grüntönen der in Büscheln unter den Bäumen stehenden Dichternarzissen und Osterglocken funkelnde Lichterkronen aufsetzt. Überall gibt es kleine Kostbarkeiten – die glatte Schildblume, Kaiserkrone, *Anemone blanda*, Tulpen und ein Teppich aus weißblühendem, süßduftendem Waldmeister *(Galium odoratum)* unter der Trauerweide.

Der Wassergarten hält für die Gärtner im Frühjahr spezielle Aufgaben bereit. Theoretisch sollte bis Ende März das Wasser abgelassen und der Boden des Teiches gereinigt worden sein. Tatsächlich kommen die Gärtner jedoch nie dazu, bevor der Garten am 1. April öffnet, und sie müssen einen der drei auf einen Freitag oder Dienstag fallenden gesetzlichen Feiertage im Mai zusammen mit einem Montag nutzen, wenn der Garten ohnehin geschlossen ist, um diese Aufgabe zu erledigen. Alles geschieht in Windeseile. Das ganze Gärtnerteam „stürzt" sich in den leeren Teich, um Unkraut und Algen zu entfernen. Sie teilen die Seerosen, säubern sie und pflanzen sie wieder ein, wobei alle diejenigen, die im Winter von den Bisamratten zerstört wurden, aus einem Vorrat ersetzt werden.

Die Zartheit des Frühlingsanfangs wird Ende April von einem robusteren und insgesamt bombastischeren Anblick abgelöst – reiches Blattgrün, prachtvolle Azaleen *(Rhododendron luteum* und *Rhododendron* 'Persil'), purpurner Ahorn und *Viburnum opulus* – mit Stiefmütterchen und Goldlack als Unterpflanzen.

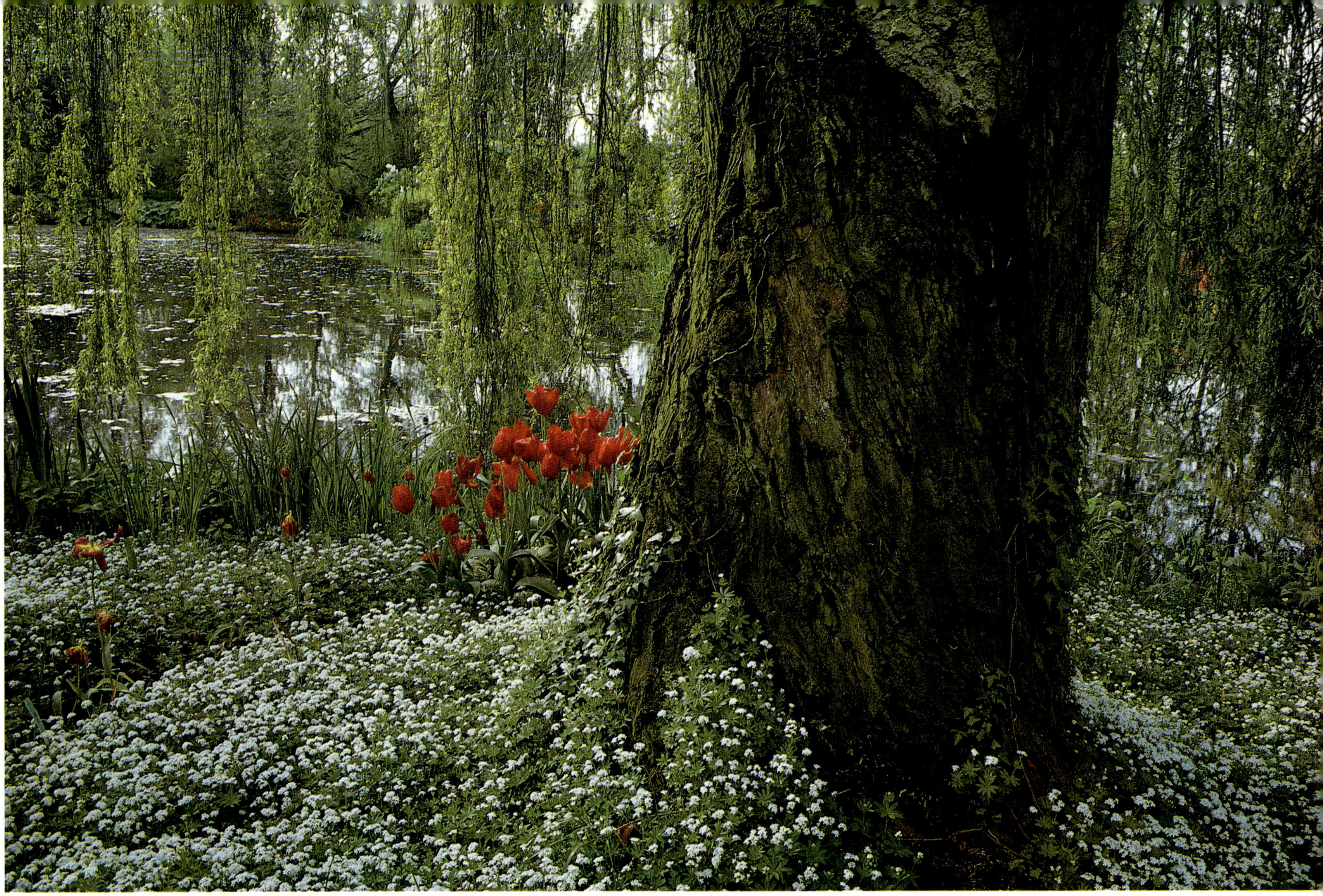

GEGENÜBER: *Monets berühmte japanische Brücke nimmt sich gegen den farblosen Frühjahrshimmel wie ein Gerippe aus. Die ausgeprägten Blätter der Pestwurz geben der Szene einen Anstrich von Kompaktheit.*
OBEN: *Die dünnen Zweige von Monets alter Trauerweide hängen wie ein Vorhang über einem Teppich aus Waldmeister* (Galium odoratum) *und einer Gruppe roter Tulpen.*
RECHTS: *Diese Schleuse kontrollierte den Wasserzufluß in den Teich. Sie ist mit einem Motorradschloß gesichert, damit niemand mutwillig das Rad betätigt.*

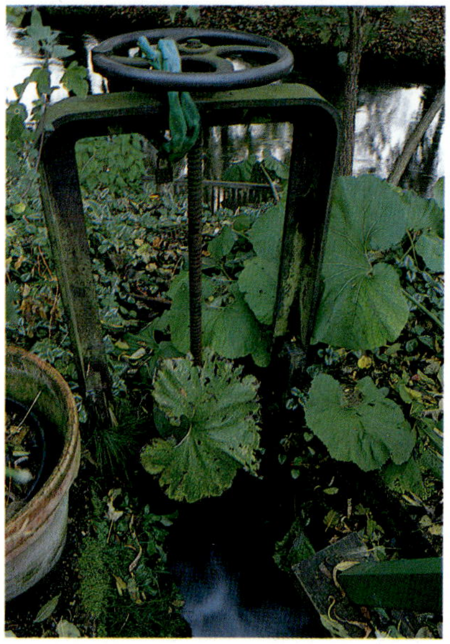

UMSEITIG LINKS: *Dieser* Acer palmatum *'Ornatum' und die* Azalea *'Cecile' sind üppig, auf geheimnisvolle Weise theatralisch und lenken, lange bevor die Seerosen an der Wasseroberfläche erscheinen, die Aufmerksamkeit auf sich.*
UMSEITIG RECHTS: *Die schwertähnlichen Blätter von* Iris sibirica *ergeben mit* Cotinus coggygria *und der rotgelben* Aquilegia *'Koralle' eine seltene, asiatisch anmutende Kombination im Wassergarten – ein scharfer Kontrast zu der Farbgebung im Blumengarten jenseits der Straße.*

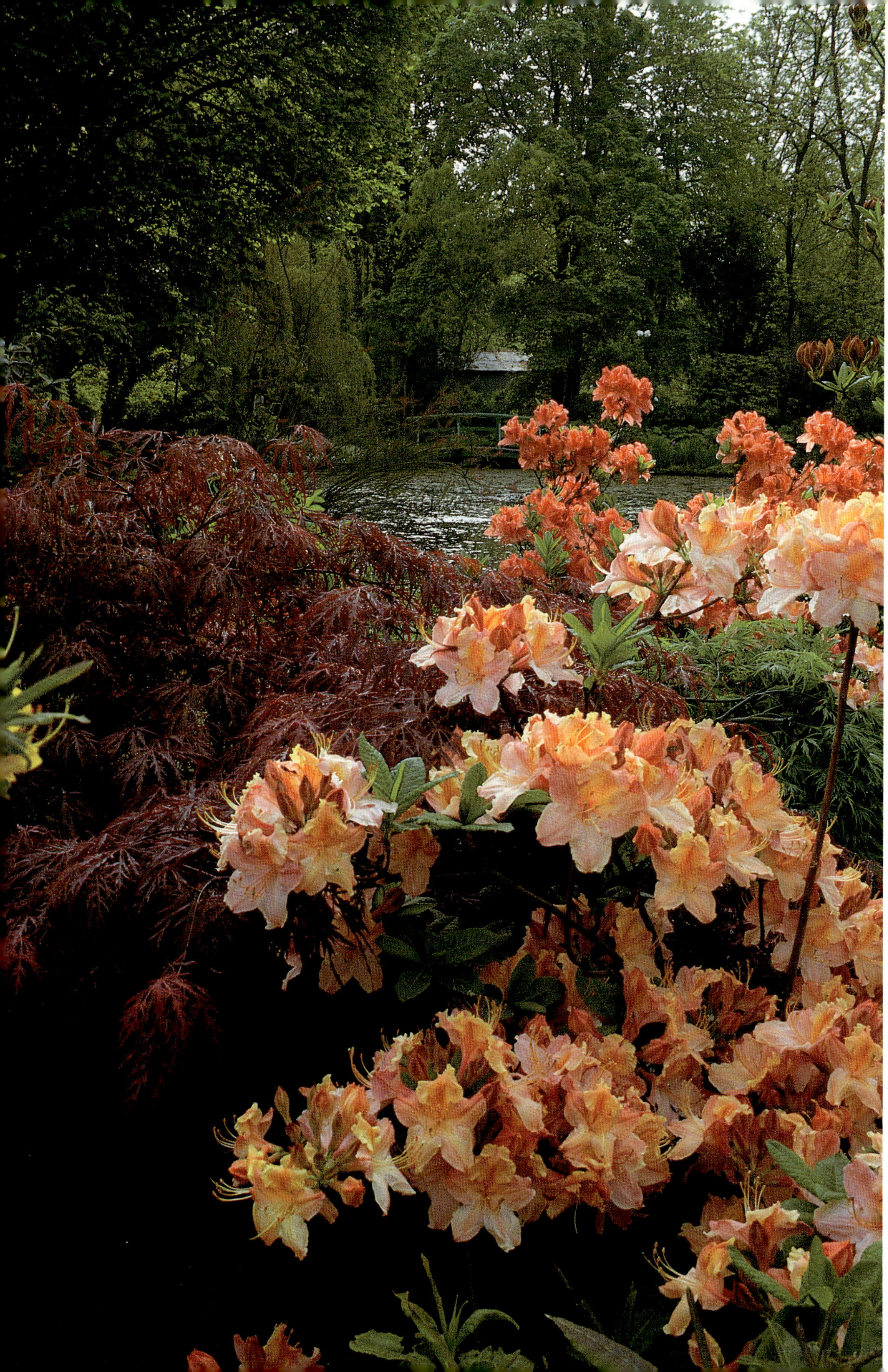

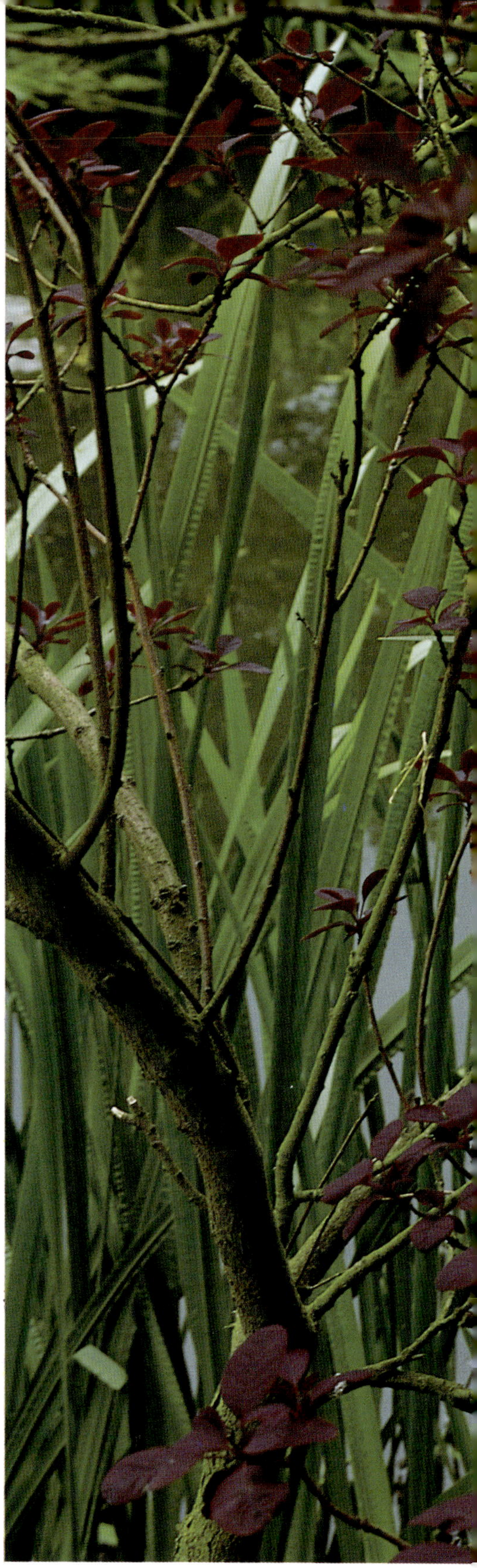

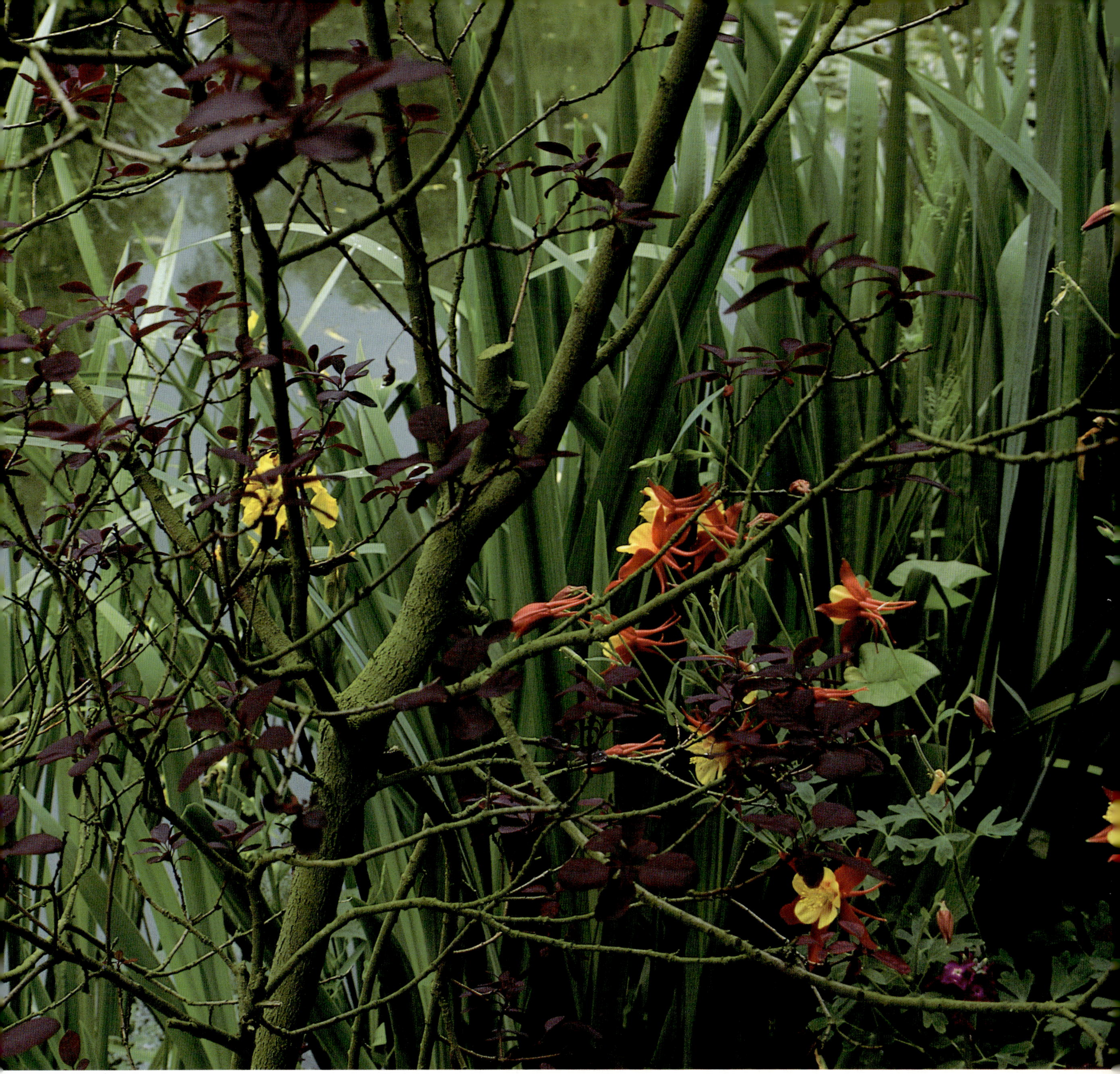

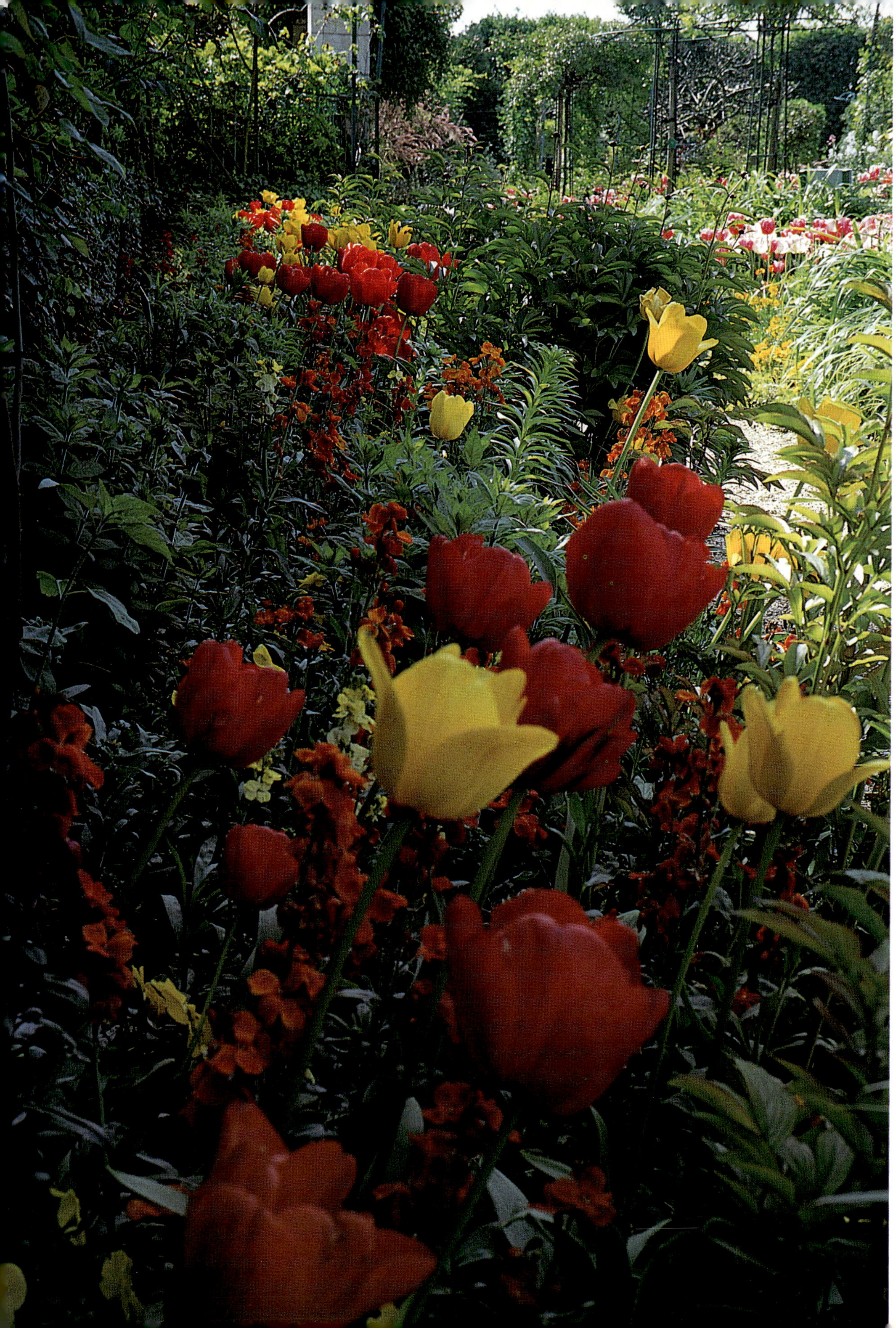

LINKS: *Die gewagten Farben der Darwin-Tulpen 'Marmasa' und der Triumph-Tulpen 'Paul Richter', die in einer Rabatte vor der südlichen Mauer des Blumengartens über gelb-orange farbenem Goldlack schweben, stammen direkt von den holländischen Tulpenfeldern, wo man vor auffallenden, grellen Farbzusammenstellungen nicht zurückschreckt. Rot und Gelb war eine der Farbkombinationen, die Monet bevorzugte und die er auf seinen Gemälden ausprobierte, lange bevor er mit seiner Gartenarbeit begann.*

RECHTS: *Die Tulpen 'Angélique', 'Preludium', 'Esther' und 'Aristocrat' bilden zusammen mit rosa und gelbem Goldlack und roten und malvenfarbenen Stiefmütterchen die Grundelemente der rosaroten Rabatte, die sich am östlich gelegenen Rasen entlangzieht. Das allgegenwärtige Blaukissen säumt die Wege. Ganz rechts ist Monets drittes Atelier, das „Grand Atelier" zu erkennen.*

Im Blumengarten werden die sanften Farbharmonien des Frühlingsanfangs (mauve, rosa, blaßgelb und cremefarben) verdrängt, wenn im April die Tulpen aufgehen – lange Reihen frühblühender Tulpen aus Holland in allen Schattierungen, schon bald gefolgt von den Rembrandt-Tulpen mit ihren gesprenkelten, marmorierten Blütenblättern, die zusammen leuchtende Farbflächen ergeben. Truffaut vermerkte, daß gelbe Reihen der lilienartigen *Tulipa retroflexa* inmitten der violetten Blaukissenbegrenzung aufschießen, und darüber, so fuhr er fort, „wie ein Schauer Goldregen die zarten Blüten des kaukasischen Gemswurz". Gelbe und orangefarbene Kaiserkronen verleihen der *Grande Allée* ein stattliches Aussehen und geben zusammen mit hohen dunklen Tulpen eine prachtvolle Kombination ab. Von Mitte Mai an ergänzen schließlich die hochstieligen Darwin-Tulpen das Ensemble.

Narzissen, Osterglocken, Tulpen, Kaiserkronen, Steppenkerzen und Schwertlilien sind die strahlenden Stars in der Daueraufführung des Frühlings, wobei jede Sorte der Reihe nach die Hauptrolle spielt. Noch während die eine sich für den Beifall bedankt, erscheint die nächste aus den Kulissen, um ihrer Vorgängerin die Schau zu stehlen; während sich alle Augen auf den neuen Star richten, wird der verblaßte rasch entfernt und ersetzt. Aber die Stars könnten nicht so hell im Frühlingsgarten erstrahlen, wenn es nicht die Nebendarsteller gäbe. Die leuchtenden Blüten der großen Blumen schweben über einer Wolke blauer Vergißmeinnicht oder sie werden umringt von einer Fülle von Stiefmütterchen bzw. von Goldlack.

Nun folgt die Kombination vieler Nuancen einer einzigen Farbe, gleichsam eine Welt inmitten von Welten. Im Mai und Anfang

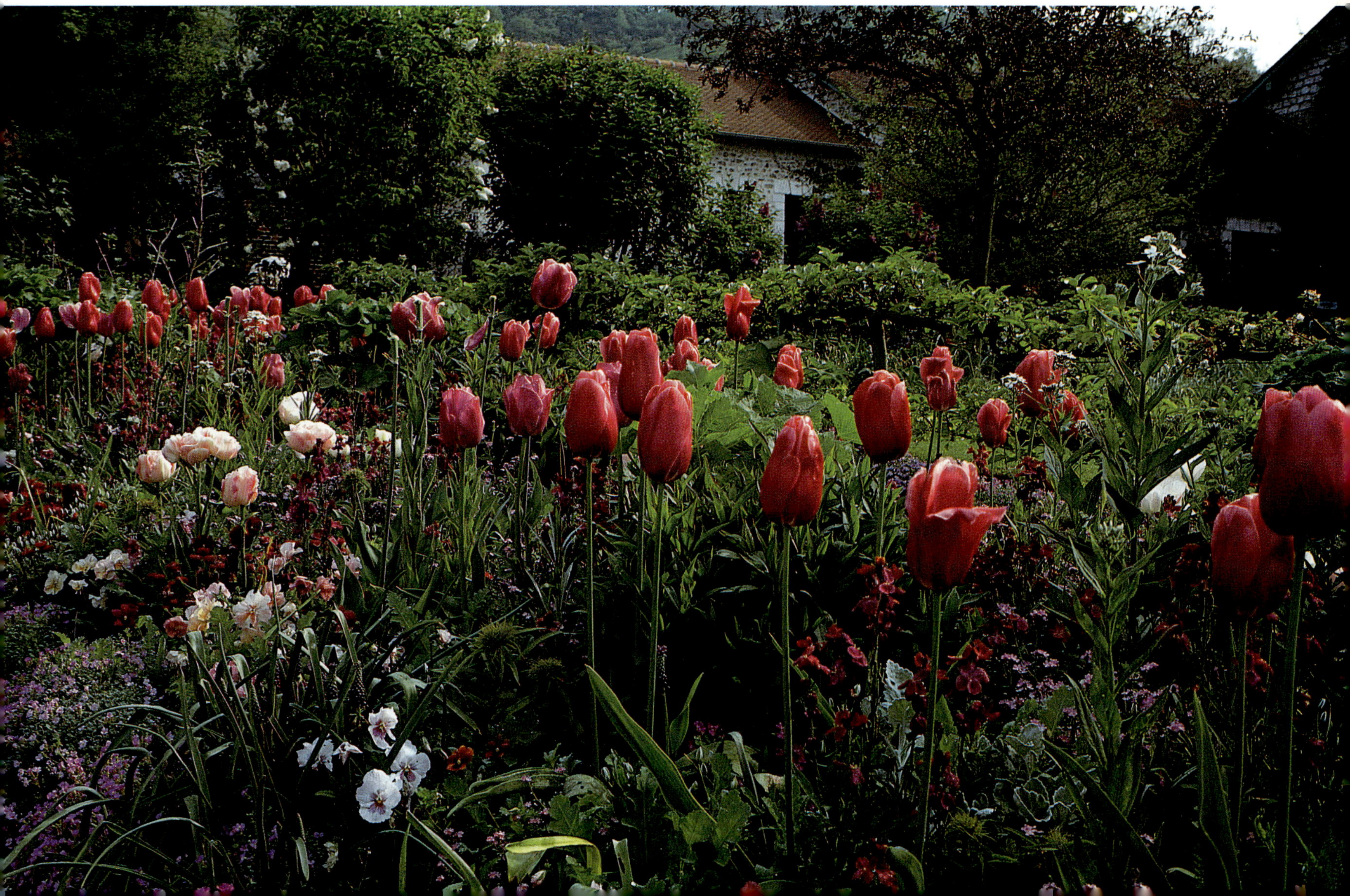

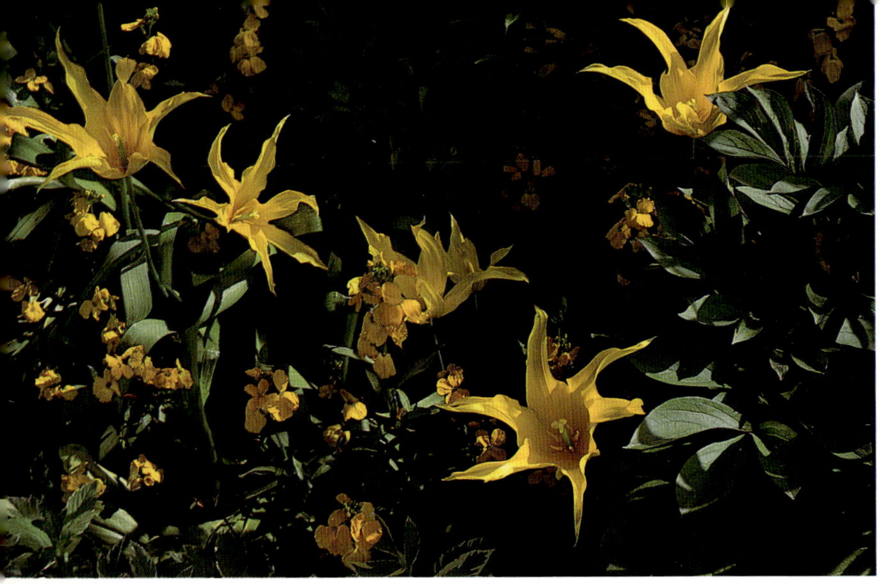

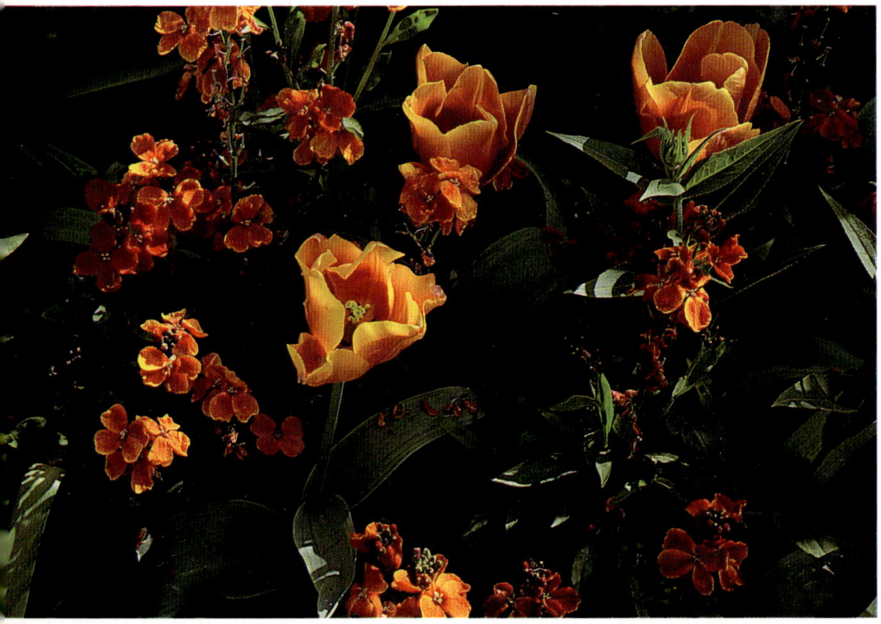

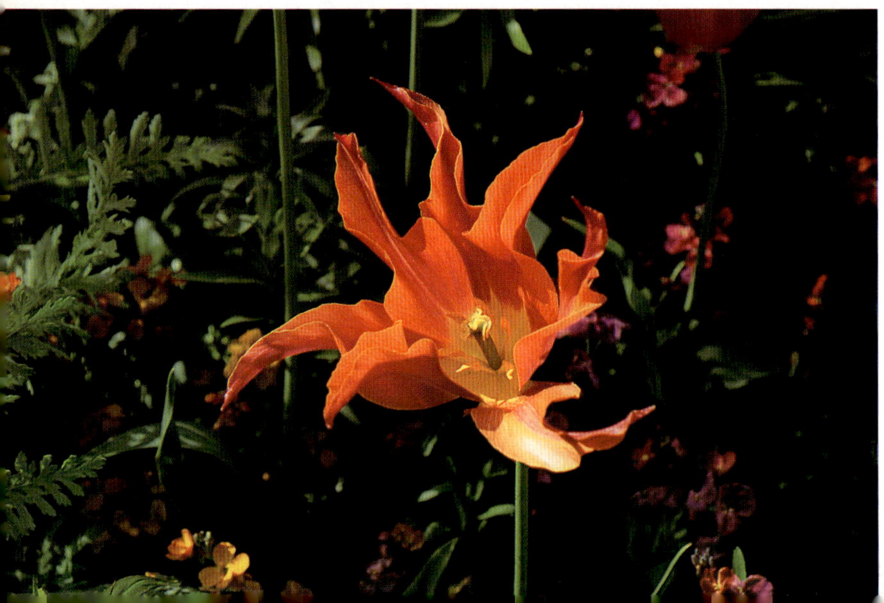

OBEN LINKS: *Die lilienblütige* Tulipa *'West Point', die zusammen mit* Erysimum cheiri *'Mascott' im hinteren Teil des Gartens wächst.*
MITTE LINKS: *Hier stehen Goldlack 'Fire King' und die Tulpe 'Prinses Irene' in einer wundervollen Schattierung von hellem bis dunklem Orange.*
UNTEN LINKS: *Die lilienblütige* Tulipa *'Ballerina'.*
RECHTS: *Manchmal treten Anomalien auf. Hier blüht unerwartet eine einzelne Tulpe der Sorte 'Blue Parrot' zwischen den anderen Tulpen. Sie sind umgeben von* Erysimum cheiri *'Ruby Gem' und dem Stiefmütterchen 'Erfurt'.*

UMSEITIG: *Frühblühende Zwiebelpflanzen mischen sich mit zweijährigen und Beetpflanzen zu einem ländlichen Ensemble.*
UMSEITIG LINKS: *In dem Beet neben der Haupttreppe zum Haus drängen sich purpurrote* Fritillaria persica *'Adiyaman', violette Stiefmütterchen, roter Goldlack und* Tulipa *'Groenland'.*
UMSEITIG MITTE: *Das weiße gänseblümchenähnliche* Leucanthemum maximum *blüht gemeinsam mit der gestreiften Tulpe 'Sorbet' vor einem Hintergrund weißer und malvenfarbener Vergißmeinnicht.*
UMSEITIG GANZ RECHTS OBEN: *Die purpurfarbene* Tulipa *'Negrita' erhebt sich aus einem Beet weißer Veilchen.*
UMSEITIG GANZ RECHTS UNTEN: *Vor dem Haus weiße Vergißmeinnicht und lilienblütigen Tulpen. Rechts im Vordergrund sind blühende Lauchzwiebeln zu erkennen.*

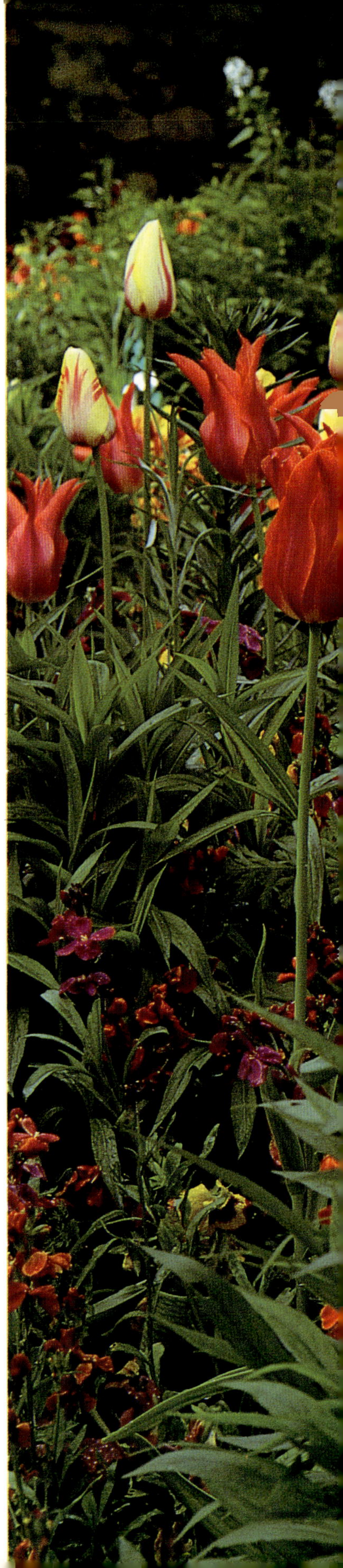

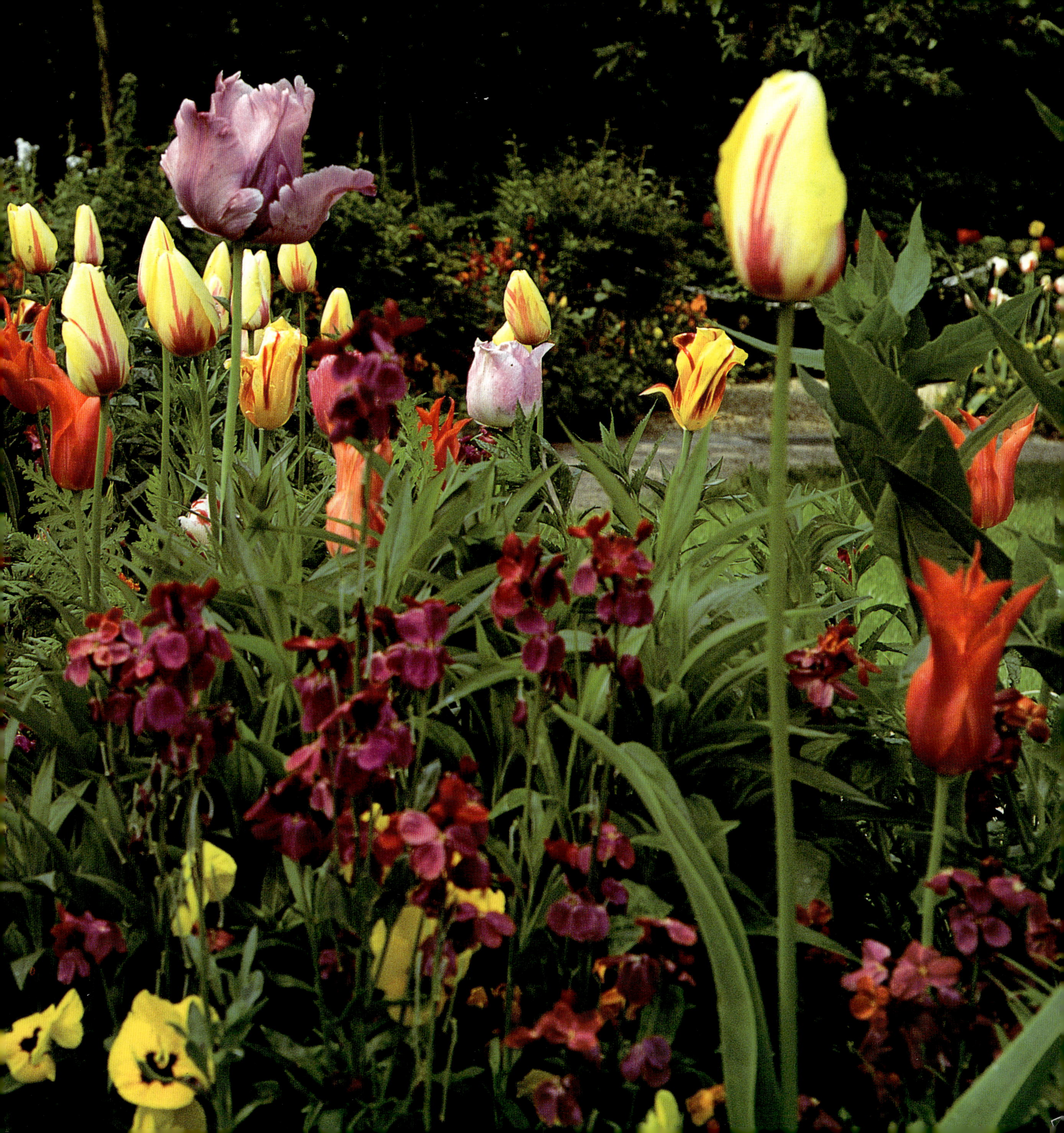

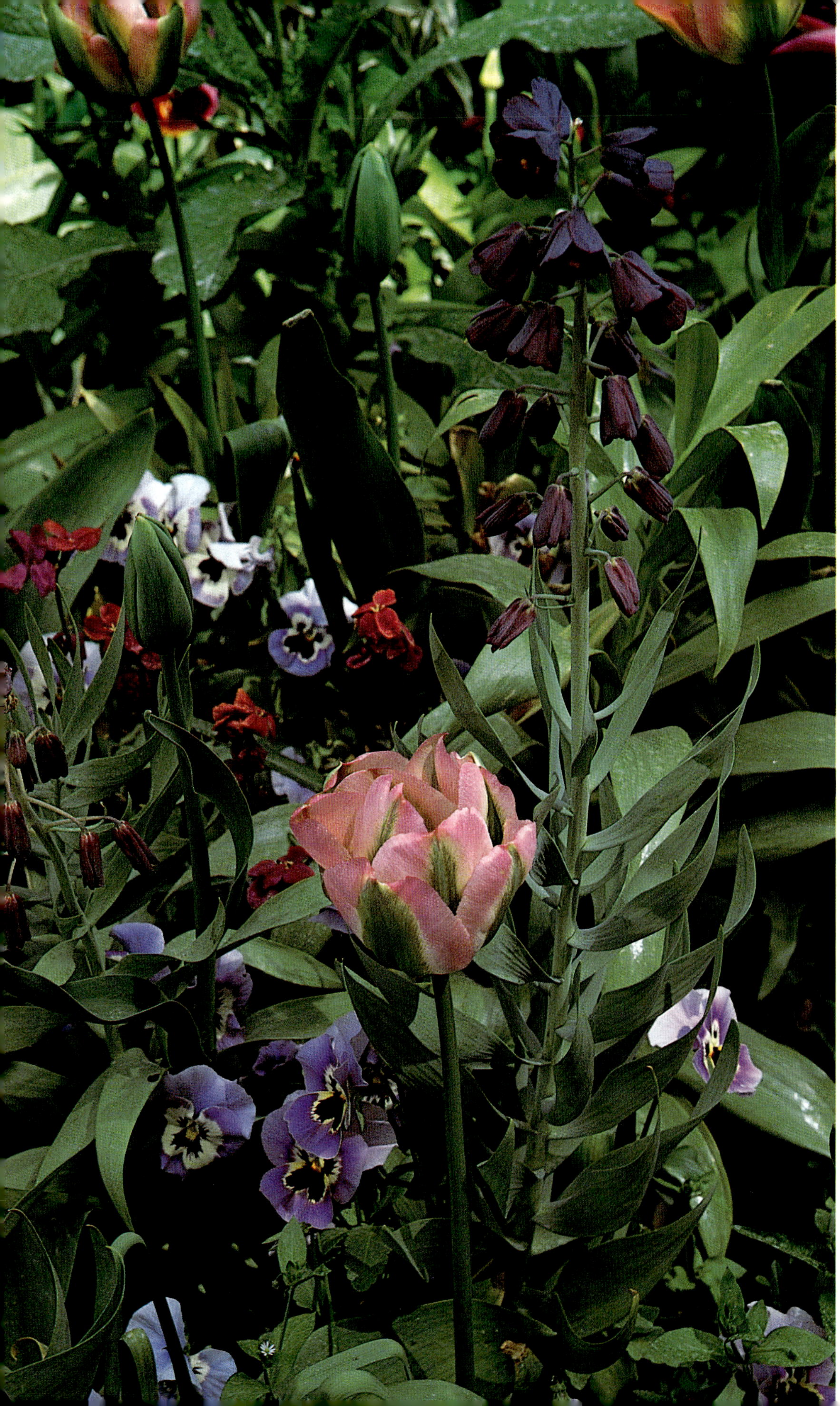
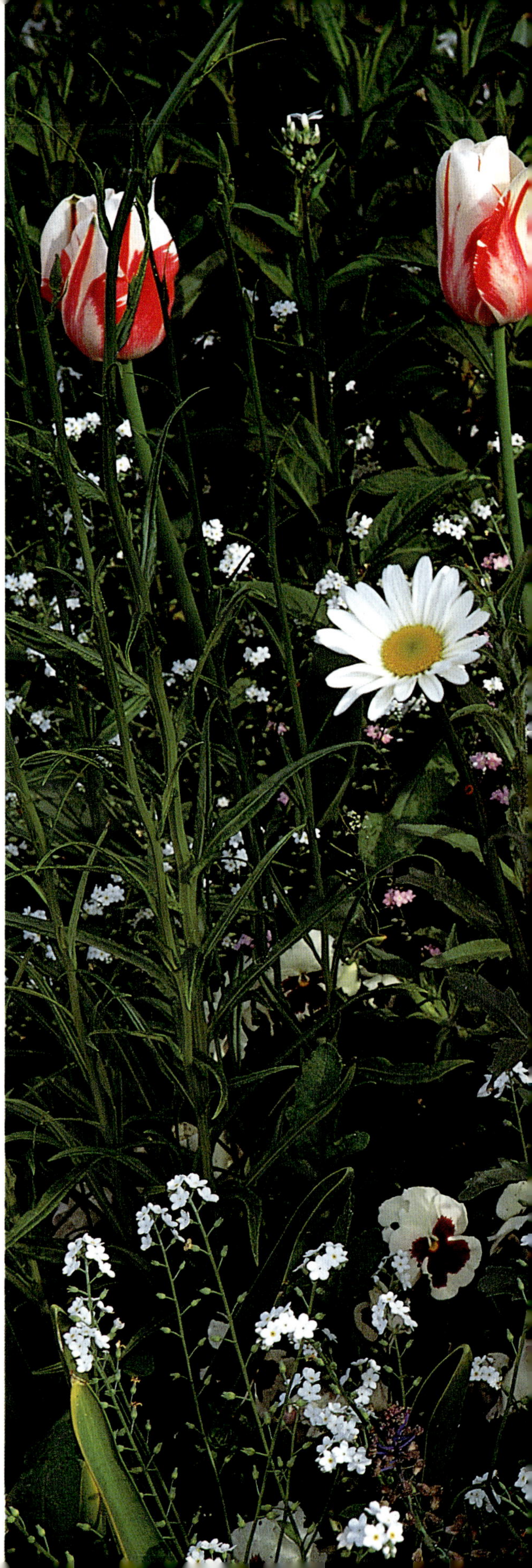

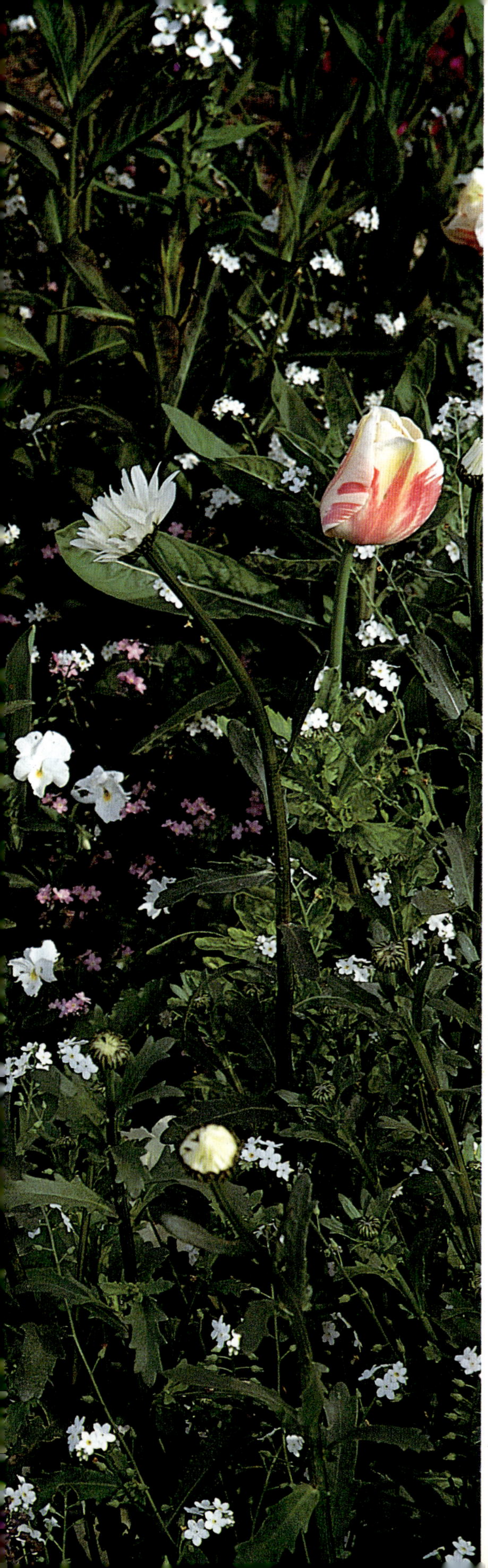
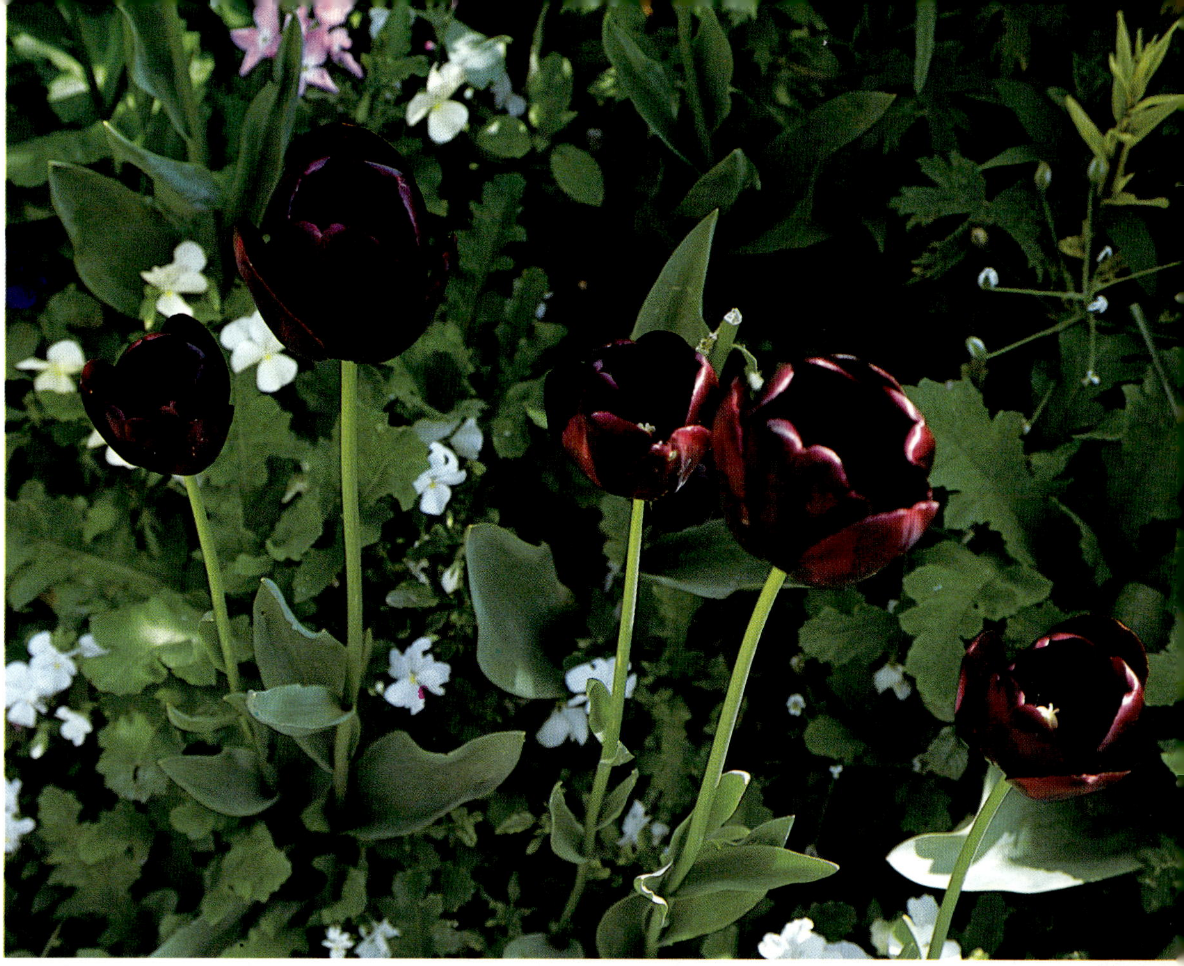
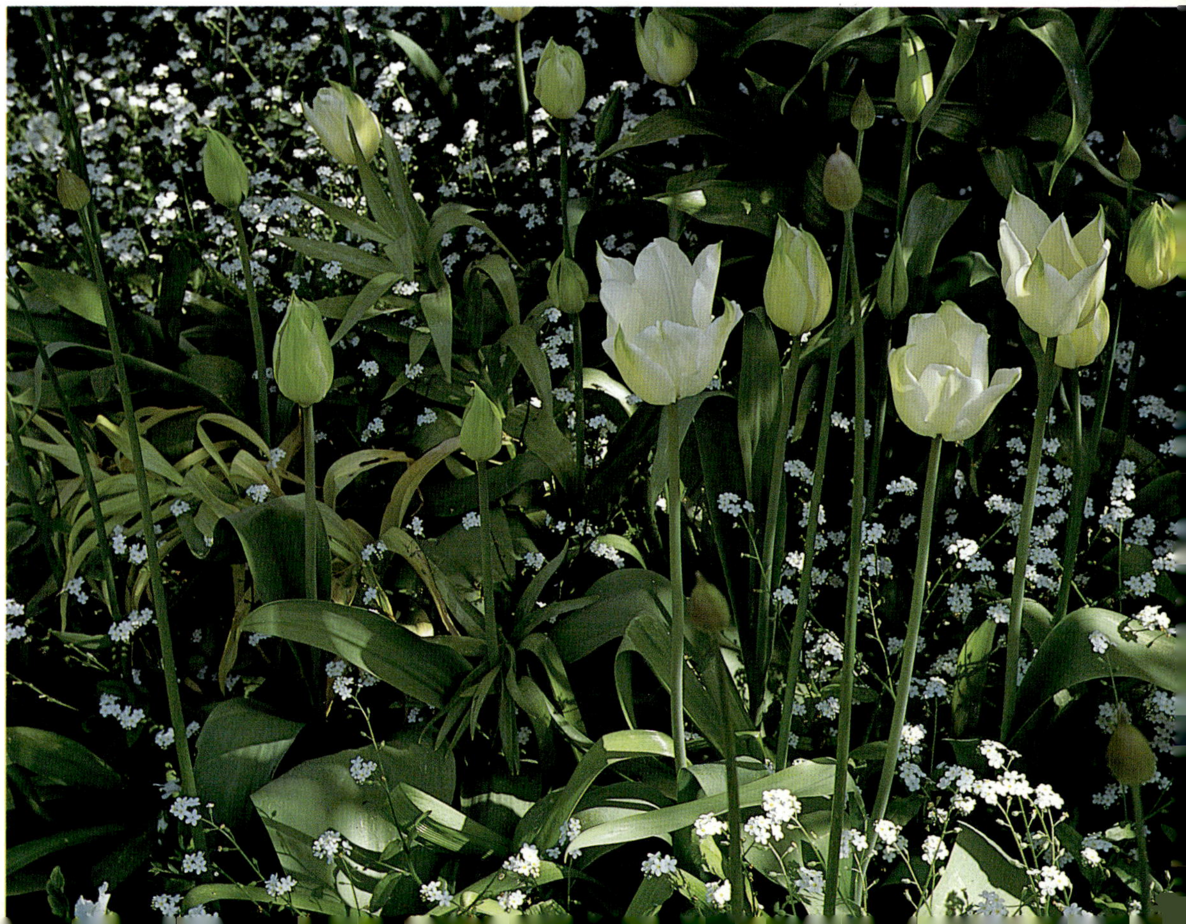

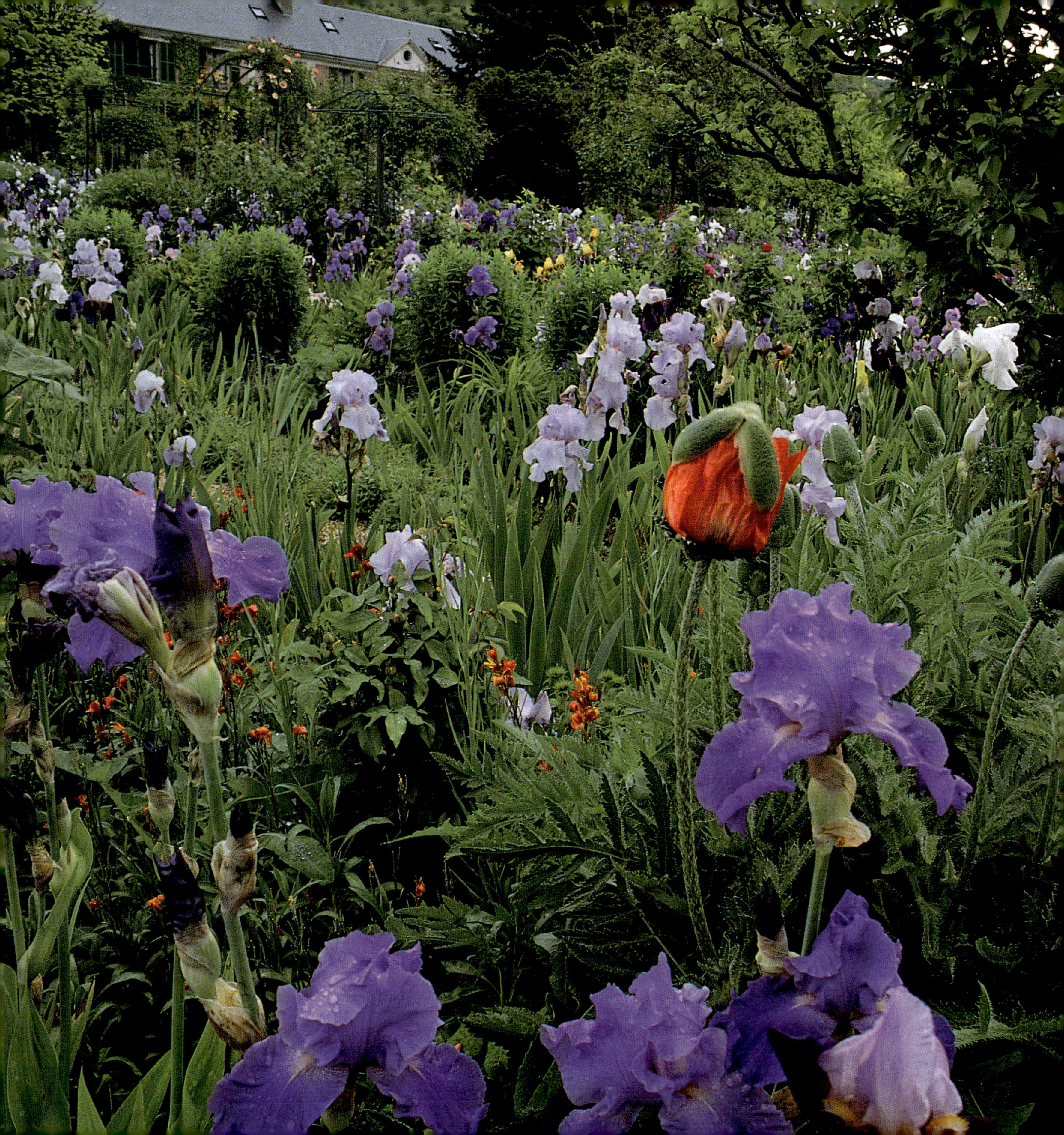

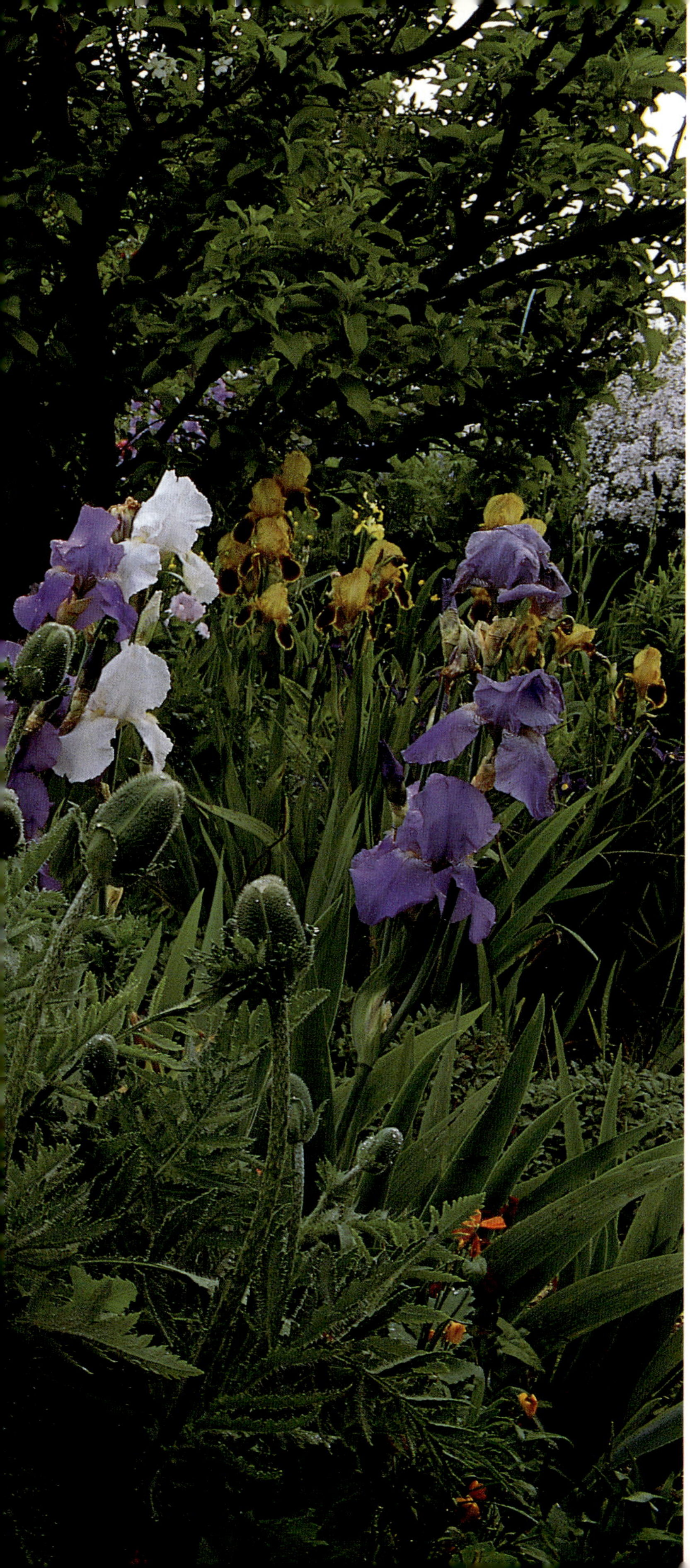

Juni bietet Giverny einen großartigen Anblick – eine Symphonie in Blau- und Lilatönen. Monet war mit seinem Garten im Mai sichtlich zufrieden: „Trotz des verfluchten Wetters war der Garten den ganzen Mai über herrlich", schrieb er 1892 an Caillebotte. Die Starrolle seiner blauen Rabatten und des Wassergartens übernahmen im Frühling die Schwertlilien, die in jeder vorstellbaren Variante wuchsen und von Alice Kuhn in der Frauenzeitschrift *La Femme d'Aujourd'hui* im Jahre 1912 als „violett-blau, violett-grau, violett-altrosa, ein paar etwas dunkler, violett-braun mit goldenen Tupfen, violett-purpurn" beschrieben wurden. In seinem 1924 veröffentlichten Buch „*À Giverny chez Claude Monet*" schilderte Marc Elder seinen Besuch in Giverny folgendermaßen: „Wir gingen im Schatten der Tannen die *Grande Allée* entlang. Rechts und links erstreckte sich die riesige Fläche der wogenden Schwertlilien wie ein lila Schleier in der Sonne".

Die blaukissenumrandeten Beete mit den großen Schwertlilien in Blau, Violett, Purpur und Weiß waren für Monet im Mai sein ganzer Stolz. Immer wieder stößt man auf Briefe, in denen er Freunde drängt, sich mit ihrem Besuch zu beeilen, bevor die Schwertlilien verblüht seien oder der Garten ohne Blumen *(défleuri)*, als betrachtete Monet sie als die einzige Blume, die es im Mai wert war, angeschaut zu werden. Truffaut berichtete, daß Monet sie im Blumengarten, nach Sorten geordnet, in sehr langen, oft über einen Meter breiten Reihen pflanzte, und beschrieb die außerordentliche Wirkung, die die Fülle dieser in einer einzigen Farbe blühenden Blumen ausübte.

Giverny war für seine Schwertlilien so berühmt, daß der Chefgärtner Félix Breuil gebeten wurde, 1913 für die Oktoberausgabe der Zeitschrift *Jardinage* einen Artikel über die vielen Irissorten im Wasser- und im Blumengarten zu schreiben. Breuil zufolge pflanzte Monet seine berühmten blaubärtigen Schwertlilien auch unter den Apfelbäumen im Obstgarten.

Monet war der Ansicht, die Farben der blaubärtigen Iris kämen am besten zur Geltung, wenn sie im Halbschatten gepflanzt würden. Er ließ sie im September in einem Abstand von 30-40 cm pflanzen. Außerdem umrahmten sie die Rabatten der winterfesten Pflanzen und wurden in Gruppen auf die Rasenflächen ge-

Ein Apfelbaum der Sorte 'Granny Smith' streckt seine Zweige über Rabatten, die überquellen von verwelkenden Iris 'Sterling Silver' und aufblühendem orientalischen Mohn 'Ali Baba'. Im Grün des Laubwerks leuchtet Goldlack der Sorte 'Fire King' auf.

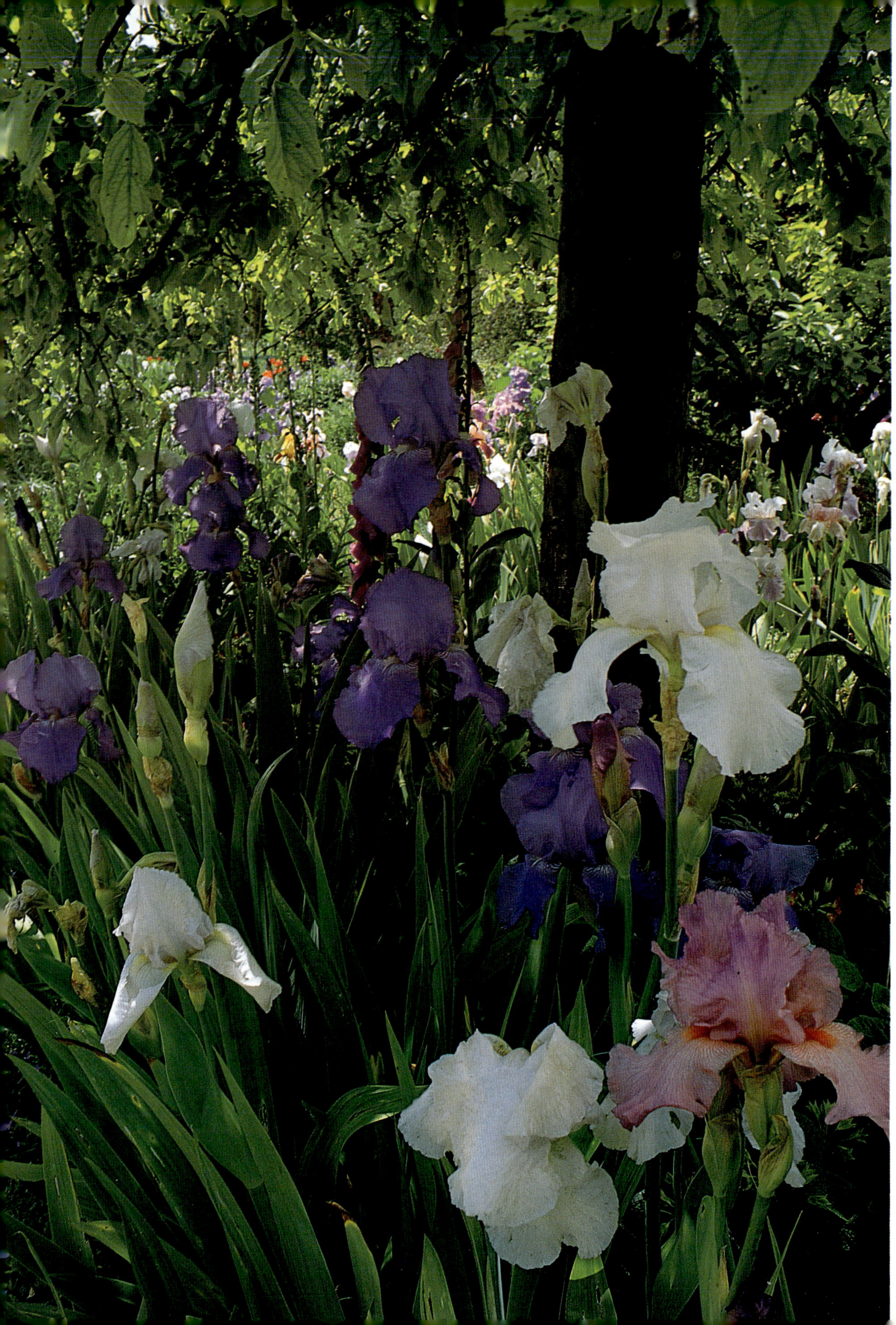

LINKS: *Wie zu Monets Zeit wachsen unter den Bäumen im Obstgarten Schwertlilien. Hier leuchtet im gesprenkelten Licht ein Trio aus violetter 'Lilac Haze', weißer 'Ice Sculpture' und rosa 'Elisa Renée'.*

RECHTS: *Diese parallel zur Grande Allée verlaufende Rabatte ist die einzige große, überwiegend weiße Rabatte im Garten. Die Bepflanzung besteht abwechselnd aus weißen Gänseblümchen und Nachtviolen* (Leucanthemum × superbum *und* Hesperis matronalis*), wahllos durchsetzt mit den roten Farbtupfern des* Papaver orientale. *Die Rabatte bildet einen günstigen Übergang, da sie den Blick von dem angrenzenden Beet ablenkt, wo die zweijährigen Blumen gerade verblühen.*

setzt. Breuil vertrat die Meinung, daß die Rhizomen, wenn man sie in gut durchlässigen, sandigen Boden setzte, sieben, acht Jahre unangetastet bleiben könnten, ohne geteilt werden zu müssen. Er hielt es für überflüssig, Schwertlilien in einer gemischten Rabatte besonders zu düngen.

Eine andere Gartenirissorte, die Monet besonders mochte, war *Iris pumila.* Etwa 8-12 cm hoch und im April mit tiefvioletten Blüten, eignete sich diese Blume wunderbar zur Einfassung der Gladiolenbeete. Sie wurde genau wie die hohen Bartschwertlilien gezogen, jedoch viel dichter gepflanzt. Breuil schrieb, daß die *Iris stylosa* (jetzt *Iris ungui cularis*) vom Herbst an und den Winter über bis in den Frühling hinein blühen würde, wenn man sie in geschützter, sonniger Lage in kräftigen, durchlässigen Boden pflanzte. Er fügte hinzu, daß sie am besten nahe einer warmen Mauer gedeihen würde. Ihre anmutigen weißen, blauen und violetten Blüten verströmten einen wundervollen Duft. Breuil schloß in seine Aufzählung auch *Iris* 'Mme Claude Monet' mit ein, die große, dunkle, blauviolette Blüten hatte; leider vergaß er jedoch im einzelnen zu erwähnen, wo sie in Giverny gestanden hatte.

Wie die blauen und purpurfarbenen Sorten von Blaukissen und die malvenfarbenen Mond- und Nachtviolen, die zur selben Zeit blühen, eignen sich diese Iris gut für den alkalihaltigen Boden von Giverny und blühen wochenlang, wenn man frühe und späte Varietäten gemischt nebeneinander pflanzt. Genau wie die Nachtviolen *(Hesperis matronalis)* bilden die Massen von weißem *Leucanthemum* × *superbum* einen wunderschönen Kontrast zu den Blau- und Lilatönen.

Die Schwertlilien im Wassergarten waren eine ganz andere Sorte als die berühmten Iris, die Monet in der trockenen Erde des „*Clos Normand*“ zog. Die erste Sorte, die Breuil hervorhob, war

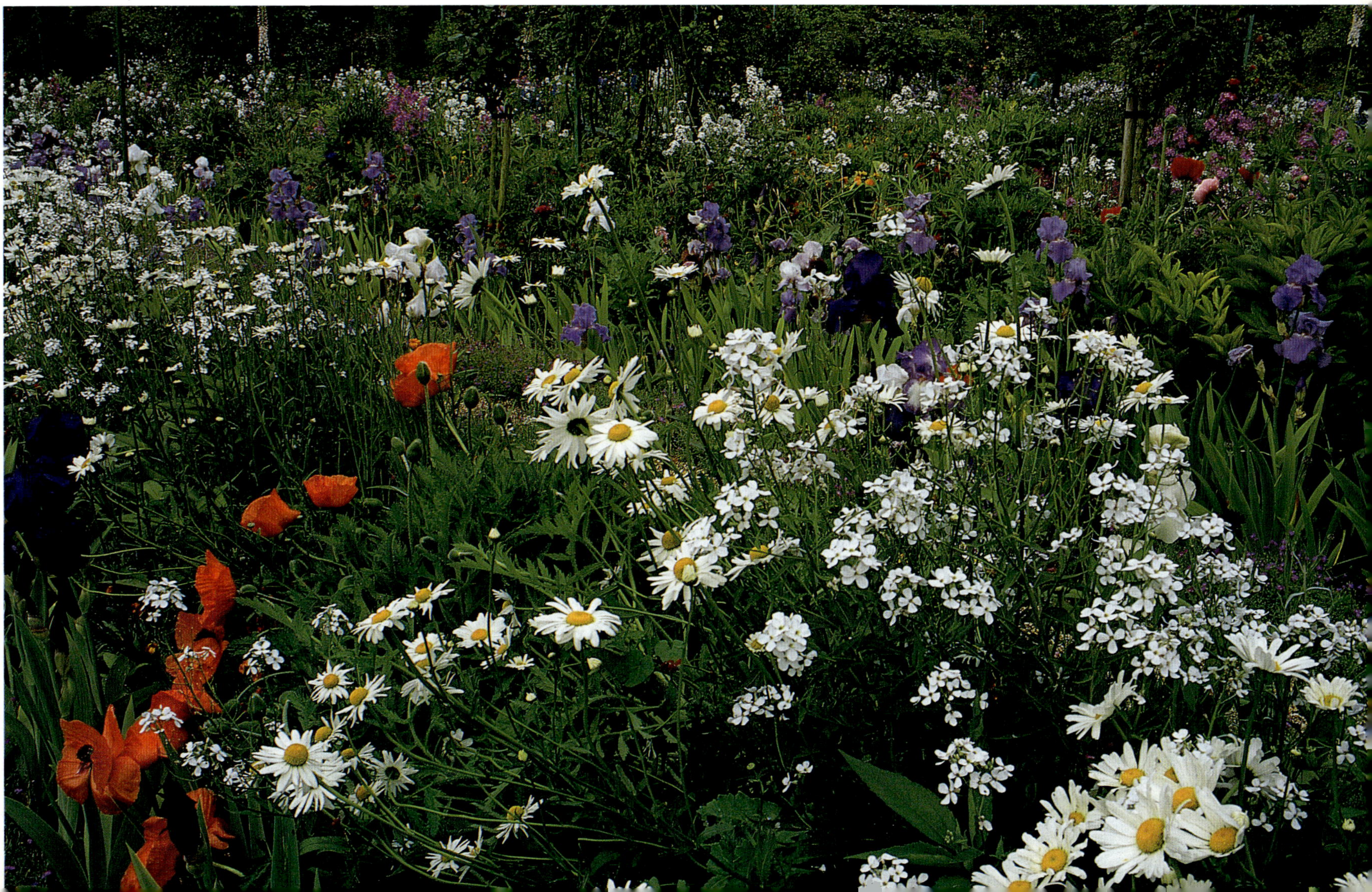

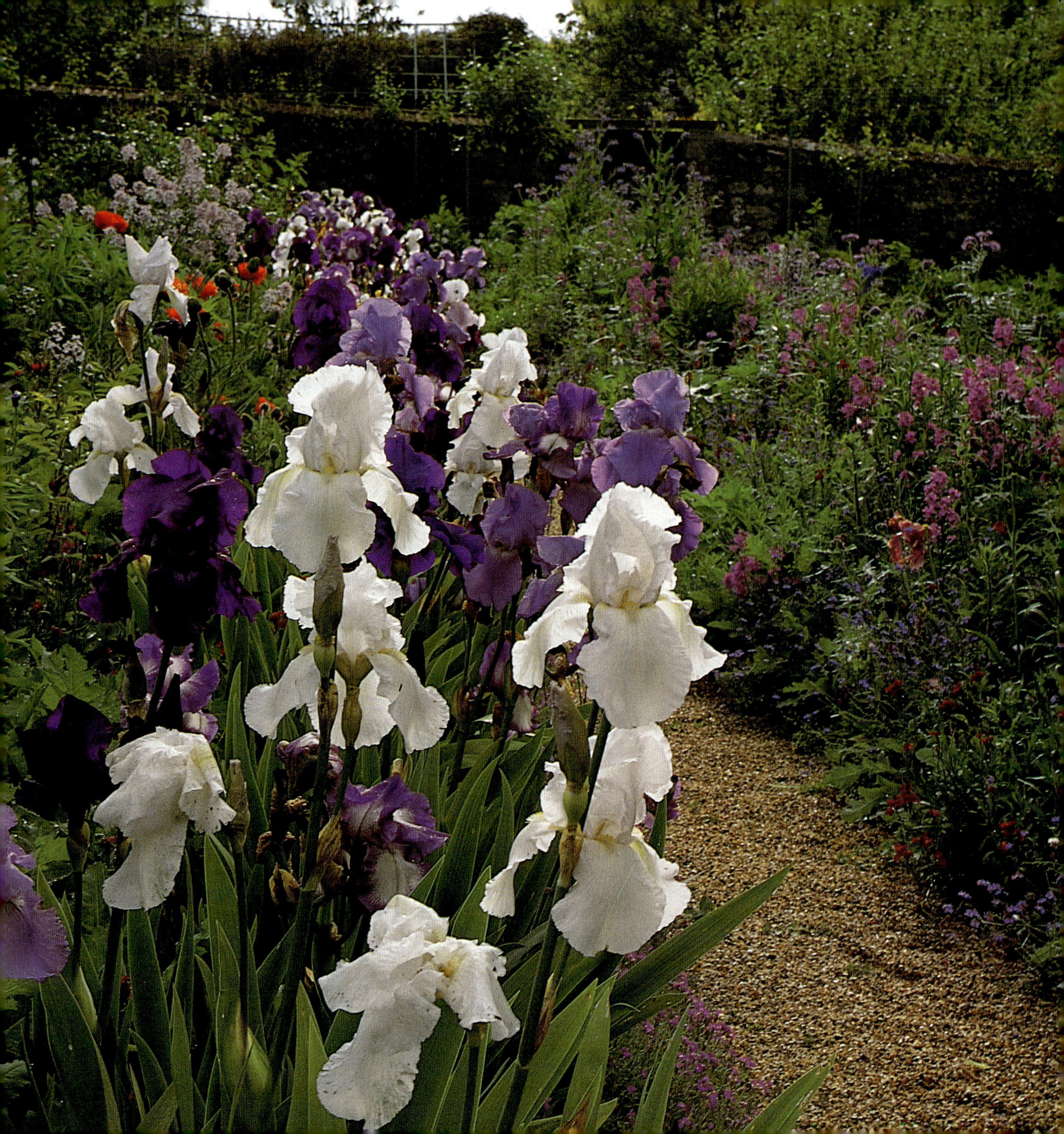

LINKS UND RECHTS: *Ein Ausschnitt und Plan der wohl schönsten blauen Rabatten im Garten, östlich der* Grande Allée. *Wie auf dem Plan zu erkennen, ist das Beet links mit purpurfarbenen Blaukissen gesäumt, während die Schwertlilien sich auf der ganzen Länge des Beetes wiederholen. Weiße Iris der Sorte 'Henry Shaw' durchbrechen die ansonsten übermächtige Parade von Lilatönen. Die tiefdunkle* Iris *ist 'Dark Triumph'; die zweitdunkelste 'Wild River'; 'Rococo' ist purpur und weiß, während* Iris *'Lilac Haze' malvenfarben ist. Auf dem Foto erkennt man roten, soeben aufblühenden* Papaver orientale. *Ab Juni wird er dazu beitragen, das Gesamtbild des Gartens von Blau in Rot zu verwandeln. Das Beet auf der rechten Seite des Plans ist mit* Iris *'Blue Indigo' und 'Ultramarine, malvenfarbenen Nachtviolen und einer Fülle von* Myosotis *'Royal Blue' bepflanzt.*

GANZ RECHTS: *Großaufnahmen dreier Iris: die* Iris *'Lilac Haze' (oben), 'Dark Triumph' (Mitte) und 'Blue Reflection' (unten).*

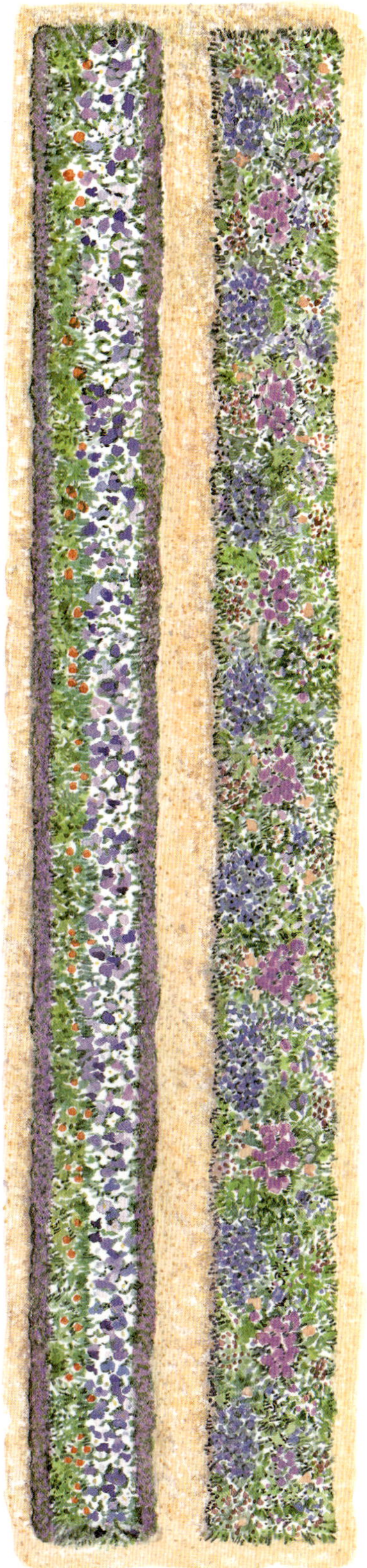

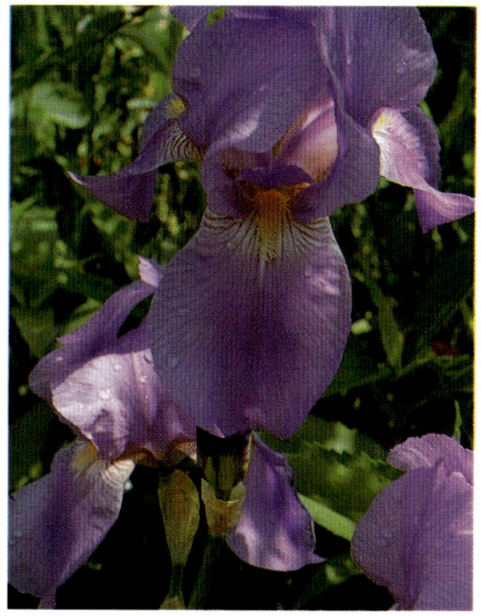

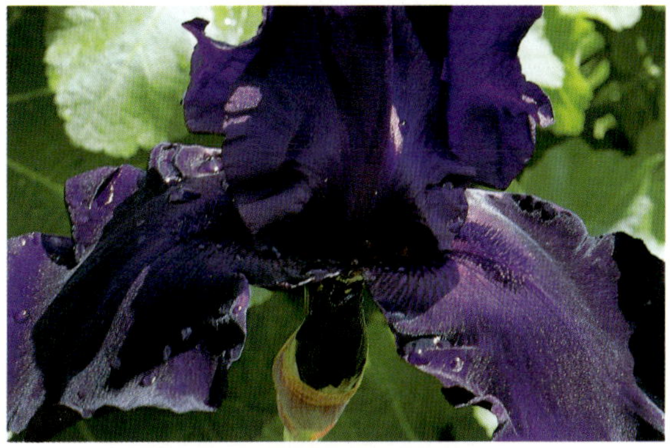

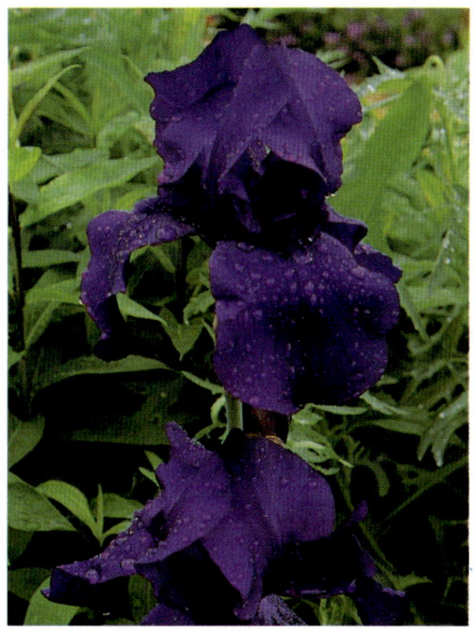

bezeichnenderweise die japanische Schwertlilie *(Iris ensata)*, „in wundervollen einfachen und gefüllten Formen". Er merkte an, daß sie sandigen, sauren Boden lieben, und vom ersten Grün bis zur Blüte häufig gewässert werden müssen.

Weiter führte Breuil die einheimische gelbe Schwertlilie auf, *Iris pseudacorus*; als gelb beschrieb er auch eine Schwertlilie aus dem Mississippigebiet – *Iris fulva*, die jedoch eher kupferfarben als gelb ist. Die blaue *Iris virginica* war eine andere amerikanische Schwertlilie, die am Ufer blühte. Unter den weißblühenden Schwertlilien befanden sich auch die Schmetterlingsiris *(Iris ochroleuca*, jetzt *Iris orientalis)* aus Mittelasien und *Iris gigantea* mit bis zu 1,6 Meter hohen Stengeln. Es gab *Iris aurea* (jetzt *I. crocea*) mit gelben Blüten auf ein Meter hohen Stengeln und *'Iris Ochraurea'*, eine hübsche dunkelgelbe Hybride zwischen *Iris ochroleuca* und *Iris aurea. Iris monnieri* mit ihren zitronengelben Blüten und lanzettförmigen Blättern beschrieb er als „eine der schönsten Iris für Ufer"; die verwandte *Iris* 'Monspur' (jetzt *Iris* Monspeur-Gruppe) war blauviolett. Eine andere Hybride, Iris 'A. W. Tait' war „porzellanblau", eine der Schwertlilien, die am Wasser am frühesten blühten, *Iris sibirica*: zu den in Giverny gepflanzten Arten gehörten 'Blue King', 'China Blue' und 'Snow Queen'. Breuil erwähnte außerdem *Iris gueldenstadtiana (Iris spuria sp. halophila)*, „deren kleine weiße Blüten unbedeutend sind", und *Iris delavayi* mit weißroten Blüten.

Als Chefgärtner Monets oblag Breuil auch die Betreuung des Wassergartens. „Hier und da lassen wir an den Ufern einfach Gras wachsen," schrieb er, „damit wir freie Stellen und Aussichtspunkte schaffen können, wo wir nahe herantreten und den Anblick der

RECHTS: *Lavendelblaue holländische Iris mischen sich am Rand des Teiches mit gelben Iris pseudacorus.*

GANZ RECHTS: *Jean-Marie Avisard hat die Berberitzen beschnitten und entfernt nun verwelkten Goldlack, um Platz für die einjährigen Pflanzen zu schaffen. Im Vordergrund holländische Iris und die gelbe Iris pseudacorus.*

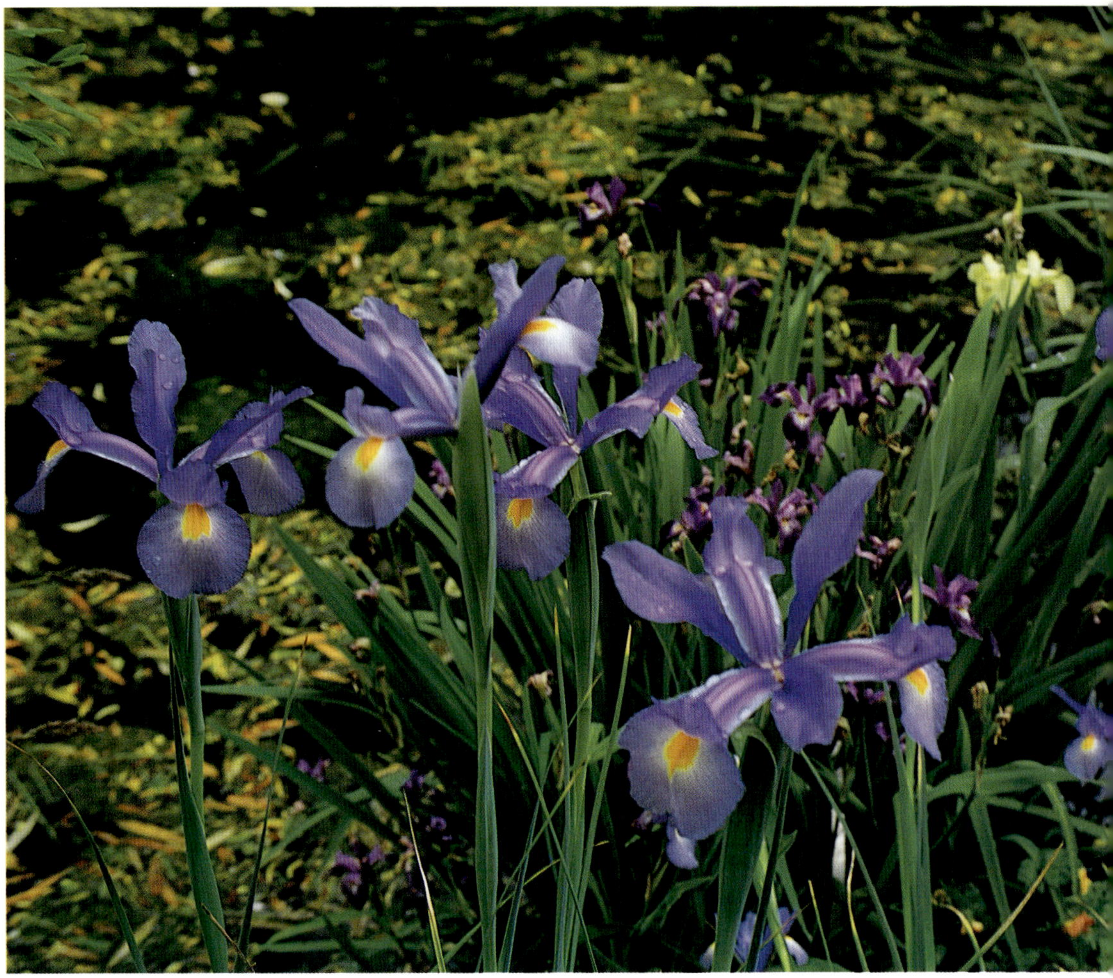

Uferbepflanzung bewundern können." Er erläuterte auch den natürlichen, zwanglosen Charakter der Teichbepflanzung: „Um bei dieser Bepflanzung eine optimale Wirkung zu erzielen, darf es keinerlei Symmetrie geben. Regelmäßigkeit wäre hier ein gravierender Fehler." Die Gruppen der Schwertlilien wurden im Abstand von 50-70 cm gepflanzt und durch andere feuchtigkeitsliebende winterfeste Pflanzen wie Dotterblumen, große gelbe Wasserranunkeln, Trollblumen oder violetten Weiderich voneinander getrennt.

Das angestrebte Ziel war, den Schwertlilien Gelegenheit zu geben, sich so gut wie möglich zu akklimatisieren, auch wenn man ihre Zahl durch Teilung hätte erhöhen können. Breuil hielt fest, daß bei den meisten Sorten der Samen problemlos aufging, dies jedoch nicht immer gefördert wurde, zumindest, wenn junge Pflanzen gesetzt wurden: „Um sie nicht zu sehr zu schwächen, muß man die Fruchtstiele abschneiden, bevor sich die Samen gebildet haben." Will man Schwertlilien aus Samen ziehen, muß man sie in sauren Boden säen, aber es dauert oft über ein Jahr, bis sie keimen. Der feuchte Boden am Wasser behagte ihnen, und sie mußten nur selten gewässert werden. Breuil beschrieb die Vorbereitung des Bodens in allen Einzelheiten, wozu es gehörte, den sandigen, sauren Boden umzugraben und mit einem bestimmten Quantum Allzweckdünger anzureichern, bevor man die Schwertlilien einpflanzen konnte. Das geschah am besten im Oktober. Im März wurden die Iris nochmals gedüngt. Ansonsten genügte es, regelmäßig altes Laub und verwelkte Blüten zu entfernen.

Den Zugang des Publikums auf bestimmte, große Bereiche des Gartens zu beschränken, erlaubt es heute den Gärtnern, ihre Ar-

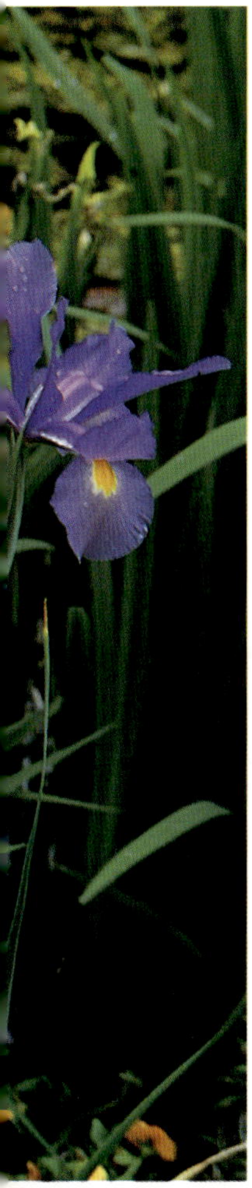

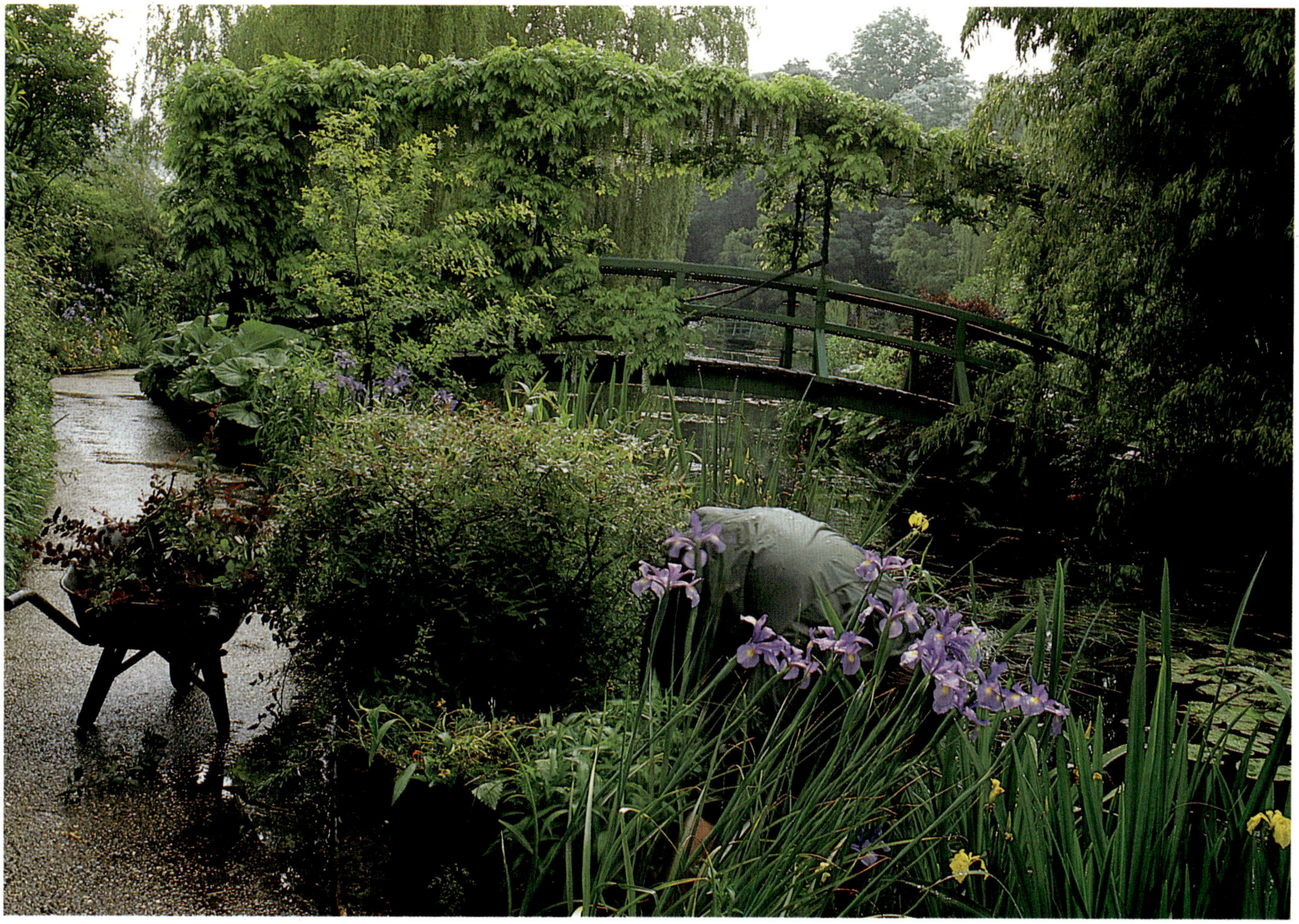

beit ungestört fortzusetzen, was allein die Anzahl der Besucher sonst unmöglich machen würde. Obwohl es für ein Team von Gärtnern leichter ist, sich immer nur auf eine Rabatte zu konzentrieren, ist dies kaum durchführbar, wenn der Garten erst geöffnet ist. Während die Besucher sich im Garten befinden, können die Gärtner zwar Unkraut jäten, verwelkte Pflanzen und Zwiebeln entfernen und die Beete mit den Blumen für die kommende Saison bepflanzen, aber Sprengen, gründliches Beschneiden und alle Arbeiten entlang der von den Besuchern benutzten Wege müssen entweder montags (wenn der Garten geschlossen ist) oder an den anderen Tagen vormittags von acht bis zehn erledigt werden. Die Gärtner arbeiten innerhalb der abgesperrten Bereiche und bringen frühmorgens alles mit, was sie für ihre Arbeit tagsüber benötigen.

Anfang April gibt es noch wenig Unkraut, aber schon Mitte des Monats drängt eine ganze Armee solcher Eindringlinge nach oben, und es ist äußerst wichtig, sie unter Kontrolle zu halten. Bei nur sechs Gärtnern und 70 Beeten, gilt das Unkrautjäten als eine höchst unangenehme Aufgabe. Die Wurzeln von *Helianthus rigidus* lassen sich besonders schwer entfernen, und so viele wie möglich von ihnen herauszuziehen, gehört zu den mühsamsten Arbeiten, die die Gärtner im Frühjahr erledigen müssen.

Danach ist es wichtig, die Pflanzenstützen an Ort und Stelle zu bringen. Junge Pflanzen werden gekappt, um ein buschiges, kräftiges Wachstum zu fördern, doch einige wachsen von Natur aus nur langsam und brauchen entweder einen Pfahl oder die Hilfe eines stärkeren Nachbarn. Bis Mai werden die Stützen der Pfingstrosen aufgestellt. Dabei geht es vor allem um ein exaktes Timing: die verstellbaren Gerüste müssen errichtet werden, um die Blätter zu stützen, wenn die typischen roten Triebe ihre volle Höhe erreicht haben und unmittelbar bevor sie Blätter bekommen. Wenn die Triebe aufhören zu wachsen, öffnen sich umgehend die Blätter, was den Umgang mit Pfingstrosen zu einer heiklen Angelegenheit macht. Bringt man die Stützen zu früh an, bleiben die Pflanzen zu niedrig; geschieht es zu spät, sind die Blätter im Weg. Die Gerüste werden dem Wachstum der Pflanzen angepaßt, aber *Lysimachia punctata* kann plötzlich überaus schnell wachsen, was die Gärtner mitunter überrumpelt, wenn sie nämlich ein paar Tage an einer anderen Stelle beschäftigt waren. Genau wie das Unkraut und die Pflanzen sprießen auch die verschiedenen Kletterpflanzen, die alle das Festbinden an Spalieren und Gerüsten brauchen. Beim Schnitt der in Doppelspalieren gezogenen Birnen wird eher auf das Aussehen als auf das Obst geachtet.

Anfang Mai sind die frühblühenden Ziersträucher wie Forsythien, *Ribes sanguineum*, *Prunus cerasifera* 'Pissardii' und *Tamariske* verblüht und werden beschnitten. Tamarisken blühen auch an alten Zweigen und breiten sich unregelmäßig aus, wenn man sie nicht stutzt; in Giverny wird die Tamariske sehr weit zurückgeschnitten – möglichst nur Stunden, nachdem sie verblüht ist. Das verleiht ihr die charakteristische schöne Form und fördert das schnelle Wachstum der neuen Blätter, die sich nach der Blüte entfalten. Die zwölf Meter lange Hecke aus Heiligenkraut, die auf der Nordseite des östlichen Rasens als Umrandung dient, wird zweimal im Jahr geschnitten, im Mai und noch einmal im Sommer, um sie am blühen zu hindern; man legt allein auf die Wirkung des Blätterwerks Wert.

Der florale Staffellauf, den man in Giverny in knapper Zeit so geschickt absolviert, erfordert eine minuziöse Planung und ein perfektes Timing, damit die Blüte der einjährigen, zweijährigen und winterfesten Pflanzen und der Zwiebelpflanzen genau nach Wunsch ausfällt und über mehrere Monate hinweg nahtlos ineinander übergeht. Die Gärtner vertrauen der Devise „Zu mehreren ist man stark" und säen (um sicherzugehen) in Abständen aus. Im Frühling blühende Bäume, Junirosen und Herbstlaub sind eine Reserve für den Notfall, aber Lücken in den Rabatten ein ständig wiederkehrender Alptraum für die Gärtner. Pflanzen nur zu dem Zweck zu ziehen, um die durch das Welken winterharter Blumen entstandenen Lücken zu schließen, ist im französischen Gartenbau nicht neu. Forestier forderte seine Leser auf, diese Technik zu übernehmen, indem er ihnen erklärte, auch Le Nôtre habe sich häufig dieser Methode bedient, wenn er Pflanzen in großen Töpfen gezogen und sie dann in die Beete mit den jeweils blühenden Blumen gesetzt hat.

Wenn die frühblühenden Zwiebelgewächse verblüht sind, werden sie aus der Erde geholt. Nur die Narzissen bilden eine Ausnahme. Trotz des Grundsatzes, daß der Garten immer schön auszusehen habe, besteht Vahé darauf, daß die Narzissen zwei Monate stehenbleiben, bis ihre Blätter völlig verwelkt sind. Das bewirkt, daß sie sich reichlich vermehrt haben und es mehrere Jahre nicht nötig ist, neue Zwiebeln zu kaufen.

Winterfeste und andere ausdauernde Pflanzen, die im Treibhaus gezogen werden, zum Beispiel Löwenmaul und die vielen Tabaksorten, nehmen den Platz der frühblühenden Zwiebelge-

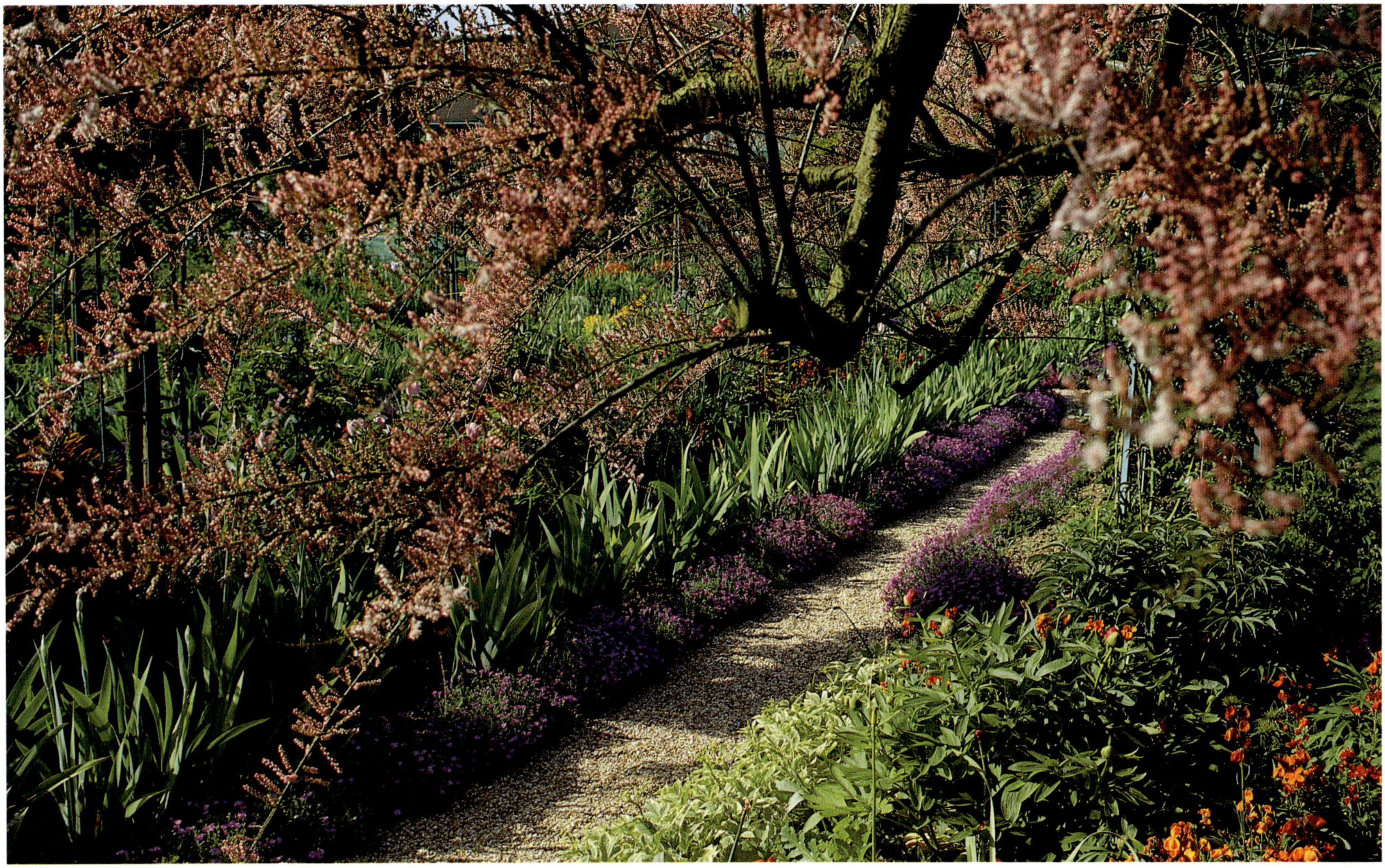

OBEN: *Die auffallende* Tamarix tetranda, *die im Mai blüht, bevor sie Blätter bekommt, wird sofort nach der Blüte weit zurückgeschnitten, um das gewölbte Wachstum der Äste zu fördern. Das bedeutet, daß der Baum neue Blattknospen bilden muß, die nach Ansicht der Gärtner ein helleres, frischeres Grün besitzen.*

RECHTS: *Anfang Mai werden die ersten Dahlien von Yves Hergoualc'h ins Freie gesetzt. Im Vordergrund sind die langen, nach Farben bepflanzten Rabatten gut zu erkennen, während dicht vor dem Haus, den rosa Putz der Mauern wiederaufnehmend, hell- und dunkelrosa Tulpen stehen.*

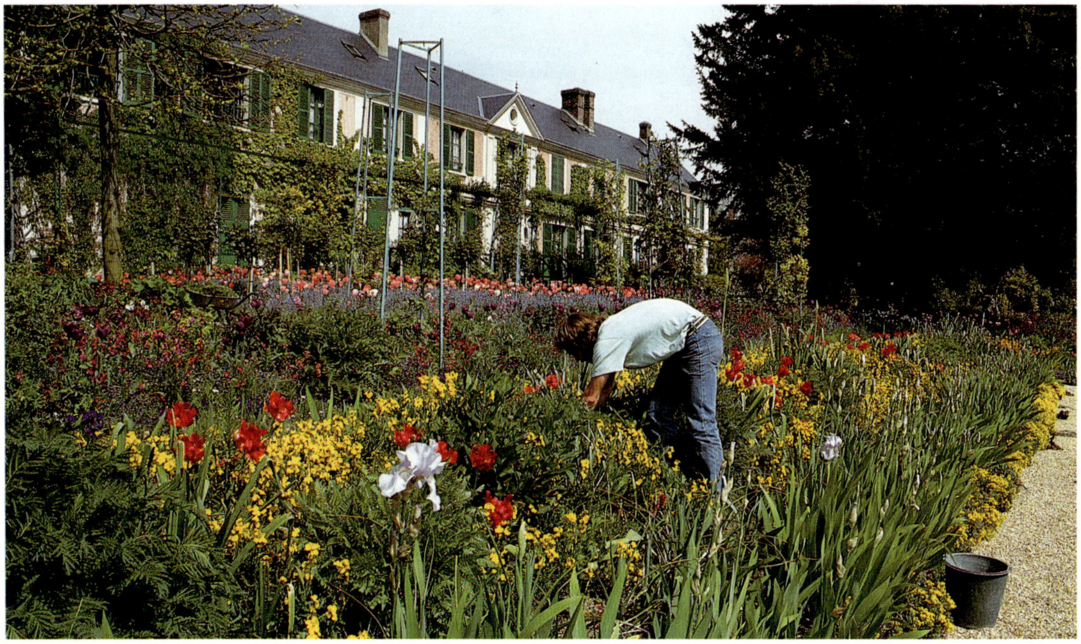

wächse ein; sie werden dann gepflanzt, wenn die Zwiebeln ausgemacht werden. Zwei Wochen später sät man die anderen winterharten Pflanzen, die nicht umgepflanzt werden können, wie zum Beispiel Mohn, breitwürfig auf den freien Flächen der Rabatten aus. Dieses Verfahren ist als *semis pleine terre* bekannt. In der Praxis wird die Aussaat vorgenommen, bevor die Sommerzwiebeln gesetzt werden, wann immer es die Zeit erlaubt. Die berühmte Kapuzinerkresse in der *Grande Allée* wird ungefähr zur gleichen Zeit wie der Mohn gesät, aber anders als der Mohn wird sie von einer bestimmten Anzahl Pflanzen aus dem Gewächshaus verstärkt, falls sie aus irgendeinem Grund nicht keimen sollte. Bis jetzt war dies meines Wissens allerdings noch nie der Fall. Eine *Grande Allée* ohne Kapuzinerkresse – und der Garten könnte getrost seine Pforten schließen!

Im Sommer blühende Zwiebel- und Knollengewächse, die im Winter und zu Beginn des Frühjahrs aus den Pflanzenzüchtereien kommen, werden in einem Kühlraum aufbewahrt, damit sie nicht anfangen zu wachsen, bevor das Wetter danach ist. Die Lilien sind die ersten Sommerblüher, die ausgepflanzt werden, gefolgt von Gladiolen, Acidanthera und Montbretien. Als letzte kommen die Dahlien, die Anfang April aus ihrem Winterschlaf geholt werden. Man breitet sie einen Monat lang unter den Kastanienbäumen auf einem Torfbett aus, das mit einer Schicht dichtem weißen Filz abgedeckt ist. Kaum gewässert, von der Sonne gewärmt, so können sie mit dem Wachstum beginnen und sind vor späten Frösten geschützt. Sie werden erst gepflanzt, wenn die Nachtfrostgefahr endgültig vorüber ist (normalerweise Anfang Mai) und immer mit einer Handvoll *corne broyée* – was etwa dem Horn- und Hufmehl entspricht. Es sind so viele verschiedene Sorten, daß sie mit zwei Schildern versehen werden – eines wird an den Wurzeln befestigt und bleibt unter der Erde, das andere wird an einem Pfahl festgebunden.

Wenn die im Sommer blühenden Zwiebel- und Knollengewächse in die Erde kommen, werden die im Frühjahr blühenden zweijährigen Pflanzen herausgenommen. Zuerst der Goldlack, der nur eine kurze Blütezeit hat, und zuletzt die Stiefmütterchen, die über den längsten Zeitraum blühen. Gleichzeitig kümmern sich die Gärtner um die sogenannten „*spontanés*“ – Pflanzen, die sich selbst willkürlich aussäen – hauptsächlich *Impatiens glandulifera* und Schlafmohn *(Papaver somniferum)*. Der Schlafmohn sät sich selbst in solchen Mengen aus, daß viel Zeit darauf verwendet wird, ihn auszudünnen und von den Stellen zu entfernen, wo er nichts zu suchen hat. Alle Mohnpflanzen, die zwischen dem Blaukissen, den Schwertlilien oder näher als 30 cm am Weg wachsen, werden herausgezogen, diejenigen jedoch, die mitten in den Rabatten stehen, dürfen stehenbleiben und werden, wenn sie zu zahlreich auftreten, lediglich ausgedünnt (auf Französisch: „*trier*“).

Während sie die im Sommer blühenden Zwiebelgewächse und Dahlien ins Freie pflanzen, müssen die Gärtner gleichzeitig die Rosen sprengen und das Gras mähen. Jedes zweite Jahr werden im April die Rasenflächen mit Eisensulfat behandelt, damit das

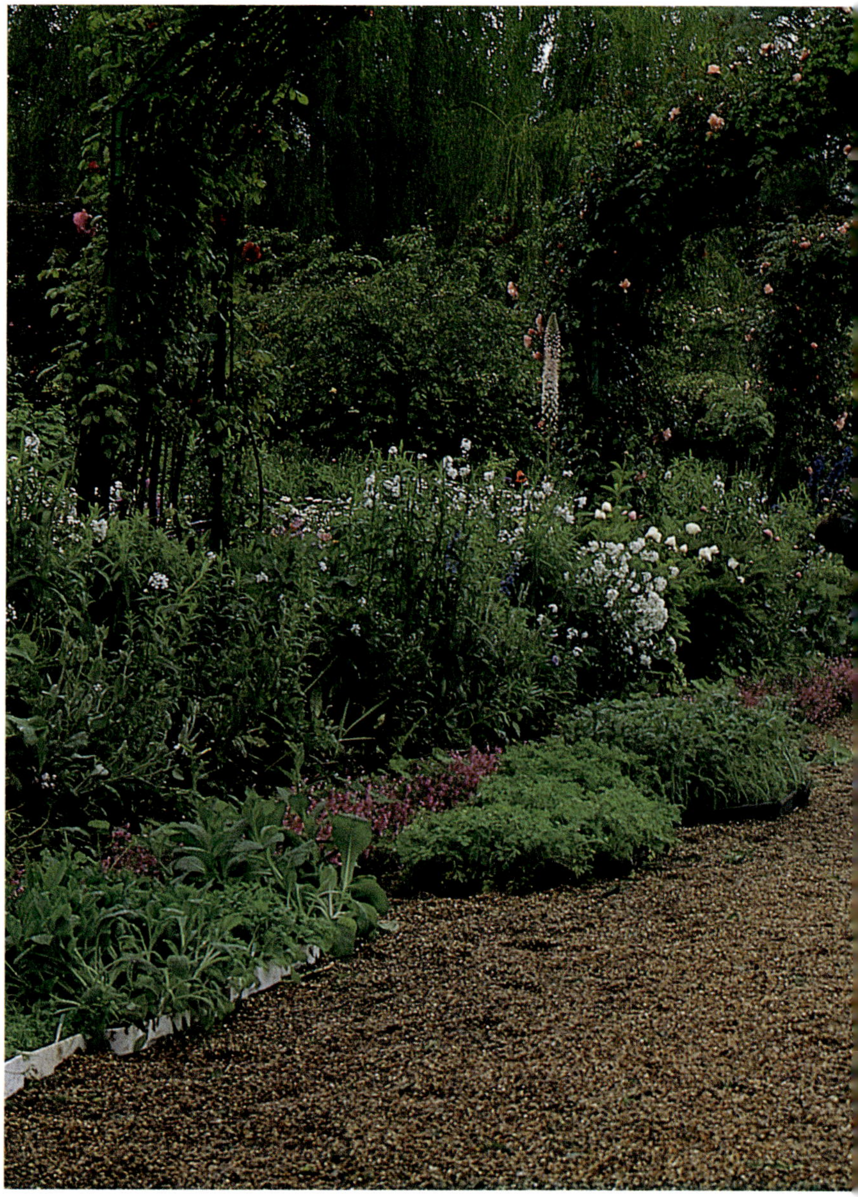

Moos sich nicht zu sehr ausbreitet. Der Rasen braucht keinen besonderen Dünger, da man während der Wachstumsperiode von dem Dünger profitiert, der dem Wasser im Bewässerungssystem hin und wieder beigefügt wird. Unkrautjäten sowie das Herausnehmen von Pflanzenzwiebeln und verblühten einjährigen und zweijährigen Pflanzen sind Arbeiten, die die Gärtner jeden Tag verrichten, aber das zeitraubende Bewässern erfolgt nachts automatisch. Der Garten wird im Frühjahr und Herbst gesprengt, wenn es eine Trockenperiode gibt, obwohl man so wenig wie möglich spritzt, wenn die Schwertlilien blühen, da die Wasserflecken die Blüten verderben. Den Sommer über wird der Garten jede Nacht 15 bis 20 Minuten lang gesprengt, bei großer Hitze 40 Minuten.

Wenn der Frühling sich dem Sommer nähert, geht der Garten nach und nach von Purpur, Blau und Weiß in eine Symphonie aus Rosa, Weiß und Purpur über. In seinem im November 1924 in

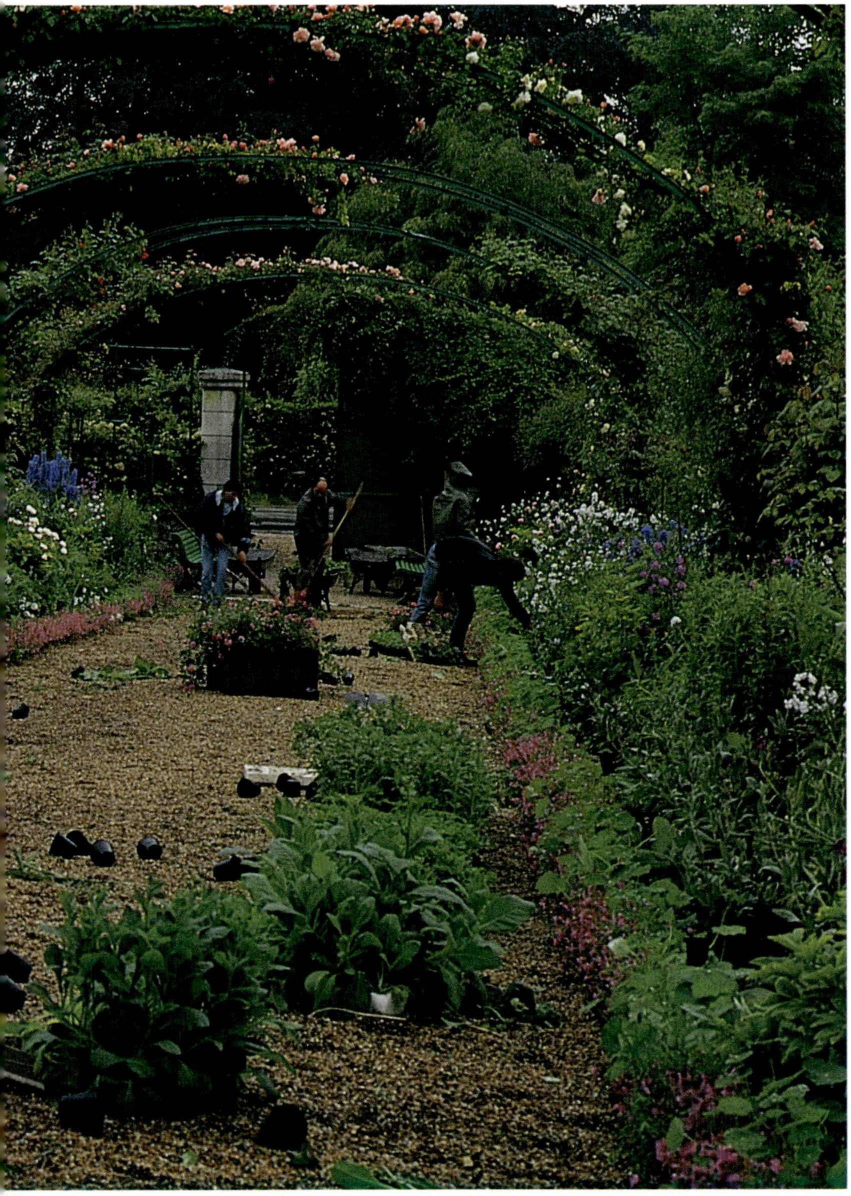

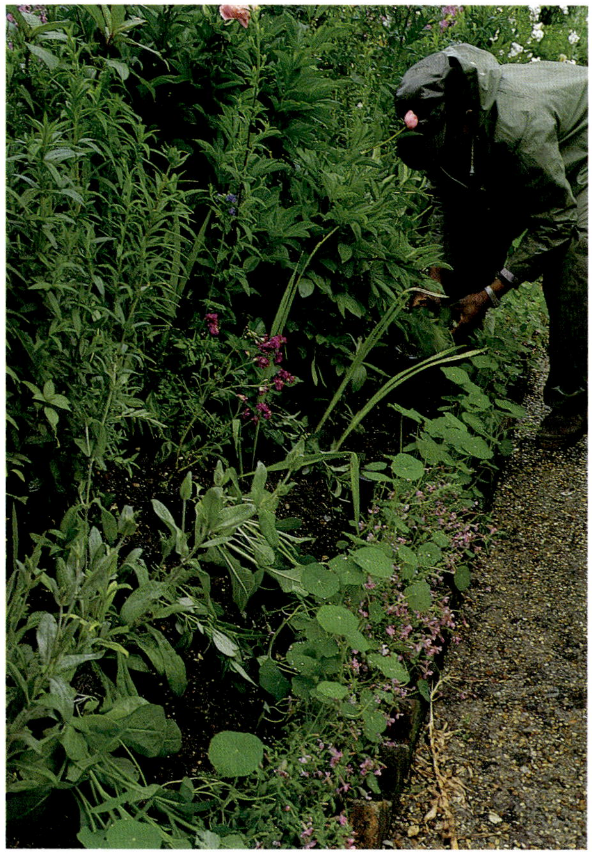

OBEN: *Mamadou Niakhate pflanzt* Nicotiana sylvestris *zusammen mit* Nicotiana *'Domino Pink' entlang der* Grande Allée.

LINKS: *Ein feuchter Montagvormittag im Mai, wenn der Garten geschlossen ist. An den Bögen blühen die ersten Rosen und ein, zwei Fuchsschwanzlilien stehen in Blüte. Im Vordergrund sind Gefäße mit jungen* Nicotiana sylvestris *zu sehen, die darauf warten, eingepflanzt zu werden.*

der Zeitschrift *Jardinage* erschienen Artikel beschrieb Truffaut den Wassergarten im Mai: „An den grasbewachsenen Ufern des Teiches sticht die Wiesenraute hervor, mit Blättern, die ähnlich gezackt sind wie die einiger Farnarten und hellrosa mit weißen Blüten wie Baumwollblüten; es blühen mehrere hochstämmige Glyzinen, gelber, gänseblümchenähnlicher Alant und viele Varietäten von Nelkenwurz, von denen einige regelrechte Teppiche bilden.

Er erwähnte auch die weißen Blüten von *Spiraea × vanhouttei* neben Tamarisken, deren zartrosa Blüten im Mai „so fein wie Straußenfedern" waren. Das überwältigende Pink der Steppenkerze, mit ihren riesigen rosa und cremefarbenen Blütenähren, verleiht der *Grande Allée* ein stattliches Aussehen, ebenso wie im April die orangefarbenen und gelben Kaiserkronen. Leuchtendrosa und weiße Girlanden von *Clematis montana* stellen einen weiteren Glanzpunkt des Maigartens dar. Die Rankgitter wurden während der Restaurierung des Gartens Ende der Siebziger Jahre ersetzt und einige neue Klematishybriden gepflanzt, doch die Gärtner mußten feststellen, daß diese Kletterpflanzen nicht gut gedeihen; viele davon sind sogar eingegangen.

In dieser Jahreszeit schlendern die Besucher zwischen den Blumen umher, ohne auch nur im geringsten etwas von der emsigen gärtnerischen Tätigkeit um sie herum zu ahnen. Aus seinem Winterschlaf geweckt, bietet sich der Garten frisch und neu, als ein Ort voller Erwartungen dar – ein prachtvolles Schauspiel.

RECHTS: *Weiße* Clematis montana *'Spoonerii' blüht an den speziellen Klematisgittern oberhalb der Malkastenbeete. Weiße Blumen wie diese und weiße Nachtviolen werden in großer Zahl verwendet. Hier herrscht eine Bepflanzung in Rosatönen vor, wobei purpurfarbene Zwiebelblüten, rote Pfingstrosen und malvenfarbene Nachtviolen die Blätter des Himalaya-Springkrauts umgeben.*

GANZ RECHTS: *Die Ufer des Wassergartens im Mai. Der Baumstamm rechts ist der Überrest der Glyzine, die in den Teich gefallen und während der Restaurierungsarbeiten wieder aufgerichtet worden ist. Für die Seerosen ist es noch zu früh, auch wenn ihre Stengel bereits bis an die Oberfläche reichen. Am Ufer blühen die großblütige, blaßgelbe Strauchrose 'Nevada' und ein Busch* Delphinium.

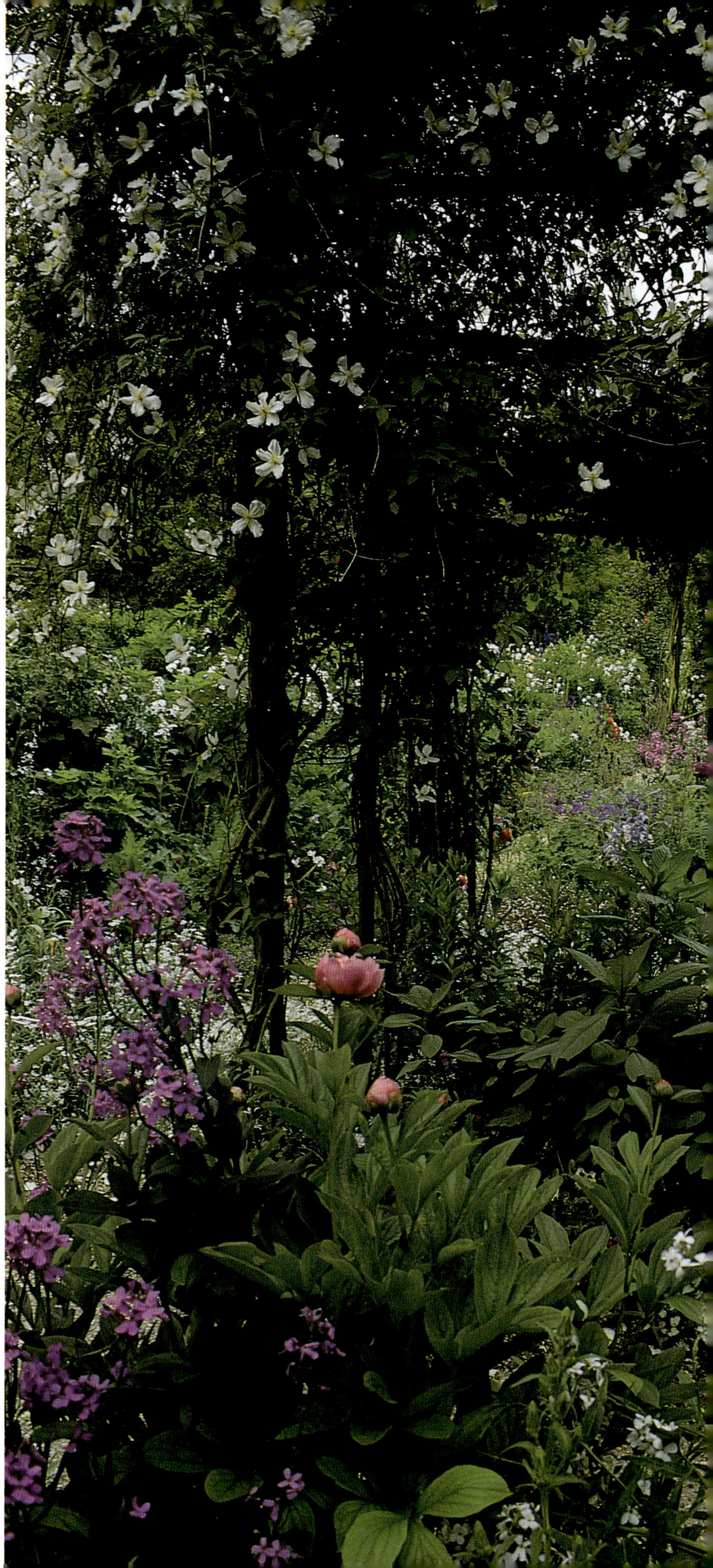

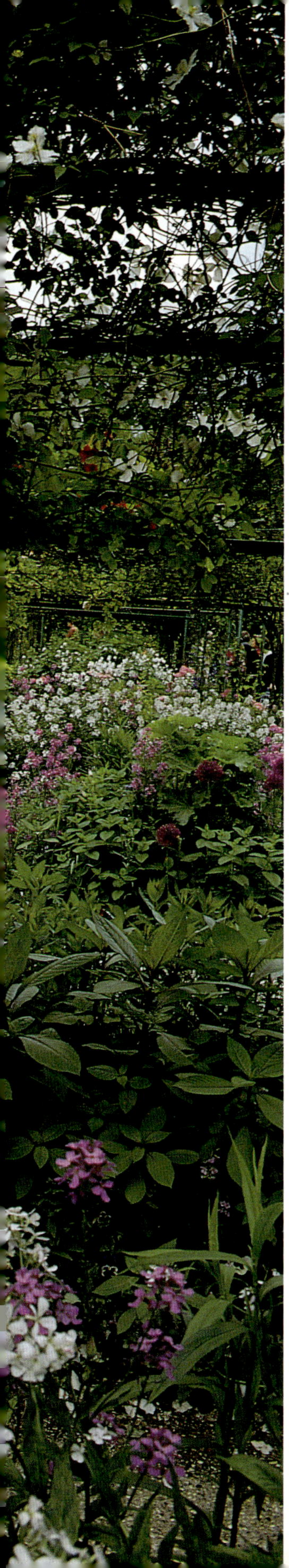

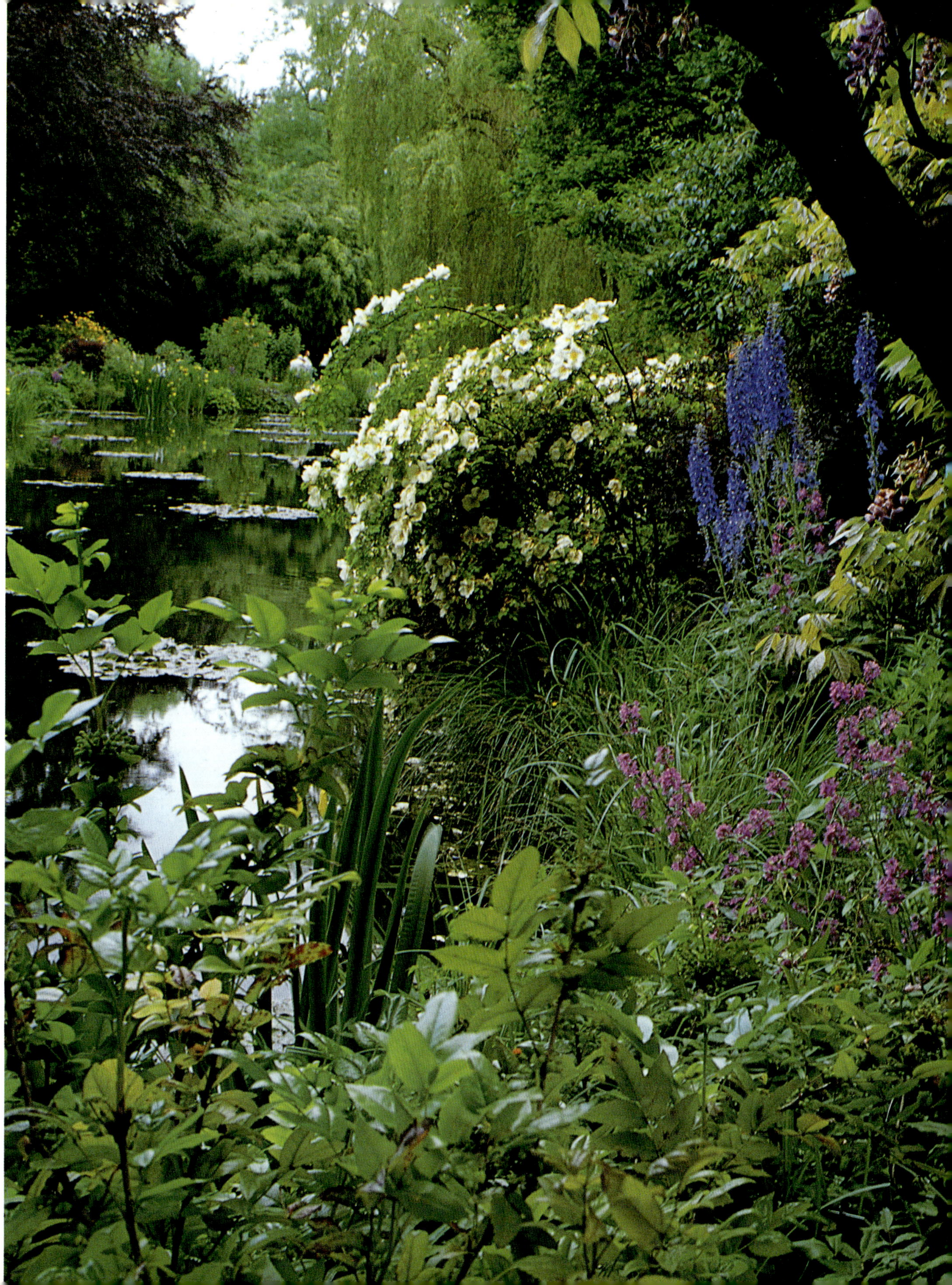

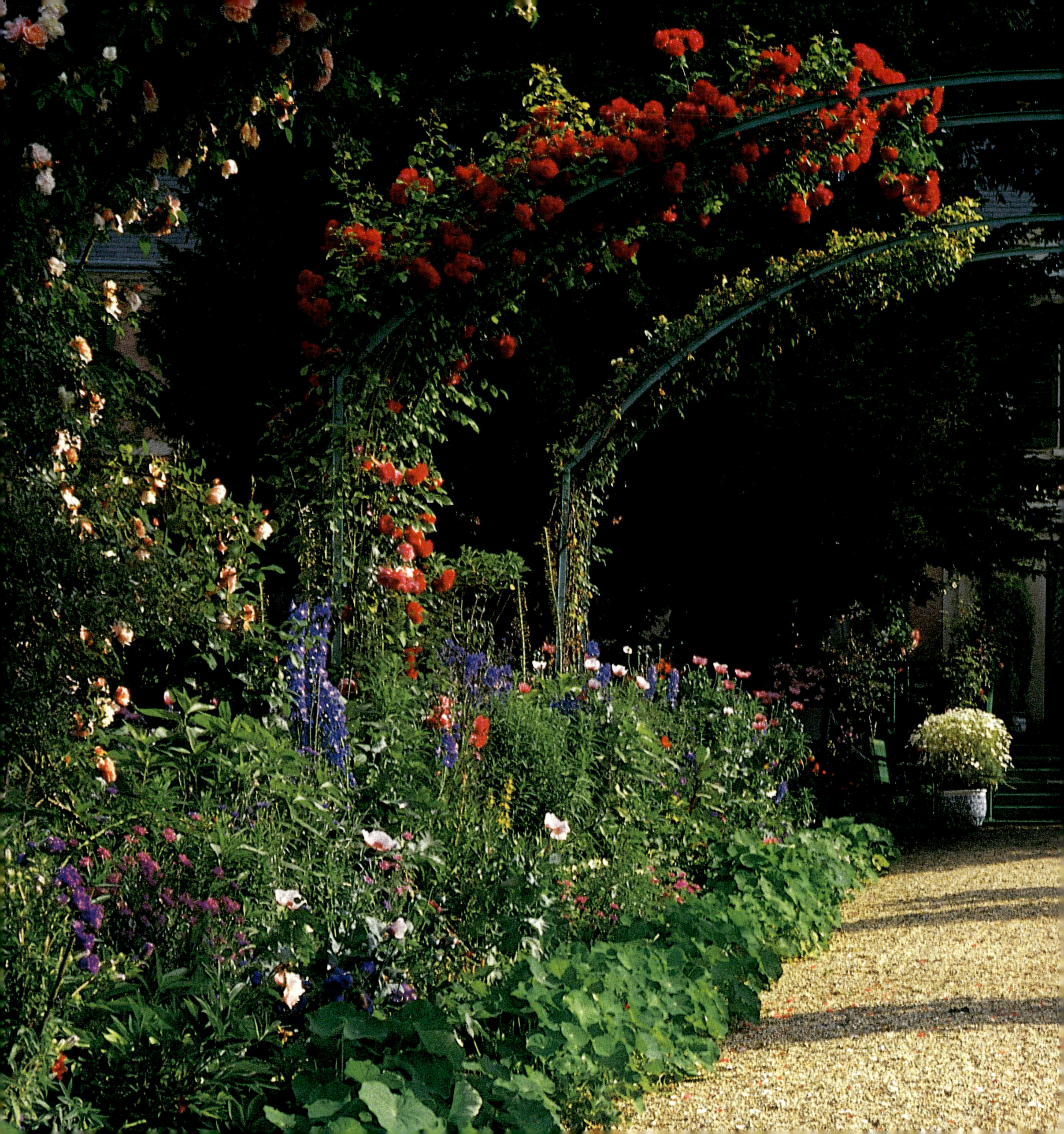

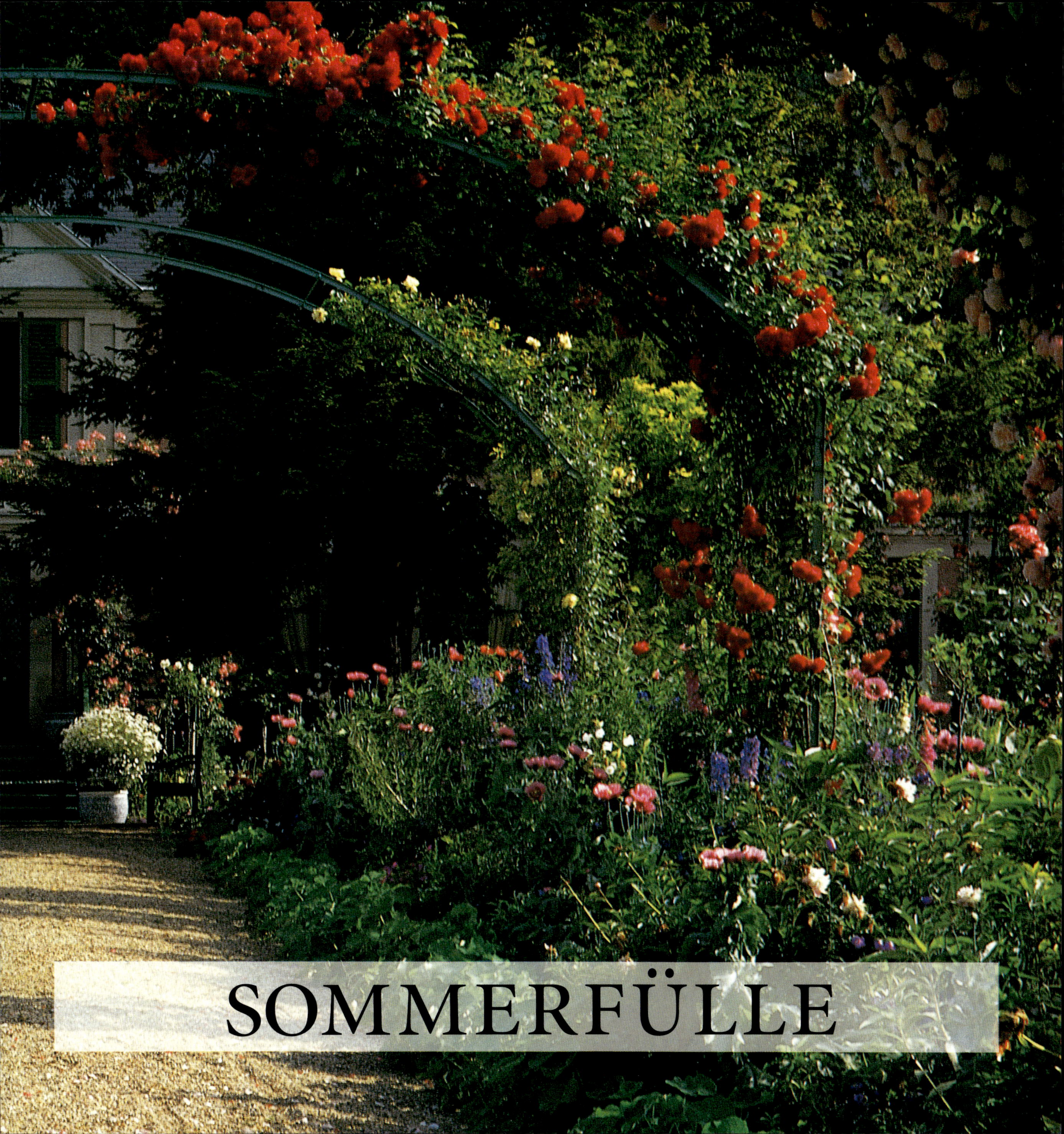

SOMMERFÜLLE

„Im Sommer hätte man ihn sehen müssen, in diesem berühmten Garten, der sein ganzer Stolz war und den er mit verschwenderischen Gaben überhäufte, wie ein König seine Mätresse ...“

LOUIS GILLET

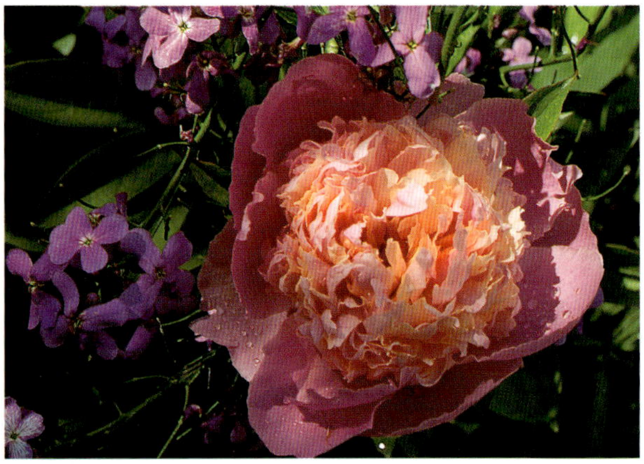

Wenn das Blau und Violett der Schwertlilien Ende Mai verblaßt, dreht sich das Kaleidoskop ein weiteres Mal und der Juni kommt mit seiner Farbenpracht, die alle anderen Jahreszeiten übertrifft. Die reich blühenden Pfingstrosen, Mohnblumen und Rosen schmücken den Garten, wie Christbaumschmuck einen Weihnachtsbaum ziert.

Für gewöhnlich zog Monet einfache, ungefüllte Gartenblumen den auffallenderen, künstlich wirkenden gefüllten vor. Die Pfingstrosen in den Rabatten von Giverny *(Paeonia lactiflora)* bildeten eine Ausnahme. Diese schönen Landhausgartenblumen durften sich im *Clos Normand* breitmachen, wo sie die sonnige Lage und den kalkhaltigen Boden genossen.

Rosen, üppig und im Überfluß, waren das Markenzeichen des Gartens im Juni. Jeder, der nach Giverny kam, erwähnte sie.

VORHERGEHENDE SEITE: *Die gewölbeartigen Bögen der* Grande Allée *lenken den Blick auf das Haus.*
OBEN: *Nachtviole und* Paeonia lactiflora *'Monsieur Jules Elie'.*
RECHTS: *Eine Fülle rosafarbener, roter und purpurner Rosen und Mohnblumen verwischen die Konturen der* Grande Allée.

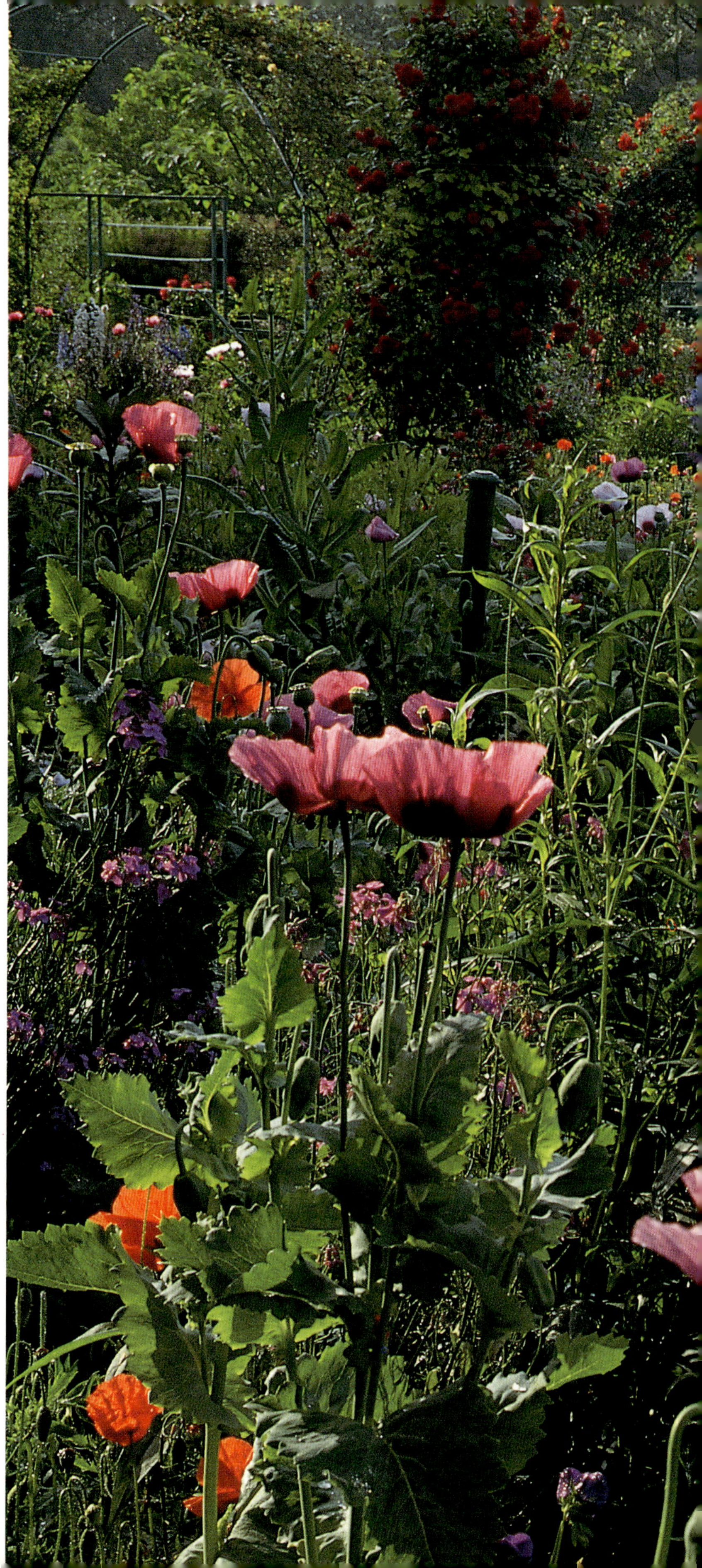

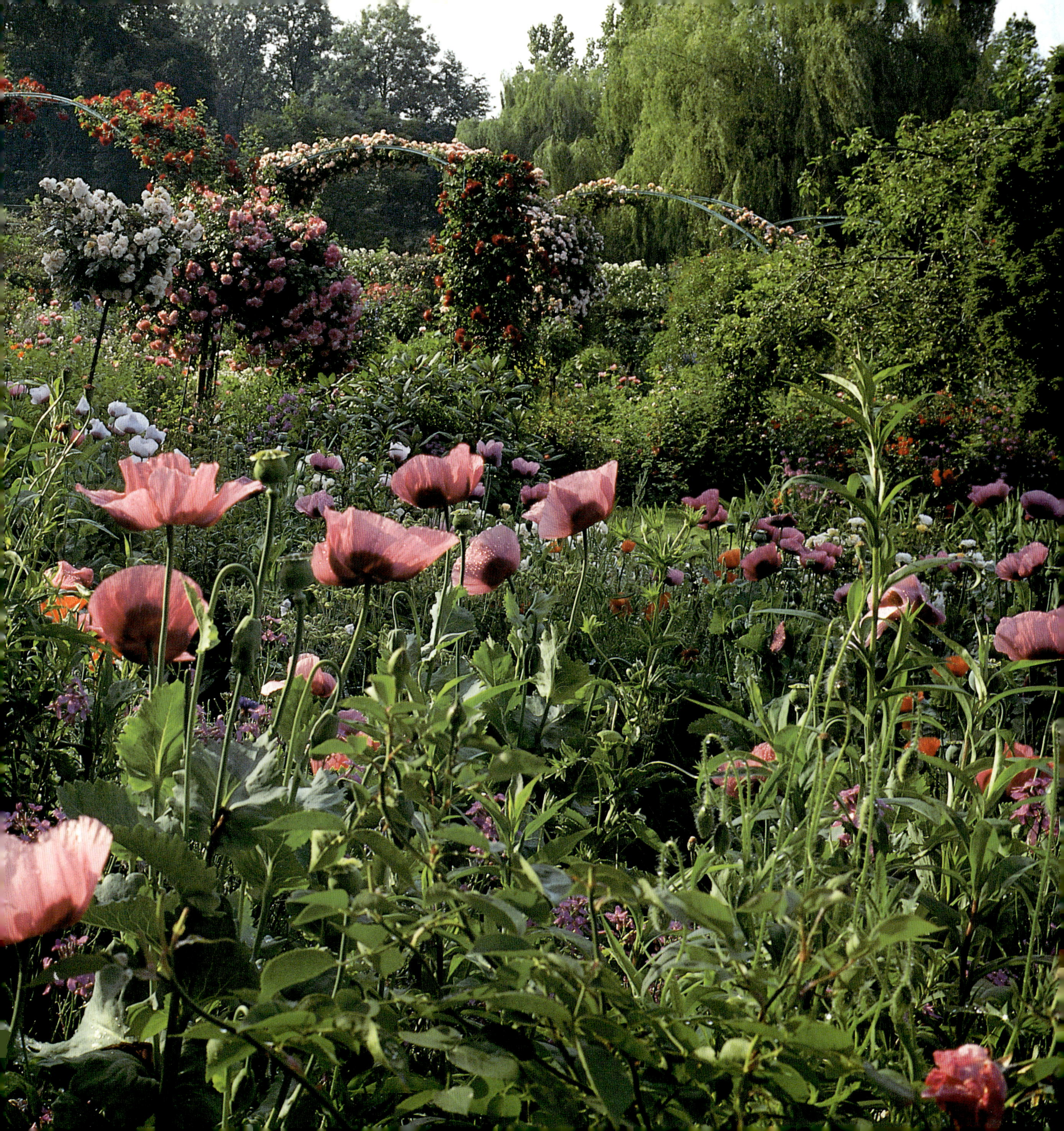

Georges Truffaut schrieb dazu: „Im Juni dominieren eindeutig die Rosen – Rosenbüsche in allen Formen, die unterschiedlichsten Sorten von Polyantharosen, als Hochstämme, Zwergrosen oder großblütige Rosen gezogen ...“ Rosen trugen auch zum Zauber des Wassergartens bei: „Der Wassergarten war durchsetzt von Strauchrosen und hochstieligen Rosen, während Rosengirlanden für das Ganze das Bühnenbild abgaben.“ Die überwältigende Wirkung dieser Blumen wurde auch von Alice Kuhn in einem 1912 für die Zeitschrift *La Femme d'Aujourd'hui* verfaßten Artikel erwähnt. Sie pries die Schwertlilien und die Pracht der Pfingstrosen, betonte jedoch: „Die Rosen gehören zu den Reichtümern dieses bezaubernden Gartens.“ Monet selbst erwähnt in den Aufzeichnungen, die uns vorliegen, spezielle Rosen nur ein- oder zweimal, doch aufgrund der Berichte von Familienmitgliedern, Freunden und vielen Journalisten, die Giverny im Lauf der Jahre besuchten, kann man sich ein genaues Bild machen.

Entsprechend seiner Vorliebe für ungefüllte, schlichte Wildblumen, favorisierte Monet traditionelle Rosenarten wie die Wilde Rose *(Rosa eglanteria* syn. *Rosa rubiginosa)* oder die gestrüppbildenden Bibernellrosen *(Rosa pimpinellifolia* syn. *Rosa spinosissima).* Er besaß eine herrliche Sammlung davon, die er von einem Züchter in Edinburgh bezogen hatte. Obwohl die Rose ursprünglich eine kontinentaleuropäische Wildpflanze ist, wurden viele der frühen Hybriden in Schottland gezüchtet.

Hoschedé erwähnt ebenfalls *„toutes les 'Scarlets'“* unter den in Giverny wachsenden Rosen. Vermutlich handelt es sich dabei um 'Paul's Scarlet Climber', eine von dem englischen Rosenzüchter Arthur William Paul 1916 gezüchtete Rose. Sein Vater William war Verfasser des Klassikers *Der Rosengarten* (1848) und gründete in Waltham Cross (Hertfordshire) 1860 Pauls Royal Nurseries. Die in dieser Zucht gezogenen Rosen gewannen unzählige Preise, einschließlich der Goldmedaille auf einer der Rosenausstellungen im Pariser Bagatelle-Park. Monet, ein leidenschaftlicher Ausstellungsbesucher, hat sie dort bestimmt gesehen. Weitere von der Pflanzenschule gezüchtete und in Giverny gepflanzte Rosen waren 'Paul's Single White'(1883) und 'Ophelia' (1912). Verwirrenderweise wurde 'Paul's Lemon Pillar' (1915) von H. N. Paul & Son in Cheshunt (Buckinghamshire) gezüchtet. Auch diese wurde in Giverny gezogen; ihre Urform, 'Maréchal Niel', wächst jetzt in der *Grande Allée.* Diese zweimal blühende Rose erstaunt die heutigen Gärtner von Giverny immer wieder, da sie selbst bei Temperaturen von minus drei Grad bis in den November hinein blüht. Schon lange, bevor Monet die Bögen über der Grande Allée errichtete, zog er hochstämmige Rosen und ließ sie an den noch lebenden, nach und nach jedoch immer kahler werdenden Tannen der *Grande Allée* emporranken.

Die erzielte Wirkung war so, wie Monet es gewünscht hatte: Auf der *Grande Allée*, berichtete Alice Kuhn, „hebt sich die dunkle Silhouette der Tannen vor der hellen Fassade des Hauses ab, und die Stämme dieser dunklen Tannen sind völlig von weißen Rosen bedeckt... sie klettern zwischen den dunklen Zweigen hindurch und versuchen sie aufzuhellen; über dem Eingang verbinden sie sich zu einem prächtigen Triumphbogen.“ 1924 erwähnte auch Marc Elder diese so ungewöhnlich um die Baumstämme rankenden Rosen: „Überall verschwand der Erdboden unter der Masse von Rosatönen, von Azaleen, Glockenblumen, Rittersporn, und in der Luft schwebten die an dem Baumstämmen emporrankenden Rosen.“

In Anbetracht seiner Vorliebe für Kletterrosen, müssen die um die Jahrhundertwende so beliebten Säulenrosen Monet gut ins Konzept gepaßt haben. Diese hochwachsenden Varietäten sollten an Stützen in aufrechter, säulenartiger Form gezogen werden. Sie waren ein Abkömmling der *Rosa wichuraiana*, der sie auch ihre Robustheit verdankten, und kamen im letzten Viertel des Neunzehnten Jahrhunderts aus Japan in den Westen. Die Züchter in Europa und Amerika nutzten dann eilends die Gene der neuen Wichuraiana, um sie mit bereits existierenden Varietäten zu kreuzen.

Von einer Reihe anderer Rosen weiß man, daß Monet sie angepflanzt hat. Beispielsweise gab es die außergewöhnlich kräftige 'La Belle Vichysoise', gezüchtet 1897 von Lévêque, einem Züchter aus Irvy-sur-Seine, der Monet direkt belieferte. Wie Truffaut schrieb, hatte diese Sorte rosaweiße, süßlich duftende, in Gruppen wachsende, mittelgroße Blüten; Monet zog sie an Gittern sowie Bögen und in seinem Wassergarten, wo sie in die Bäume hineinwachsen durfte. 'Crimson Rambler'(1893), eine vielblütige Kletterrose aus Japan, mit leuchtend karmesinrot gefüllten Blüten an pyramidenförmigen Gittern, gehörte ebenfalls zu den Lieblingen des Malers. Es war eine kräftige, spätblühende Sorte, die Monet als Girlande im Wassergarten und an dem zweireihigen Gerüst zog, das sich über die gesamte Hausfassade erstreckte. Forestier besuchte Giverny im Jahre 1908 und berichtete, er sei auf seinem Weg vom Haus zum Gewächshaus unter einem durchgehenden Gewölbe aus 'Félicité Perpétué', 'Dorothy Perkins' und 'Crimson Rambler' hindurchgegangen. 'Crimson Rambler' ist anfällig für Krankheiten und wird in Giverny deshalb nicht mehr gepflanzt, aber 'Félicité Perpétue' und 'Dorothy Perkins' gibt es noch immer.

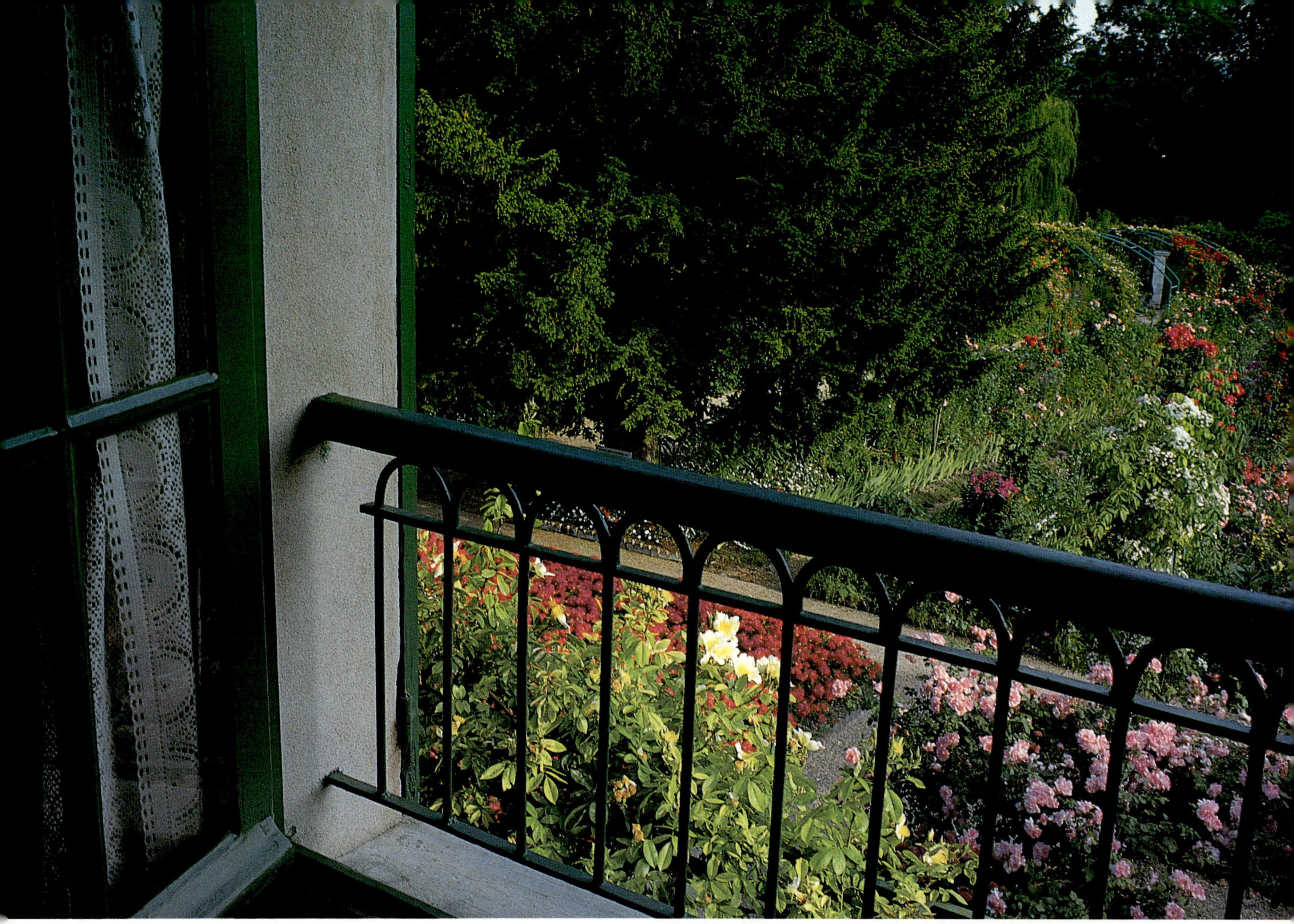

OBEN UND RECHTS: *Der Blick aus Monets Schlafzimmerfenster auf die* Grande Allée. *Von diesem Platz aus konnte er zu jeder Jahreszeit und bei jedem Wetter seinen Blumengarten überblicken. Vor dem Fenster klettert die hübsche, große, ungefüllte Rose* 'Mermaid' *die Wand empor, vielleicht war sie Monets Lieblingsblume.*

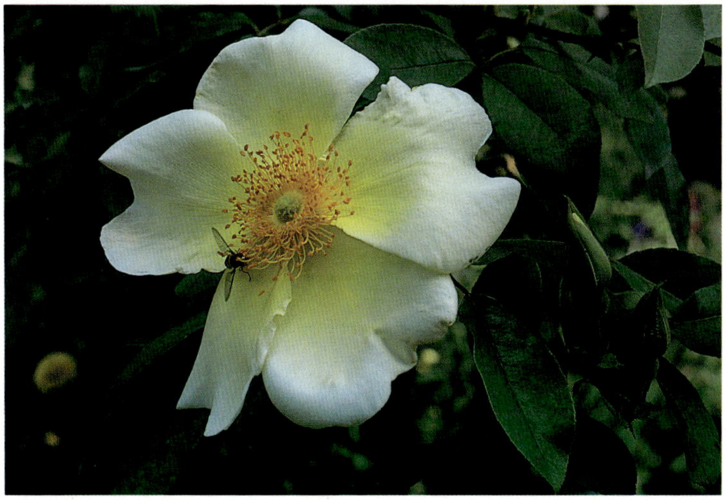

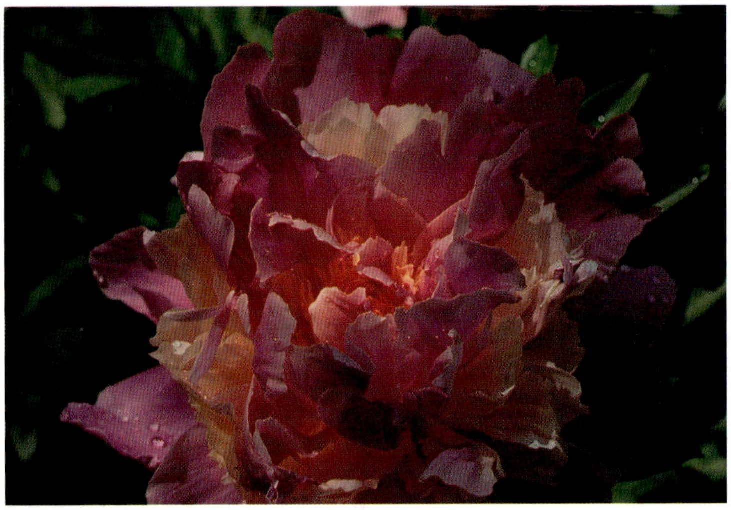

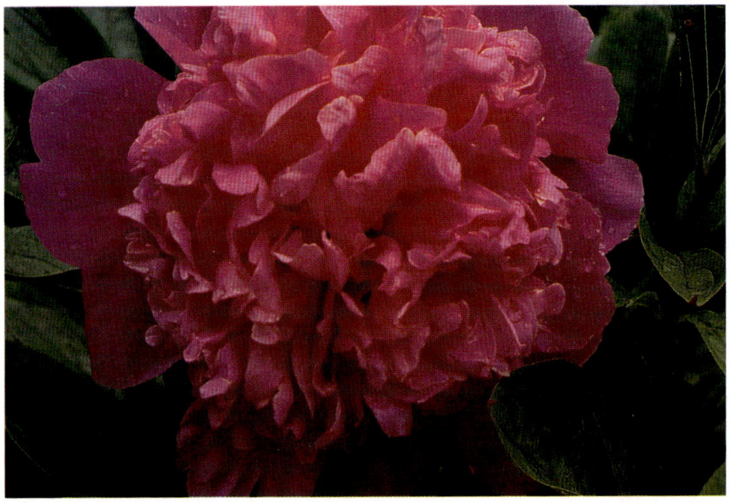

Monet malte Blumen niemals im Großformat, Clemenceau jedoch berichtete, daß er beim Malen seiner Seerosenrosenbilder mit dem Gesicht nur Zentimeter von der Leinwand entfernt stand. Großaufnahmen zeigen hier Varietäten von Paeonia lactiflora *(oben) und die Rosen 'Golden Showers' (rechts oben), 'Papa Meilland' (rechts unten), 'Paul's Scarlet Climber' (ganz rechts oben) und 'Centenaire de Lourdes' (ganz rechts unten).*

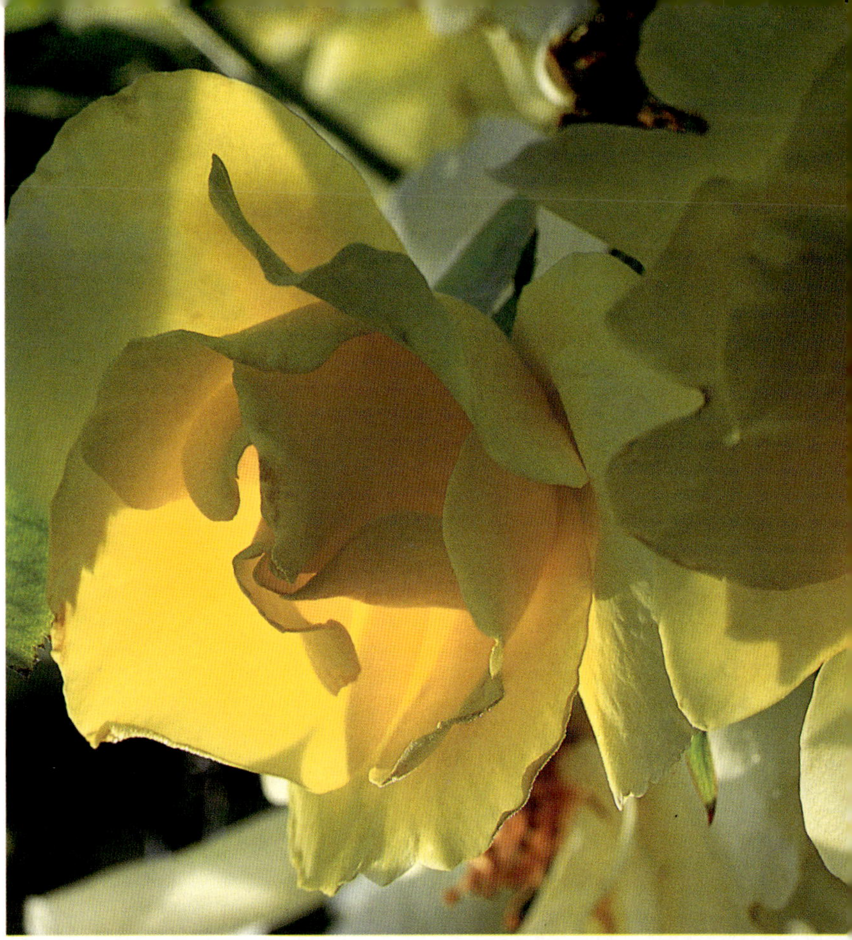

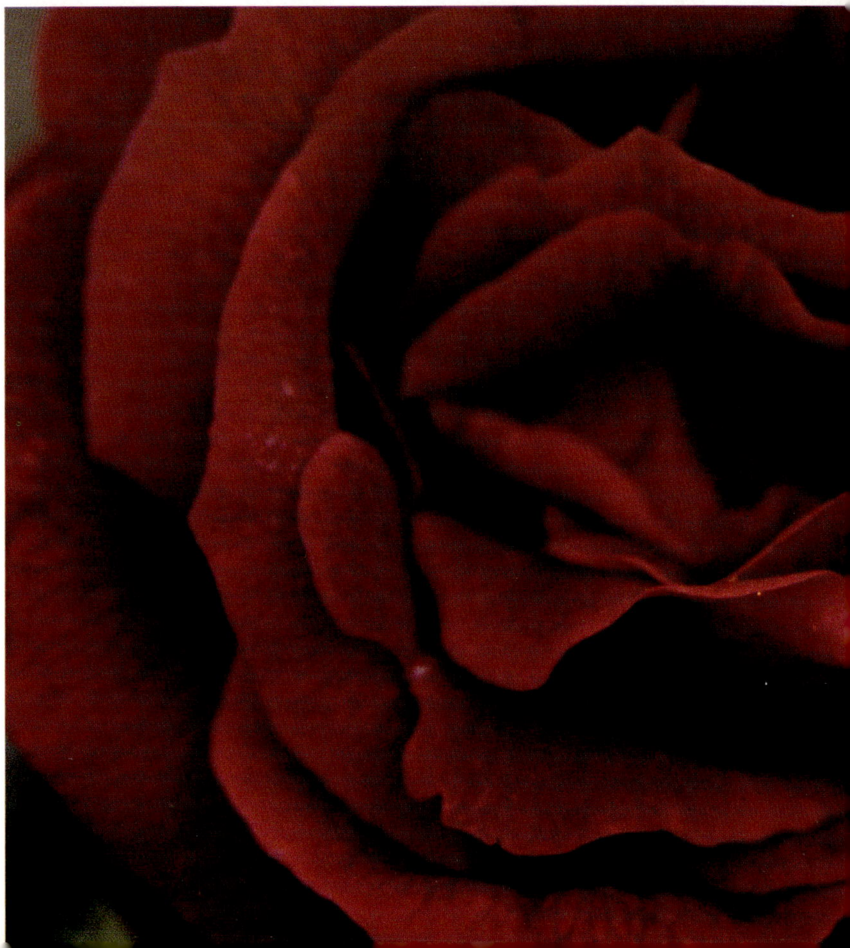

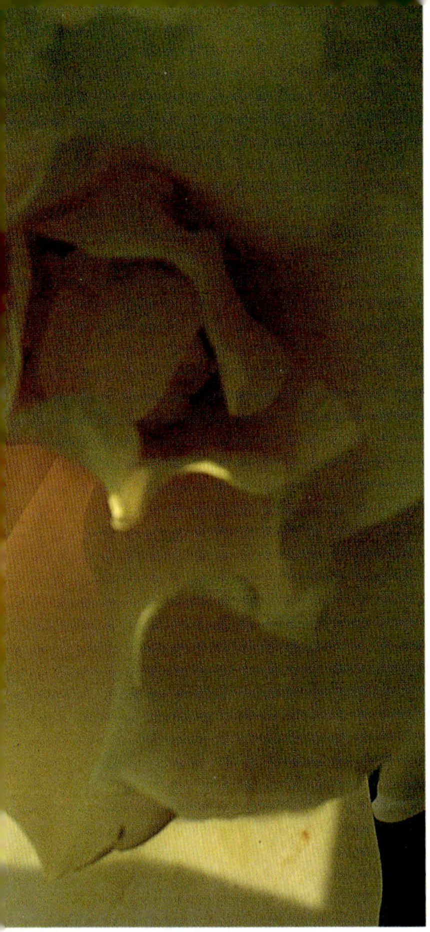
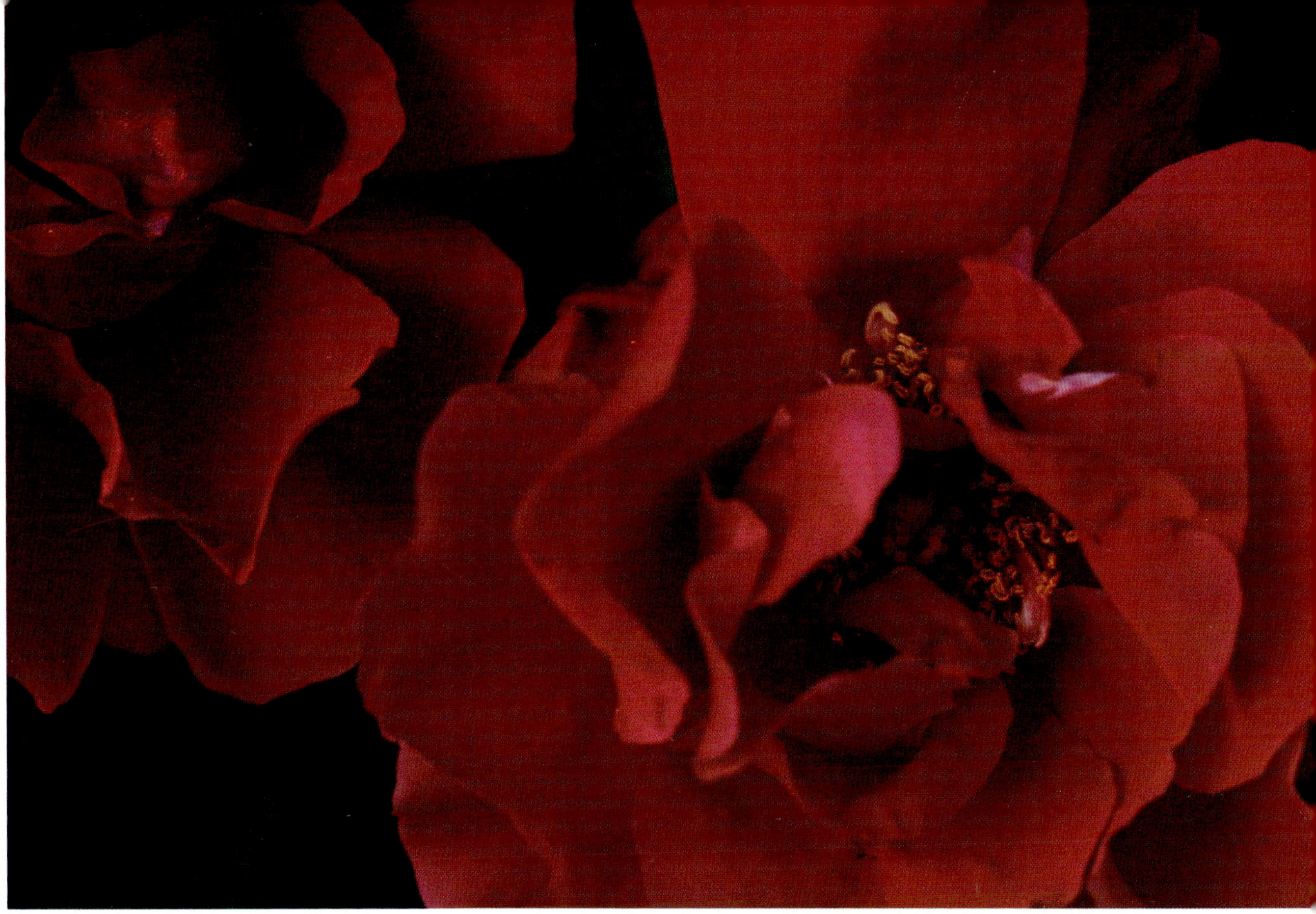
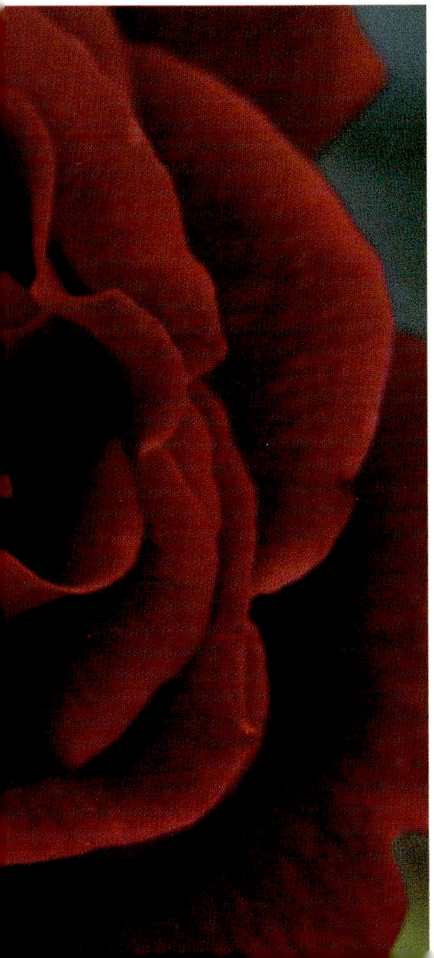
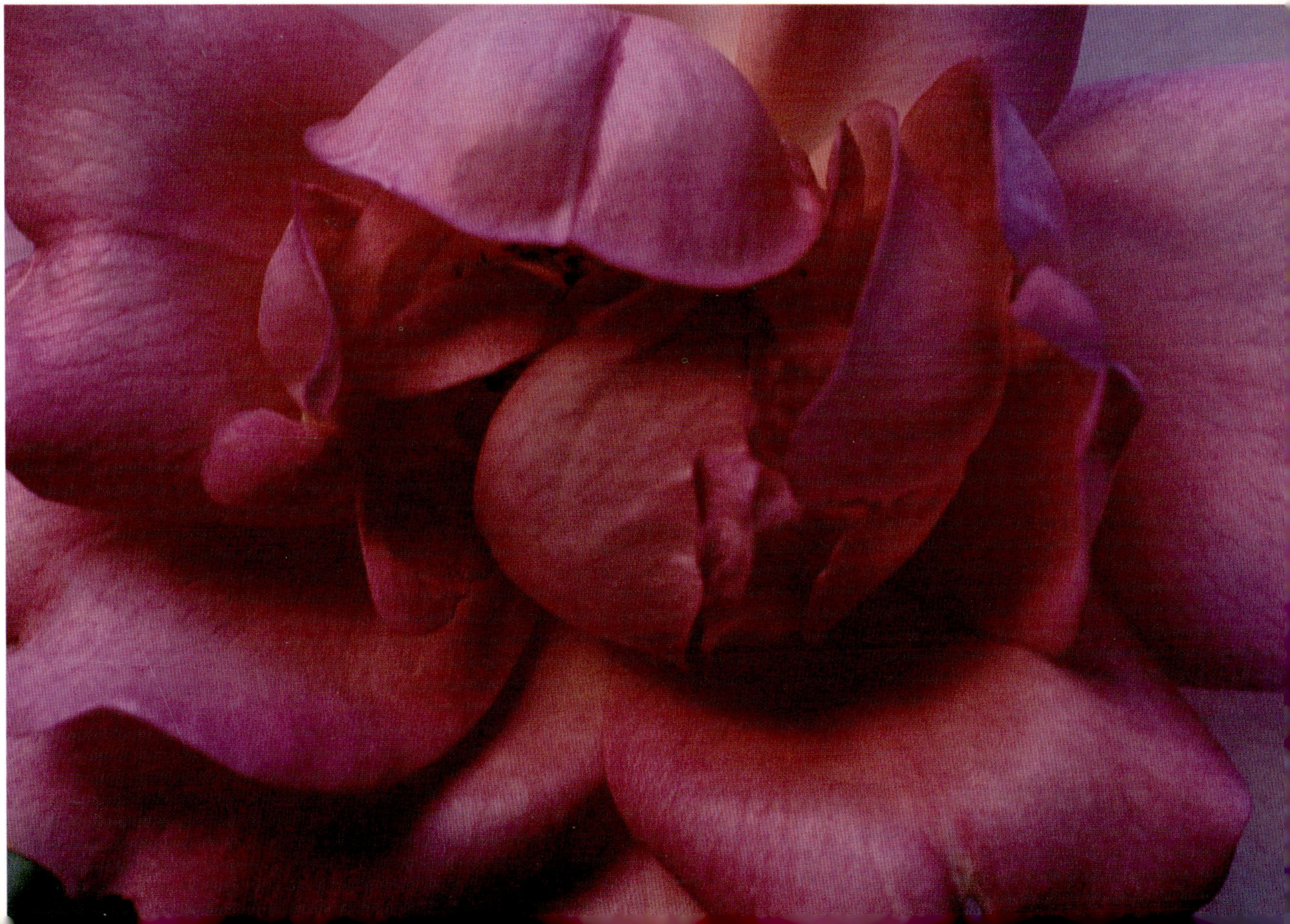

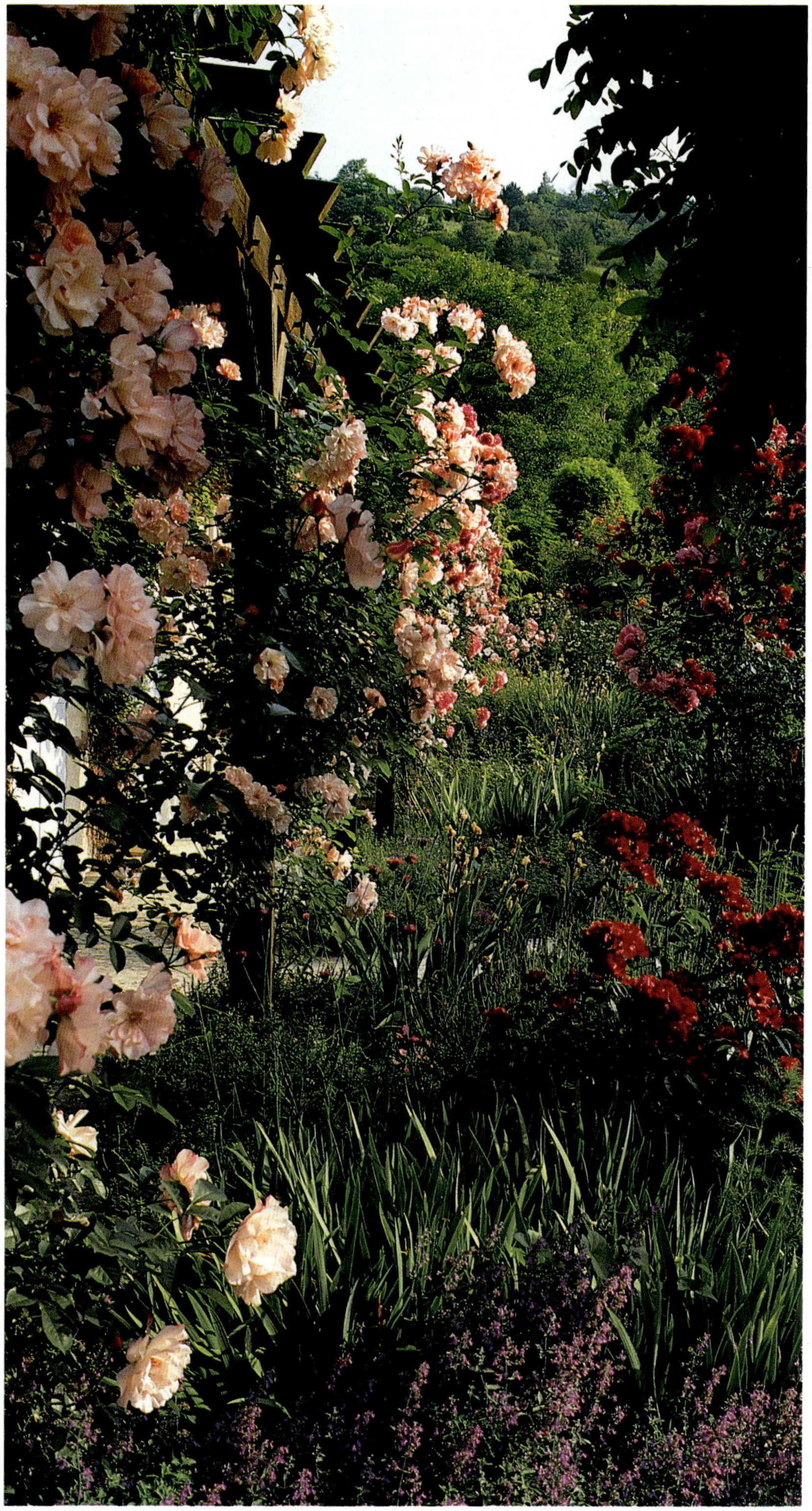

Alice Kuhn beschrieb 'La Gloire de Caire', eine Rose, die an zweieinhalb Meter hohen Stämmen wuchs, und zwar in Kugeln, die an riesige Hochzeitsbuketts erinnerten. Sie erwähnte auch die äußerst robuste rankende Teerosenhybride 'Reine Marie Henriette', koschenille- bis karmesinrot, die sich, wie sie schrieb „sehr dekorativ wie ein Fächer ausbreitete". 'Virago', eine kürzerstämmige Rose, ist eine Hybride von *Rosa setigera* – rosigweiß mit großen gefüllten Blüten. Monet schrieb, sie wachse *sur tige* – als Hochstamm. 'Virago' wird zwar von dem alten deutschen Rosarium in Sangerhausen aufgeführt, ist aus den aktuellen Rosenkatalogen jedoch verschwunden, 'Reine Marie Henriette' dagegen bekommt man sowohl bei Peter Beales (in England) als auch bei André Eve (in Frankreich).

Über den ganzen Garten verteilt, stehen Rosen, die entweder von Monet selbst oder im Geiste Monets gezüchtet wurden. Die aus der Zeit vor dem Ersten Weltkrieg stammende Rose 'Gruß an Aachen' ist ebenso beliebt wie die Moosrose 'Blanche Moreau' (1880) und die immerblühende Hybride 'Baron Adolph de Rothschild'(1867). Wenn sie verblüht sind, treten 'The Queen Elizabeth' und moderne Teehybriden an ihrer Stelle und versorgen den Garten bis in den August hinein mit Rosen.

Vor einigen Jahren wurde von Delbard eine Rose mit dem Namen 'Claude Monet' gezüchtet – als Teil einer nach Malern benannten Reihe. Die Auswahl wurde weder von Giverny angeregt, noch besteht eine Beziehung zu Monets Vorlieben. Es gab Pläne, diese Rose in Giverny anzupflanzen, doch bis jetzt ist von ihr noch nichts zu sehen. Aber eine andere von Delbard 1948 gezüchtete Rose, nämlich 'Centenaire de Lourdes' wird als Hochstamm in den Einzelbeeten vor dem Haus gehalten und ersetzt Monets rosa und weiße Rosen, die Peter Beales als 'Elsa Poulsen' und 'Niphetos' identifizierte.

Oft waren es die einfachsten Blumen, beispielsweise der scharlachrote Klatschmohn *(Papaver rhoeas)*, die Monet am besten gefielen. Sie tauchten regelmäßig auf vielen seiner Gemälde auf

LINKS: *Im Cafeteria-Bereich berankt die rosafarbene* Rosa *'Clair Matin' üppig eine Pergola, zusammen mit* Rosa *'Crimson Shower' und* Rosa *'Cramoisi Supérieur'.*

RECHTS: *Wie Alice Kuhns 'Hochzeitsbukett' wurde diese Rose der Sorte 'Centenaire de Lourdes' an einem Rahmen in Form einer Glocke oder eines Champignon gezogen.*

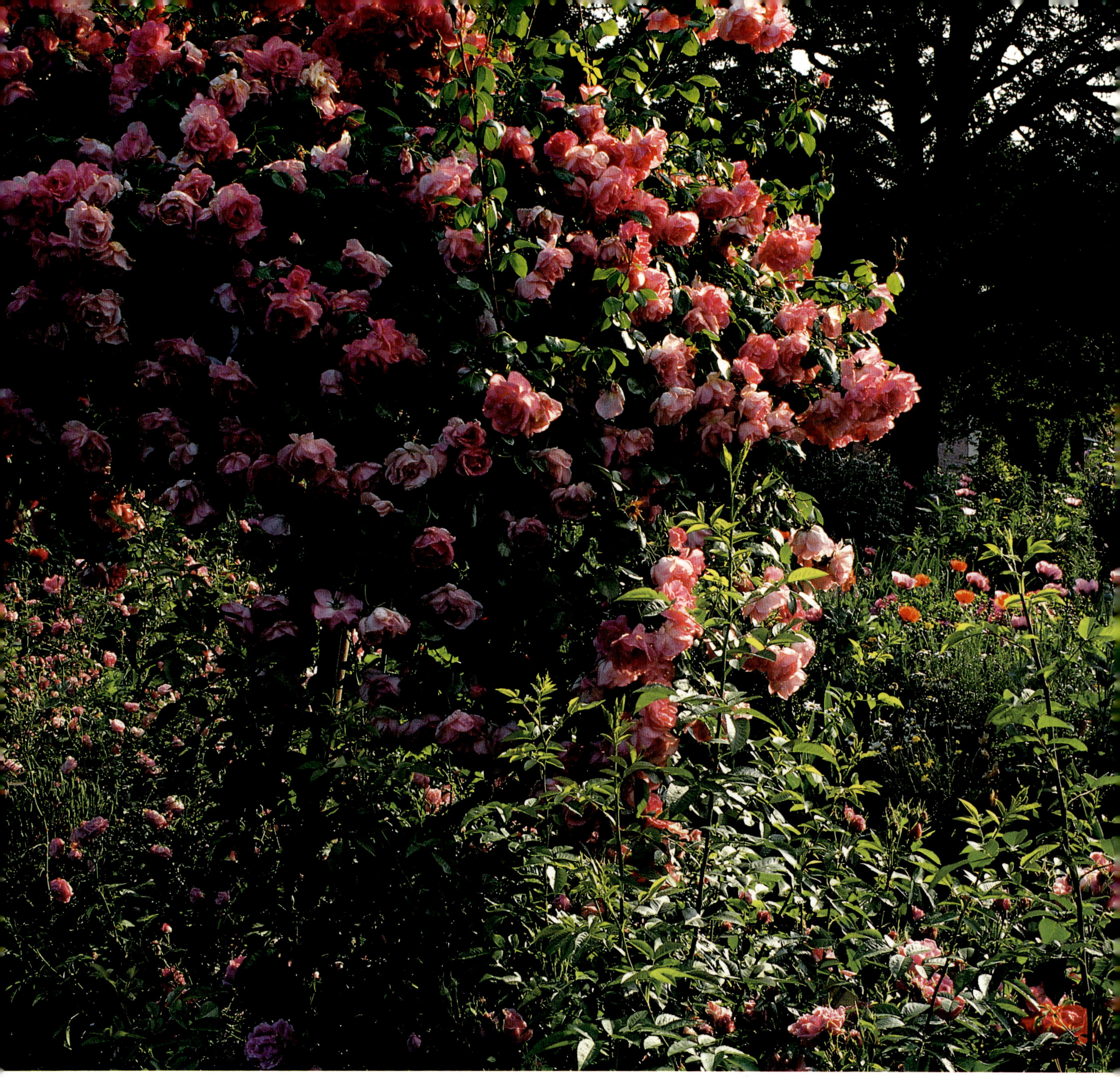

und gehörten zu den Pflanzen, die sich in seinem Garten so üppig aussäten. Er zog auch orientalischen Mohn. Außer dem bekannten winterfesten orientalischen Mohn gab es *Papaver orientale* var. *bracteatum*, William Robinson zufolge eine schöne Variante mit üppigem Blattwerk und riesigen, blutroten Blüten (Durchmesser: von 15-23 cm). Aber Monets Mohn war nicht durchweg rot. Es gab auch einjährige Mohnsorten – kalifornischen Mohn oder safrangelben Goldmohn – sowie viele Sorten Schlafmohn *(Papaver somniferum)*, mit Blüten in allen Farbschattierungen von Schiefergrau bis Zinnoberrot. Er züchtete auch „*pavot cornu*", um dessen Samen Mirbeau so dringend gebeten hatte. Dieser Hornmohn gehört zu der Sorte Glaucium. Mirbeau erwähnt die Farbe nicht, es könnte also der gelbe *Glaucium flavum* oder auch eine weitere rote Sorte, *Glaucium Corniculatum*, gewesen sein.

Der Gemeine Klatschmohn war nicht die einzige alltägliche Pflanze in Monets Garten. Der Züchter Georges Truffaut und andere Berichterstatter schrieben über die Vielfalt anderer schlichter Sorten. Zum Beispiel gab es Arten von „*bouillon blanc*" – die gemeine Königskerze *(Verbascum thapsus)*. Diese zweijährige Pflanze hat weiße, filzartige Blattrosetten und anmutige Ähren mit blaßgelben Blüten, die vom frühen Sommer an blühen. Und es gibt verwandte Gartensorten mit Blütenähren in einem zarten violett-rosa Farbton. Königskerzen säen sich reichlich aus, aber Monet unterstützte dies vor allem in den Malkastenbeeten unter seinen Klematisbögen, wo sie zu dem grauen, schwertähnlichen Laub der verwelkten Iris einen hervorragenden Kontrast bildeten. Truffaut erwähnte auch eine andere gelungene Kombination mit Königskerzen, die heute noch ihre Wirkung erzielt, nämlich den auffallenden Gegensatz ihrer hellen, zierlichen Blütenähren zu

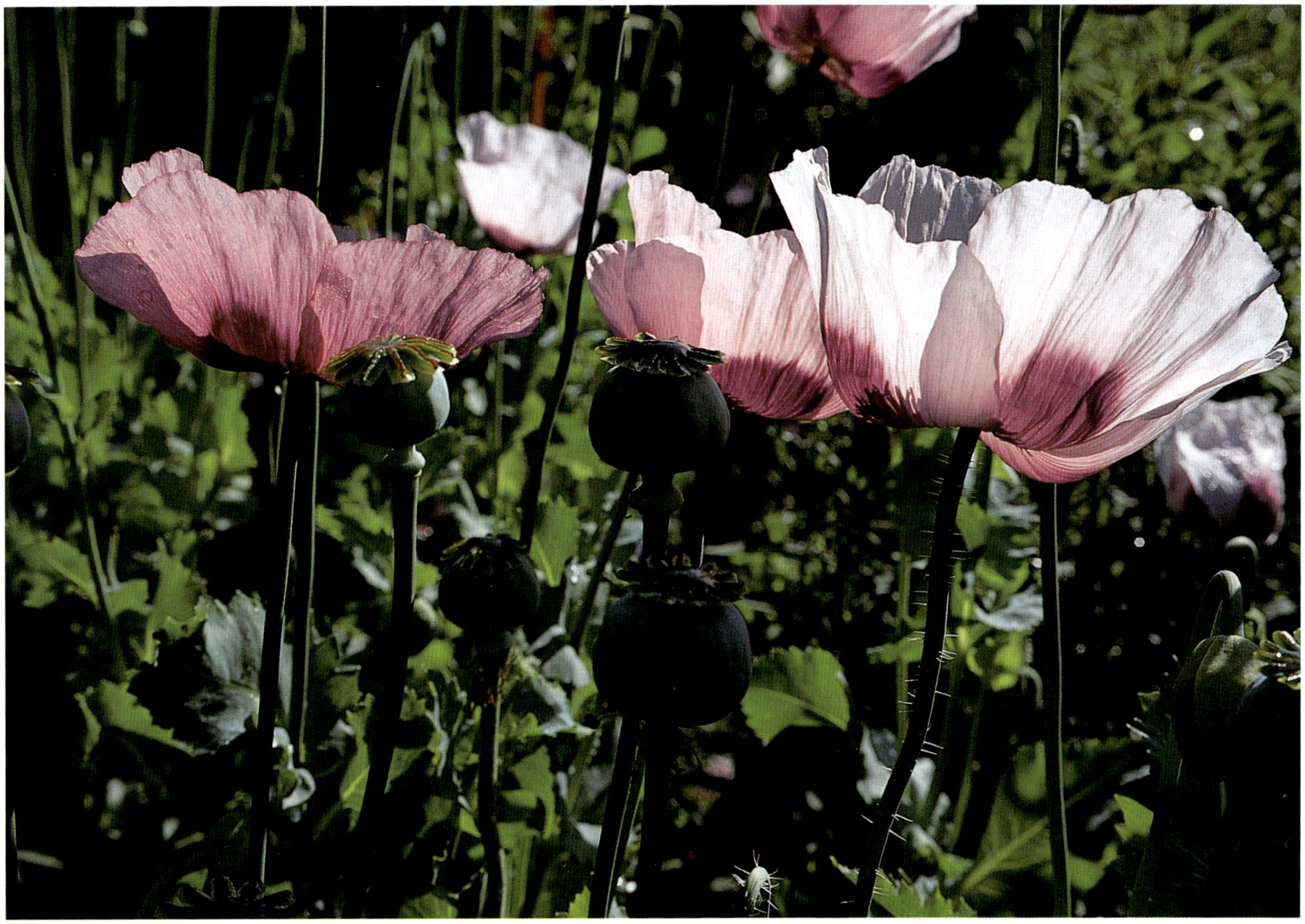

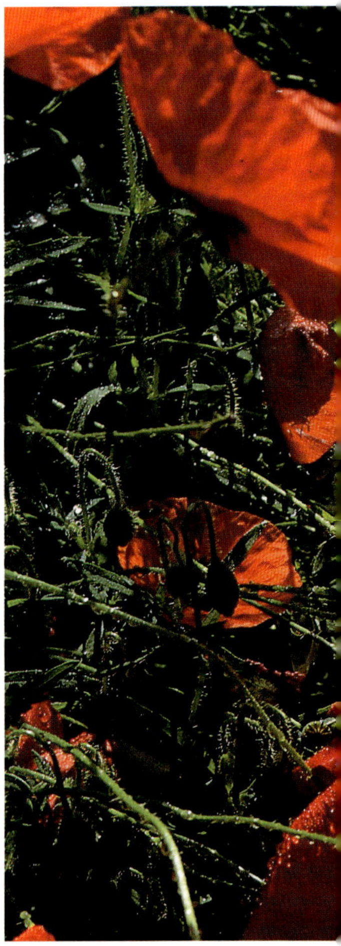

dem pompösen Mohn, der überall auf den Grünflächen und in den Obstgärten von Giverny wächst. Solche auffallenden Kontraste in Bezug auf Form und Wachstum findet man heutzutage seltener, da die Pflanzen in Giverny eher gemischt als in streng nach Sorten getrennten Abschnitten gepflanzt werden, wie Monet es einst vorzog. Monets Vorgehensweise, viele Pflanzen einer einzigen Sorte zusammenzupflanzen, bewirkte einen theatralischen Effekt, aber nur für einen kurzen Zeitraum. Heute bevorzugt man in Giverny einen eher impressionistischen Stil. Auf diesen Kompromiß hat man sich eingelassen, um während des halben Jahres, in dem der Garten für das Publikum geöffnet ist, eine anhaltende, lückenlose Blütezeit zu gewährleisten. Die heutigen Besucher finden noch immer die Pflanzen, die Monet zog, aber sie sind überall in den Rabatten mit anderen Blumen gemischt, einschließlich einiger „Eindringlinge", die Monet vielleicht nicht gepflanzt hätte.

UNTEN: *Drei der in Giverny wachsenden Mohnarten. Von links nach rechts:* Papaver somniferum, *der rote Klatschmohn* (Papaver rhoeas), *der geradezu Monets Markenzeichen wurde, und der blasse* Papaver orientale *'Karine'.*

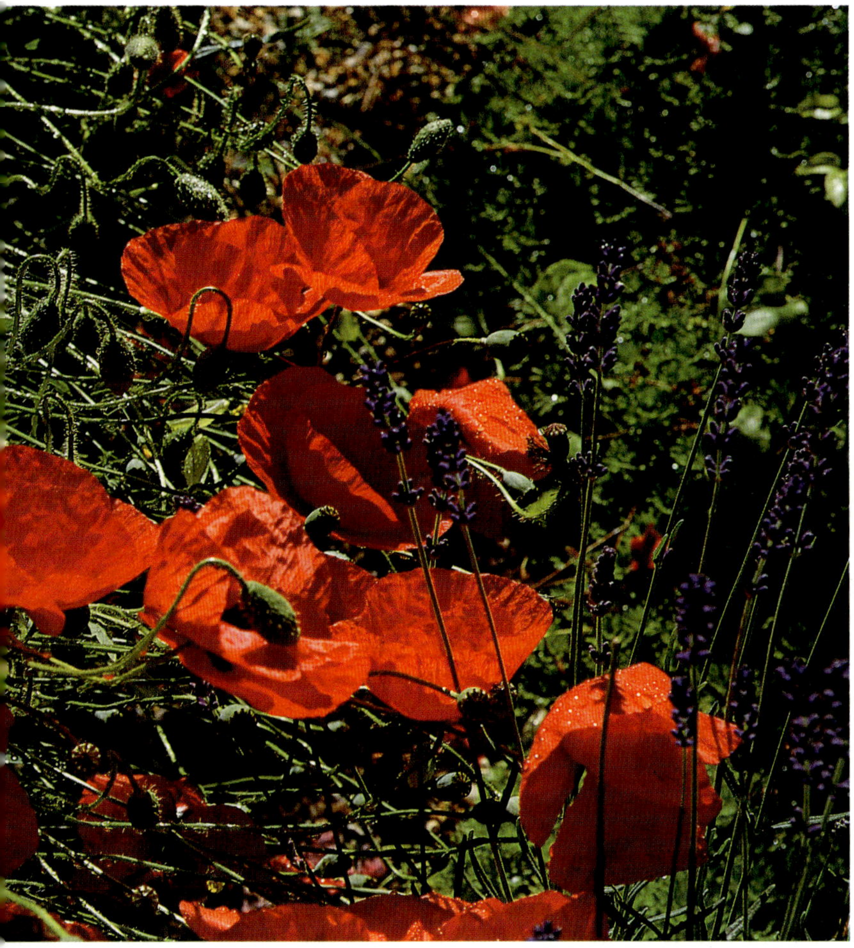

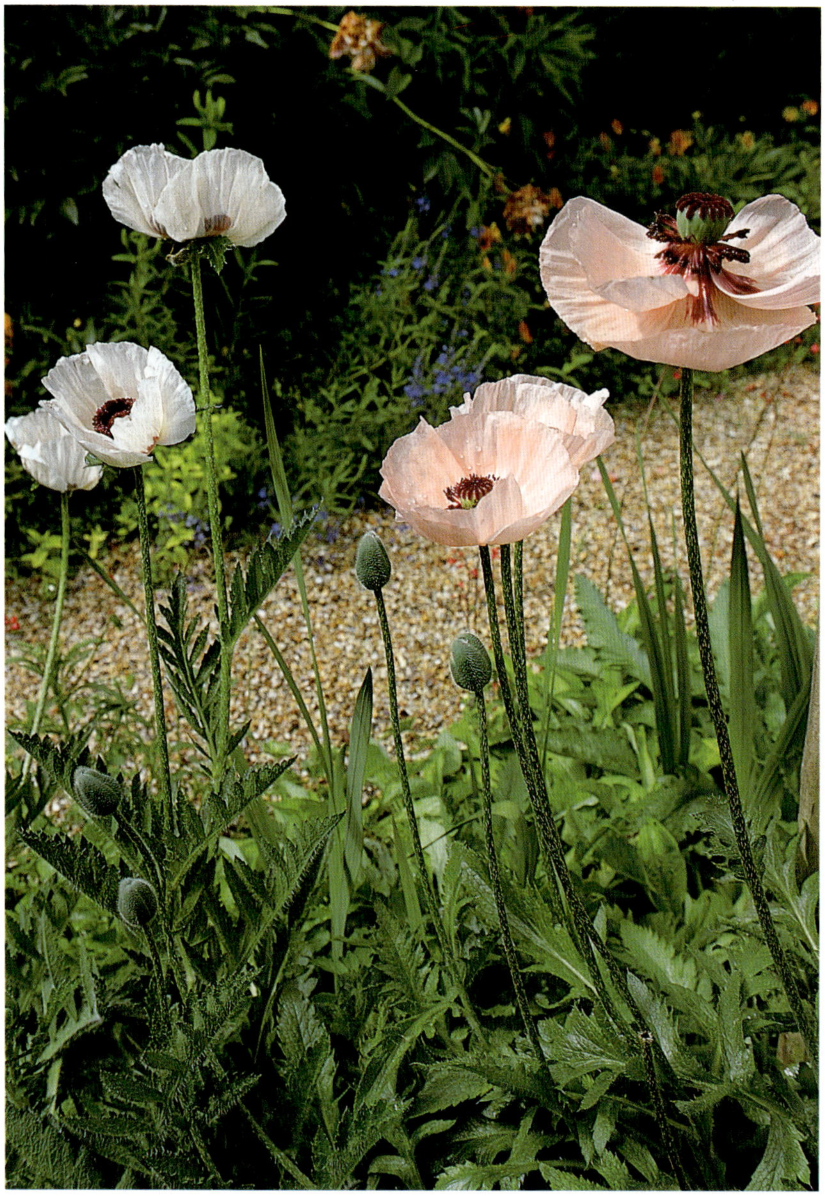

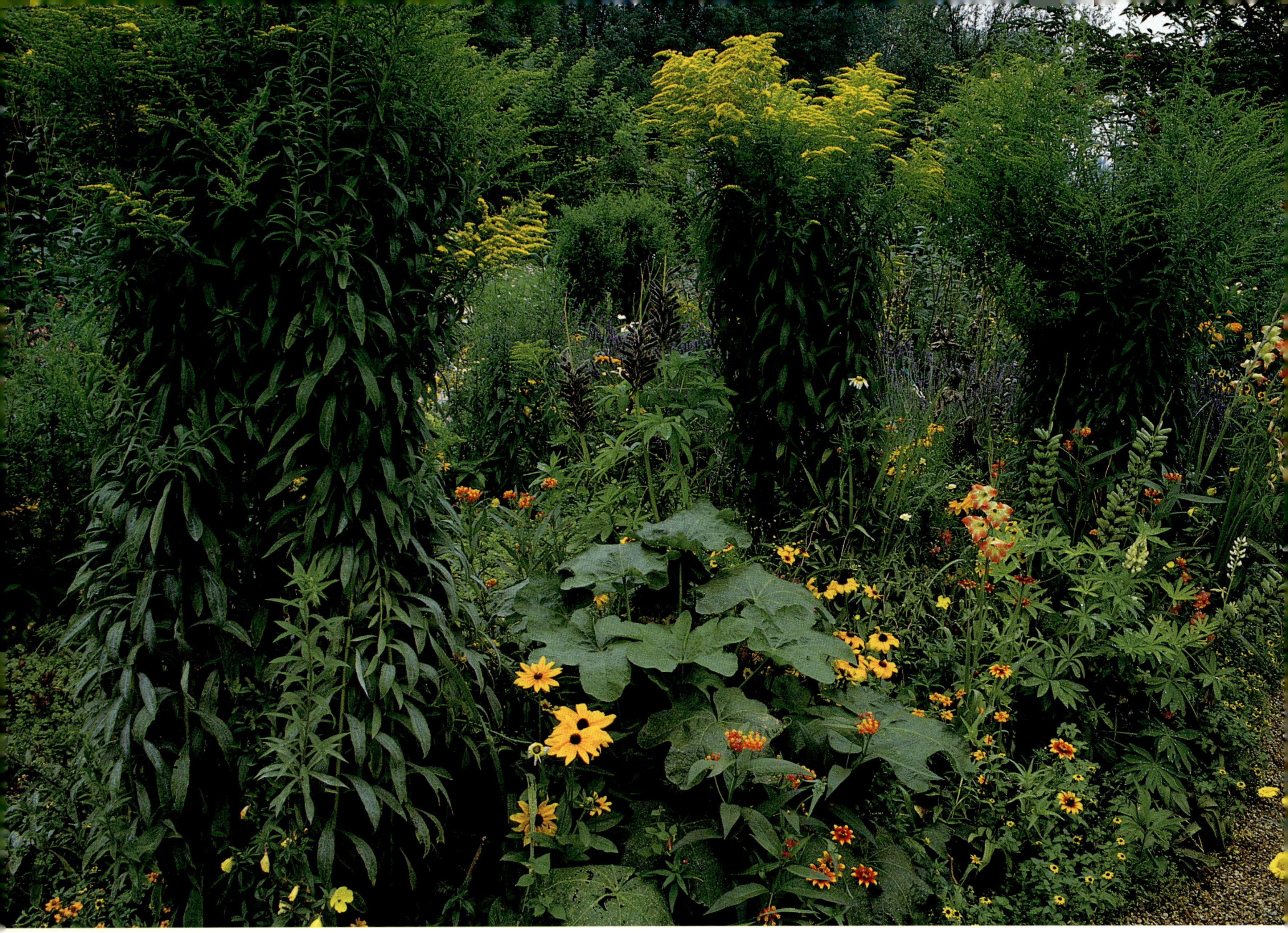

In einem gelben Malkastenbeet sind fünf große gelbe Solidago canadensis *von einer willkürlichen, an den pointillistischen Stil erinnernden Bepflanzung in Orange- und Gelbtönen umgeben. Sie umfaßt die* Tagetes erecta *F1-Hybriden 'Diamond Jubilee', 'Golden Jubilee', 'Sovereign' und 'Doubloon', ferner die gänseblümchenartige* Rudbeckia fulgida *'Goldsturm', auch Stockrosen,* Coreopsis tinctoria *'Elegant',* Cosmos sulphureus, Zinnia mexicana *'Old Mexico', Asclepias curassavica und eine kleine Gruppe* Primulinus gladiolus *'Merry'. Das Beet ist eingefaßt u.a. mit* Chrysanthemum segetum.

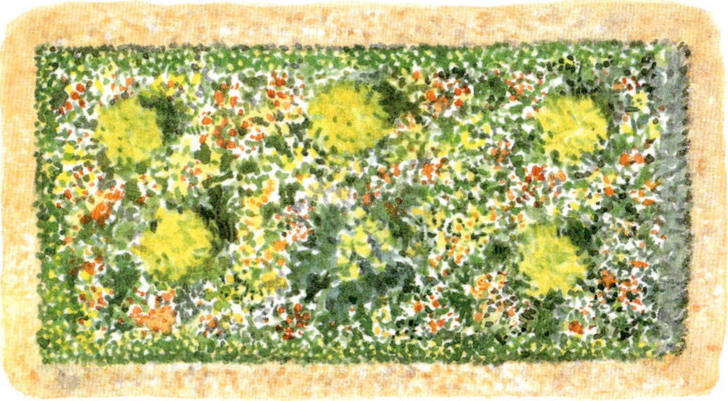

Auf einem 1927 in der Zeitschrift „L'Illustration" veröffentlichten Autochrom erkennt man die Kargheit einiger der Malkastenbeete, wie sie zu Monets Zeit aussahen. Statt vor Farben überzuquellen, wirken die Beete kahl und geradezu vernachlässigt.

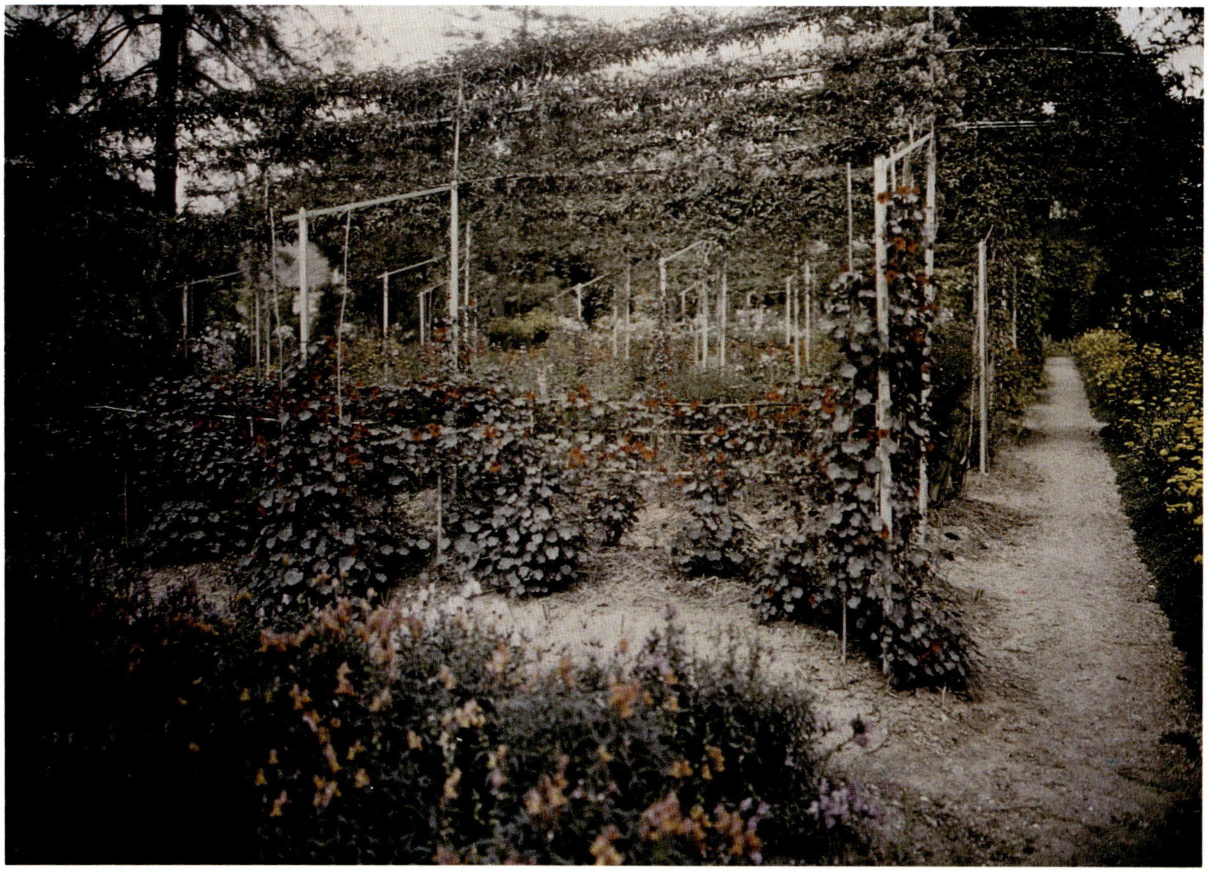

Sommer ist dann, wenn die Malkastenbeete sich voll entfalten. Zwischen dem eigentlichen Garten und dem Kompostbereich angelegt, bildeten sie einen attraktiven Übergang. Monet hatte sie hauptsächlich angelegt, um die Wirkung einzelner Farbgruppen nebeneinander zu testen, doch sie versorgten das Haus auch mit Schnittblumen. Jedes Beet beherbergte eine andere Pflanze – Gladiolen, Rittersporn, Phlox, Astern, große Margeriten, Bartfaden, japanische Anemonen, Löwenmaul – manchmal wurden zwei verschiedene Farben nebeneinander gepflanzt. Die um die Mitte der zwanziger Jahre von der Zeitschrift *L'Illustration* aufgenommenen, jedoch erst ein Jahr nach Monets Tod veröffentlichten Autochrome bestätigen die Vorstellung vom „Farblabor". Sie zeigen leere Beete, auf denen ausschließlich einzelne, an stützenden *tuteurs* befestigte Gruppen dunkelroter Kapuzinerkresse stehen.

An anderen Stellen des Gartens lagen breitere und längere Beete, die raffinierteren Versuchen vorbehalten blieben – große, nur in Blau bepflanzte Beete (dunkleres Blau im Vordergrund und zarteres Blau oder blaßgelbe Töne weiter hinten). Auf der Westseite des Gartens wiederum gab es ausschließlich in Schattierungen von Gelb und Gold bepflanzte Beete, deren Farben die Strahlen der untergehenden Sonne aufnahmen.

Der Sommergarten wurde von Alice Kuhn treffend charakterisiert. Sie bezeichnete ihn als „eine harmonische Orgie aus Farben, Düften und einer Trunkenheit der Sinne". Er spiegelte Monets Lebenshunger wider. Er liebte das Wollüstige, Sinnliche, das Überlebensgroße, so wie auch Essen oder das Fahren in schnellen Autos einen sinnlichen Genuß für ihn darstellten. Als er eine Neuerwerbung für seinen Garten vorstellte *(Helianthus atrorubens* syn. *Helianthus sparsifolius*), wies er darauf hin, daß er die „Üppigkeit ihrer großen gelben Blüten" liebe. Zugleich jedoch bewunderte er die japanische Zurückhaltung und begeisterte sich für die Zartheit so schlichter Pflanzen wie seinen Klatschmohn. Alles war fein aufeinander abgestimmt und ausgewogen. Monets kritisches Urteil, was seinen Garten und seine Kunst betraf, schuf eine Vision

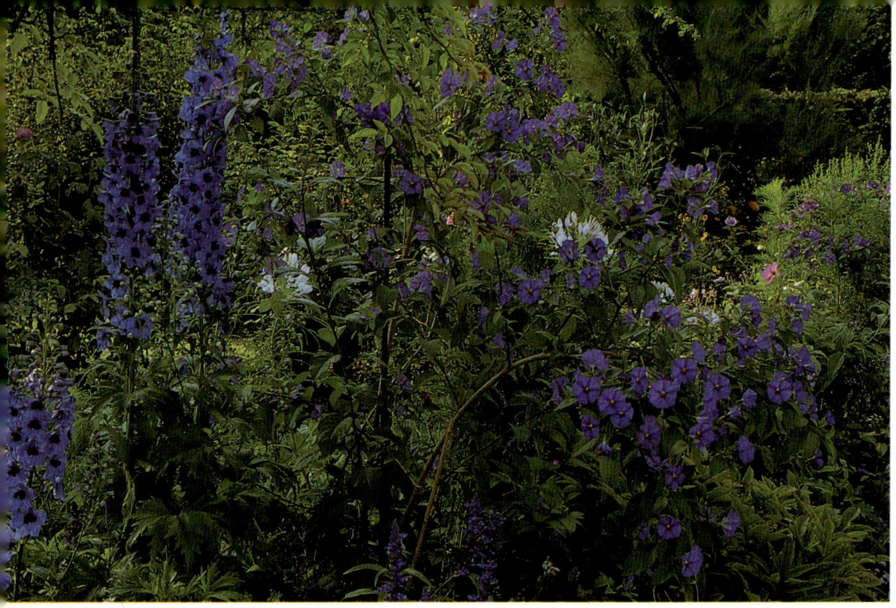

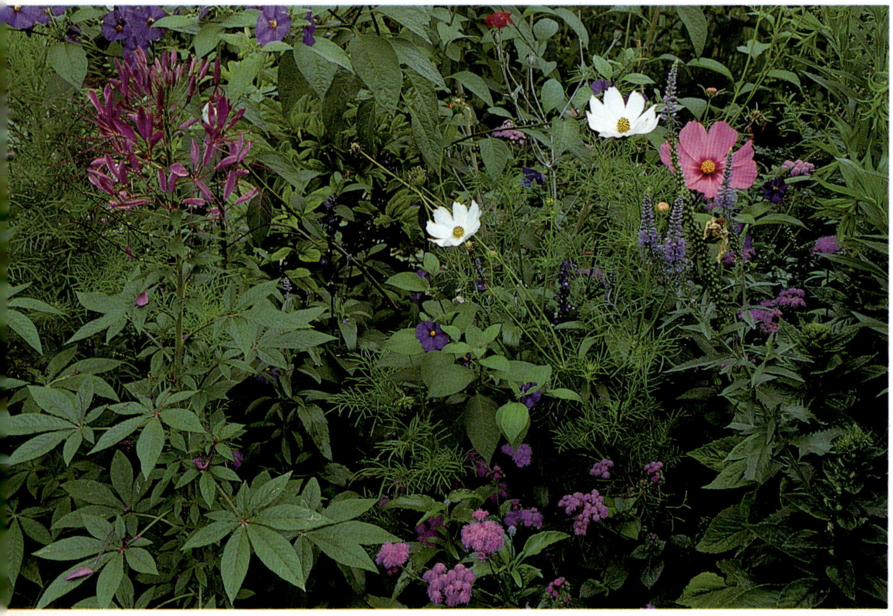

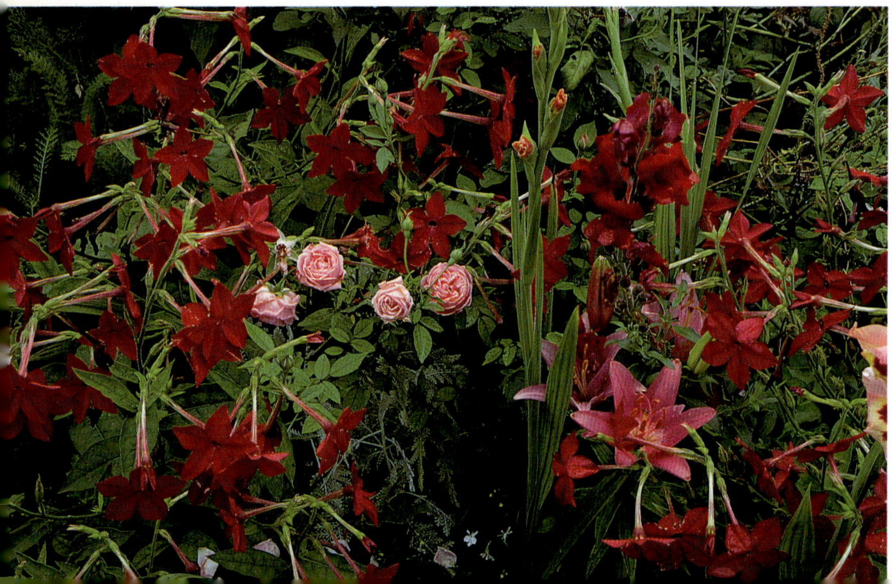

vollkommener Integrität. Und aus diesem Grund hat sein Werk überdauert.

Bis zum Juli schossen Stockrosen, Rittersporn und Cleomen oder Spinnenpflanzen in die Höhe, ein Vorgeschmack auf die vielen hochgewachsenen Sonnenblumen- und Dahliensorten, die im Herbst folgen würden. Alle Besucher des Gartens waren von der Höhe und Dichte der Pflanzen beeindruckt. René Gimpel berichtete, daß keine Blume niedriger als ein Meter gewesen sein soll. Auch heute noch ergänzen viele große Pflanzen mit ihrer Pracht den Sommergarten, darunter *Salvia guaranitica, Nicotiana sylvestris* und *Lythrum salicaria.* Monet betonte die Größe seiner Pflanzen noch, indem er in all seinen Beeten die Erde aufhäufte.

Sehr wichtig waren Monet die riesigen Stockrosen *(„roses trémières“).* Bald nach seinem Einzug in Giverny verlieh er der Sorge Ausdruck, ein Arbeiter, der einen Graben um den Hühnerhof aushob, könnte ein paar der dort gepflanzten Stockrosen beschädigen. Ein früher Skizzenblock aus der Zeit vor Giverny enthüllt, daß er seine Stockrosen nicht in ein oder zwei, sondern in sieben Reihen aussäte. Stockrosen sind in Giverny immer gut gediehen. Truffaut sagte, sie wüchsen in dem mageren Boden *„fortement“*, und die heutigen Gärtner berichten, daß einige der jetzt im Garten stehenden Stockrosen schon zehn Jahre da sind. Stockrosen erweisen sich bekanntlich anfällig für Rost, und man muß sehr sorgsam sein, diesen Befall zu verhindern. Anders als die Rosen, die alle zwei Wochen mit einem Fungizid gespritzt werden, nachdem die Knospen aufbrechen und die ersten Triebe erscheinen, werden die Stockrosen im Frühjahr einmal pro Woche gespritzt, sobald ihre Blätter zu sehen sind. Doch bis Juni sind die Gärtner so damit beschäftigt, die einjährigen Pflanzen ins Freie zu setzen, daß keine Zeit mehr bleibt, um die Stockrosen weiterzubehandeln.

Selbst wenn der Sommer schon vor der Tür steht, setzen die Gärtner noch Pflanzen ins Freie. Viele Kornblumenarten, die noch empfindlicher sind als Glockenblumen, werden sehr spät nach draußen gepflanzt. Zuletzt kommen die Chinaastern oder *‘reines marguerites’* (Callistephus chinensis) nach draußen. Anfang Juli werden sie mit kahlen Wurzeln ausgepflanzt; auch erhalten sie eine Gabe Schneckenkorn, damit das empfindliche Wachstum nicht gestört wird.

Sind die einjährigen Pflanzen in der Erde, ändert sich jäh der Arbeitsrhythmus der Gärtner. Auf die langen Monate des Pflanzens folgt nun die Phase ständiger Kontrolle, die erforderlich ist, um ein ungestörtes Gedeihen zu gewährleisten.

LINKS: *Farbe in den Rabatten im Hochsommer.*
OBEN: *Ritterspornhybriden, der lange blühende* Solanum rantonnetii *und* Salvia farinacea *'Victoria'.*
MITTE: Cosmos bipinnatus *'White Sensation' und 'Gloria Sensation', Ehrenpreis,* Cleome hassleriana, *und* Ageratum mexicanum *'Top Blue'.*
UNTEN: Nicotiana *'Nicki Red', die pinkfarbene* Rosa *'Hermosa',* Nanus gladiolus *'Elvira', die gerade erblüht, und ein Hauch des silbernen* Tanacetum ptarmiciflorum *'Dentelle d'Argent'.*

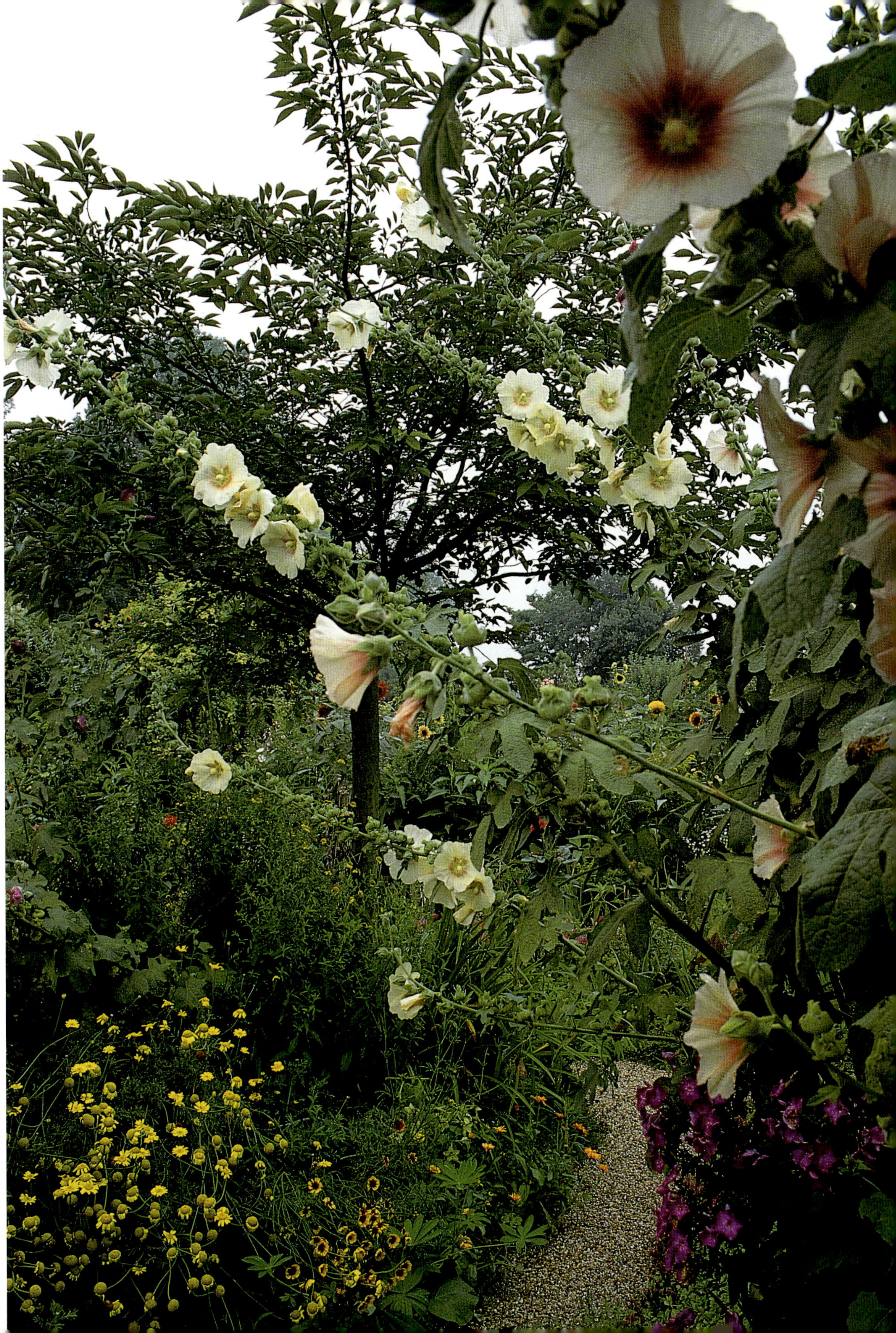

RECHTS: *Eine der vielen sich selbst aussäenden Stockrosen in Giverny. Ob sie stehenbleiben oder herausgezogen werden, hängt vom Gutdünken der Gärtner ab. Unter der Stockrose steht ein* Phlox paniculata, *auf der anderen Seite des Weges* Anthemis tinctoria *'Kelwayi'.*

SOMMER IN DER *GRANDE ALLÉE*

Die hochstämmigen Rosen in den Rabatten und die über den sechs Metallbögen wachsenden Rosen bilden einen dauerhaften Rahmen für die ständig wechselnde Bepflanzung darunter:

ROSEN

1 Noisette 'Maréchal Niel'
2 'Paul's Scarlet Climber'
3 'Dorothy Perkins' und 'New Dawn'
4 'Dorothy Perkins' und 'Albertine'
5 Kletterrose 'Sympathie'
6 'Albertine'
7 Hochstamm 'The Queen Elizabeth'
8 Hochstamm 'Robin Hood'
9 Hochstamm 'Palissade Rose' syn. 'Pheasant'
10 Hochstamm 'Prima Ballerina'

NIEDRIGE PFLANZEN

Zinnia 'Lavender Dream'
Antirrhinum 'Rocket', *A.* 'Tapis rouge'
Rankende Kapuzinerkresse
Nicotiana der Nicki-Gruppe
Nicotiana der Domino-Gruppe
Tagetes signata pumila
Rote und weiße Fleißige Lieschen

MITTELHOHE PFLANZEN

Lychnis coronaria (Atrosanguinea-Gruppe)
Verbena rigida
Dahlia 'Jet'
Rudbeckia fulgida
Rudbeckia hirta der Mon-Plaisir-Gruppe
Salvia farinacea 'Victoria'
Salvia farinacea 'Annapurna'
Salvia farinacea 'Féerie Bleue'
Primulinus gladiolus 'Merry'
Primulinus gladiolus 'Perseus'
Primulinus gladiolus 'Lady Godiva'
Primulinus gladiolus 'White City'
Chrysanthemum coronarium

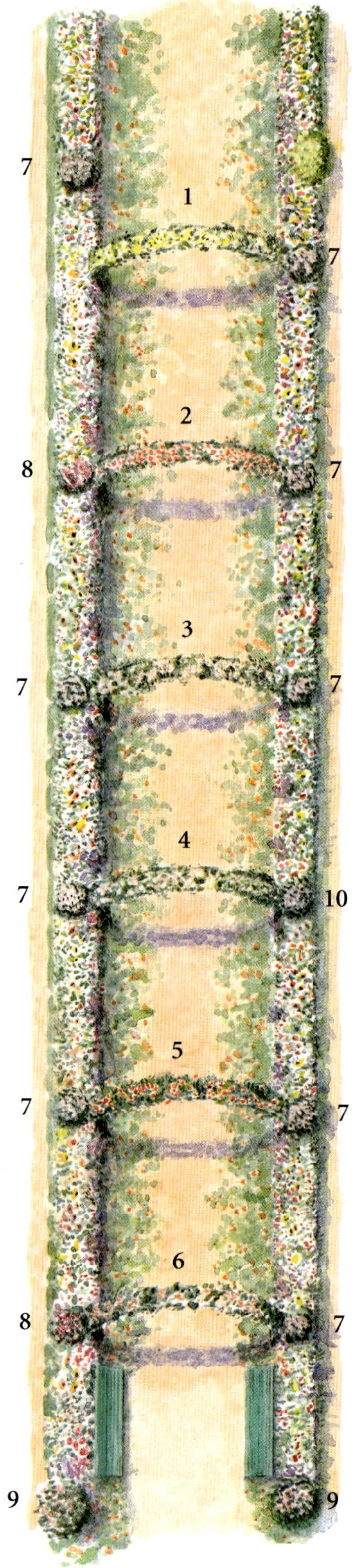

Chrysanthemum segetum
Scabiosa atropurpurea 'Double Oxford Blue'
Cleome hassleriana Colour Fountain Mixed
Amaranthus tricolor
Lysimachia punctata
Cosmos sulphureus 'Diablo'

HOHE PFLANZEN

Lythrum salicaria
Nicotiana sylvestris
Helianthus annuus (Beauté d'Automne-Gruppe)
Helianthus annuus 'Géant de Californie'
Helianthus annuus 'Holiday'

GEGENÜBER OBEN: *In der äußeren, nach Westen gelegenen Rabatte werden die auffallenden Blätter von* Amaranthus tricolor *und die weiße Tabakpflanze* Nicotiana sylvestris *von einem ländlichen Durcheinander aus Gelb und Orange umgeben. Die Bepflanzung wird u.a. beherrscht von* Rudbeckia hirta *aus der Mon-Plaisir-Gruppe, mit mahagonifarbenem Inneren, und* Rudbeckia fulgida *– leuchtend gelb mit schwarzem Inneren.*

GEGENÜBER UNTEN: *Kriechende Kapuzinerkresse vor einem Hintergrund aus rosa Zwiebelpflanzen und einjährigen Pflanzen. Weißkehlige rosa* Primulinus gladiolus *'Merry' drängen sich mit der Dahlie 'Jet' und den anmutigen Ähren von* Lythrum salicaria. *Es ist die einzige Rabatte im Garten, die aufgehäuft wurde; die besondere Höhe lenkt die Aufmerksamkeit auf die Kaiserkronen, Steppenkerzen, Riesenkaktusdahlien und mexikanischen Sonnenblumen, die zu verschiedenen Zeiten des Jahres ihre Rolle im Blumenspektakel spielen.*

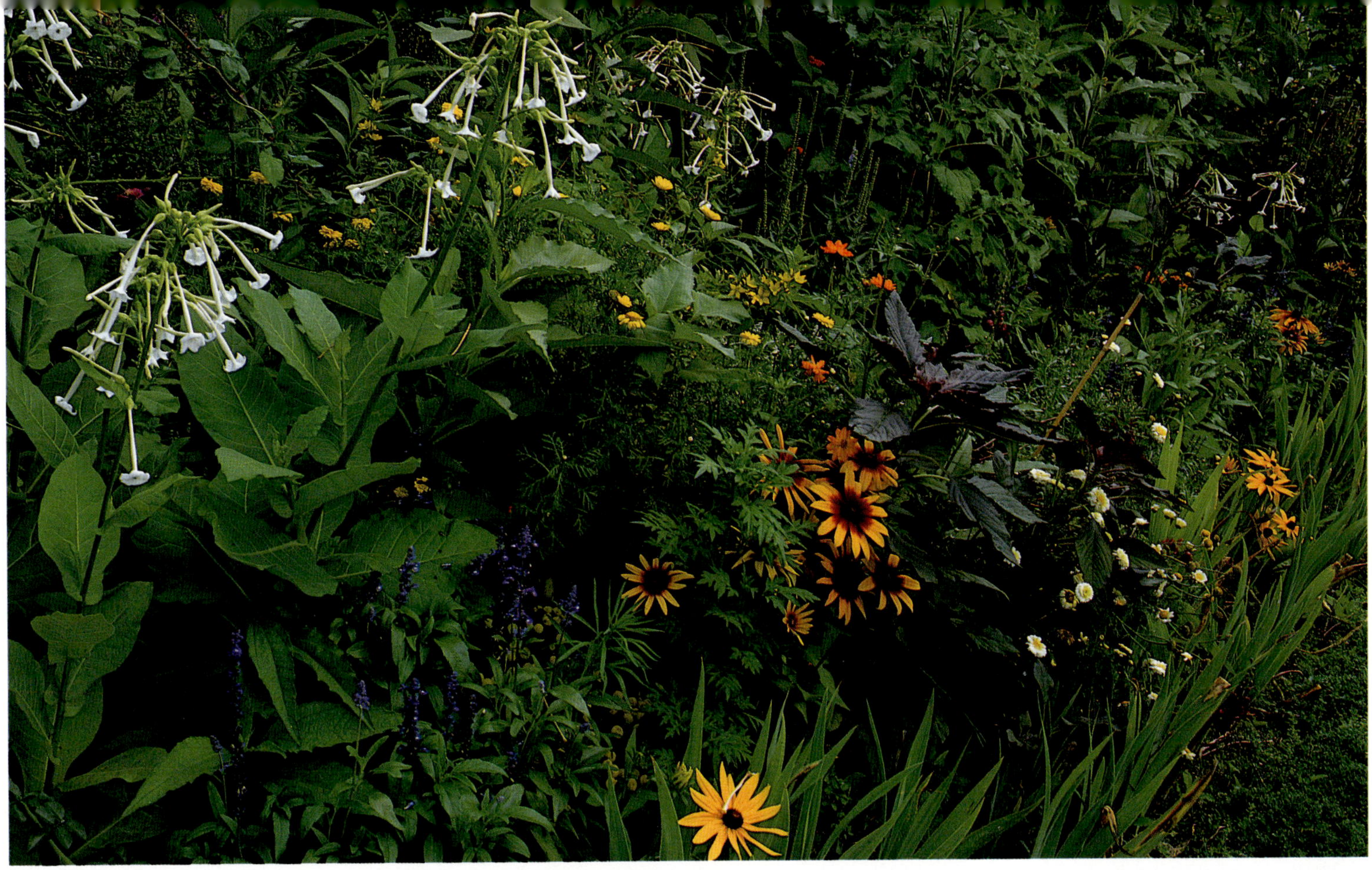

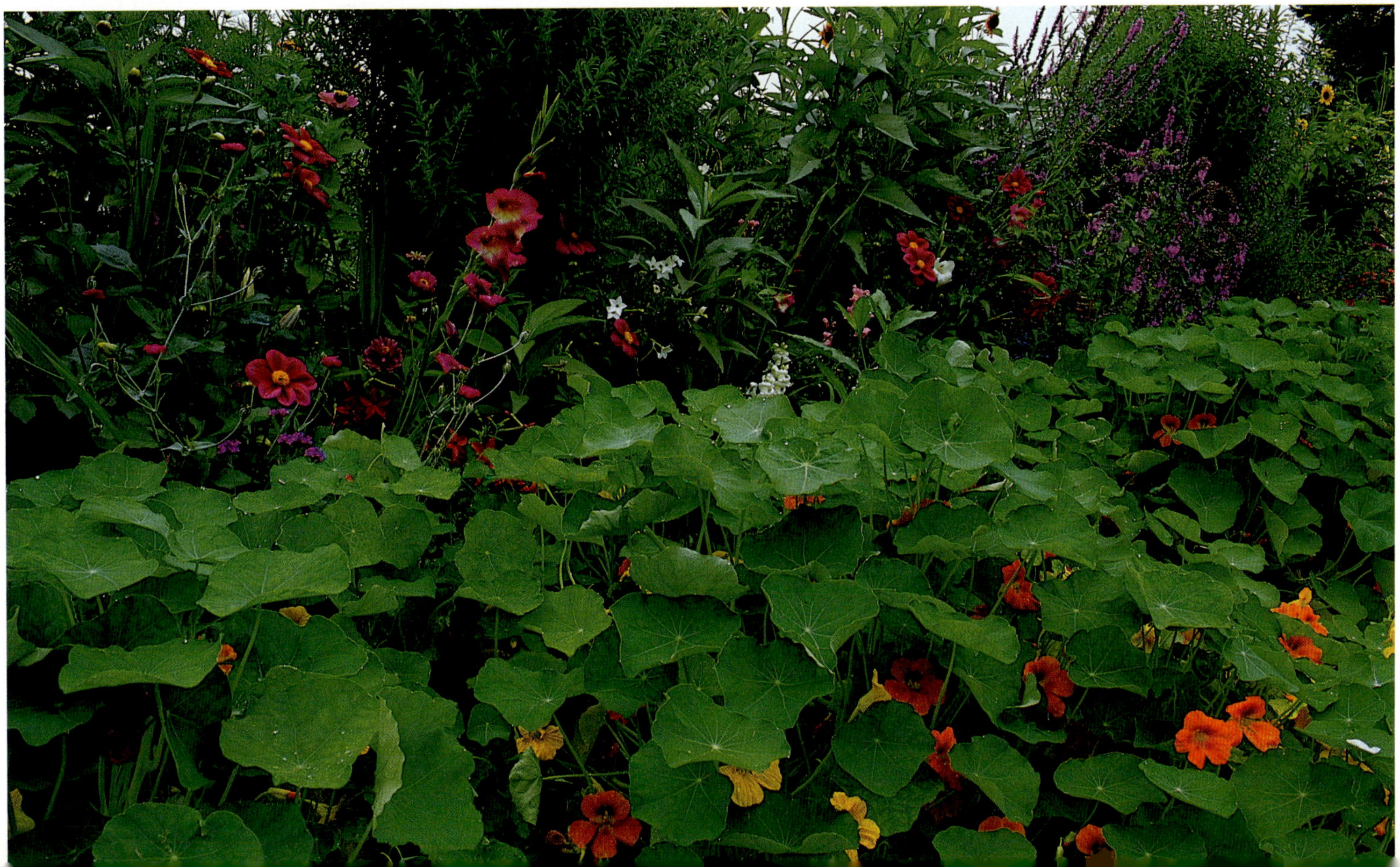

RECHTS: *An einem Tag, an dem der Garten für das Publikum geschlossen ist, entfernt Didier Van Euw an der hängenden hochstämmigen* Rosa *'François Juranville' systematisch die Blüten. Die Rose erhebt sich aus einem Meer von Grün – aus Wogen von Nachtviolen, Mohn und Pfingstrosen.*

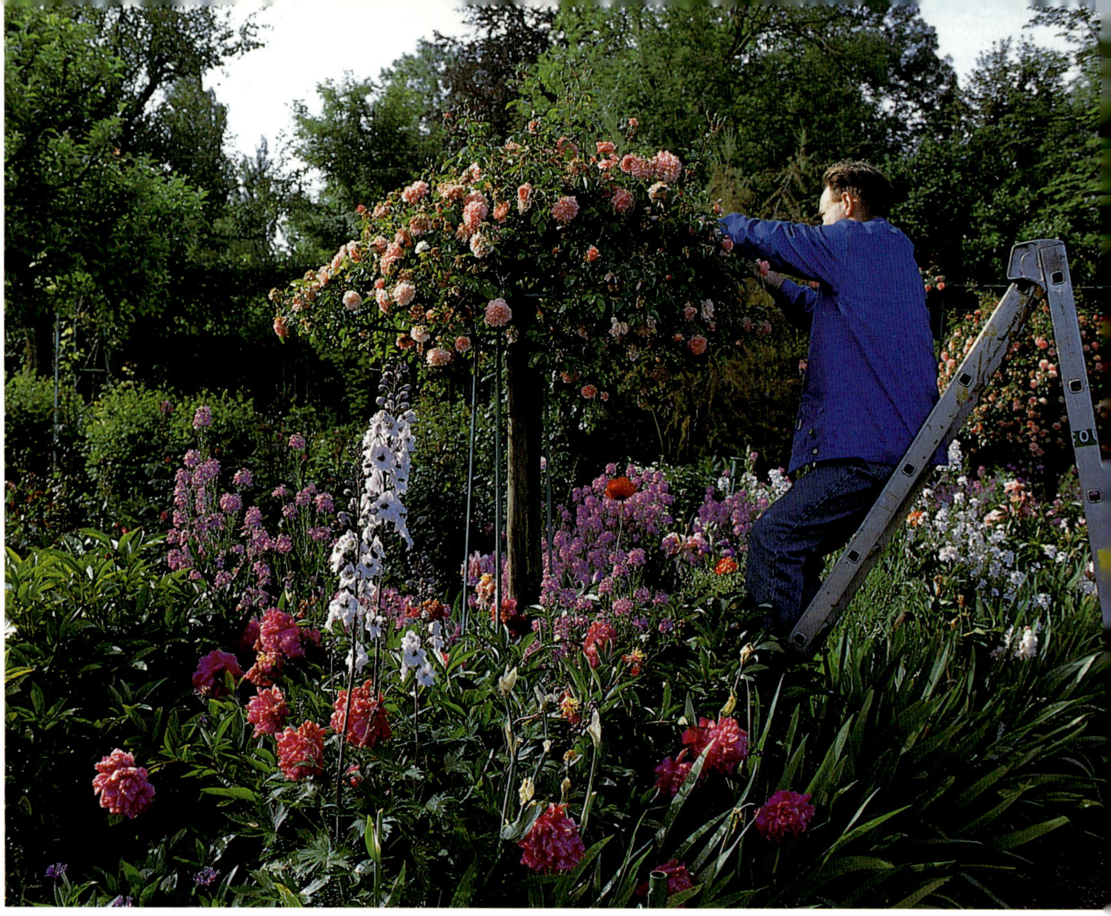

Bis Juli sind die Gärtner damit beschäftigt, die Pflanzen in Form zu bringen und ihr Wachstum zu kontrollieren. Im allgemeinen werden die Pflanzen, die aus Samen gezogen werden, wie etwa *Nicandra physalodes, Salvia guaranitica* und *Salvia verticillata*, beschnitten, solange sie noch im Gewächshaus sind, damit sie kräftige, buschige Pflanzen werden. Auch nachdem sie ins Freie gepflanzt wurden, dünnen die Gärtner sie weiter aus, da sie andernfalls ein langes, dünnes, schlaksiges Aussehen bekommen. Außerdem werden die beiden hohen Balsaminen *Impatiens glandulifera* und *I. balfourii* zurückgeschnitten, damit sie die mittelhohen Pflanzen nicht behindern.

Verblühte Pflanzen werden systematisch entweder von den welken Blüten befreit oder ganz entfernt, je nach der Qualität ihres Blattwerks. Bei den Nachtviolen, die im Frühling als Hintergrund für die Schwertlilien dienten, werden die Blüten entfernt, und vor ihrem dezenten Laub entfalten sich später einjährige Blumen. Auch andere Pflanzen mit schönen Blättern wie *Clematis recta, Delphinum* × *belladonna* Hybriden und *Lysimachia punctata* bleiben im Beet stehen, nachdem ihre Blüten entfernt wurden.

Eine interessante Technik ist das Zurückschneiden einiger mehrjähriger Pflanzen unmittelbar nach der Blüte. In Giverny schneiden die Gärtner nur einmal blühende winterfeste Pflanzen sehr weit zurück, wenn sie wissen, daß das Laub nicht besonders schön ist. Storchschnabelgeranien wie *Geranium* 'Johnsons Blue', die zwar schöne Blätter besitzt, jedoch in die Höhe schießt und wuchert, werden 10 cm über dem Boden abgeschnitten; gleichzeitig werden ringsum einjährige Blumen gepflanzt. *Geranium pratense* f. *albiflorum* wuchert so üppig, daß sie zweimal geschnitten wird, und die Taglilien werden dreimal im Jahr zurückgeschnitten – im Winter, im Frühling, um sie unter Kontrolle zu halten, und noch einmal nach der Blüte. Nach Ansicht der Gärtner in Giverny ist das nachwachsende Laub oft schöner als das erste. Da die einjährigen Pflanzen zwischen dem frischen jungen Grün der gestutzten winterharten Blumen wachsen, entstehen ungewöhnliche Effekte. Das Nebeneinander von Blättern winterfester und den Blüten einjähriger Pflanzen löst bei manchen Besuchern, die versuchen, die unbekannten Pflanzen zu bestimmen, erhebliche Verwirrung aus.

Bei diesem unbarmherzigen Prozeß werden zwangsläufig einige ein- und zweijährige Pflanzen geopfert, doch insgesamt hält das Gärtnerteam von Giverny ihn für sinnvoll, da die Beete so ständig Blumen und interessantes Blattwerk haben. So wie sie die Wir-

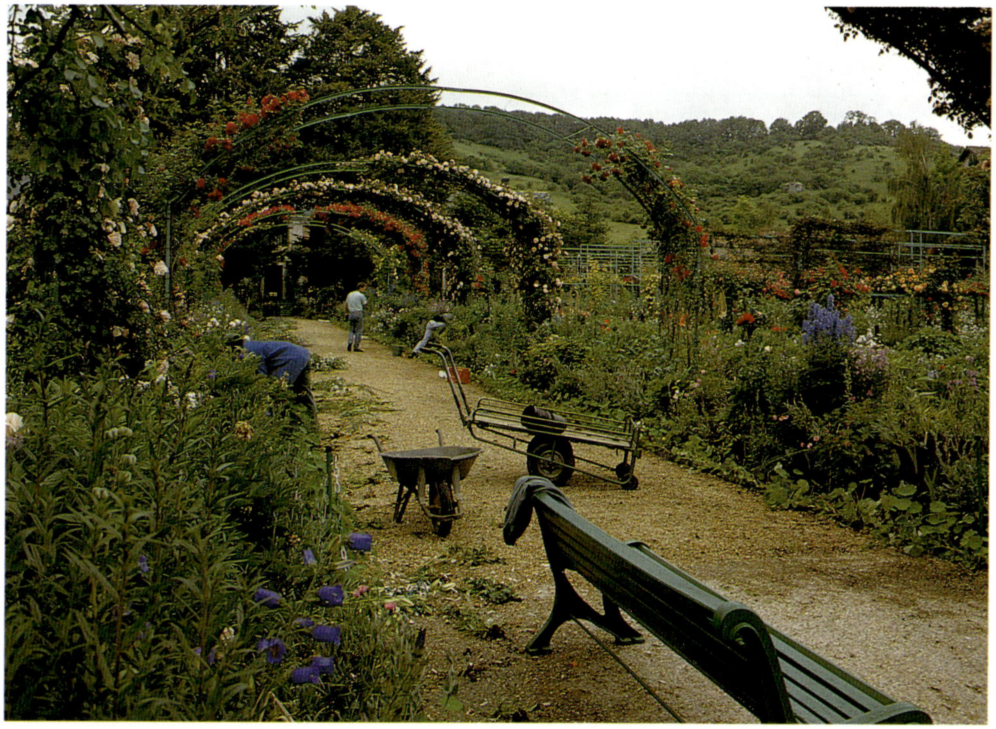

Die Gärtner haben einen Tag genutzt, an dem der Garten geschlossen ist, und in der Grande Allée *die karmesinrote* Lychnis coronaria *gepflanzt (links). Mittagspause (unten links); nach der Pause werden die Gärtner mit dieser vierzinkigen Gabel – die normalerweise zum Verteilen des Düngers verwendet wird – die abgeschnittenen Pflanzenteile aufnehmen und auf den Schubkarren laden. Wenn im Frühjahr die Brauseköpfe (unten Mitte) wieder angebracht werden, zeigen die Etiketten, wo sie hingehören. In den Malkastenbeeten schützen Dachziegel die Klematiswurzeln (unten rechts) vor dem grellen Licht. Eigentlich eine Waldpflanze, kletterte die Klematis an den Bäumen empor, um ans Licht zu gelangen; ihre Wurzeln jedoch wurden stets vom dunklen Waldboden geschützt.*

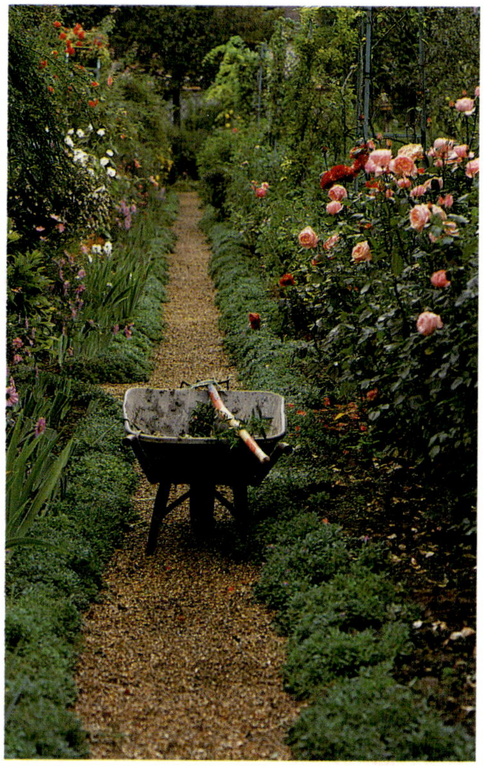

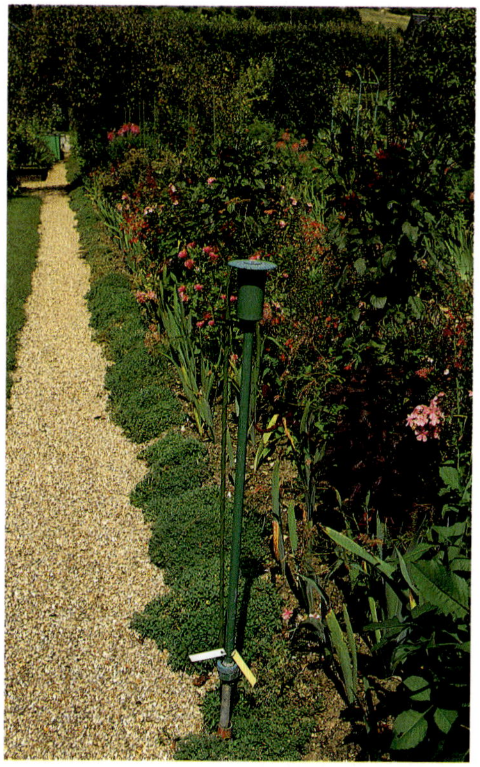

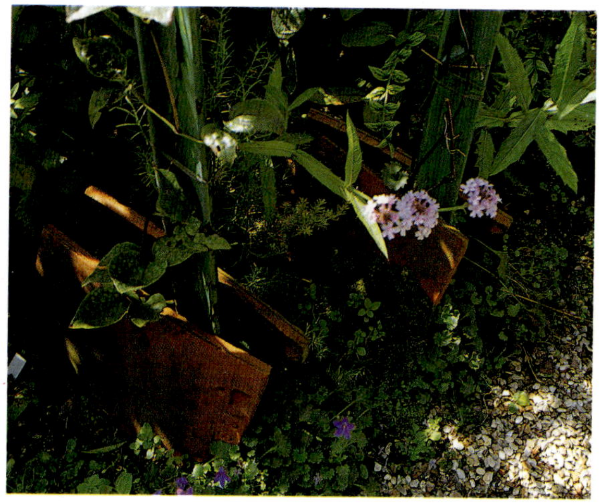

kung der niedrigwachsenden Pflanzen abstimmen, müssen die Gärtner sich auch ständig um die höheren Pflanzen kümmern, vor allem die Spätblüher, die sich erst gegen Ende des Sommers entfalten. Ende Juni, wenn sie eine Höhe von 30 cm erreicht haben, müssen die Astern und Dahlien mit Vahés berühmten grüngestrichenen *„fers à béton"* gestützt werden. Auch die ganz hohen Blumen, wie Stockrosen, Sonnenblumen und Ochsenzunge brauchen diesen starken Halt. Werden solche Pflanzen erst kopflastig, ist es unmöglich, ihre Stengel wieder zu begradigen – und sie knicken in der Mitte um. Sehr dünne Bambusstangen mit biegsamem Draht oder dünnem Bindfaden werden verwendet, um empfindlichere Pflanzen, wie Goldrute und *Coreopsis tinctoria* zu stützen.

Eine für Giverny typische Routinearbeit ist die Behandlung der Kapuzinerkresse, die im Juni in den Rabatten entlang der *Grande Allée* kräftig zu wachsen beginnt. Wenn ihre rankenden Stengel rund 40-50 cm lang sind, beginnen die Gärtner damit, sie in Richtung Wegesmitte zu lenken. Haben sie die Länge von einem Meter erreicht, werden die Blätter und Spitzen zurückgeschnitten, um die Blüten sichtbar werden zu lassen.

Im Juli und August wird die Gartenarbeit in Giverny von einigen wichtigen Arbeiten beherrscht. Eigentlich sollten die Schwertlilien alle zwei Jahre geteilt und wieder eingepflanzt werden, aber manchmal erhöht sich der Zeitabstand auf vier Jahre. Das trifft vor allem für die Westseite des Gartens zu – zum Teil, weil dort so viele Schwertlilien stehen und die erforderliche Arbeit beträchtlich ist, und zum Teil, weil die Beete leer aussähen und dies den Besuchern nicht gefiele. Wenn die Iris ausgemacht sind, werden alle schwachen oder kranken Pflanzen aussortiert und die besten zum Wiedereinpflanzen ausgewählt. Man schneidet die kräftigen Teile der Wurzelknollen durch, bewahrt den in diesem und dem vorigen Jahr gewachsenen Teil auf und sondert das ältere, verwachsene Material aus. Die Wurzeln werden auf eine Länge von 5-10 cm gestutzt und die Blätter abgeschnitten. Die größten (und ältesten) Blätter werden bis zur Hälfte spitz abgeschnitten, während die jüngsten Blätter in der Mitte unversehrt bleiben. Dieser Schnitt reduziert den Wasserverlust und verhindert, daß die frisch gepflanzten Rhizomen vom Wind zersaust werden. Die Knollen werden in zwei kerzengeraden Reihen wieder eingepflanzt, und zwar neben (später entfernten) Drähten, die über die ganze Länge der Beete gespannt sind. Die Schwertlilien lieben den mageren, kalkhaltigen Boden und die trockenen Bedingungen in Giverny, deshalb werden sie nicht gedüngt. Es ist jedoch wichtig, sie von Unkraut freizuhalten, und dies geschieht sehr sorgfältig, um vor allem die Wurzeln der wuchernden *Helianthus rigidus* auszumerzen.

Eine weitere beschwerliche Arbeit im August ist die Sterilisation der Erde in den Zuchtbeeten in der Dorfmitte, wo die zweijährigen Pflanzen nach der Aussaat im Gewächshaus weitergezogen werden. Man wendet eine erprobte und bewährte Methode an. Das vorbereitete Beet wird von einem Traktor umgepflügt, dann der Boden mit heißem Dampf behandelt und sofort mit zwei zweimal zwei Meter großen Eisendeckeln zugedeckt. Diese wirken wie der Deckel auf einem Topf – die enorme, aus der Erde aufsteigende Hitze wird durch die Deckel zurückgehalten und tötet alle Bakterien, Insekteneier, Bazillen und Pilze. Danach werden die Beete mit Bindfaden in Abschnitte eingeteilt, die so groß sind, daß pro Abschnitt jeweils ein Gärtner vier Reihen Blumen pflanzen und von Unkraut freihalten kann. Mit der Harke wird eine Torfschicht untergearbeitet, und Ende August ist der Boden soweit vorbereitet, daß die zweijährigen Pflanzen ausgesetzt werden können.

Diese Methode der Bodensterilisierung wurde vor kurzem auch bei den beiden Einzelbeeten vor dem Haus angewendet, wo ab August stets die Freilandgeranien verfaulten. Ihr schattiger Standort und die Berieselung verschlimmerten noch die Situation und verringerten die Resistenz der Pflanzen gegen Pilzbefall. Die Beete durch Dampfbehandlung zu sterilisieren, hat bei der Lösung des Problems geholfen, da sie jedoch nur auf einem völlig leeren Beet erfolgen kann, ist es im Fall dieser so in die Augen fallenden Beete eine drastische Maßnahme, die man nur im Notfall ergreifen sollte.

Vielleicht hätte eine ähnliche Methode auch Monet gelegentlich geholfen. „Vielen Dank für die Rabattenpflanzen", schrieb er im Juli 1893 an Caillebotte, „aber ich fürchte, sie schlagen keine Wurzeln, so heiß und trocken ist es hier. Es ist ein katastrophales Jahr für meinen armen Garten, denn zusätzlich zu der Trockenheit gibt es hier weiße Würmer, die alles verschlingen."

Ungeziefer und das Wetter sind Klagen, die jeder Gärtner kennt. Wenn keine Trockenheit herrschte, fiel sintflutartiger Regen. Damals wie jetzt waren im August die prallen Blütenköpfe auf ihren hohen Stengeln besonders anfällig für widriges Wetter. Eine Hitzewelle vermochte dann das gesamte Blattwerk verdorren zu lassen; Unwetter konnten alle Blüten vernichten. „Ich bin aus Giverny geflüchtet", schrieb Monet im August 1908 aus La Manche, „des schlechten Wetters und des Anblicks meines blumenlosen Gartens überdrüssig".

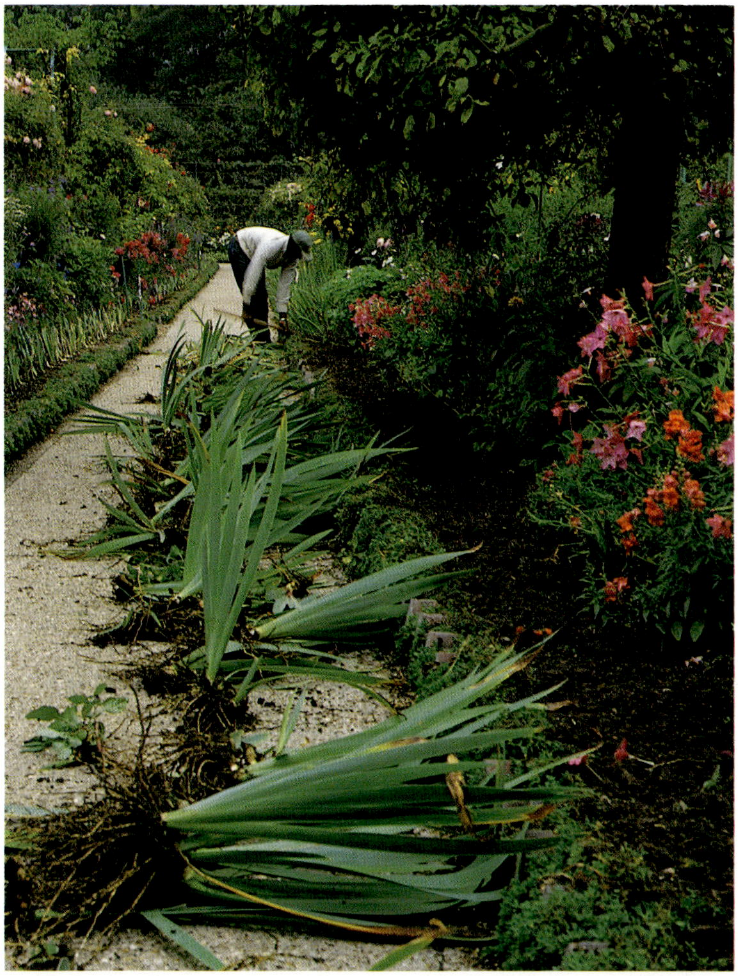

Das Teilen und Wiedereinpflanzen der Iris für die Rabatten ist eine anstrengende Arbeit. Nachdem sie verblüht sind, gräbt Makan Niakate die Pflanzen aus (links); danach stutzt Sandra Bertin die Rhizomen (unten); jetzt können die Iris wieder eingepflanzt werden, doch nur die besten werden verwendet (unten links); Makan pflanzt sie in kerzengerade ausgerichteten Reihen, wobei er die schwarzen Drähte als Richtschnur nimmt (unten rechts).

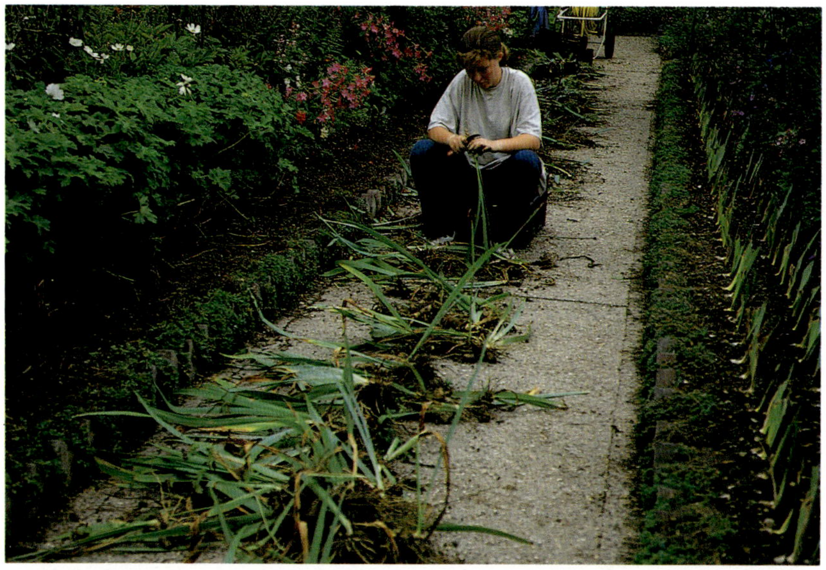

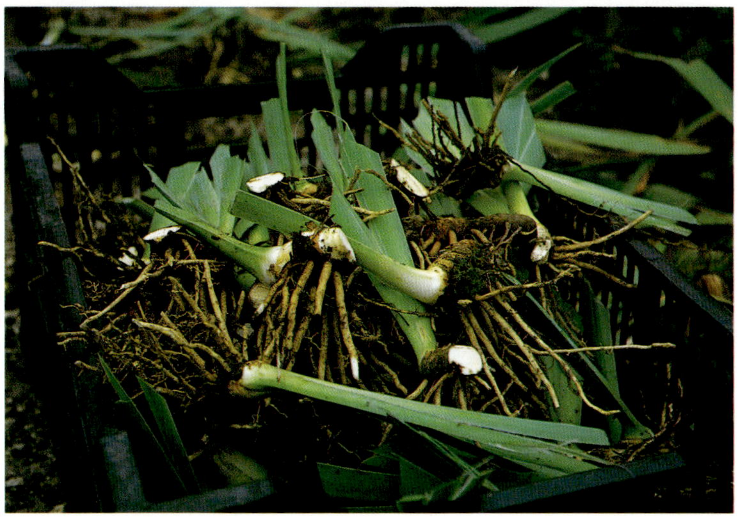

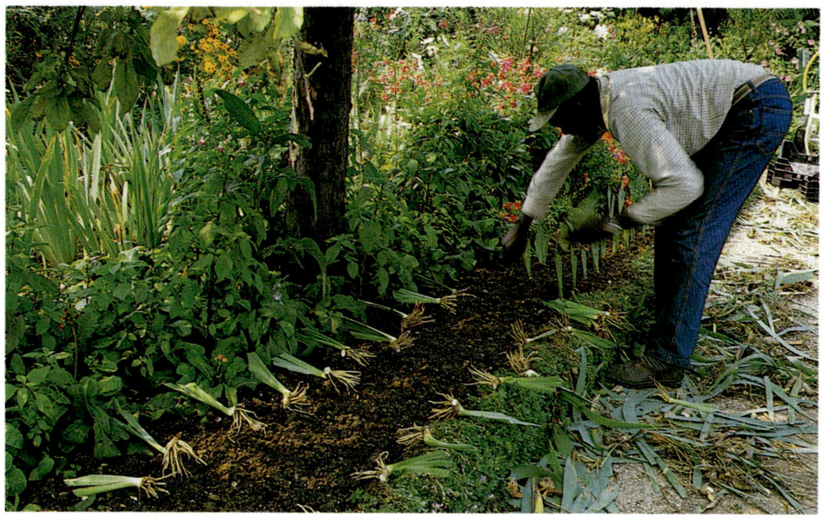

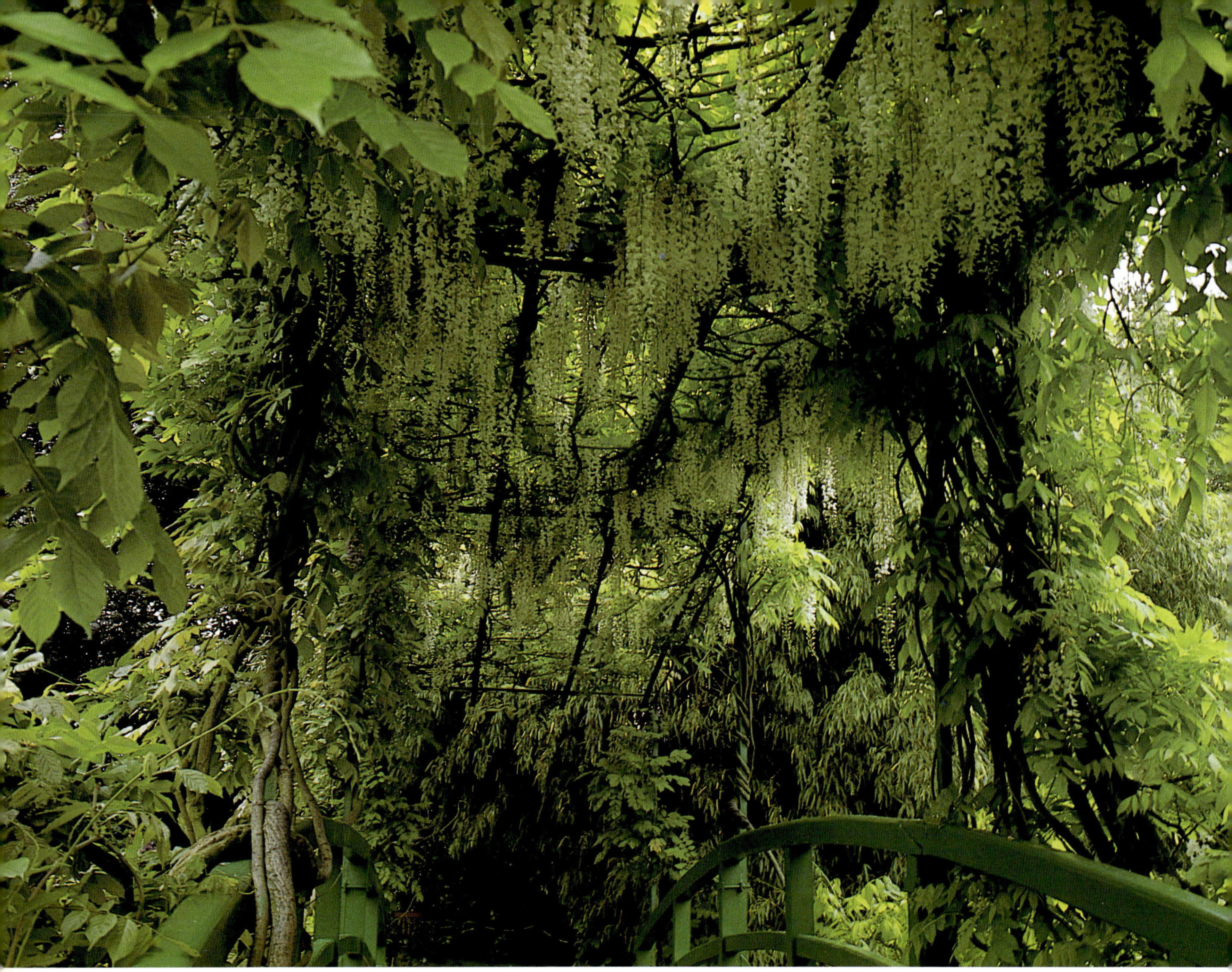

Vom Monat Juni an war der im Schatten von Pappeln und Weiden liegende und von riesigen Espen eingerahmte Wassergarten in unzähligen Farben voller Blumen. Truffaut beschrieb die von Monets Gemälden so bekannte japanische Brücke, mit ihrem wundervollen Schmuck aus Glyzinen, hoch oben lilafarbene Blüten und weiter unten lang herabhängende weiße Blütentrauben. Heute wachsen beide Farben oben, die weiße – *Wisteria floribunda* 'Alba' und *Wisteria sinensis* 'Alba' – folgt auf die lilafarbene – *Wisteria floribunda* 'Multijuga' und *Wisteria sinensis.* Nachdem im August alle Glyzinen verblüht sind, werden sie zurückgeschnitten, um die bohnenähnlichen Samenschoten und alle willkürlich rankenden Triebe zu entfernen.

LINKS: *Die japanische Brücke wird von den langen weißen Trauben von* Wisteria sinensis *'Alba' bedeckt, eine Symphonie in Weiß und Grün. Es ist Monets ursprüngliche Glyzine, die abgeschnitten wurde, als man die Brücke während der Restaurierung wieder aufbaute (jedoch aus eigener Kraft wieder nachwuchs).*

RECHTS: *Das Gewirr gelber einjähriger Pflanzen, die am Ufer gepflanzt wurden, dient als interessantes Abschreckungsmittel, um die Fotografen daran zu hindern, die Uferböschungen zu zertrampeln.*

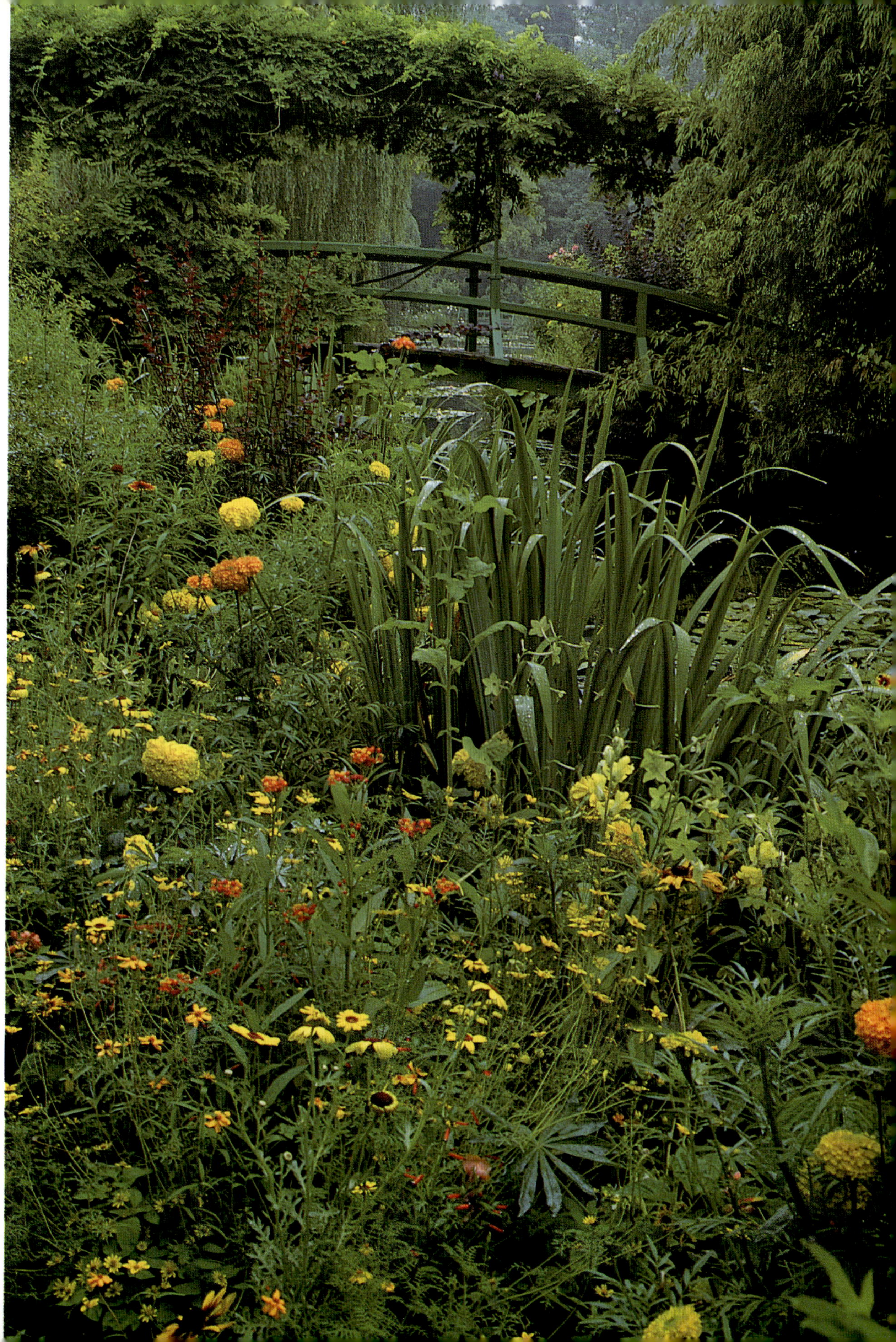

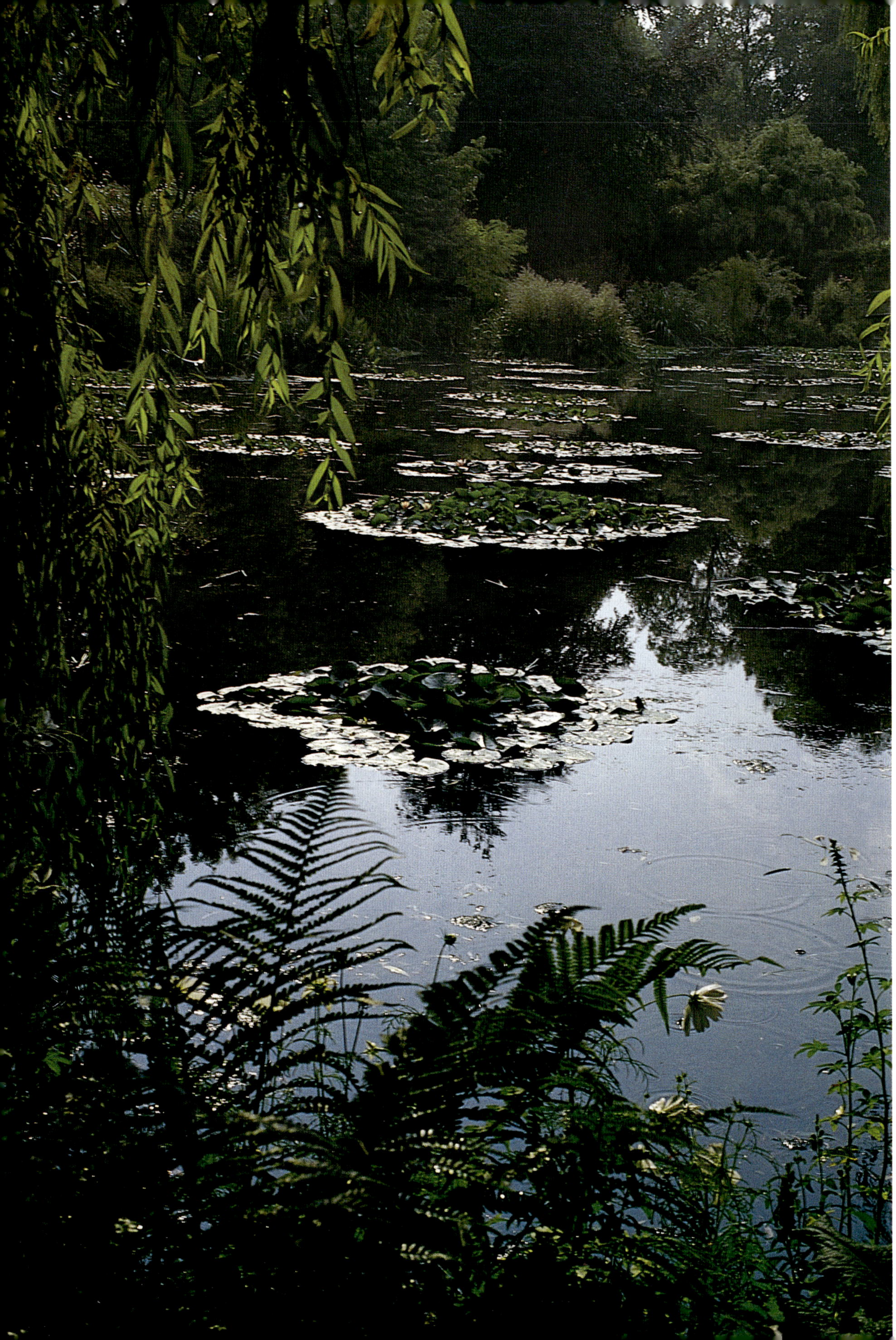

GANZ RECHTS: *Auf einem 1924 in der Zeitschrift* Jardinage *erschienenen Foto zeigt Monet seinem Verleger Georges Truffaut seine Sammlung japanischer Baumpäonien im Wassergarten.*

LINKS: *An einem feuchten Sommernachmittag schwimmen einzelne Seerosenteppiche auf der unergründlichen Oberfläche des Teiches.*

RECHTS: *Das intensive Gelb einer Baumpäonie* (Paeonia × lemoinei) *leuchtet im dunklen Laubwerk einer Mahonie.*

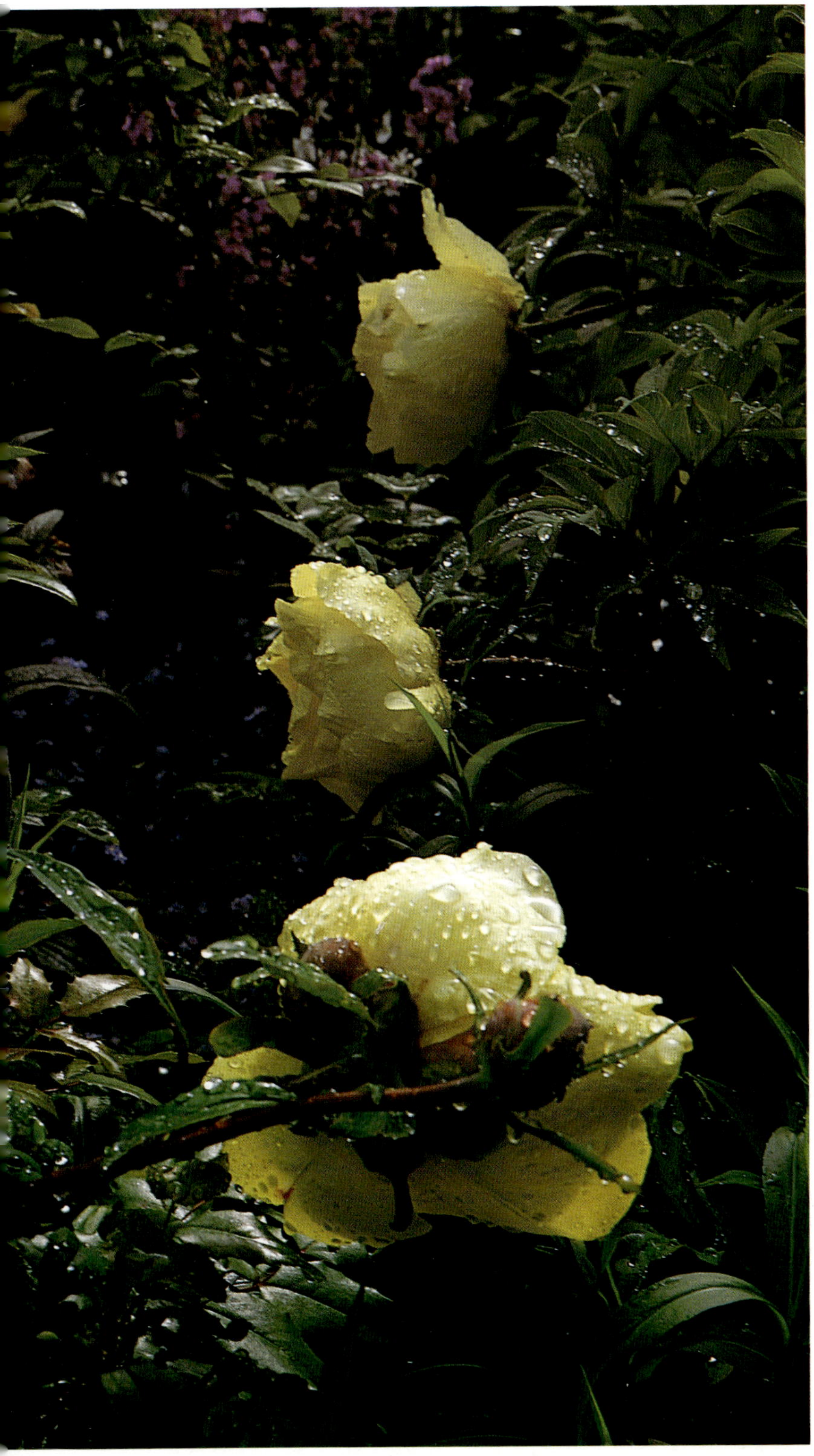

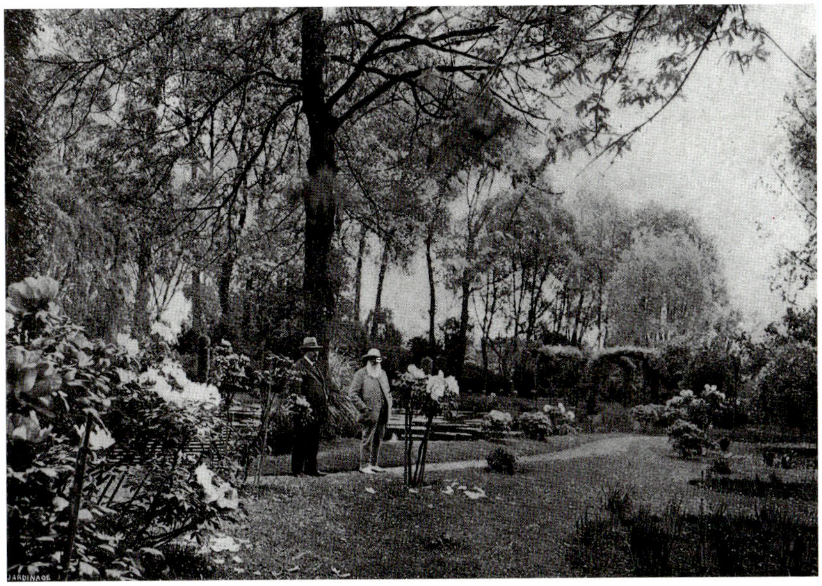

Wie die Glyzinen, so betonten auch andere exotische Pflanzen, beispielsweise Pfingstrosen und Bambus, das japanische Thema. Truffaut zufolge war der Eindruck eines asiatische Gartens vollkommen getroffen: „Die Rabattenpäonien in Farben, die von Weiß mit gelben Tupfen bis zu einem lebhaften, violett getönten Rot reichen, unter goldgelben Goldregenbüschen, vermitteln einem das Gefühl, in die Vororte von Yokohama versetzt zu sein." Monet legte besonderen Wert darauf, daß seine Baumpäonien einen asiatischen Akzent setzten. Dazu ließ er runde Flächen aus dem Gras schneiden, die das Motiv der kreisförmigen Seerosenteppiche im Teich aufgriffen und wiederholten. Das asiatische Thema setzte sich mit Monets Bambus fort. „Monet ist dabei, rings um den Teich mit der Anpflanzung von hohem Bambus zu beginnen", berichtete Alice im Februar 1906 ihrer Tochter Germaine, „und läßt die Arbeit keinen Moment unbeaufsichtigt." Doch einen Monat später gefährdeten strenge Nachtfröste seine Pläne. 18 Jahre später wuchs und gedieh das Bambusdickicht. Truffaut bemerkte: „Eine ansehnliche Bambuspflanzung betont diese (asiatische) Wirkung. Das Bambusrohr hat die Höhe von Bäumen erreicht, ist sieben bis acht Meter hoch und bildet einen dichten Wald, in dem der Künstler seine geschickt gewählten herrlichen Ausblicke angelegt hat."

Monet wollte mit seinem Wassergarten eine ganz andere Atmosphäre schaffen als die des Blumengartens. Die Ziersträucher und -bäume, die er vor dem Hintergrund der hohen Bäume

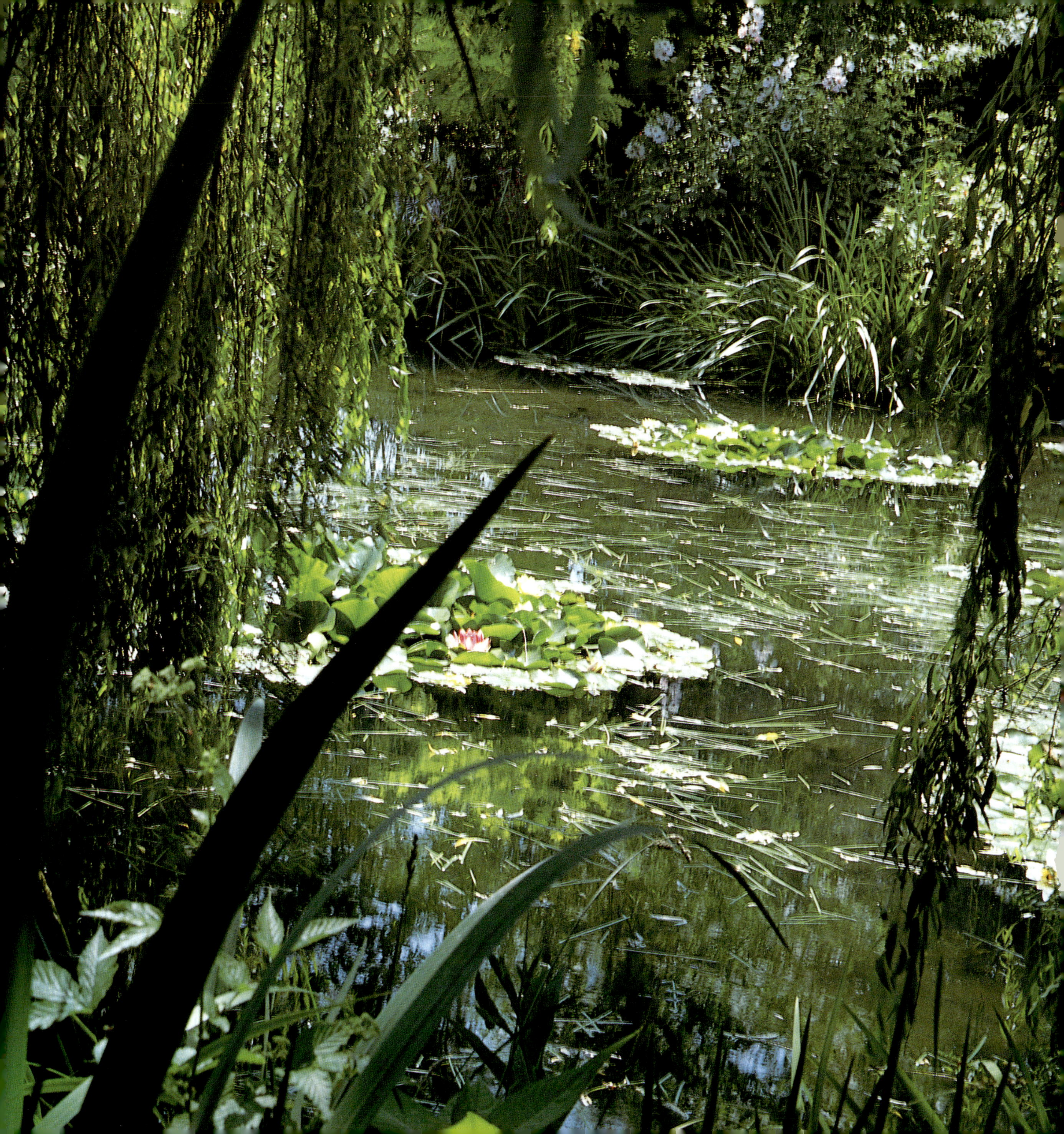

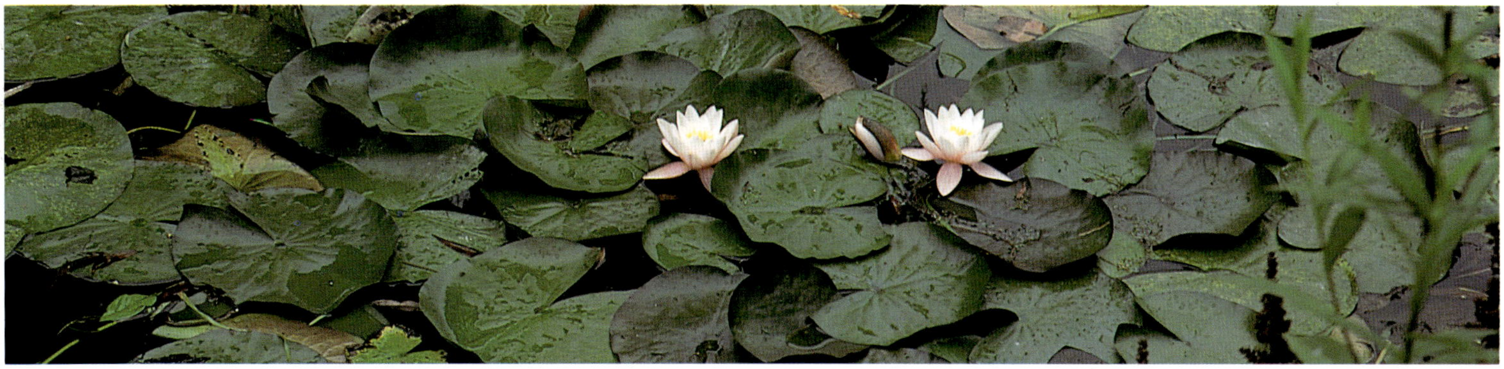

hauptsächlich pflanzte, hatte er nicht so sehr wegen ihrer individuellen Eigenschaften ausgewählt, sondern um einen Rahmen für die spiegelnde Wasserfläche zu schaffen. Als Monet älter wurde, wandte sich sein Interesse subtileren Reizen zu, den vergänglichen, flüchtigen Bildern einer einzigen Blume – der Seerose. Er ließ ab von den Hunderten von Blumen, die ihm so gefallen hatten, und wandte sich einem „Garten des Geheimnisvollen" zu. Der Romancier Marcel Proust verglich die Seerosenteppiche auf dem Teich mit „schwimmenden Beeten" und die Blätter der Seerosen mit den Flügeln von Schmetterlingen. Monet war bereits weit über fünfzig, als er damit begann, seinen gespiegelten Garten zu malen. Vielleicht, weil er sein Alter spürte, beklagte er sich in seinen Briefen über seine ersten rheumatischen Beschwerden, die Folge vieler Wintervormittage, die er malend im kalten Nebel, den Tagesanbruch erwartend, zugebracht hatte. Wenigstens die Seerosen hielten sich an annehmbare Zeiten, sie öffneten sich jeden Morgen um halb elf und schlossen sich um fünf. Wie Marc Elder es treffend ausdrückte: „Wie alle Schönheiten stehen die Seerosen spät auf, und selbst dann muß erst die Sonne erscheinen und sie darum bitten."

Zu Monets Zeit waren die Gärtner im Wassergarten überwiegend damit beschäftigt, das üppige Wachstum der Seerosen zu bändigen. In einem Interview, das genau dreißig Jahre nach seiner Pensionierung stattfand, erinnert sich Chefgärtner Félix Breuil an die Arbeit als „einen fortwährenden Kampf gegen ungezügeltes, zu üppiges Wachstum und das Bemühen, bestimmte Sorten daran zu hindern, ausschließlich zu dominieren, ihnen aber dennoch ein natürliches Aussehen zu belassen." Jetzt sind die Gärtner dank der Bisamratten froh, wenn die Seerosen Ende des Winters überhaupt noch vorhanden sind. Zum Teil als Folge der Plünderungen durch die Bisamratten, haben sich die einzelnen Seerosensorten im Lauf der Jahre miteinander vermischt, und niemand kennt die genauen Namen der Pflanzen, die es noch gibt. Es existiert keine vollständige Liste der Sorten, die Monet selbst anpflanzte, obwohl die Unterlagen der vielgerühmten Firma Latour-Marliac aufschlußreiche Einblicke zulassen. Im Mai 1904 schickte sie Monet jeweils ein Exemplar von *Nymphaea* 'Arethusa', 'Atropurpurea', 'James Brydon' und 'William Falconer' – die alle noch heute in den Katalogen erscheinen. 1897 führte die Firma Latour-Marliac auch Preise für *Nymphaea stellata* und *Nymphaea capensis* var. *zanzibariensis* auf, tropische Arten, die für einen Teich im Haus bestimmt waren oder erst im Sommer ins Freie gepflanzt werden konnten. „Die Zucht von Seerosen ist eigentlich einfach, erfordert jedoch ein gewisses Händchen", erinnerte sich Breuil. Die Pflanze ist robust, die Befruchtung normalerweise durch die Bienen gewährleistet und Kreuzungen sind häufig." Monet unternahm den Versuch, durch den Einbau eines speziellen Zementbassins im Teich die empfindlicheren Sorten heimisch zu machen. Sie gingen jedoch alle ein, und das Bassin wurde wieder entfernt. Aber er züchtete in seinen Gewächshäusern weiter die blaue Seerose *(Nymphaea capensis* var. *zanzibariensis).*

Ansonsten stehen im Wassergarten den sauren Boden liebende Pflanzen wie Rhododendron, Lorbeerrosen, Stechpalmen und Farn; sie gedeihen langsam und stetig, unterstützt durch reichlichen Zusatz von säurehaltiger Erde und Torf. Für die Wurzeln der neuen kalzifugen Pflanzen verwenden die Gärtner eine wasserdurchlässige Umhüllung. Sie hält die kalkigen Elemente fern.

LINKS UND OBEN: *Im Alter plante Monet einen Garten der Reflexionen und des Geheimnisvollen. Seine letzten Lieblingspflanzen – die Seerosen – schweben wie zarte Schmetterlinge über der spiegelgleichen Oberfläche des Teiches.*

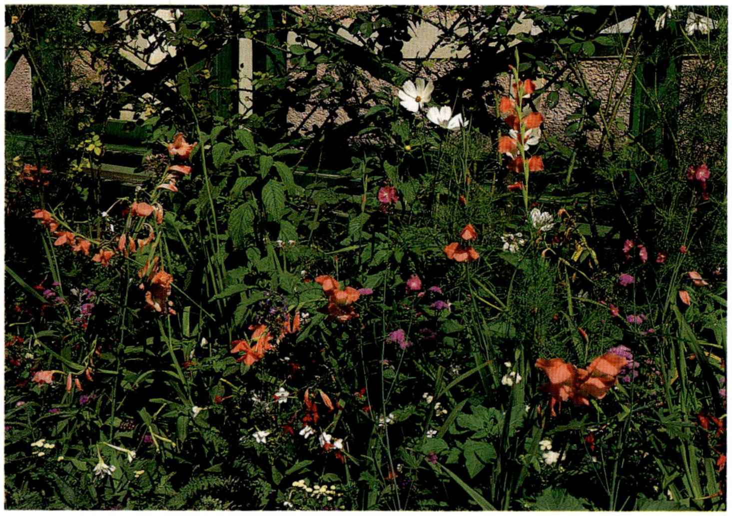

Man kann versuchen, seinen Besuch in Giverny so zu legen, daß man den Massen möglichst entgeht, aber wenn man sich inmitten der Busladungen mit Erwachsenen und Schulkindern befindet, die alle auf einmal und in den unterschiedlichsten Sprachen reden, und wenn tausend Kameras klicken, hat Monets Geist sich verflüchtigt und stellt sich auch nicht wieder ein. Dann ist der Augenblick gekommen, sich auf einer der vielen bequemen Bänke niederzulassen und das Spektakel einfach zu genießen. Aber man darf nicht vergessen, daß zu Monets Zeit hier acht Kinder aufwuchsen, Kinder, die die Wege auf und ab hüpften, die Sonnenblumenkerne verspeisten, die Monet aufbewahren wollte, ihre Bälle in die Sommerbeete warfen und auf eben diesen Beeten Schlittschuh liefen, wenn sie im Winter überfroren waren. Außer diesen Kindern und Monets vielen Besuchern hatte der Garten aber auch noch die sechs Gärtner zu verkraften, die ständig Anweisungen brauchten und bei der Stange gehalten werden mußten. So gab es sicher Zeiten, in denen Monet sich in seinem Garten ebenso bedrängt vorkam wie die heutigen Besucher.

OBEN: *Ein Vielfalt von Rosatönen in einem spätsommerlichen Gewirr vor der Veranda.*

RECHTS: *Ende Juli werden die einjährigen Sonnenblumen bereits hoch, aber Sonnenhut, winterfeste Sonnenblumen und andere gelbe einjährige und ausdauernde Pflanzen, die das Haus bald völlig verbergen werden, kommen erst nach und nach zum Vorschein.*

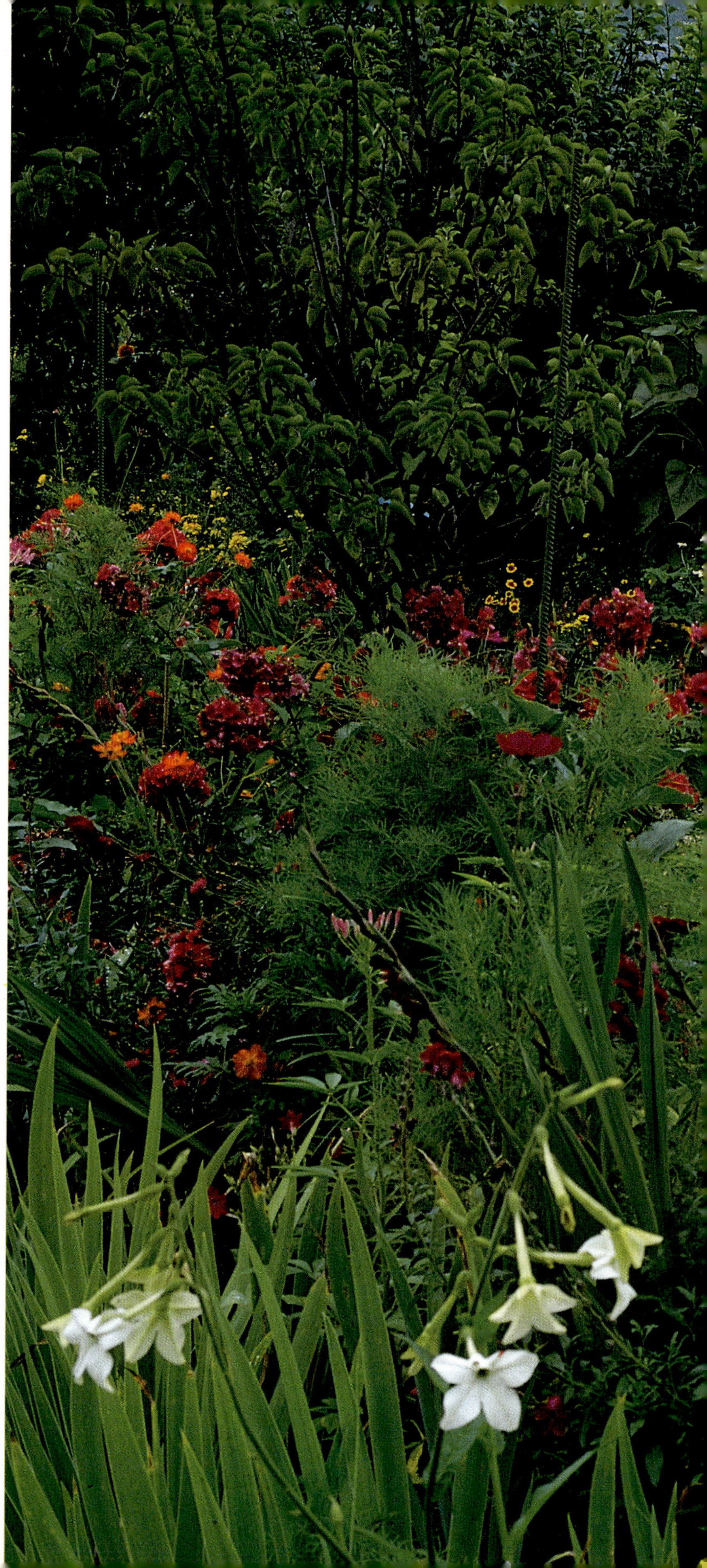

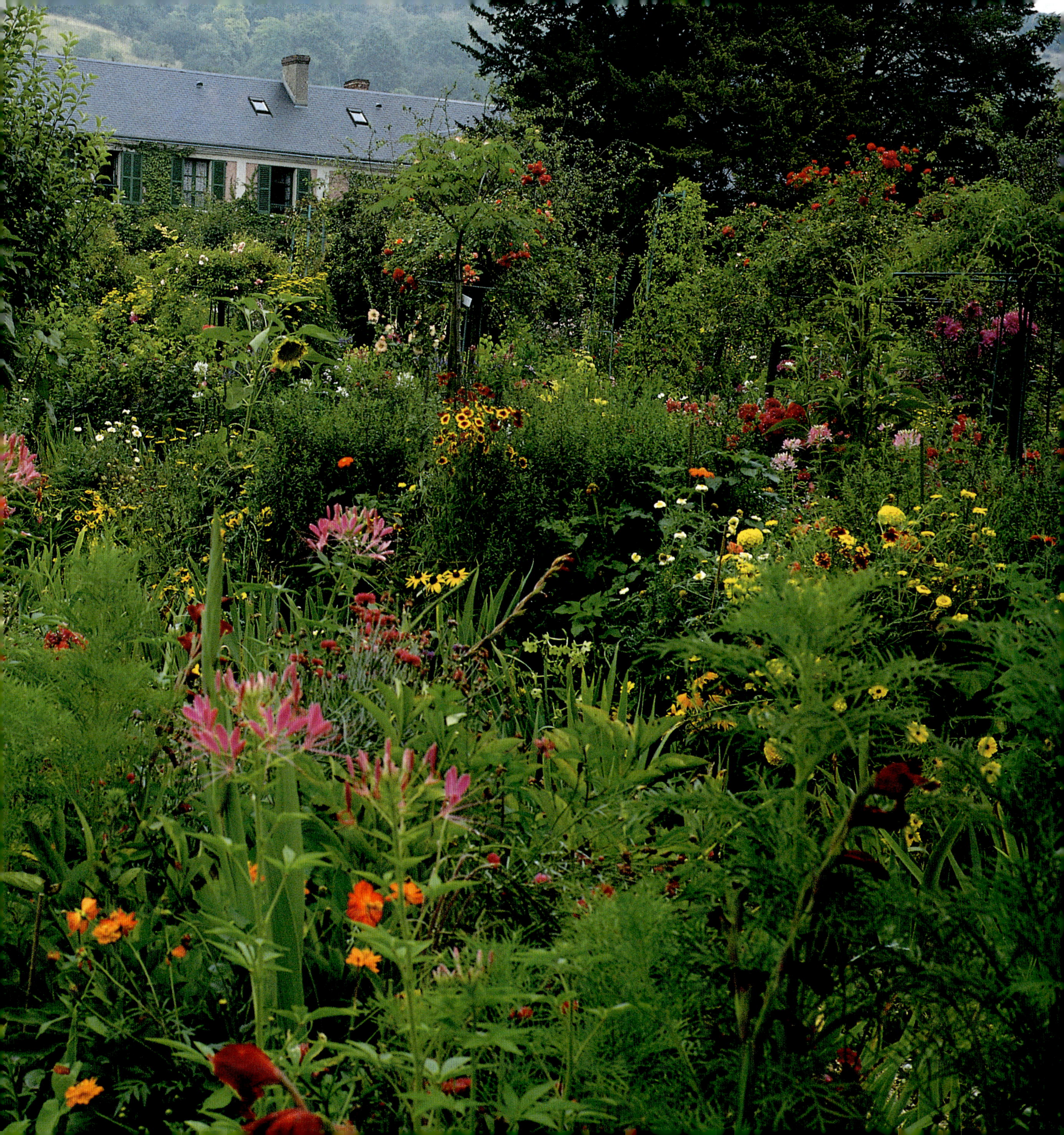

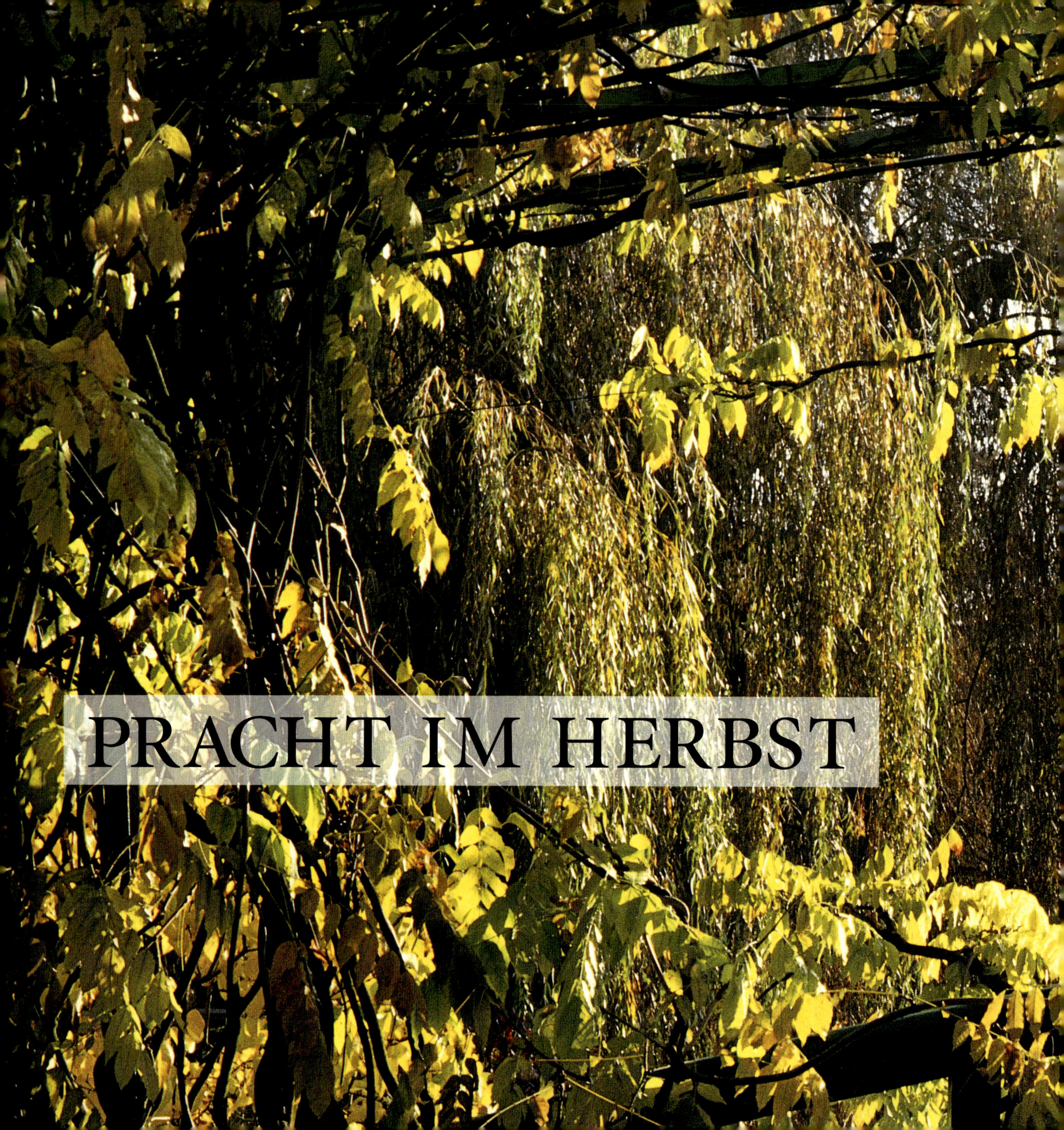
PRACHT IM HERBST

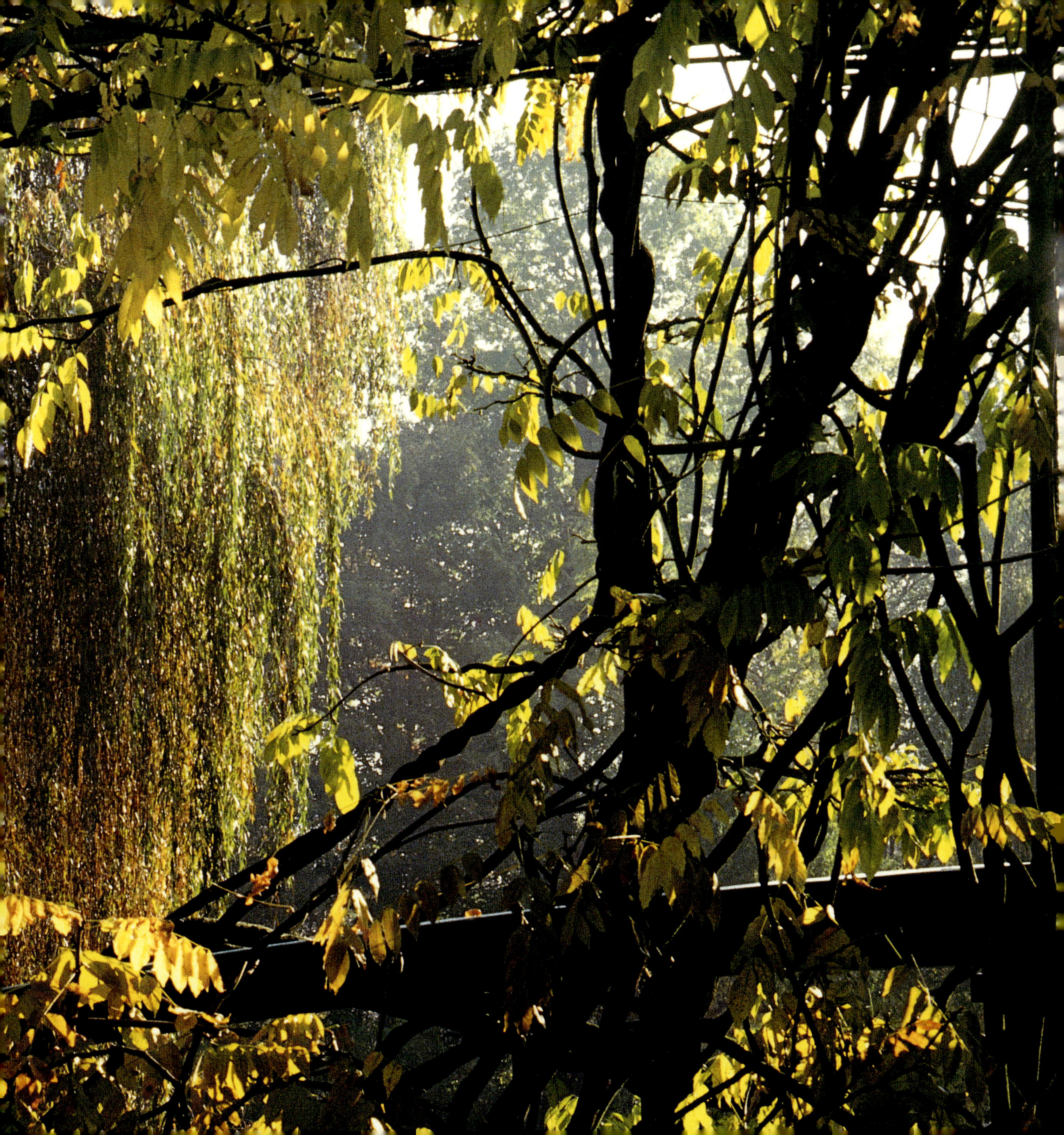

„Wohin man auch blickt, überall eine Fülle von Blumen, Blumengirlanden, Blumenhecken, deren farbliche Zusammenstellung spontan und geplant zugleich wirkt – in jeder Jahreszeit immer wieder neu …“

ARSÈNE ALEXANDRE

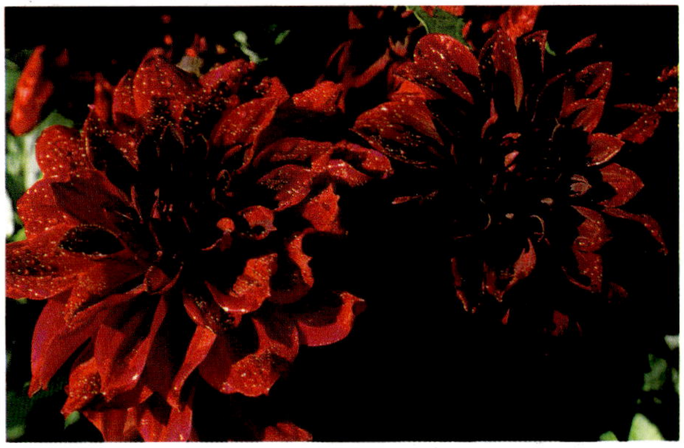

Der Nebel, der frühmorgens von der Epte aufsteigt, hüllt den Herbstgarten oft ein und löst sich meist nur langsam in der Sonne auf. Dies ist die Jahreszeit, in der Giverny die dichteste Atmosphäre, den größten Zauber besitzt. Wie eine Reihe strahlender Gesichter schauen ein paar riesige Sonnenblumen und die zahlreichen gelben Blüten der hoch aufgeschossenen *Helianthus* × *multiflorus* als erste hervor. Als nächstes folgen die Kaktusdahlien, die die Rabatten beherrschen. Wenn sich der Nebel verflüchtigt hat, lockern Asternbüsche die Wucht der Dahlien und Sonnenblumen auf. Der Garten erglüht in einem Mantel aus Rot, Rosa, Purpur und Gold.

Man hat Giverny oft mit einem wohl aufeinander abgestimmten Feuerwerk verglichen. Wie jeder weiß, hebt man bei einem Feuerwerk die spektakulärsten Effekte immer bis zum Schluß auf.

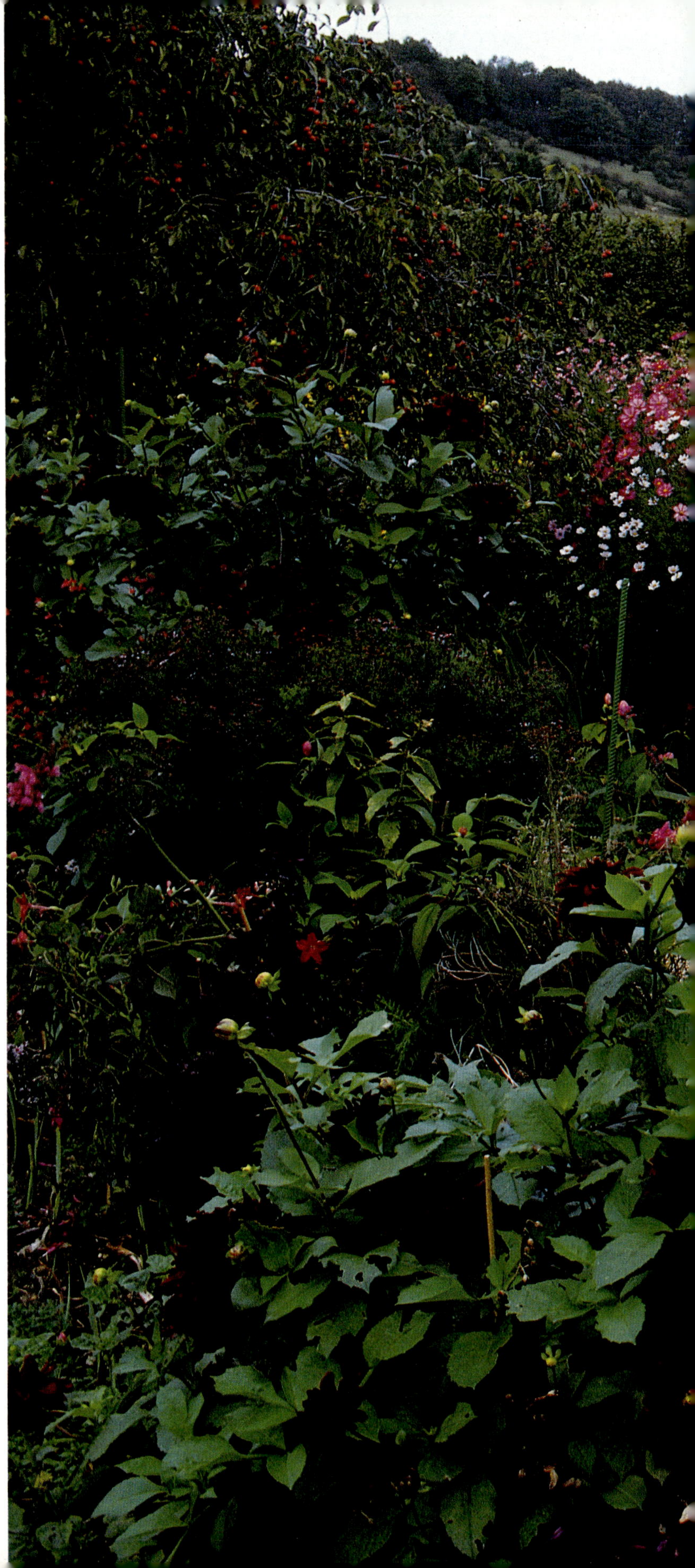

VORHERGEHENDE SEITE: *Es ist Frühherbst, und der Wassergarten erstrahlt in allen Schattierungen von Gold.*
OBEN: *Die dunkelrote* Dahlia *'Arabian Night'.*
RECHTS: *Die blaßrosa Fassade des Hauses erhebt sich aus einem Meer von Kosmeen in intensiven Rosatönen und samtenen roten Dahlien.*

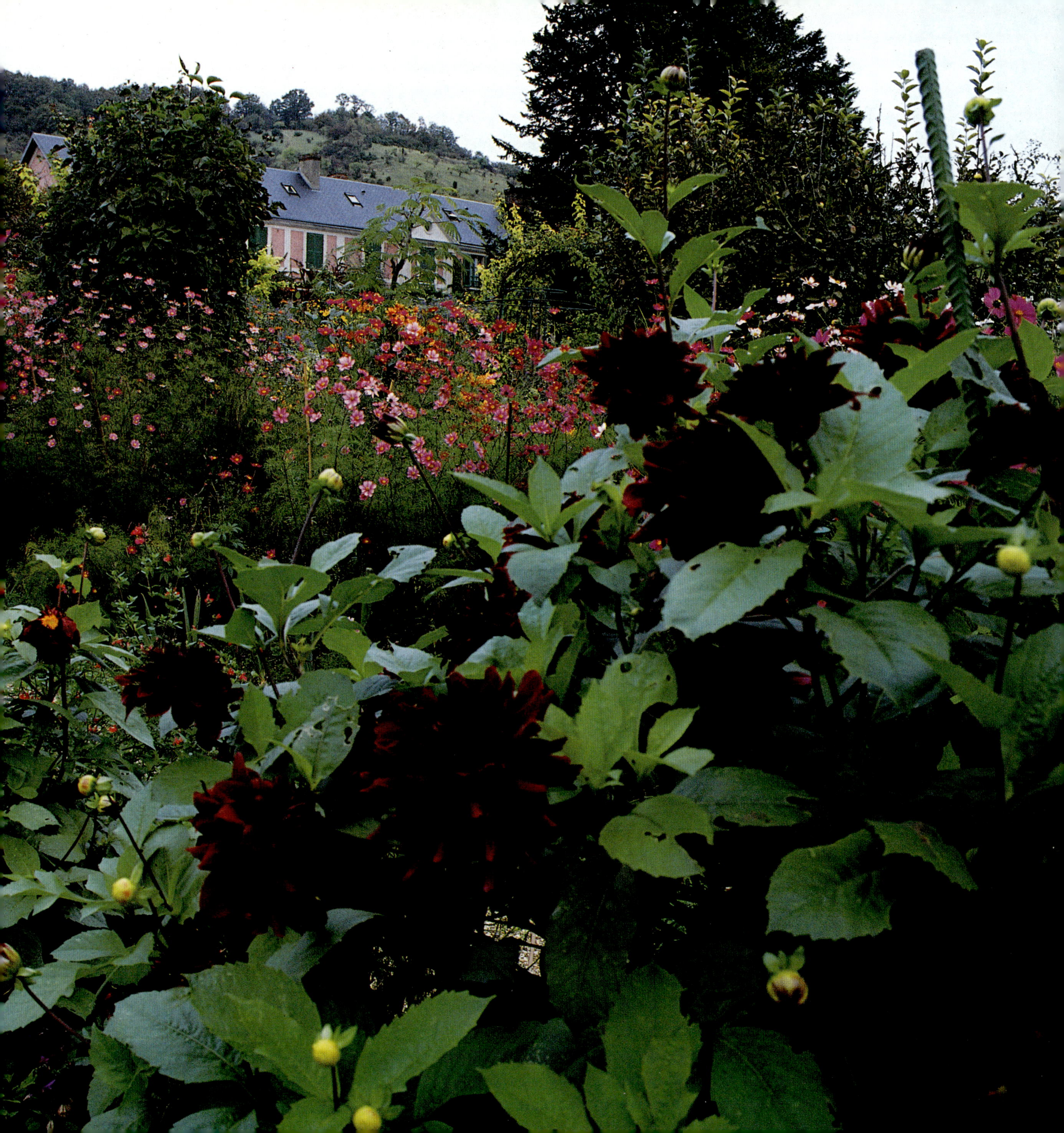

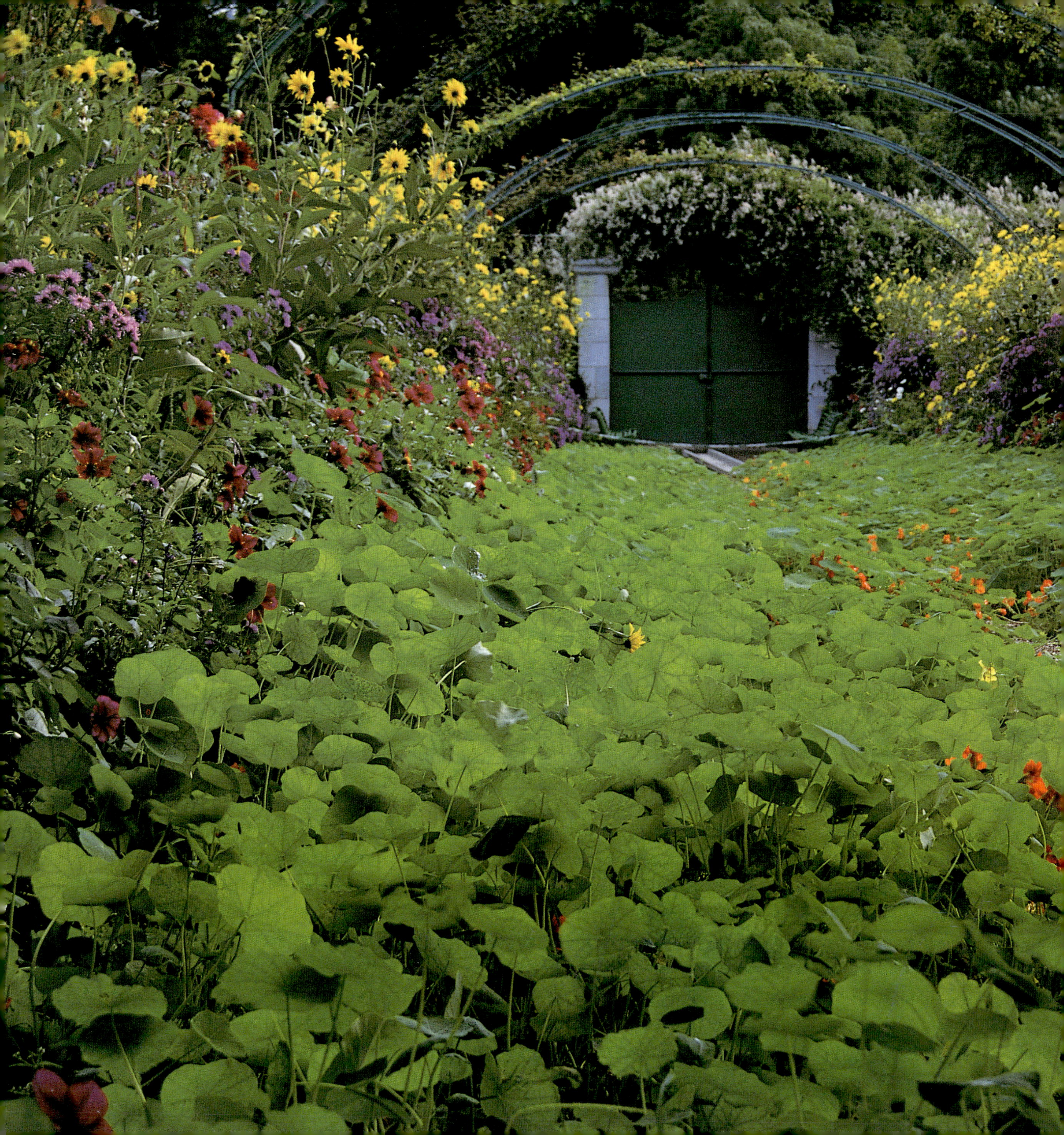

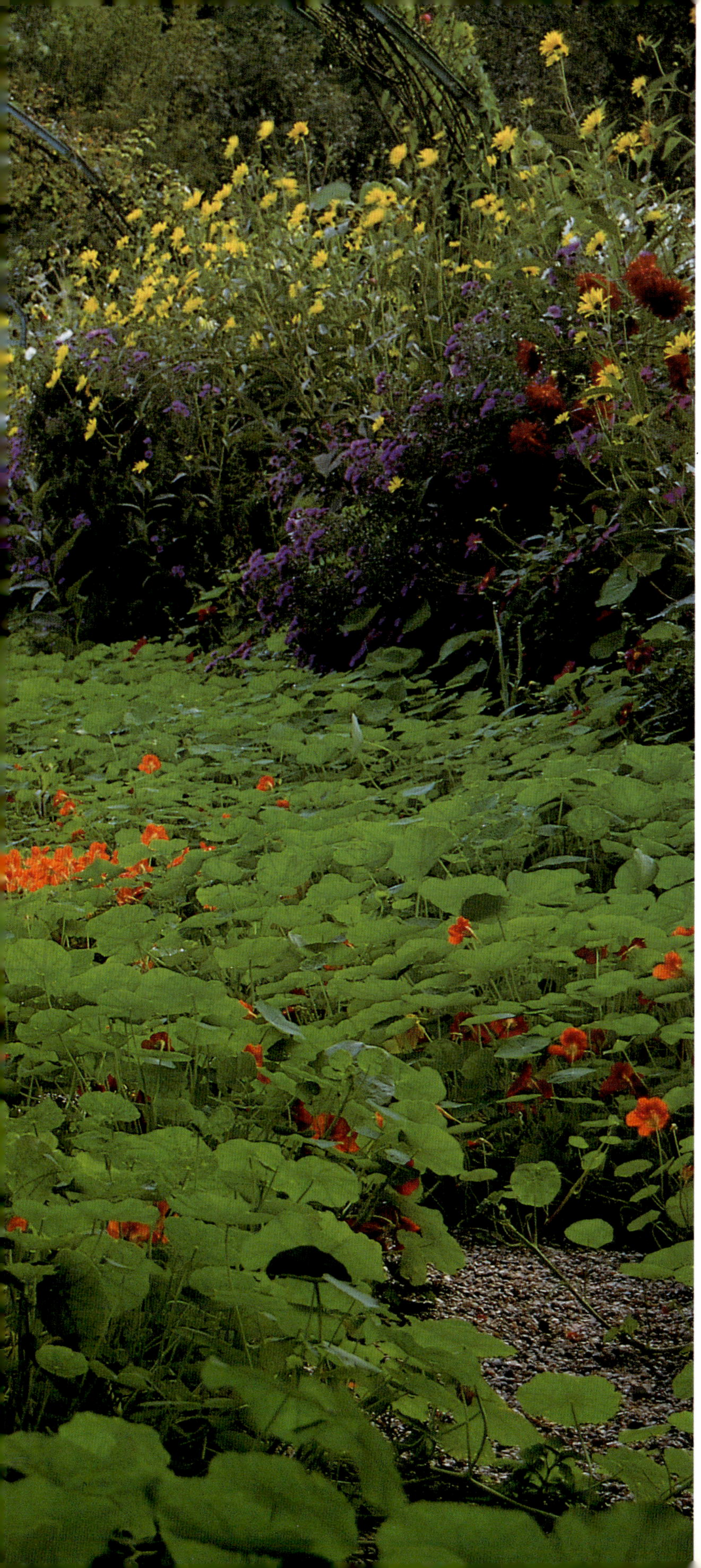

Doch die Spannung, die in der Luft liegt, wenn die auffallenden Rot-, Gold- und Gelbtöne der Dahlien, Sonnenblumen und der berühmten Kapuzinerkresse in der *Grande Allée* aufflammen, wird noch durch das Wissen erhöht, daß dieses Feuerwerk schon durch einen einzigen strengen Frost zerstört werden könnte.

Zu keiner anderen Jahreszeit spielt das Wetter für den Garten eine so entscheidende Rolle. Launische Stimmungsschwankungen verteilen ohne Ankündigung Fluch und Segen – eine Mischung aus schnell dahinziehenden Wolken, gewitterschwülem Himmel und strahlendem Sonnenschein. Mal wärmen die Blumen sich in der dunstigen Milde des Altweibersommers, mal werden sie jäh von Regenschauern und Stürmen gebeutelt. Die mühsame, zeitraubende Arbeit, die die Gärtner auf den *„tuteurage"* (das gewissenhafte Anbinden und Stützen) verwendet haben, kommt jetzt zum Tragen und gewährleistet, daß der Garten bis zu seiner Schließung am 31. Oktober in guter Verfassung bleibt. Sturm und Wind können noch so sehr toben, die sicher an ihren Metallstützen verankerten Dahlien und Sonnenblumen bleiben unerschütterlich aufrecht stehen, bis sie vom Frost besiegt werden.

Die *Grande Allée* ist jetzt auf ihrem Höhepunkt, ein Traum in Purpur und Gelb. Auf beiden Seiten von der dunkelroten *Dahlia* 'Jet' und malvenfarbenen Astern flankiert, sieht die *Grande Allée* so ähnlich aus wie auf Monets bekanntem Gemälde von 1902, mit der jungen Kapuzinerkresse und den purpurroten Astern. Die rosa und weißen Blumen, die auf dem Gemälde oberhalb von ihnen schimmern, sind zu verschwommen, um sie genau zu erkennen, aber den Berichten von Monets Besuchern zufolge, war die *Grande Allée* zu dieser Zeit immer voller Dahlien. Vielleicht sind die Blumen auf dem Gemälde rosa und weiße Dahlien; oder Kosmeen oder japanische Anemonen – wer weiß? Vielleicht hat Monet auch nur einen Eindruck der Szenerie wiedergegeben.

Die *„pièce de résistance"* – einzigartig in Giverny – ist natürlich der Teppich aus rankender Kapuzinerkresse, der sich die ganze *Grande Allée* entlang bis zur Eingangstür erstreckt. Diesen An-

Vielleicht gibt es eine weitere Quelle der Inspiration für die von Kapuzinerkresse gesäumte Grande Allée. *Die erste Ausstellung der Impressionisten fand 1874 auf dem „Boulevard des Capucines" statt. Mag sein, daß sich Monet von „capucines", dem französichen Wort für Kapuzinerkresse, zu dieser Bepflanzung inspirieren ließ.*

blick gab es bereits 1892 zu bestaunen, wie auf einem Foto aus dieser Zeit zu erkennen ist, möglicherweise sogar noch früher. Wie kam es dazu? Es läßt sich nur vermuten. An schönen, warmen Tagen nahm die Familie das Mittagessen auf der grünen Holzveranda ein, die sich über die ganze Länge des Hauses erstreckte, unter einem Baldachin aus wildem Wein, Rosen, Glyzinen und Pfeifenblumen. Monet saß immer mit dem Rücken zum Haus, den Blick auf den Garten und die *Grande Allée* gerichtet. Alices Weigerung, ihn die Tannen fällen zu lassen, hinderte ihn daran, den Weg so zu bepflanzen, wie er es gern getan hätte, und man kann sich vorstellen, wie viele Stunden er vermutlich dort saß und die lange, breite, monotone Kiesfläche betrachtete. Die Mittelachse war ein wichtiges Element im Grundriß des Gartens, da sie zu dem Tor führte, hinter dem die Straße und eine Eisenbahnlinie lagen. Später würde Monet den Weg verlängern und ihn über die Straße und die kleine japanische Brücke hinweg in seinen Wassergarten führen; doch zunächst muß er den heftigen Wunsch verspürt haben, diese triste Fläche leerer Leinwand mit Farbe zu füllen. Wahrscheinlich hatte er bei anderen Gelegenheiten die rankenden, wuchernden Eigenschaften von Kapuzinerkresse entdeckt sowie deren Fähigkeit, weit von ihren Wurzeln entfernt den Boden zu bedecken, und da er ein schlauer, erfinderischer Mensch war, kam ihm vermutlich der Gedanke, so könne er sein Problem mit der *Grande Allée* lösen.

Heute gibt man sich in Giverny alle Mühe zu gewährleisten, daß die Kapuzinerkresse sich genau nach Plan entwickelt. Die Samen werden im Frühjahr entlang der *Grande Allée* direkt in die Erde gesät, nachdem sie vierundzwanzig Stunden in warmem Wasser eingeweicht wurden. Die Samen werden im Großhandel nach Gewicht gekauft und tragen lediglich Bezeichnungen wie „mittelhoch", „hochrankend" usw. Obwohl gleichzeitig zusätzliche Aussaaten in den Gewächshäusern vorgenommen werden, falls die Samen im Hauptgarten einmal nicht aufgehen sollten, haben sie sich bisher stets als zuverlässig erwiesen und die *Grande Allée* jedes Jahr bis Mitte September mit einem Teppich bedeckt.

Die Kapuzinerkresse nahm in Monets Spätsommer- und Herbstgarten einen hervorragenden Platz ein, und, wie all seinen Lieblingsblumen der frühen Jahre, blieb er ihr treu und zog viele Jahre lang einjährige und dauerhafte Varietäten. Einige – wahrscheinlich eher einjährige als winterfeste – zog er an den *„tuteurs"* in den Einzelbeeten vor dem Haus und in seinen Malkastenbeeten. Sie sind auf den Autochromen und in einem 1933 datierten Artikel in der Zeitschrift *Country Life* abgebildet, aber wir wissen nicht, welche Sorten er an diesen Standorten verwendete. Er hatte auch in Rouen „zwei seltsame kleine Sorten von Kapuzinerkresse" entdeckt und ließ sie mit der Bahn nach Giverny schicken. Offensichtlich pflanzte er sie vor den Zaun am Ende des Blumengartens. Später berichtete Monet in einem Brief an Blanche, die damals selbst in Rouen lebte und mit Monets Sohn verheiratet war, daß „dieser zerstreute Florimond" sie hatte eingehen lassen – „oder jedenfalls beinahe". Er bat Blanche, den Gärtner in Rouen in der *Rue Green* aufzusuchen und noch etwas von „dieser berühmten kleinen winterfesten Kapuzinerkresse, die wir jedes Jahr am Gartenzaun ziehen", zu kaufen. „Von ihm hatte ich nämlich einen Topf *dans le temps.*"

Heute ist der Zaun, an dem einst im Spätsommer und Herbst die Kapuzinerkresse aufflammte, mit den orange und gelben Beeren des Feuerdorns geschmückt. Jetzt bietet der Feuerdorn für den Garten die praktischeren Vorteile, da er einen dauerhaften, immergrünen Schutz darstellt. Zu Monets Zeit hatte man nichts dagegen, wenn Spaziergänger auf der Straße, die die beiden Teile des Gartens voneinander trennte, durch den Zaun blickten. Alle blieben ausnahmslos stehen, um die Wirkung der Farben zu bewundern, und wünschten, sich den Garten genauer anzusehen; doch wenn man Besucher einließe, so Truffaut, wären es Massen. Das Alter und Ruhebedürfnis des Meisters mußte respektiert werden. Heute ist alles anders. Da der Garten sich finanziell tragen muß, ist ein freier Blick durch den Zaun nicht länger gestattet, und die Massen, die Truffaut so fürchtete, machen ihre Anwesenheit oft nur allzu deutlich.

Von den einfachsten einjährigen Sonnenblumen, die Monet selbst zog und deren Samen er jedes Jahr aufbewahrte (falls die Kinder sie nicht bereits herausgeholt hatten, um sie zu knabbern), ging er dazu über, winterfeste Varietäten zu sammeln. Da er in Paris nicht das bekam, was er suchte, schrieb er im April 1891 an seinen Freund Caillebotte, den Pflanzenzüchter Godefroy um eine Zeitschrift, ein paar Lilien und ein paar Sonnenblumen zu bitten. Monet nannte *„Helianthus latiflorus* (korrekt *H.* × *laetiflorus*), *Helianthus* × *multiflorus, Helianthus orgyalis* (jetzt *H. salicifolius*) und *Helianthus rigidus harpalium (H. rigidus)*" und mahnte zur Eile, weil immer noch Zeit war, sie auszusäen. Als er sich eine Woche später bei Caillebotte für die Lilien und die Zeitschrift bedankte, fügt er hinzu, er wäre „vor Freude überwältigt", wenn Godefroy die gewünschten Sonnenblumen auftreiben könnte. Später machte Monet eine Sorte ausfindig, die aus Gent in Belgien stammte.

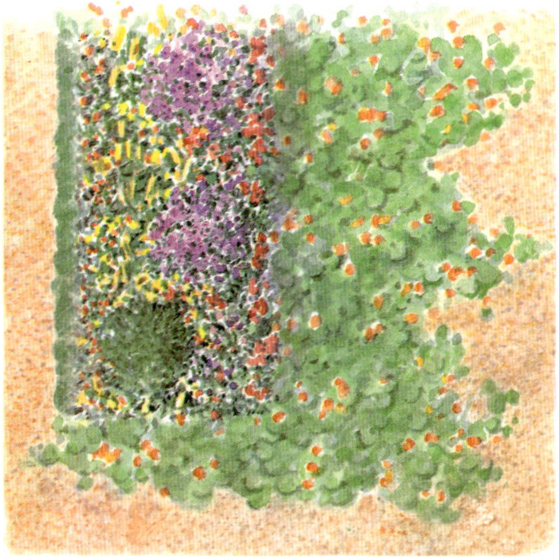

Eine Skizze und Detailaufnahme der in der südwestlichen Ecke der Grande Allée *gelegenen Rabatte zeigt ein Beet mit den typischen Gold-, Gelb- und Purpurtönen des Herbstgartens. Die Rabatte ist mit Kapuzinerkresse eingefaßt. Dahinter stehen die allgegenwärtige* Dahlia *'Jet', Astern, deren Namen die Gärtner nicht kennen,* Helianthus annuus *'Holiday', die sich selbst aussäende* Impatiens balfourii, Cosmos bipinnatus *'Versailles', die sich mit* Cosmos *'White Sensation' abwechselt, die Kaktusdahlie 'Czarda',* Chrysanthemum segetum, Chrysanthemum coronarium *und der überall wuchernde* Helianthus rigidus. *Im Hintergrund eine Hochstammrose, 'Palissade Rose' syn. 'Pheasant'.*

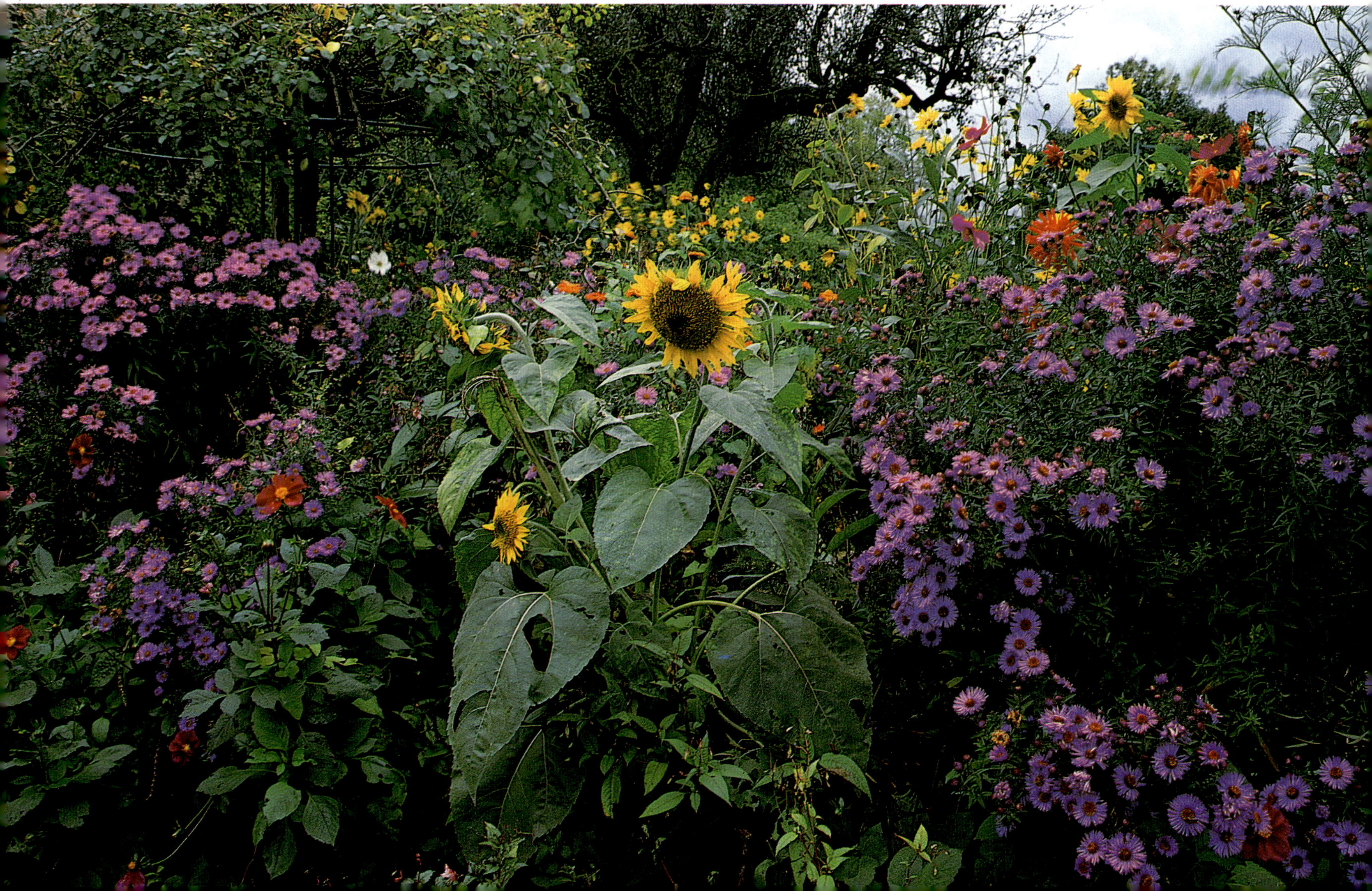

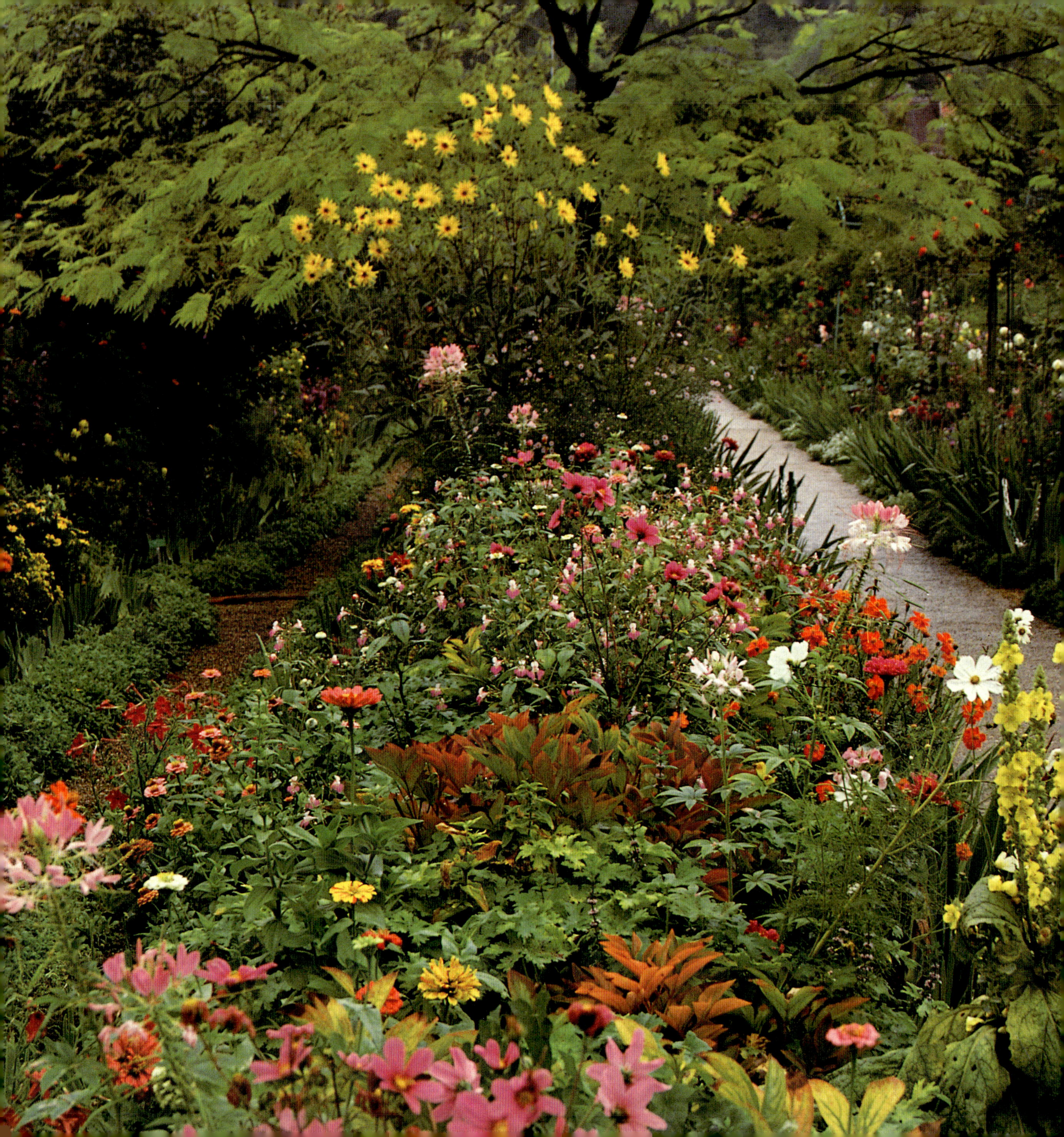

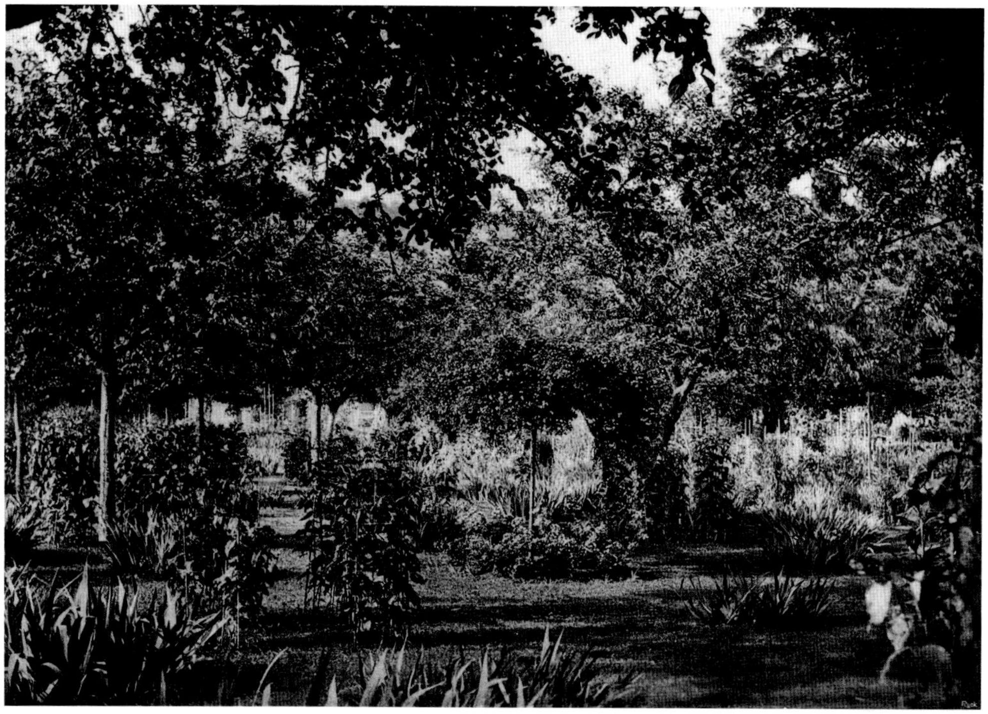

RECHTS: *Ein vermutlich von Forestier im Jahre 1920 aufgenommenes Foto des Obstgartens zeigt an Pfählen festgebundene Sonnenblumen, die auf quadratischen, aus dem Rasen ausgestochenen Flächen wachsen.*

LINKS: *Eine goldene, ausladende* Albizia julibrissin *erhebt sich schützend über einer gemischten Rabatte mit* Cosmos bipinnatus *'Versailles Rouge', mehreren Zinnien und reichlich vorhandenem* Helianthus rigidus.

Monets Sonnenblumen begeisterten und bezauberten auch seine Besucher. Mirbeau beschrieb in seiner schwülstigen Prosa „schwindelerregende Sonnenblumen, die ihre gelben Räder kreisen ließen" und „riesengroße Harpalium, die sich in einer unerschöpflichen Blüte ergießen". Der weniger überschwengliche Truffaut erwähnte die herbstliche Wirkung des „riesigen *Helianthus sparsifolius*, dessen goldene Blüten auf die Unzahl von Asternbüschen herabregneten".

1920 war Monets Begeisterung für Sonnenblumen noch ungebrochen. Als er mit Forestier durch den Garten ging, blieb er stehen und wies auf eine neue Sorte. „Es ist eine neue Pflanze", erklärte ihm Monet, „eine große, winterfeste Sonnenblume, *Helianthus sparsifolius*, eine Hybride von *Harpalium rigidus* und der hohen einjährigen Sonnenblume." Er bezog die neuen Sorten mittlerweile am Ort, und diese Sorte war in Frankreich von dem Züchter Nonin gezogen worden. Monet pflanzte seine einjährigen und dauerhaften Sonnenblumen nun nicht nur an Stellen, wo man es erwarten würde (in die Rabatten nämlich), sondern auch an ungewöhnliche Standorte im Obstgarten. Ein Foto, das Forestier vermutlich während dieses Besuchs aufgenommen hat, zeigt dieses merkwürdige Phänomen ganz deutlich. Im Gras, zwischen einigen Schwertlilien, stehen einige Gruppen von *Helianthus* × *muliflorus*. Sie waren auf exakt 60 Quadratzentimeter großen Flächen angepflanzt, die man aus dem Rasen herausgeschnitten hatte. In jedem Quadrat erkennt man Gruppen von Sonnenblumen, die ringsum mit Bindfaden umwickelt und an Bambusstangen befestigt sind. Was trieb Monet mit seiner Sehnsucht nach Natürlichkeit in seinem Garten dazu, diese plumpen Exemplare mit ihrem Korsett aus Stangen und Bindfaden zu versehen? Vielleicht war es ein Experiment; vielleicht wollte er ausprobieren, wie ihre Farben in dem gesprenkelten Licht eines Obstgartens aussahen.

Immer gab es Widersprüche und Überraschungen. Trotz seiner bekannten Abneigung gegen alles Künstliche und die üppigen einjährigen Beetpflanzen, die bei vielen zeitgenössischen Gärtnern so beliebt waren, bepflanzte Monet die Einzelbeete direkt vor dem Haus regelmäßig mit Hochstammrosen und setzte darunter rote Geranien – eine Zusammenstellung, die ganz und gar dem Geschmack der Jahrhundertwende entsprach, aber überhaupt nicht zu dem Garten dahinter paßte. Dann stellte Forestier in einem Jahr pötzlich fest, daß Monet *Papaver nudicaule*, Stachelmohn und Malven willkürlich in den gleichen Beeten nebeneinandergepflanzt hatte – eine völlige Kehrtwendung, die sich anscheinend nie mehr wiederholte. Trotz seines offensichtlichen Abscheus vor Beetpflanzen legte Monet angeblich ein ganzes Beet mit jener bei städtischen Gärtnern so beliebten *Salvia splendens* an, die „eine Seite des Hauses mit den scharlachroten Flammen ihrer *tache ardente* beleuchtete".

Das herbstliche Gold und Orange bedeutet nicht, daß es im Garten kein Blau, Mauve, Rosa und Weiß mehr gibt. Die blauen Beete werden von winterfesten blauen Astern beherrscht – *Aster novae-angliae* – sowie der weißen *Aster laevis.* Sie alle blühen genauso kräftig wie zu den Zeiten Monets. Forestier erwähnte eine weitere Aster, „*Kalimeris incisa,* deren tausend weiße Blüten inmitten des grünen Gespinsts aus Blattgrün nicht schwer genug sind, um die zierlichen Stengel zu beugen". Im jetzigen Garten bilden die üppigen, mauve bis blauen Blüten von *Solanum rantonnetii,* die Malven und *Salvia* 'Indigo' zusammen mit anderen einen harmonischen Hintergrund für die blauen und weißen Astern. Ihnen folgen im Oktober die flaumigen, federigen Sorten, die sich im Garten befanden, als man mit der Rekonstruktion begann.

GEGENÜBER: Hibiscus syriacus *(oben links) wächst neben der japanischen Brücke.* Solanum rantonnetii *(oben rechts) wird wegen seiner langen Blütezeit angepflanzt. Auch* Heliotropium arborescens *syn.* Heliotropium peruvianum *(Mitte links) steuert seinen Duft zum Herbstgarten bei. Monet stellte ferner breite Streifen der lange blühenden* Cleome hassleriana *(Mitte rechts) nebeneinander.* Cosmos bipinnatus *'Sensation' (unten links) blüht verschwenderisch. Der im Herbst blühende* Crocus speciosus *(unten rechts) wächst auf der großen östlichen Rasenfläche.*

UNTEN: *Ein zwangloses Durcheinander aus namenlosen Astern, der purpurfarbenen* Dahlia *'Lilac Time' und* Solanum rantonnetii; *letztere blüht in einer urwüchsig aussehenden Gartenecke.*

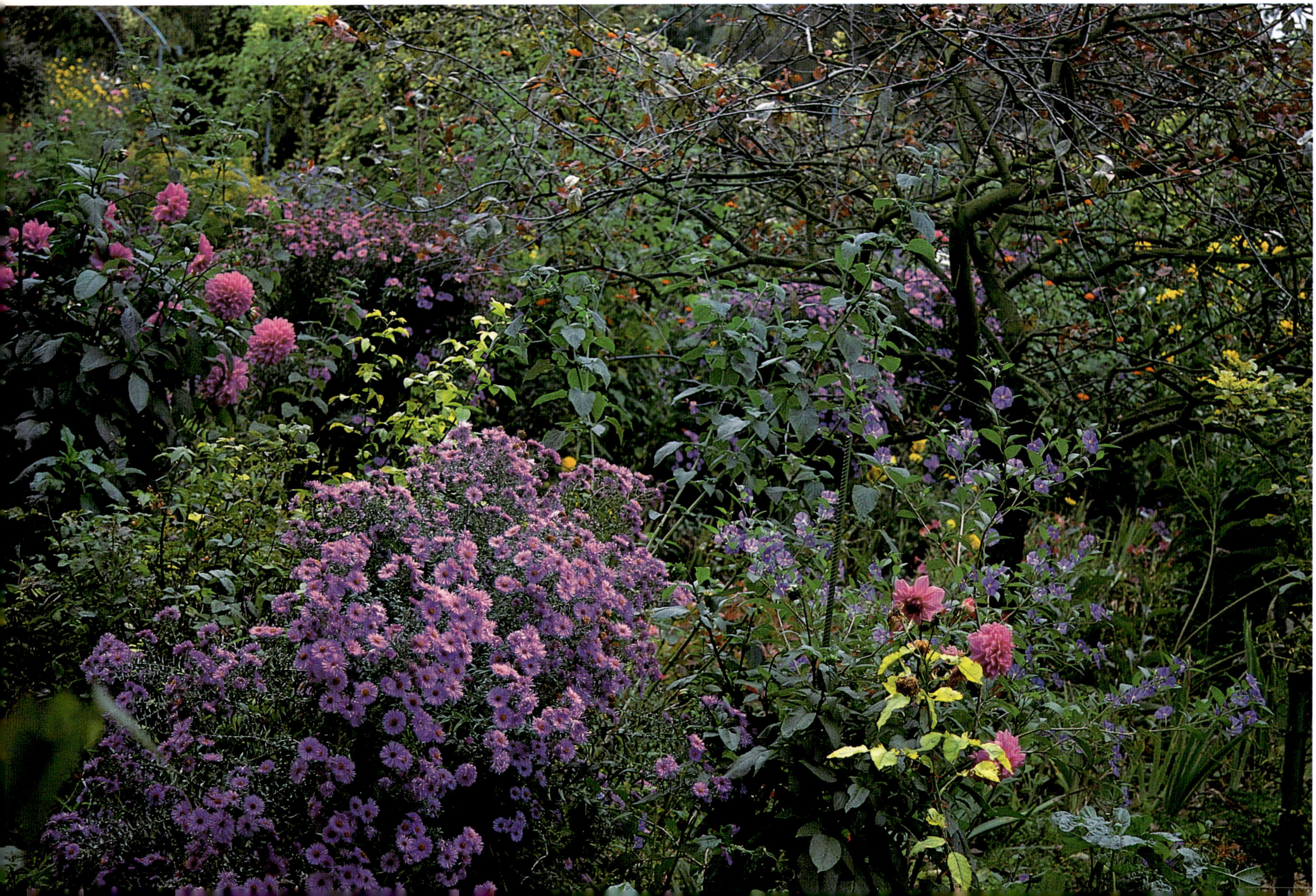

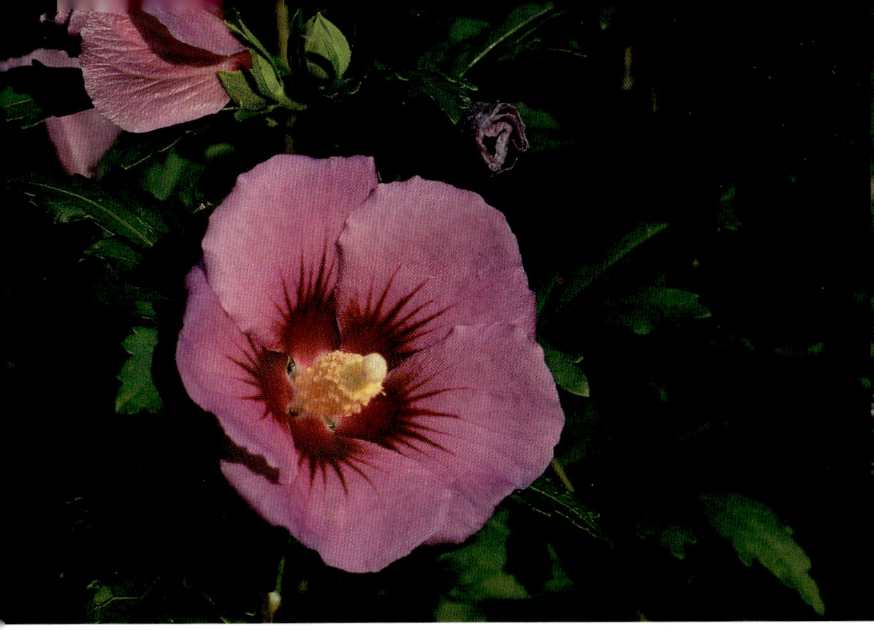
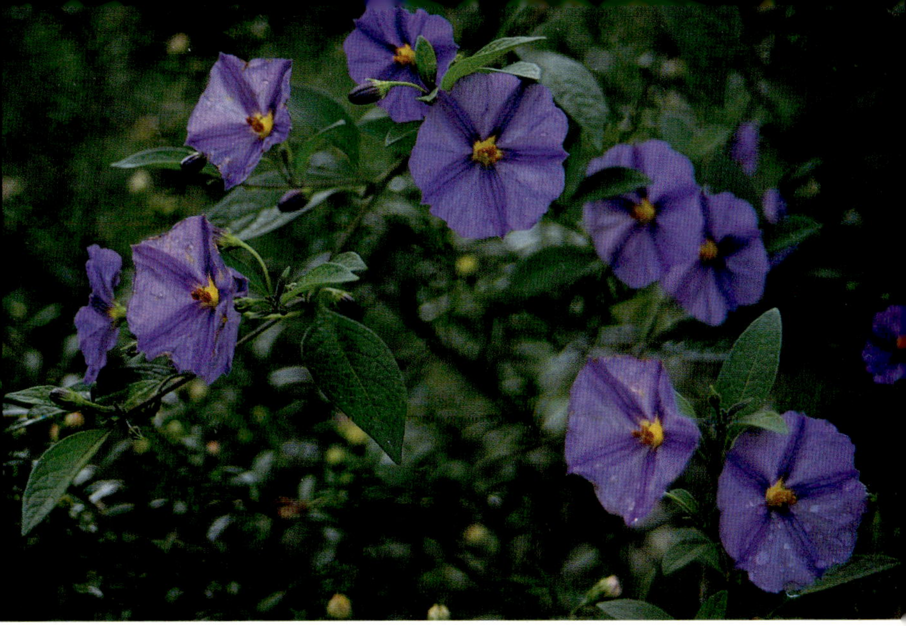
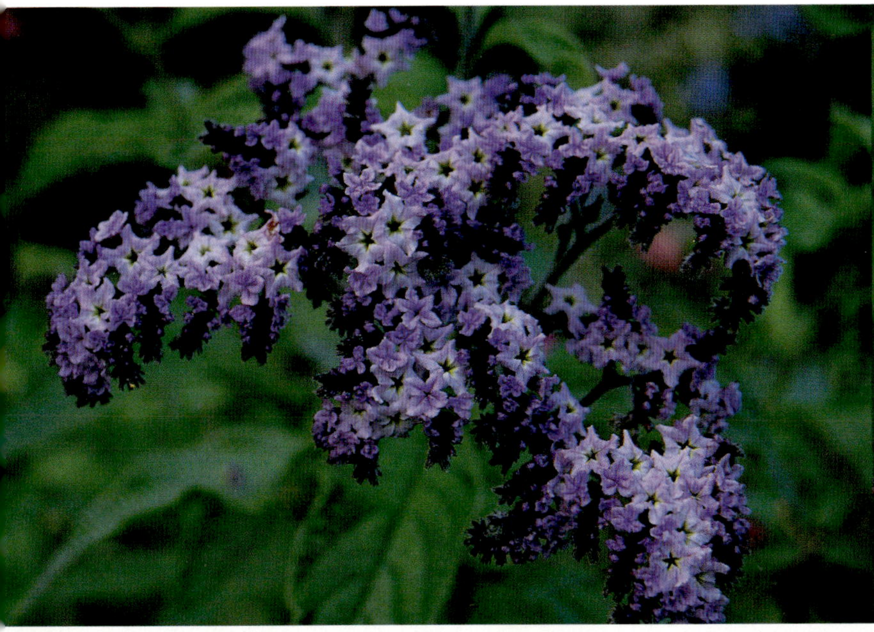
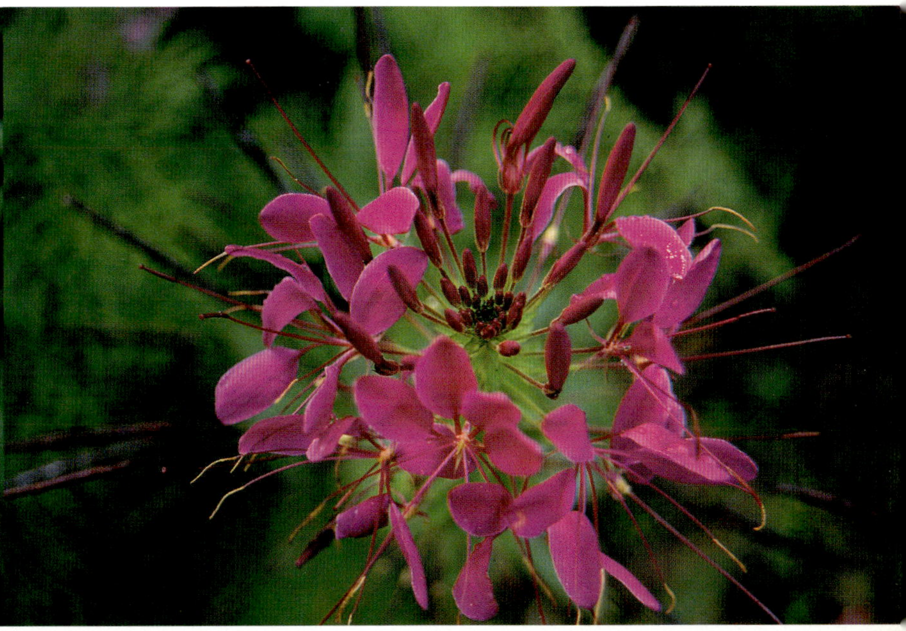
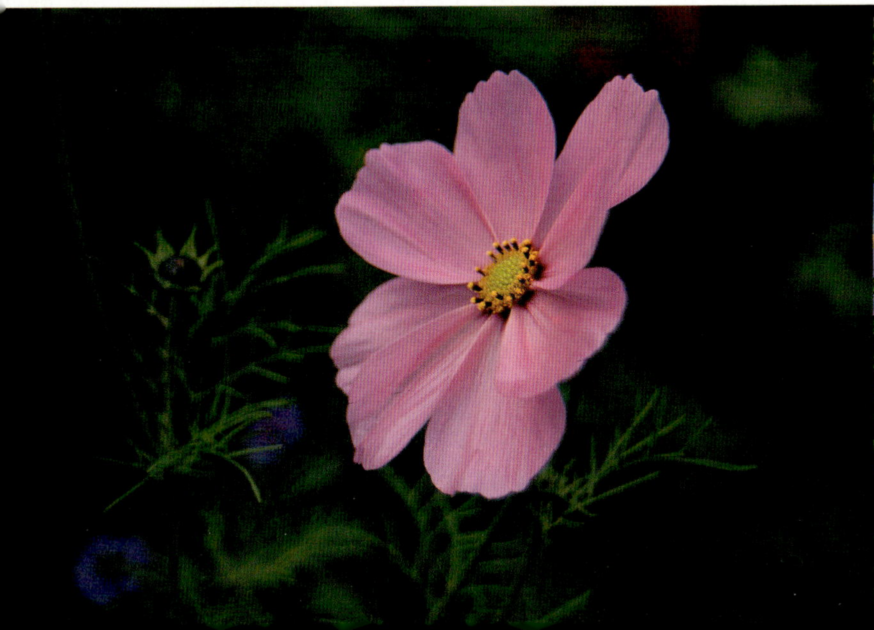
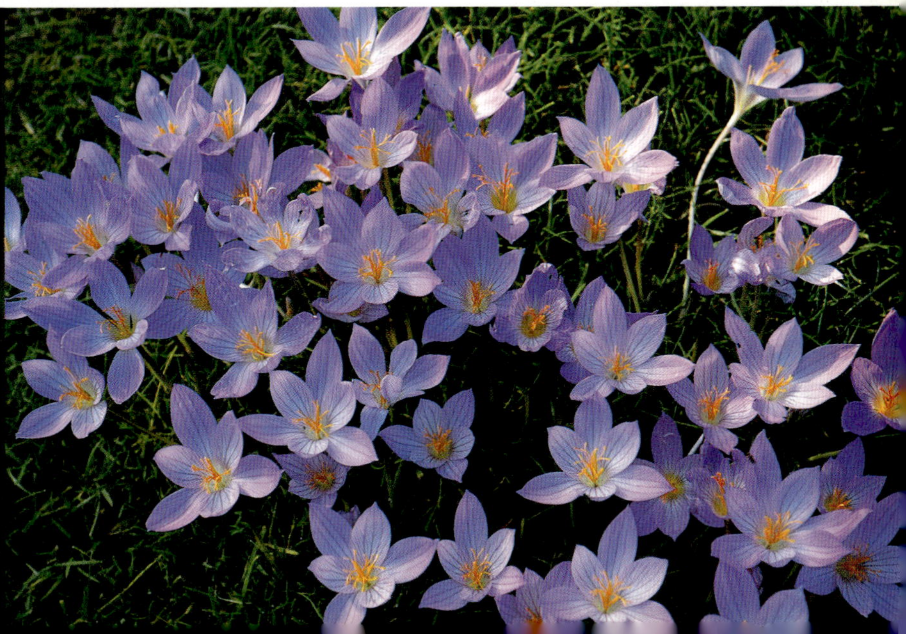

Waren die Seerosen Monets letzte Liebe, so waren die Dahlien mit Sicherheit seine erste. Zusammen mit den früher blühenden Gladiolen, die Monet ebenfalls zog und malte, gehören Dahlien zum Hauptbestand eines jeden französischen *„jardin rustique"*. Auch wenn sie nichts anderes ziehen, wächst bei den Menschen auf dem Land irgendwo im Vorgarten oder an der Straße wenigstens ein Dahlienbusch. Auch wenn sie heute von vielen Gartenkennern als unmodern betrachtet werden, bei Monet, Caillebotte und Mirbeau waren Dahlien beliebt und begehrt; dieses Trio tauschte untereinander regelmäßig und bereitwillig einzelne Sorten aus und war emsig auf der Suche nach ausgefallenen Varietäten. Monet war erstaunt und ein wenig pikiert, als es dem Züchter Godefroy in Argenteuil nicht gelang, seine „fameux dahlia Duc de Constantin" zu züchten, worum Monet ihn gebeten hatte. „Er ist ein komischer Kerl", beschwerte sich Monet bei Caillebotte. Es ist unklar, ob Monet sie jemals bekam, dafür war in Giverny jedoch nachweislich eine andere seiner Lieblingssorten, Dahlia 'Étoile Digoinaise', reichlich vorhanden. Truffaut bemerkte: „Der Herbst beginnt im September mit einigen ganz speziellen Effekten, die durch die reichliche Anpflanzung von Dahlien, vor allem der vielen Varietäten von Kaktusdahlien und der neuen aus den Samen von 'Étoile de Digoin' gewonnenen Dahlien erzielt werden. Es sind Dahlien mit langen, dünnen Blütenblättern, die einem leichten, anmutigen Seestern ähneln und jetzt sehr in Mode sind."

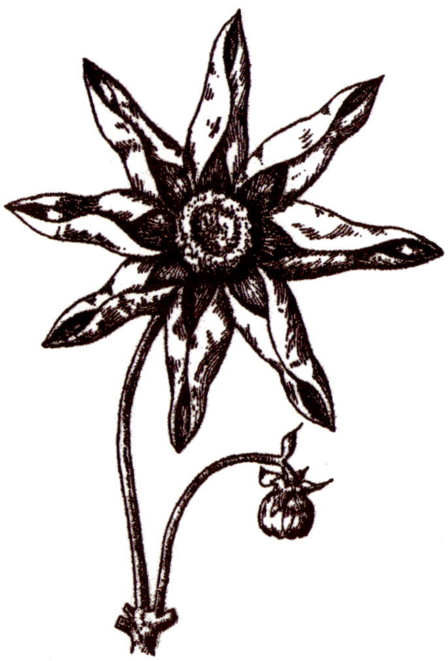

LINKS: *Ein Stich der sternförmigen Dahlie 'Étoile Digoinaise' oder 'Stella', die von Monet in großer Zahl gepflanzt wurde.*
RECHTS: *Rosa Kosmeen wechseln sich auf der ganzen Länge der Rabatte mit der pink-orangefarbenen Kaktusdahlie 'Decorose' ab. Im Hintergrund erhebt sich eine Trauerweide, die vor ca. dreißig Jahren bei einem Orkan beschädigt wurde.*

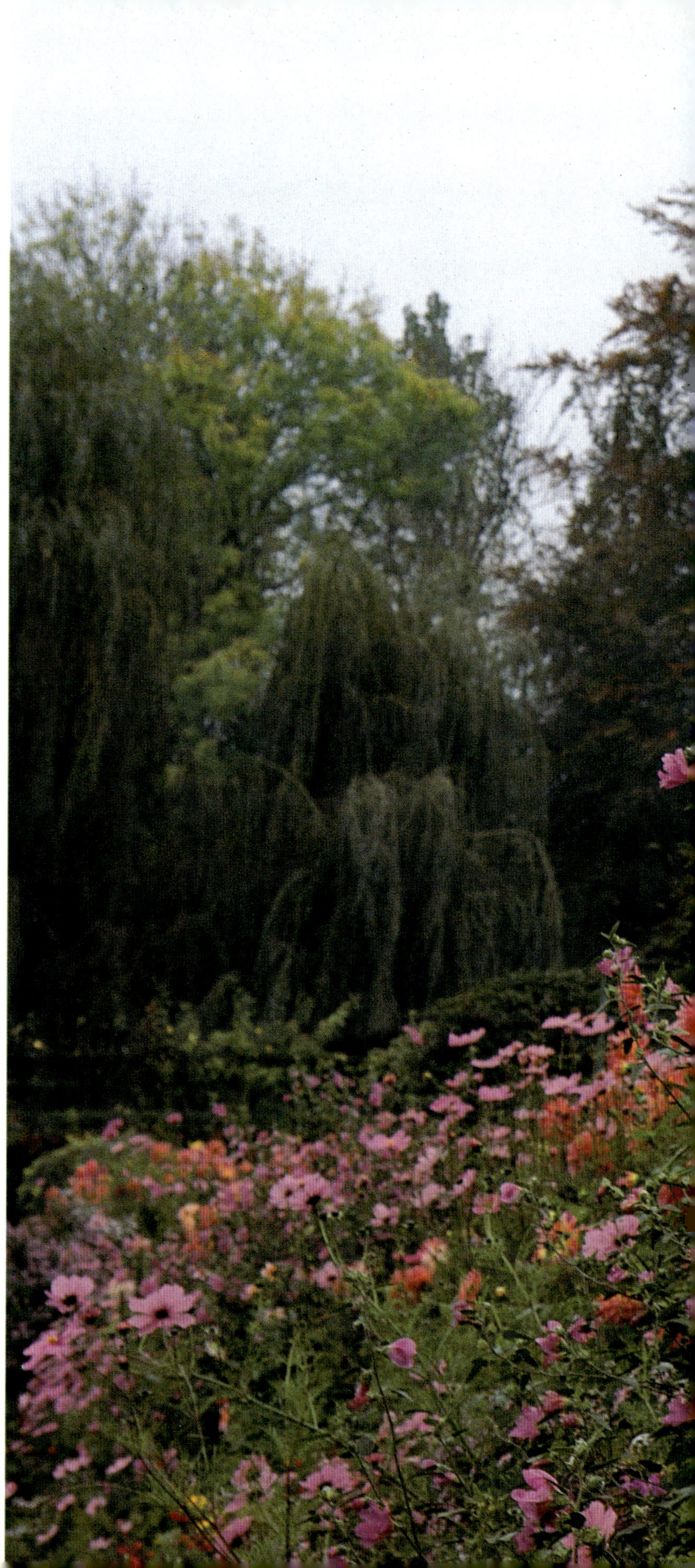

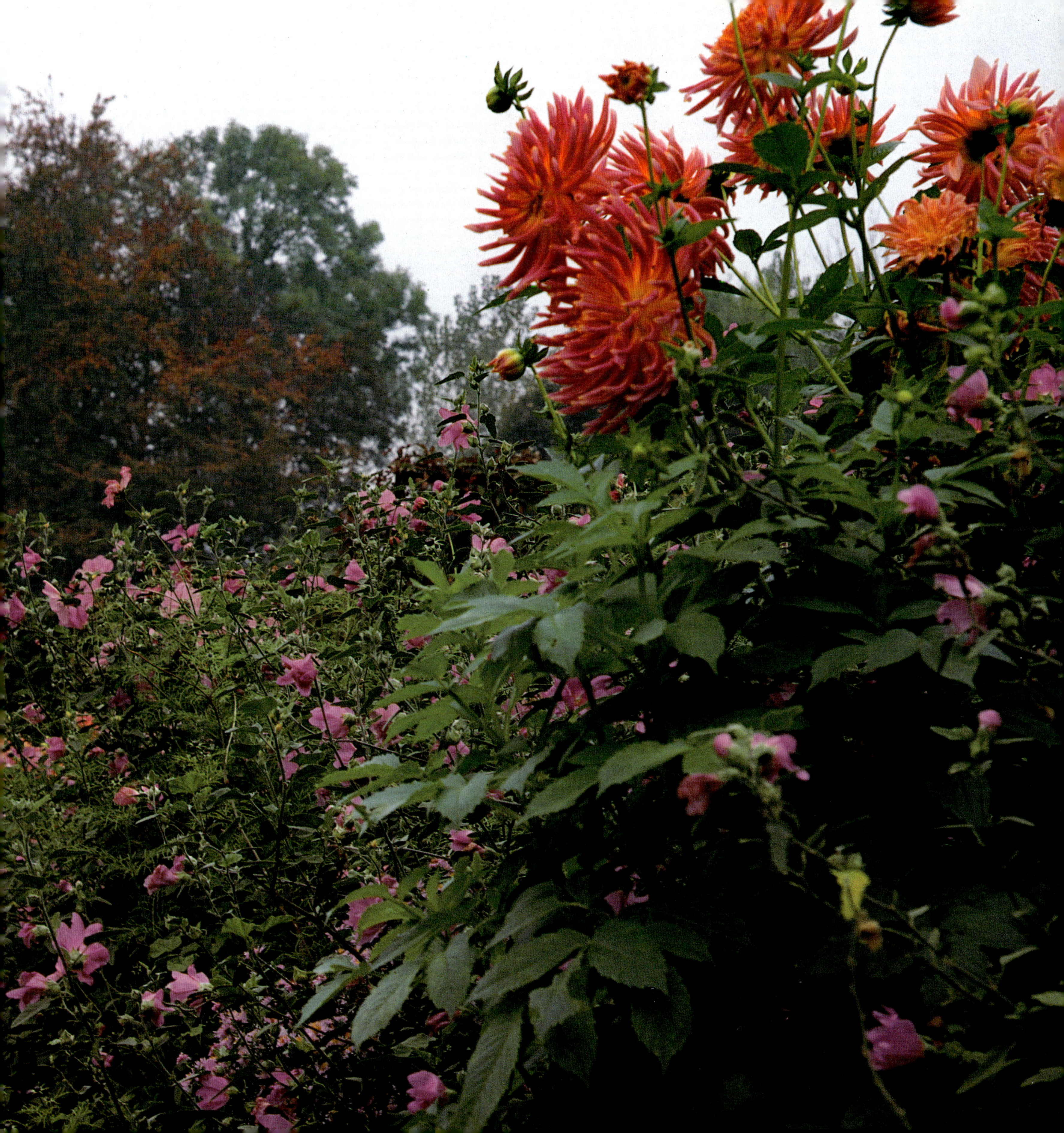

Die Dahlie tauchte zu Anfang unseres Jahrhunderts als wildwachsende Pflanze im Garten eines begeisterten Amateurgärtners auf. Dieser gab Knollen davon an zwei Züchter weiter, die ihr eine andere Bezeichnung gaben – Monsieur Martin aus Digoin im Département Saône et Loire taufte sie 'Étoile Digoinaise' und Monsieur Rivoire aus Lyon nannte sie 'Stella'. Das geschah, bevor sie etwa 1920 in den Handel gebracht wurde. Diese Blumen waren interessant wegen der Art, in der sich die Ränder der Blütenblätter einrollten und so das sternförmige Aussehen noch unterstrichen. Vahé hielt viele Jahre lang erfolglos nach dieser Sorte Ausschau. Graines Baumaux, die französischen Dahlienspezialisten, berichten, daß diese Sterndahlien zur Zeit nur in japanischen und amerikanischen Pflanzenschulen erhältlich sind. Ungefüllte Dahlien dieses Typs hatten ihre Liebhaber bei Gärtnern wie Monet, aber sie büßten aufgrund ihrer überlangen Stengel und der allzu üppigen Blätter viel von ihrer Beliebtheit ein.

In Giverny findet sich heute eine riesige Vielfalt von Dahliensorten, als wäre es unmöglich, ihren Eigenschaften zu widerstehen. Jede einzelne der unzähligen Varietäten wird jetzt durch eine Handvoll Pflanzen repräsentiert, was den Gärtnern ungeheuer viel Arbeit macht, da sie alle etikettieren müssen. Im Herbst haben zwei Gärtner die Aufgabe, durch den Garten zu gehen und jede Dahlienpflanze genau zu überprüfen, damit es keine Fehler bei der Etikettierung gibt. Gleichzeitig werden die Eigenschaften aller in diesem Jahr neu erworbenen Sorten beurteilt. Das Ausmaß der Prozedur hat seit Monets Zeit zugenommen, aber an der notwendigen Behandlung der Dahlien hat sich nichts geändert. Daß man einst genauso verfuhr, läßt sich einem Brief Monets an Alice vom Oktober 1886 entnehmen, in dem er sie daran erinnert, die Dahlien mit Schildchen zu versehen, solange die einzelnen Sorten noch zu erkennen seien und bevor der Frost sie zerstört habe.

Gilbert Vahé höchstpersönlich ist für die komplizierte Aufgabe verantwortlich, die vielen in Giverny gezogenen Dahliensorten mit Etiketten zu versehen.

RECHTS: *Kaktusdahlie 'Jolie Normande' (oben), Kaktusdahlie 'Aumonier Chandelon' (Mitte), Collerette-Dahlie 'Libretto' (unten).*

MITTE RECHTS: *Eine rote Kaktusdahlie (oben), Kaktusdahlie 'Hayley Jayne' (Mitte), mittelhohe Schmuckdahlie 'Lilac Time' (unten).*

GANZ RECHTS: *Riesenschmuckdahlie 'Emory Paul' (oben), eine gelbe Semi-Kaktusdahlie (Mitte), die orchideenblütige Dahlie 'Jescot Julie' (unten).*

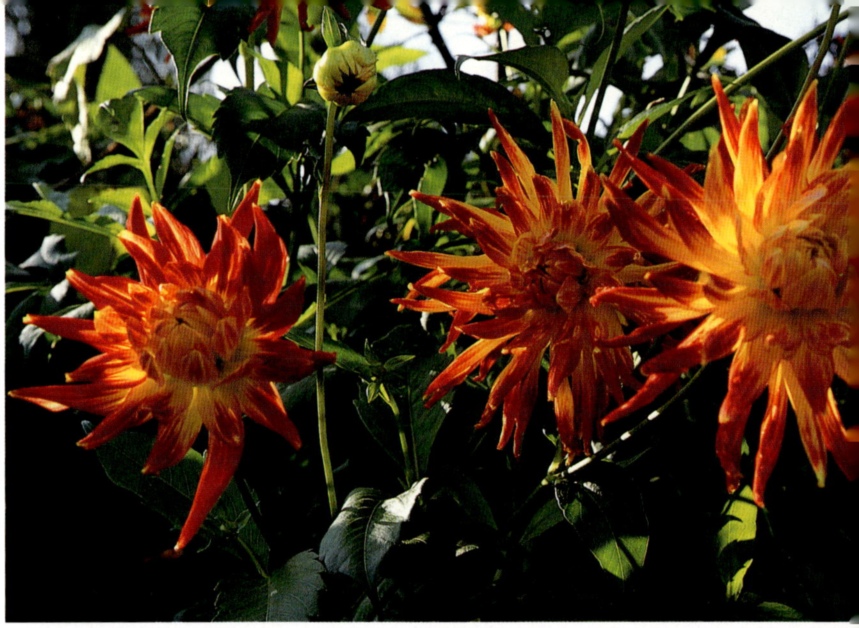

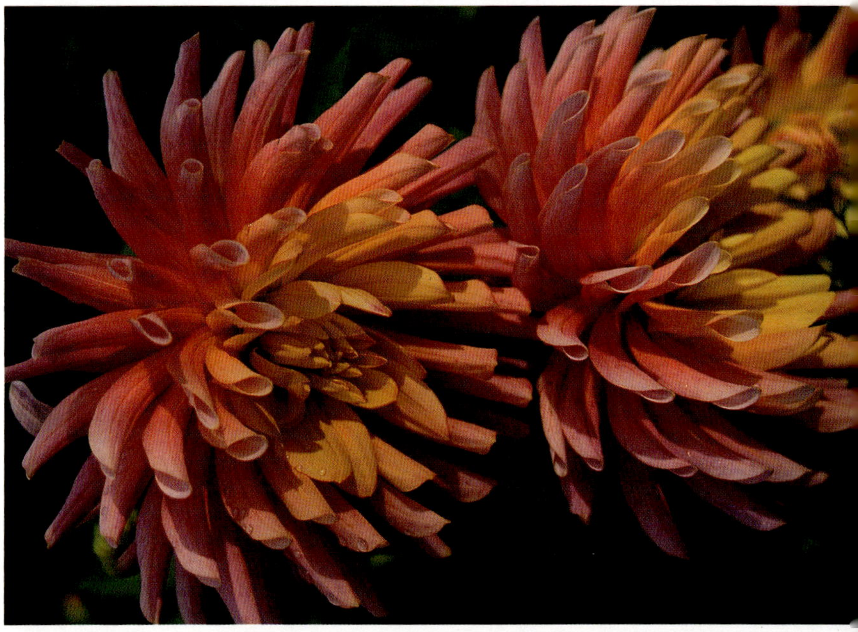

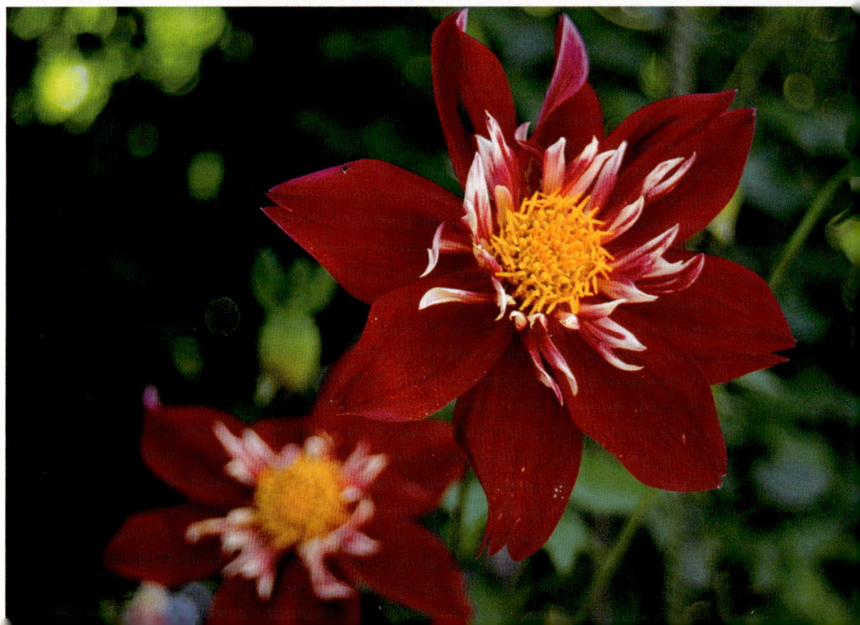

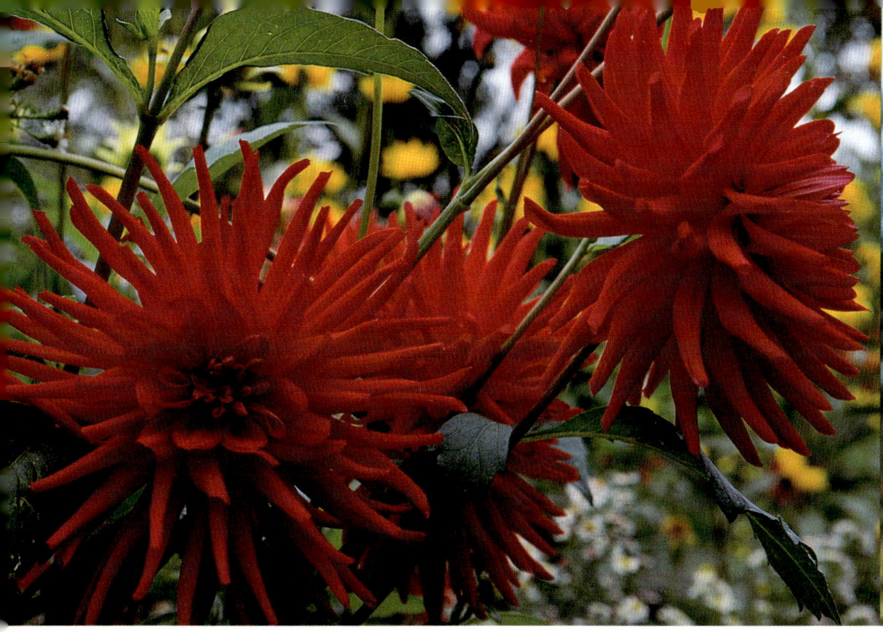
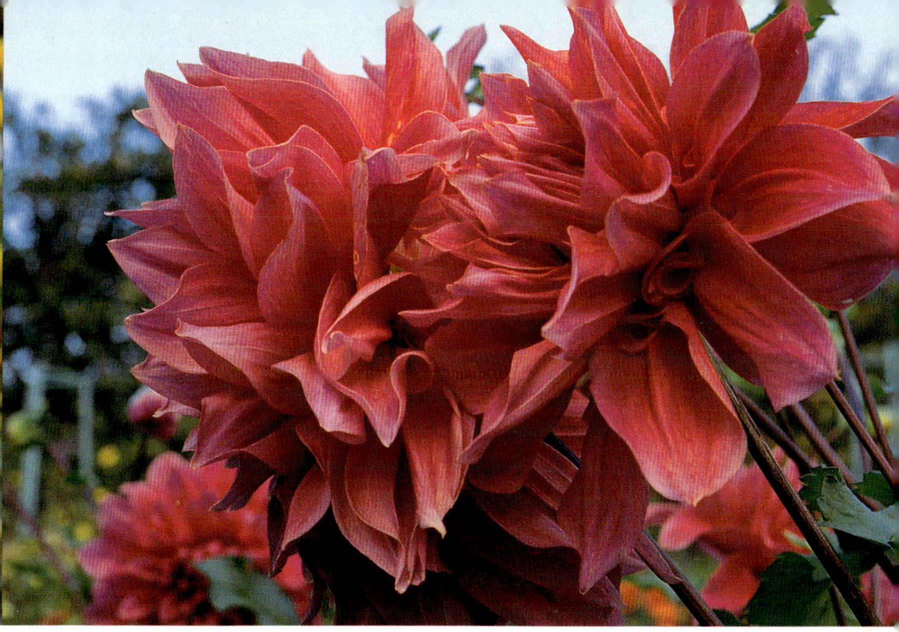
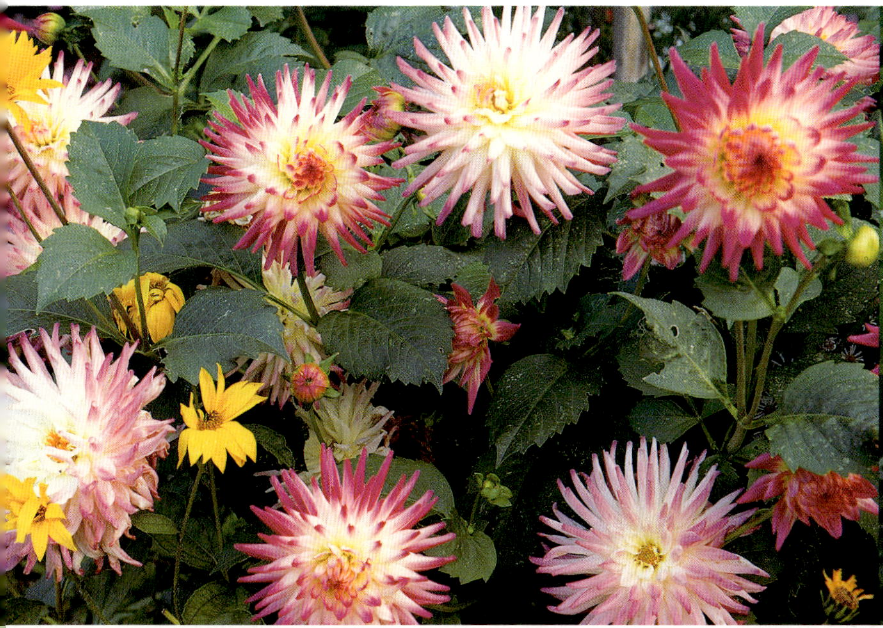
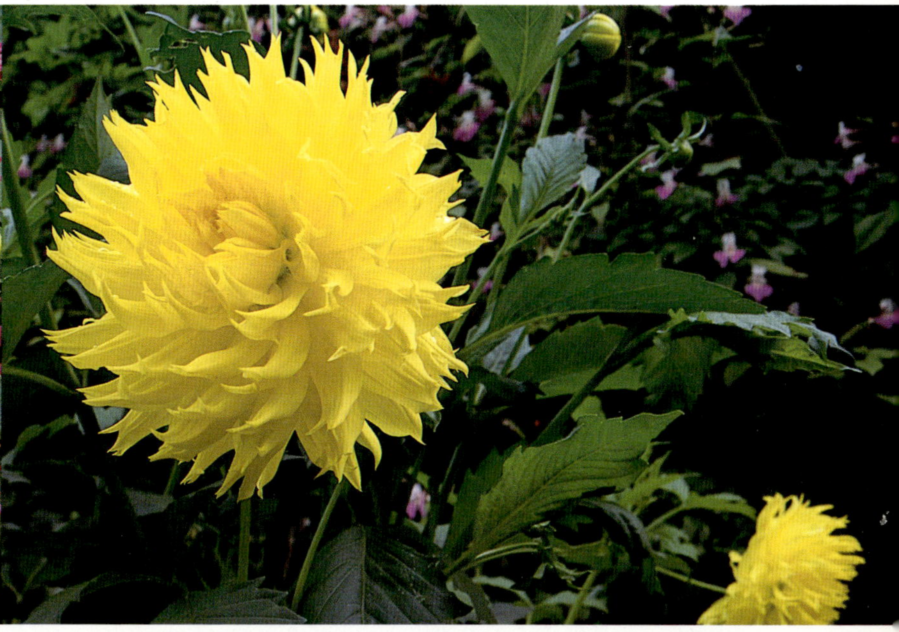
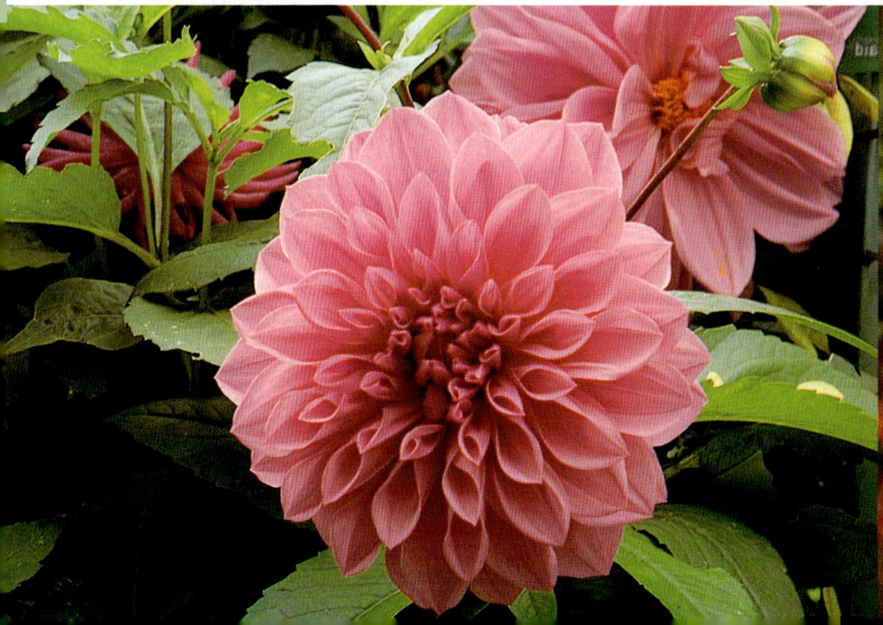
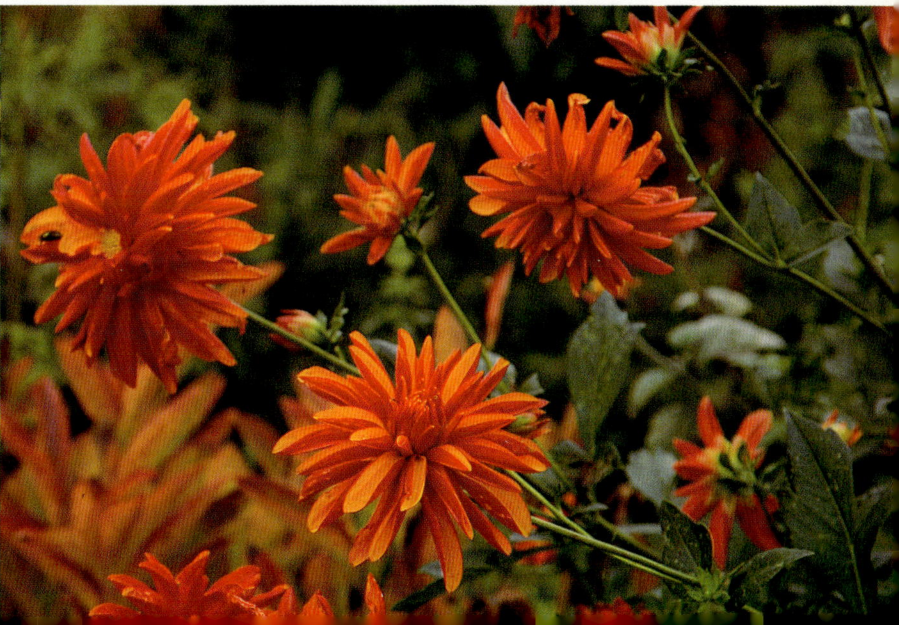

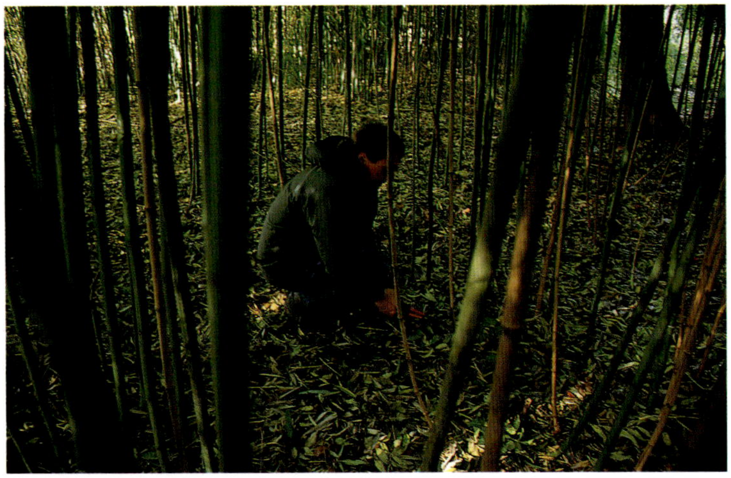

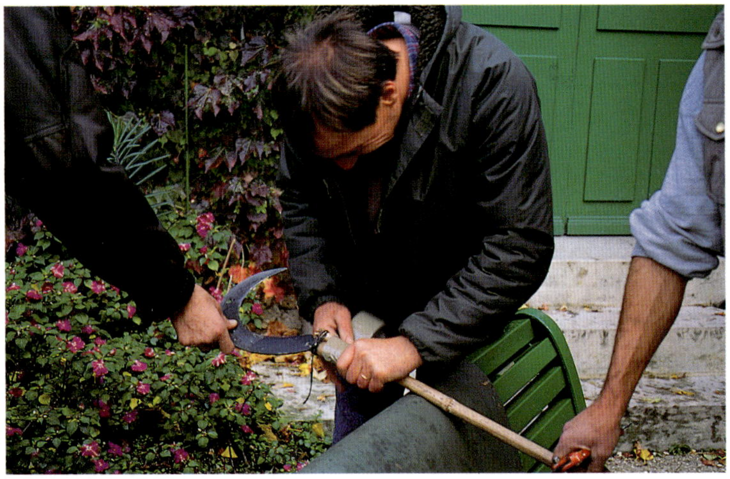

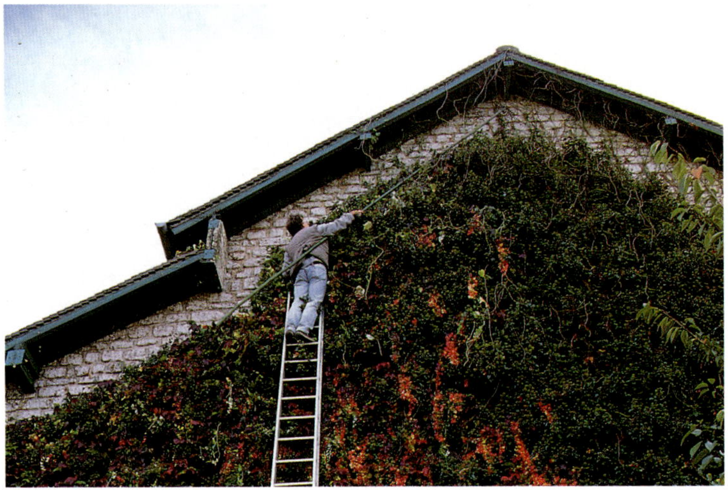

Wenn die Tage kürzer und die Nächte kälter werden, vollzieht sich ein weiterer drastischer Farbwechsel. Die Kletterpflanzen, die die Vertikalen des Gartens umhüllen, ändern ihre Farbe, und bisher grüne Mauern werden rot, orange sowie gelb und bilden für die Blumen im Garten einen feurigen Hintergrund. Die Blätter des wilden Weins *(Parthenocissus quinquefolia)*, der heute nur noch einen kleinen Teil des Hauses bedeckt, nehmen ihre typische, dunkelrote, herbstliche Färbung an und bilden einen lebhaften Kontrast zu dem rosa Putz der Mauern. Sie bedecken auch die gesamte Fassade des 1916 gebauten dritten Ateliers. In Monets Tagen umgab der Wein *(„vigne vierge“)* einen großen Teil des Hauses und überwucherte auch das Dach der Veranda. Es muß dies im Herbst ein wunderbarer Anblick gewesen sein. Das heute eher bescheidene Wachstum ist für das Gartenpersonal leichter zu handhaben: Der selbsthaftende Wein kann bis zu 20 m hoch werden, wird in Giverny jedoch strikt in Grenzen gehalten. Man schneidet ihn erst am letzten Montag der Saison, so daß seine farbenfrohen Blätter bis zum letzten Moment ihre Pracht entfalten können.

Im Herbst verbringen die Gärtner immer weniger Zeit im Blumengarten und mehr in den Arbeitsräumen, wo der jahreszeitliche Kreislauf mit dem Pflanzen für das nächste Jahr von vorn beginnt. Den ganzen September und Oktober hindurch werden die zweijährigen Blumen nach und nach aus dem Gewächshaus auf die dafür vorgesehenen Beete gepflanzt, wobei die Gärtner sich oft über Politik unterhalten. Wie in allen Gärten verlangsamt sich im Herbst aufgrund der niedrigeren Temperaturen das Wachstum der Pflanzen. Ab Mitte September müssen die Gärtner keine einjährigen oder winterfesten Pflanzen mehr zurückschneiden, um zu verhindern, daß sie das Wachstum der umstehenden Pflanzen beeinträchtigen. Stattdessen verbringen sie die Vormittage damit, Blüten zu entfernen und Unkraut zu jäten, während die Hilfsgärtner den Garten von herabgefallenem Laub freihalten.

Unterdessen wartet man in Giverny gespannt, was das diesjährige Wetter bringen wird, auf welche Weise das Spektakel zu Ende geht. Gibt es ein jähes, abruptes, von frühem Frost verursachtes Finale, oder wird der Garten sanft verblassen? Es war stets unmöglich, dies vorauszusagen. Wenn Monet zu dieser Jahreszeit nicht in Giverny weilte, wurde er trotzdem von den gleichen Fragen geplagt. Wenn er an Alice schrieb und sie anwies, die empfindliche Pflanzen zu kennzeichnen und Samen zu sammeln, erkundigte er sich gleichzeitig immer auch, ob noch Blumen im Garten standen.

Der Herbst ist auch Erntezeit. Als wolle er bestätigen, daß er sein eigener Gärtner war, erklärte Monet Léon Lebret, dem Gärtner, der Félix Breuil ersetzt hatte, welche Samen für das nächste Jahr aufbewahrt werden sollten. Einige waren für Monets Freunde bestimmt. „Wenn Du etwas von meinen Samen willst", schrieb Monet an Caillebotte, „geniere Dich nicht zu fragen." Heute bewahren die Gärtner in Giverny eher Äpfel als Samen auf. Die Äpfel werden in Bereichen gelagert, die für das Publikum nicht zugänglich sind. Man läßt keine Äpfel hängen, um sie *„du coté publique"* pflücken zu lassen … Das Gartenpersonal wird ständig von den Besuchern gefragt, welche Apfelsorten sie züchten. Als Gérald van der Kemp nach Giverny kam, brachte er mehrere alte Apfelsorten aus Versailles mit, wo sie im *„Potager du Roi"* wuchsen. Darunter sind die traditionell in Frankreich gezüchteten Sorten wie zum Beispiel 'Bénédictin' ('Bennet Apple'), 'Reinette Blanche du Cananda', 'Reinette Grise du Canada' ('Royal Russet') und die weniger bekannten 'Calville Blanche d'Hiver' und 'Calville Rouge d'Hiver'. Kemp führte auch 'Golden Delicious' und 'Richared' in den Garten ein; außerdem wachsen 'Granny Smith', die roten amerikanischen Äpfel 'Starking' und 'Starkrimson', sowie 'Belle de Boskoop', eine beliebte holländische Sorte.

Zu den sonstigen dort gezüchteten Obstsorten gehörten die bekannte Birne 'Doyenné du Comice' und einige Kochbirnen, deren Namen unbekannt sind. Ein Feigenbaum im Hühnerhof trägt Früchte; aber bei den männlichen und weiblichen Kiwipflanzen *(Actinidia deliciosa)*, die an der westlichen Mauer des Gartens gezogen werden, scheint die Chemie nicht zu stimmen, denn sie haben bisher noch keine einzige Frucht hervorgebracht.

GEGENÜBER: *Jean-Luc Lerenard schneidet im Wassergarten (oben) ein Stück Bambus ab und befestigt es an einer Sichel (Mitte). Während er die Leiter hält, schneidet Rémi Lecoutre den wilden Wein an der Mauer des dritten Ateliers (unten).*

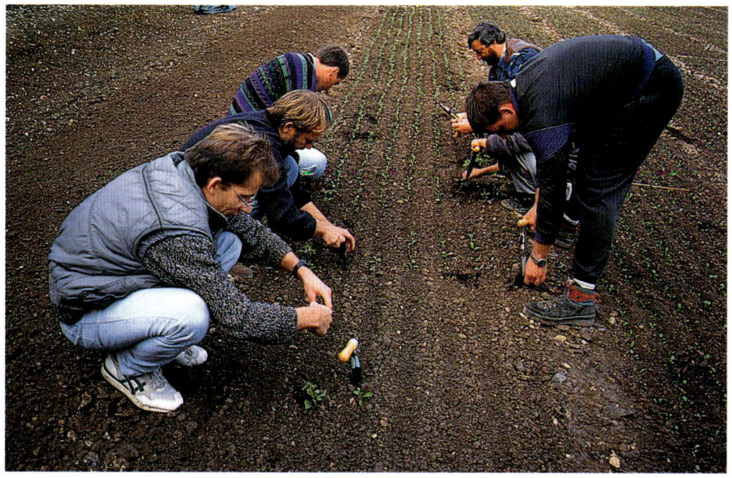

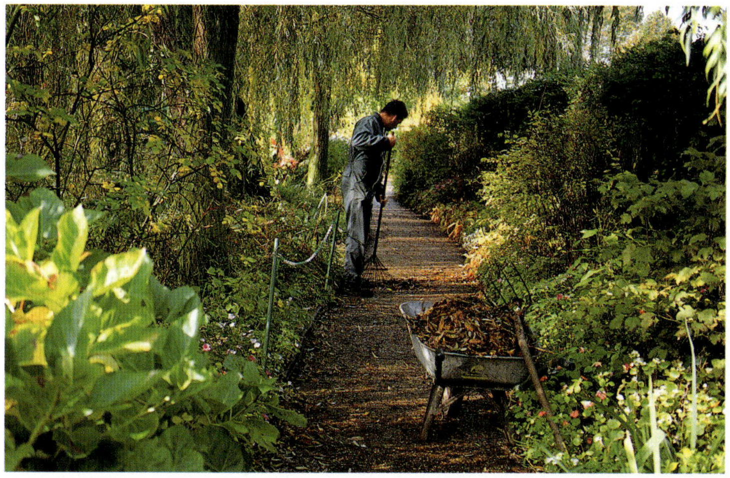

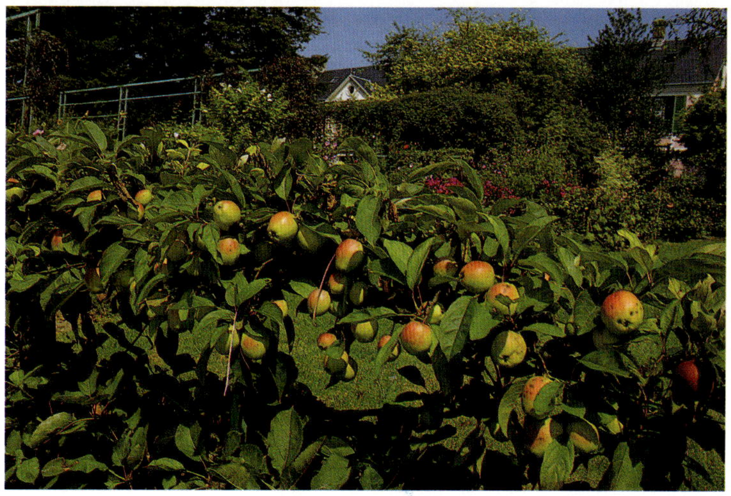

RECHTS: *Pflanzen, Jäten und Ernten sind im Herbst die wichtigsten Aufgaben. Sechs der Gärtner setzen zweijährige Pflanzen auf die Anzuchtbeete (oben). Jean-Marie Avisard fegt im Wassergarten das Laub zusammen (Mitte). Diese köstlich aussehenden Äpfel sind reif für die Ernte (unten). Niemand kennt ihren Namen, und obwohl sie nicht sehr schmackhaft sind, erschöpft sich ihr Vorrat im Lauf des Winters.*

Im Wassergarten kommen die hohen Bäume und Sträucher, die den Teich wie eine dezente grüne Tapete umgeben haben, jetzt richtig zur Geltung und sind durch die Veränderung der Farben als Einzelpflanzen zu erkennen. Und dieses eine Mal konzentriert sich der Blick nicht ausschließlich auf die Oberfläche des Teiches und die Brücke, sondern nimmt den Gesamtanblick auf – das Panorama aus Dunkelrot, Rost und Orange, das sich jetzt im Wasser spiegelt.

Dieses Seestück mit seinen feurigen herbstlichen Farben faszinierte Monet in seinen späten Jahren. Obwohl er nahezu erblindet war, traf man ihn, lange, nachdem seine Seerosen verblüht waren, häufig am Ufer, in den Anblick des roten Gartens vertieft. Ob die abstrakten Gemälde, die er in dieser Zeit schuf, der erste Schritt zur modernen Kunst waren, oder ob er – wie Clemenceau behauptete – nur das malte, was er sah (was nicht sehr viel war), wir wissen es nicht; jedenfalls fing er die ganze Intensität des in den letzten Zügen liegenden Herbstgartens ein.

Wie in allen anderen Bereichen in Giverny umfaßte Monets Vorstellung von seinem Wassergarten sowohl diese großartigen malerischen Aspekte als auch praktische Details der Gartenarbeit. Während er sicher das flüchtige Muster genoß, das die herabgefallenen Blätter im Herbst auf dem Wasser zauberten, ließ ihn sein gärtnerischer Pragmatismus bestimmt dafür sorgen, daß nicht zu viele Blätter in den Teich fielen und mit ihrer Fäulnis das Wasser vergifteten. Die Gärtner haben sicher den Auftrag erhalten, sie zu entfernen, genau wie das zu üppig wuchernde Unkraut oder die schwimmenden Teppiche von Wasserlinsen durchzufiltern, die die Wasservögel hereingetragen hatten.

Monets Interesse, die Wasseroberfläche sauberzuhalten, war bekannt: Nachdem seine Seerosen dort angesiedelt worden waren, mußten die Gärtner auch deren Blätter ständig schneiden, damit sie dezente schwimmende Inseln bildeten und nicht zu einem alles bedeckenden, durchgehenden Teppich wurden, wie es schnell der Fall sein konnte. Es betrifft die Zeit, bevor die Bisamratten damit begannen, die Seerosen in Schach zu halten.

Im Wasser spiegeln sich bunt gefärbte Amberbäume (Liquidambar styraciflua), *eine hohe schlanke Pappel* (Populus nigra *'Italica'*) *und ein immergrüner Lorbeerbaum* (Prunus lusitanica). *Diese auf den Kopf gestellte Welt faszinierte Monet.*

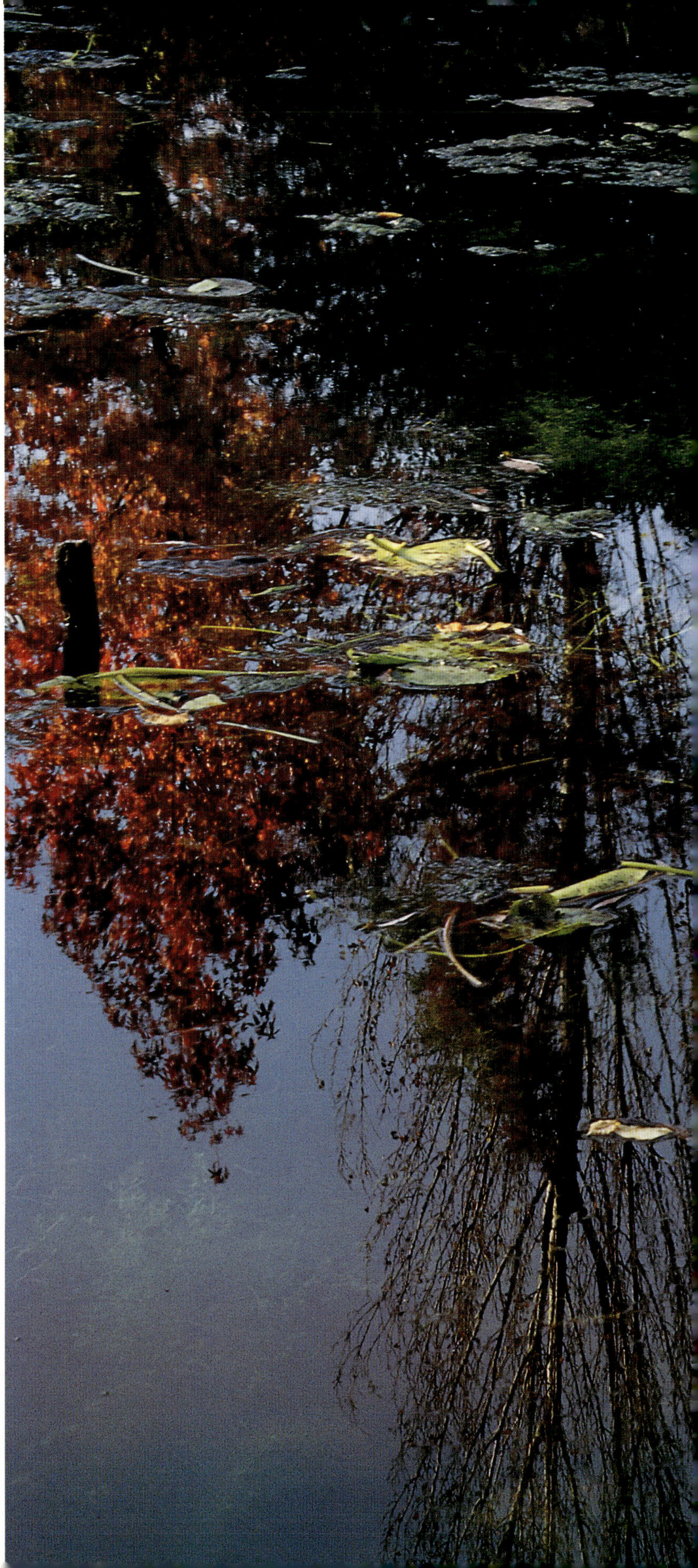

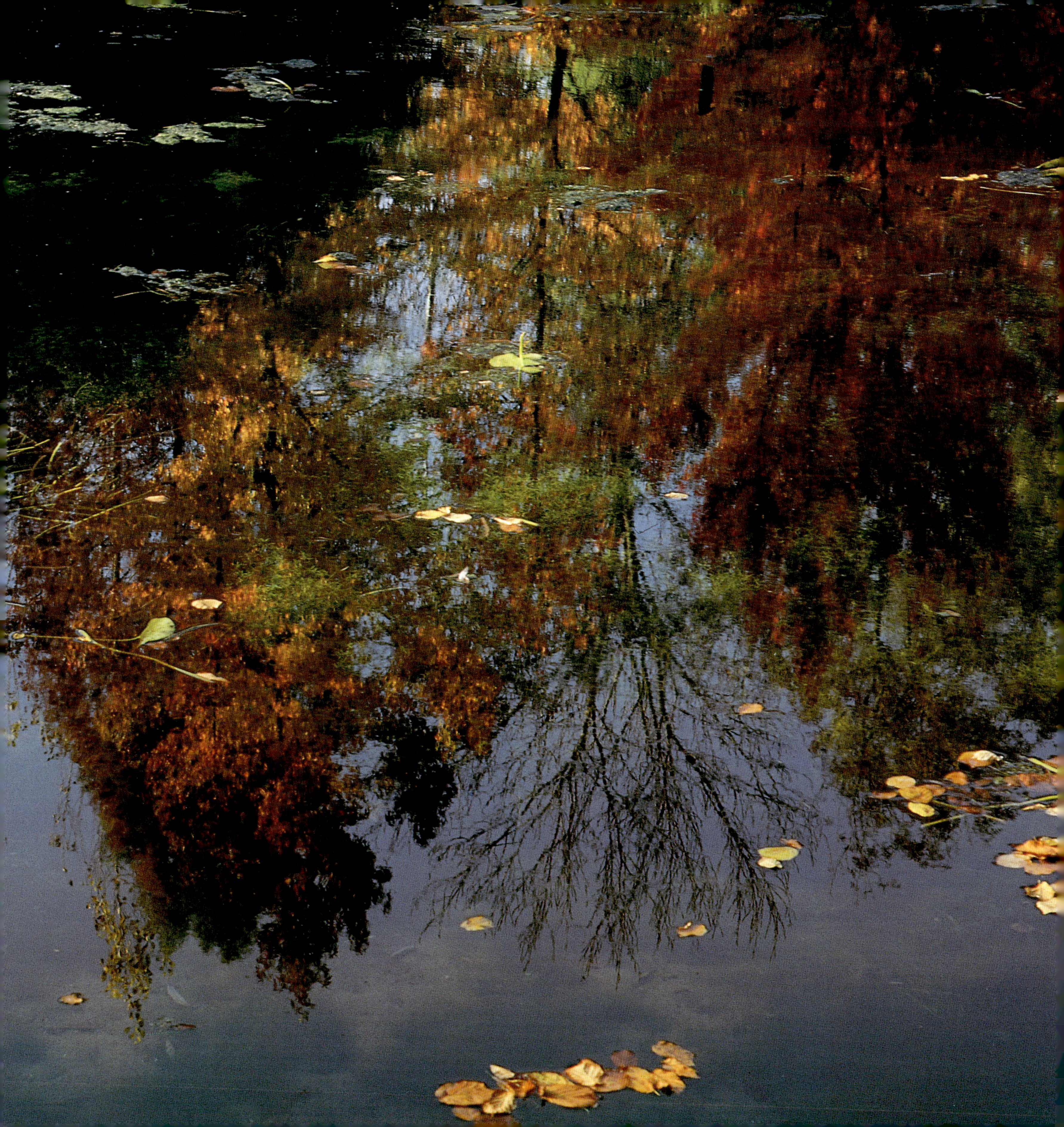

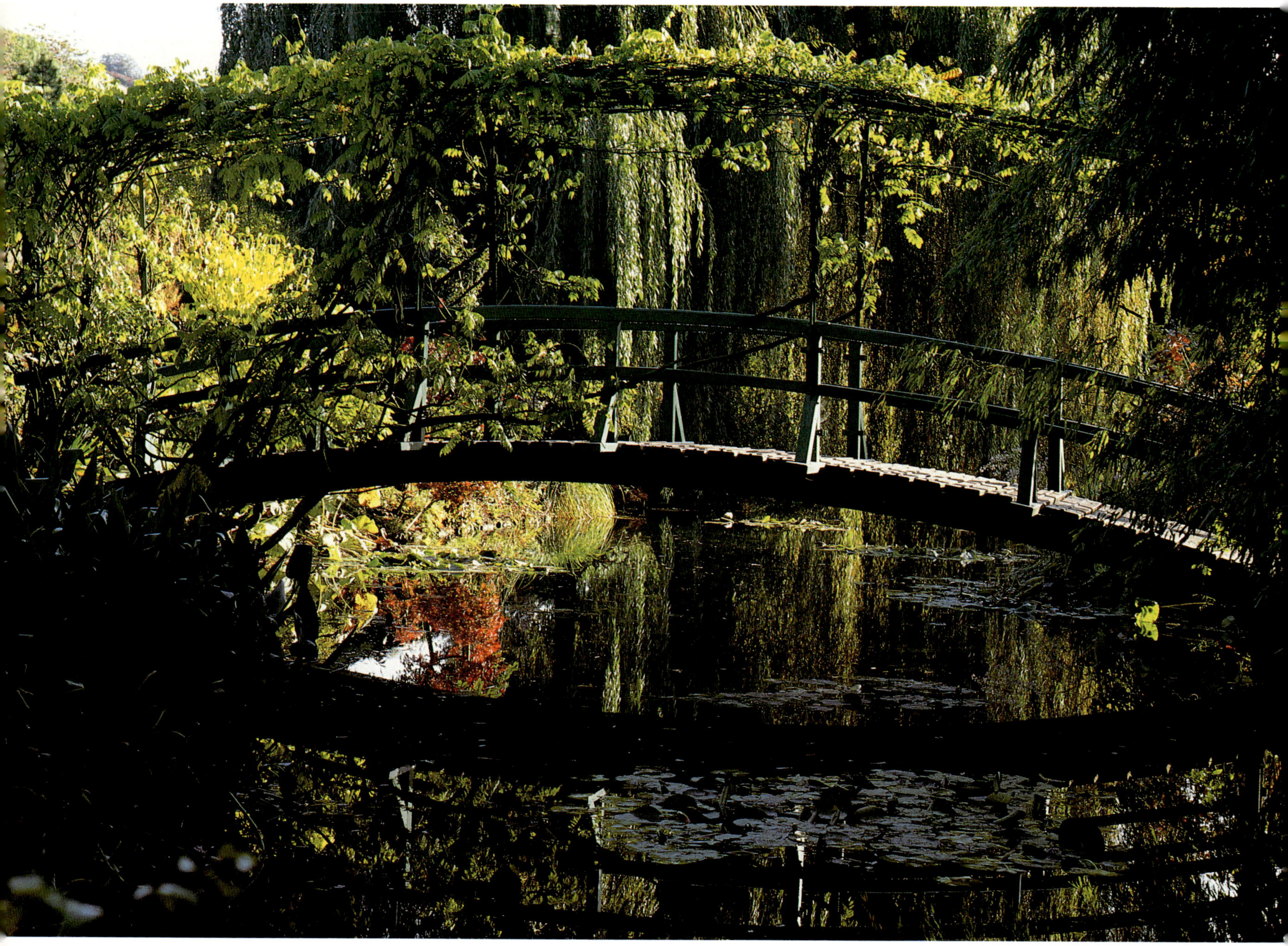

Der Brücke, zu deren Bau Monet durch die japanischen Farbholzschnitte, die sein Haus schmückten, inspiriert wurde, fehlte anfangs das deckende Gerüst. Nachdem es zehn Jahre später hinzugefügt worden war, verlieh sie dem Teich eine neue Dimension der Spiegelung. Monet malte sie in seinen letzten Lebensjahren immer wieder, wobei er ständig ihre wesentlichen Elemente herausarbeitete, bis nur noch der Bogen der Brücke und ein Aufruhr grüner Farbtöne übrigblieb – was viele Kunsthistoriker als den Beginn der abstrakten Kunst gewertet haben, während Clemenceau der Ansicht war, Monet male nur das, was er sehe.

Die Oberfläche von Monets Teich erscheint, entsprechend den jeweiligen Lichtverhältnissen, einmal wie ein Spiegel, ein anderes Mal durchsichtig. Monet erforschte diese feinen Veränderungen des Wassers in seinen späten Jahren ebenso besessen, wie in seinen frühen Atmosphäre und Licht. Die Vorstellung einer gespiegelten Welt faszinierte ihn. Einmal erzählte er Sacha Guitry, um sich über die Gestaltung eines Bildes, das er malen wollte, klarzuwerden, müsse er es erst auf den Kopf gestellt sehen, er bücke sich und betrachte, den Kopf zwischen den Beinen, sein Motiv, bevor er etwas auf die Leinwand bringe. So seltsam sich dies auch anhören mag, danach galt das als altbewährte Methode, sich über die Komposition eines Bildes Klarheit zu verschaffen.

Monets Interesse an der Anlage des Wassergartens spiegelte sich in der Sorge um dessen Gesundheit und Wohlergehen. Von Beginn an, als er nämlich im Jahre 1893 die Genehmigung erhielt, Wasser aus der Epte abzuleiten, um seinen Teich zu füllen, erwies sich Monet als vorbildlicher Wassergärtner. Seine Begeisterung für das neue Projekt und sein Sinn für Details sind in den Archiven belegt und nachzulesen. Obwohl er behauptete, er hätte Pflanzen aus einem Katalog *„au petit bonheur“* ausgewählt, enthielten seine ersten Bestellungen (außer den Seerosen) Zierpflanzen für das Ufer, an der Oberfläche auftauchende Pflanzen mit dekorativen schwimmenden Blättern und Wasserpflanzen wie *Myriophyllum aquaticum* (von Monet unter der alten Bezeichnung *Myriophyllum prosperinacoides* geführt), dessen unter Wasser wachsende, federnartigen Blätter als Sauerstofferzeuger dienen.

Ein Lieferschein der Firma Latour-Marliac an Monet vom April 1894 – das erste Jahr seines neuen Teiches – liest sich wie eine Aufstellung des Grundmaterials, das jeder neue Teichbesitzer hätte bestellen können. Die Lieferung enthielt Pflanzen im Wert von gut fünfzig Francs, die als Frachtgut in vier Paketen an die Bahnstation in Vernon geschickt wurden. Die Aufstellung beginnt folgendermaßen:

3 Polygonum amphibium, à 50 centimes	*1f. 50c.*
3 Trapa natans, à 50 centimes	*1f. 50c.*
3 Trapa verbenensis, à 1 franc	*3f. 00c.*
3 Arundinacea picta, à 40 centimes	*1f. 20c.*
3 Caltha polypetala, à 60 centimes	*1f. 80c.*
3 Carex folliculata, à 75 centimes	*2f. 25c.*

Sie schließt mit bekannten Sorten wie Goldkeule, Pontederien, Pfeilkraut und Molchschwanz. Monets Knöterich entspricht der heutigen *Persicaria amphibia*, der amphibischen Natterwurz; seine *Trapa natans* ist die Wasserkastanie, die *Arundinacea* möglicherweise die weißgestreifte Gardeners garters oder das kanarische Rohrglanzgras *(Phalaris arundinacea* var. *picta)*, eine von vielen Uferpflanzen mit grasartigen Blättern. *Caltha polypetala* wächst noch immer im Wassergarten – eine der wenigen Pflanzen Monets, die man noch heute dort findet. Heute wächst dort eine andere Sorte herzblättriger Pontederien *(Pontederia cordata)*. Und Papageienfeder und Pfeilkraut werden als Sauerstofferzeuger im Teich des Gewächshauses gezogen. Ansonsten sind es nur die Seerosen und ihr Spiegelbild, die noch Monets Geist atmen.

Die Bestellung bei Latour-Marliac war eine der ersten, der im Lauf der Jahre viele folgten, sowohl für den Teich des Wassergartens jenseits der Straße als auch für die Teiche in Monets Treibhäusern. Einige seiner Erwerbungen waren sicher ein Experiment, mit denen Monet einfach seiner Vorliebe für Neuheiten frönte oder ausprobieren wollte, ob eine bestimmte Wassergartenpflanze den winterlichen Außentemperaturen standhalten würde.

Zu Monets Zeit betreute ein ganzes Gärtnerteam unter der Leitung des Chefgärtners Félix Breuil den Wassergarten. Anfangs waren natürlich Anlage und Komposition der Pflanzen die Hauptaufgabe. Der Boden allerdings bereitete nicht viel Arbeit, da er völlig anders war als der trockene, alkalihaltige Boden des Blumengartens auf der anderen Seite der Straße. Aufgrund des durch die vielen Bäume gewonnenen Humus und die Schlammrückstände des Flusses war das Erdreich für die (sauren Boden liebenden) Pflanzen gut geeignet. Und sein Leben lang ergänzte und änderte Monet die Bepflanzung. Dazu zählte der Bau der japanischen Brücke im Jahre 1895, die Vergrößerung des Teiches in den Jahren 1901-2, das Eintreffen der drei Baumpäonien aus Japan um 1904 und das Pflanzen neuer Rosen, wann immer Monet sie bei einer Rosenausstellung entdeckt hatte.

Einen derartigen Garten instandzuhalten, muß die Gärtner auf eine harte Probe gestellt haben. Bei Pflanzen, die an so günstigen Standorten wie am Wasser wachsen, gibt es keinen Stillstand – sie haben die Neigung, sich auszubreiten, und der Gärtner muß eingreifen und sie zurückschneiden, um den erwünschten Anblick wiederherzustellen, wie es bei den Seerosen ständig der Fall war. Und da Monet immer großen Wert darauf legte, seine optischen Vorstellungen ganz genau verwirklicht zu sehen, war diese ständige Pflege und Betreuung sicher eine um so heiklere und mühevollere Angelegenheit.

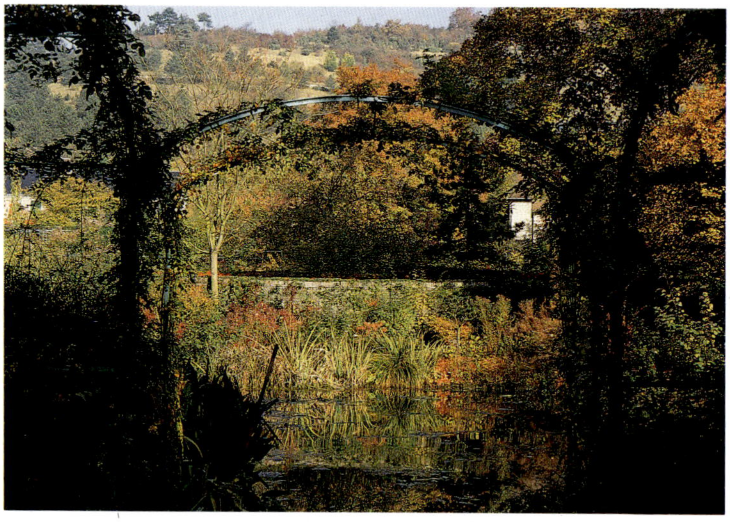

Während Monet seinen Garten nicht mit den Hunderttausenden von Menschen teilen mußte, die ihn heutzutage jährlich besichtigen, müssen die gegenwärtigen Besucher bestimmte Unannehmlichkeiten in Kauf nehmen. Als Félix Breuil schilderte, man habe die Teichufer stellenweise nicht bepflanzt, um den Leuten Gelegenheit zu geben, „die dekorative Wirkung zu bewundern", konnte er nicht ahnen, als welche Ironie sich diese Bemerkung einst erweisen sollte. Das Gras ist jetzt aufgrund der Menschenmassen so dezimiert, daß die Uferböschungen des Teiches dicht bepflanzt werden müssen, um sie fernzuhalten. Aber selbst das ist manchmal nicht Abschreckung genug, und die Pflanzen werden noch immer von Besuchern zertrampelt, die dort ihre Fotos machen wollen. Die meisten Besucher von Giverny sind mehr an einem berauschenden Anblick als an Authentizität interessiert. Nur ein paar Puristen wollen den Garten so sehen, wie er zu Monets Zeit war – das heißt, auf einigen Beeten ein paar Wochen lang ein Blütenmeer, die restliche Zeit des Jahres ein eher karger Anblick. Das zahlende Publikum erwartet ein Schauspiel, deshalb stehen die Gärtner ständig unter Druck, ein solches zu bieten.

OBEN: *Die Rosenbögen im Wassergarten, die Monet so häufig malte, verschmelzen mit den Hügeln im Hintergrund.*

RECHTS: *Fifille, Givernys ständiger Hausgast, kam in dem Jahr auf die Welt, als der Garten für das Publikum geöffnet wurde. Nach 14 Jahren vor den Kameras ist sie ein vollendeter Profi.*

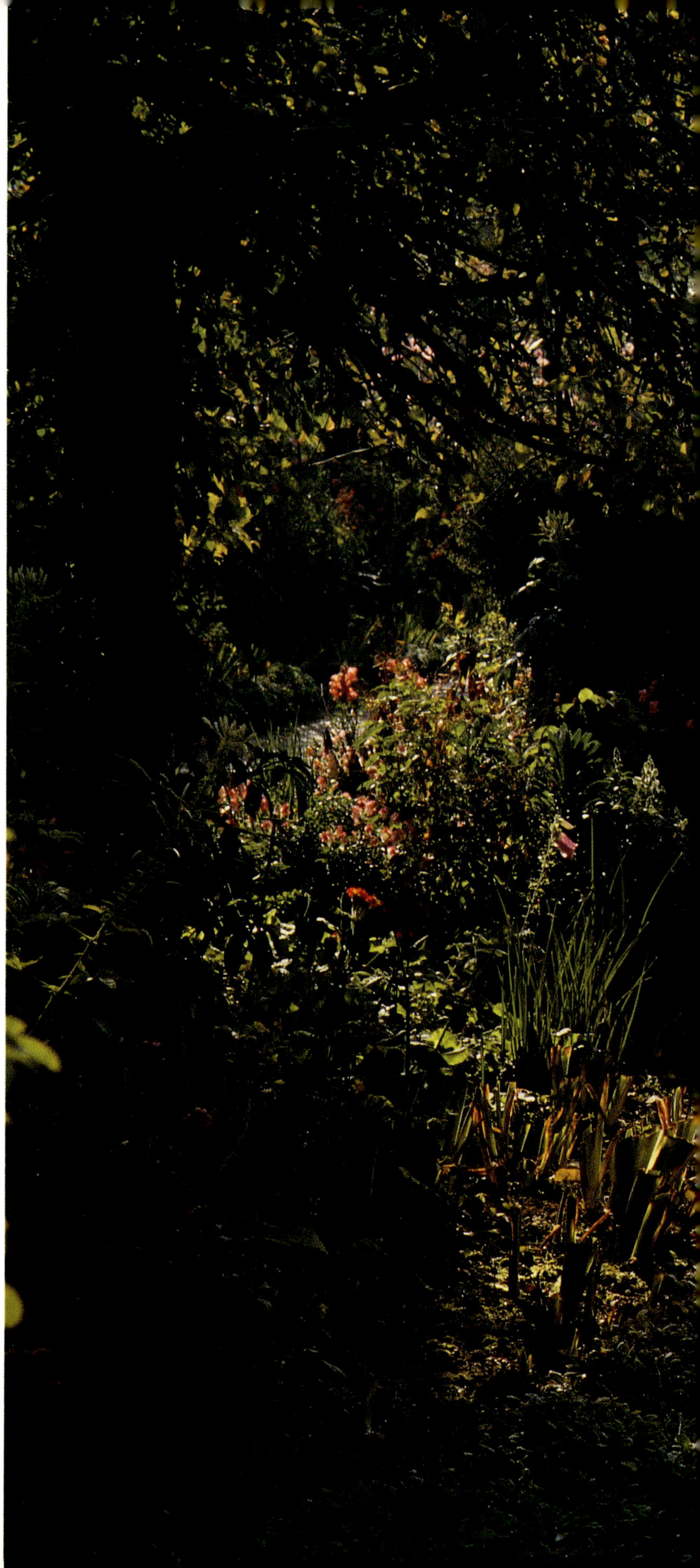

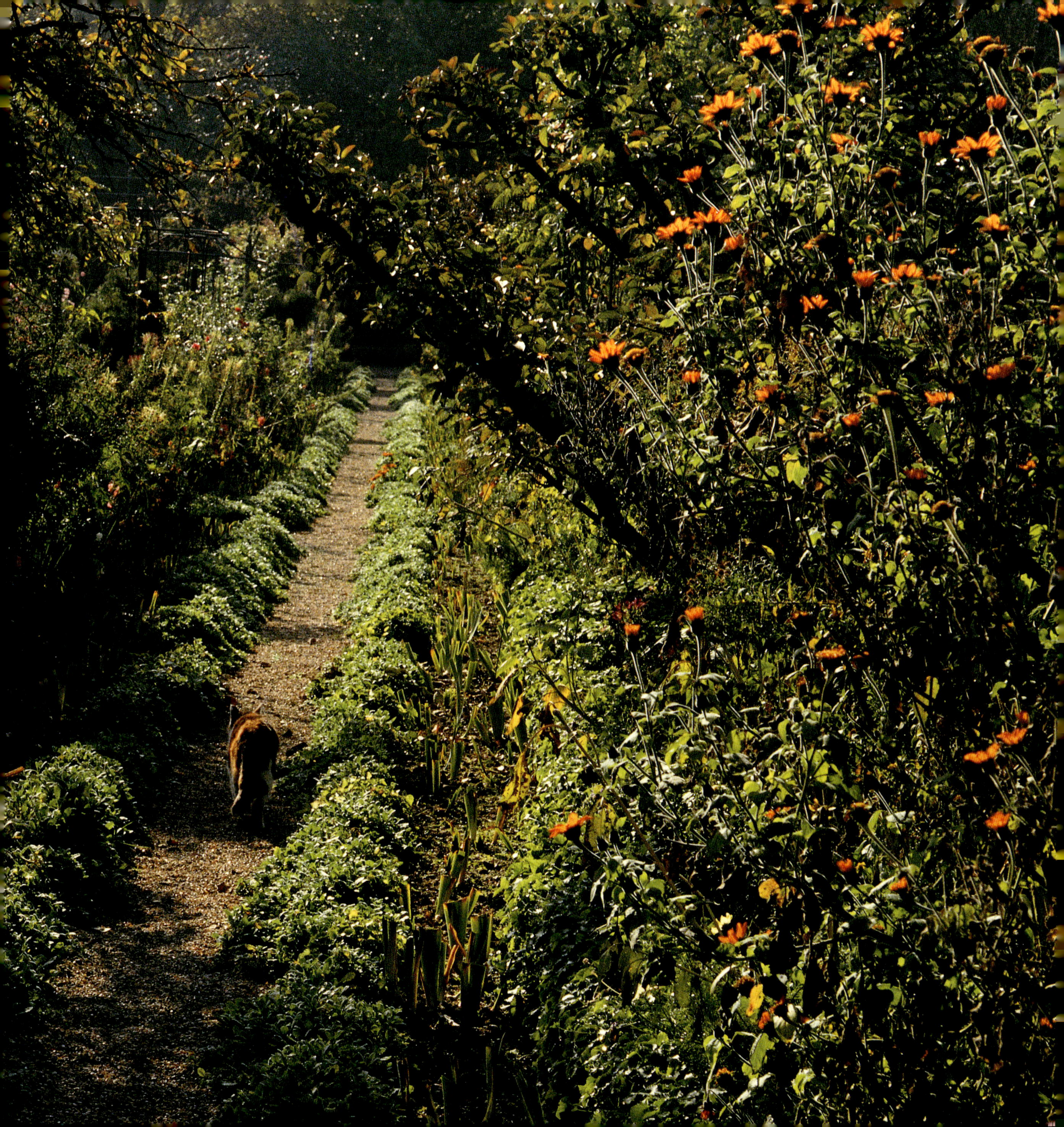

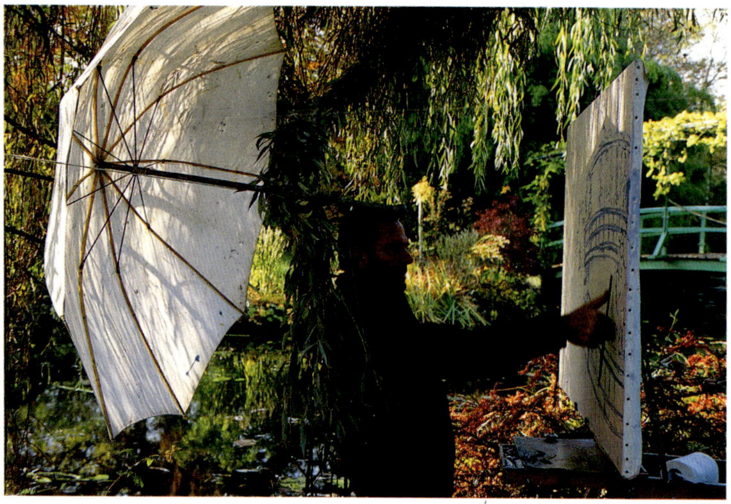
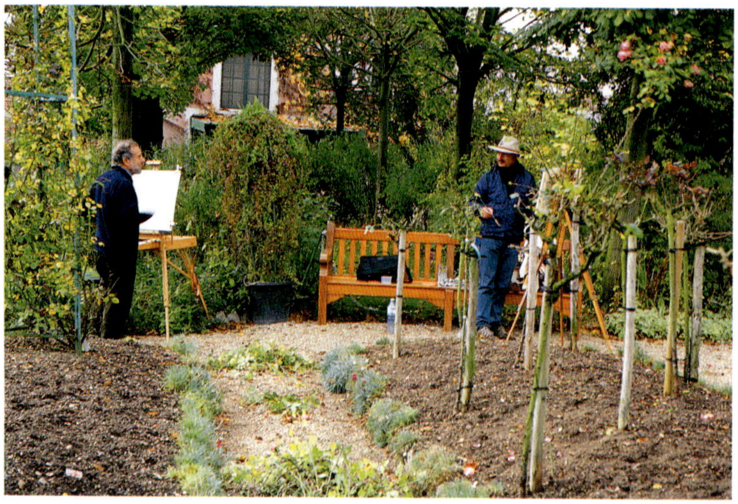
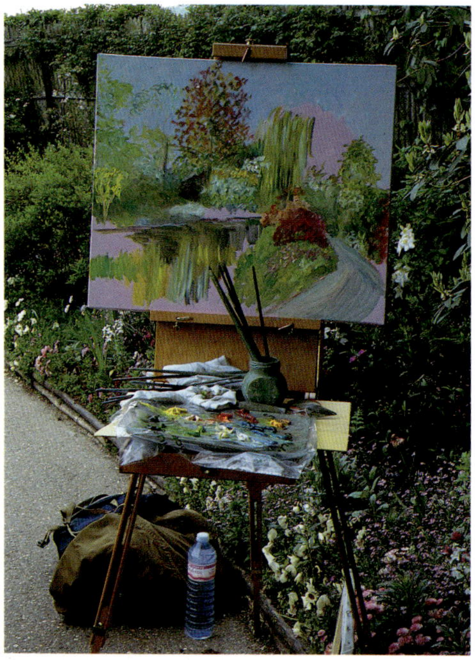
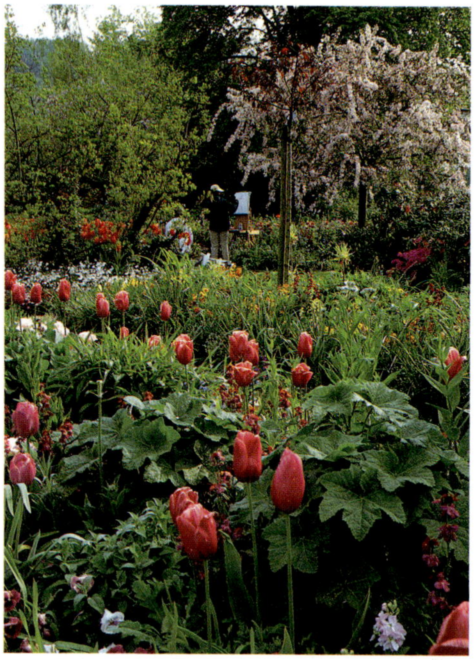
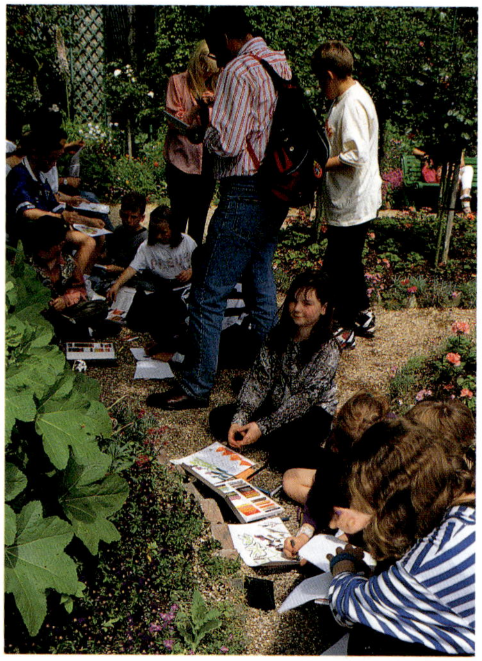
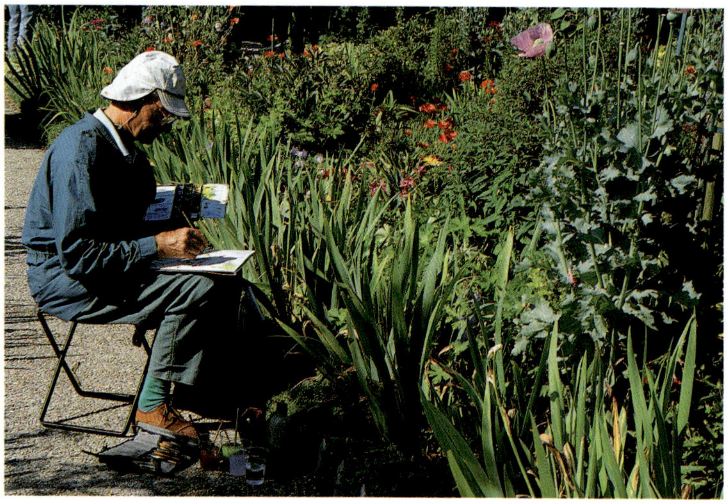
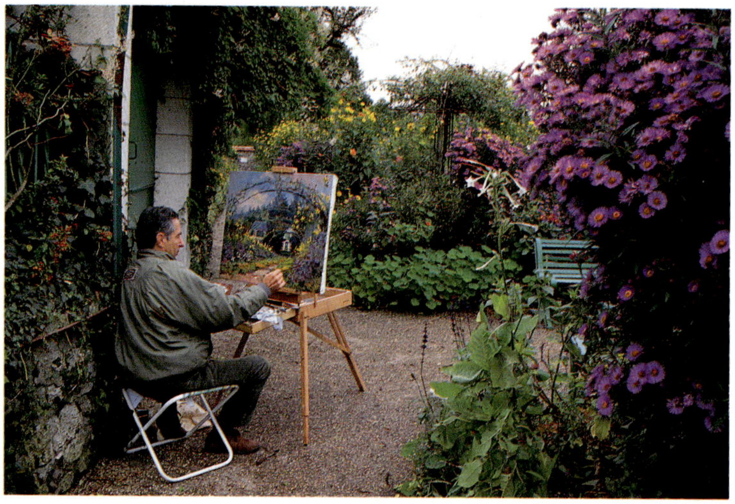

Gartenbesichtigung

Der Charakter eines Hauses oder eines Gartens hängt von den Menschen ab, die dort leben und arbeiten. Zu Monets Zeit war es der Monetsche Haushalt, der Stil und Atmosphäre des Ortes bestimmte. Heute sind Gärtner und Aufsichtsbeamte, der „*conservateur*“ und das Verwaltungspersonal diejenigen, die Giverny prägen. Während sie bemüht sind, Monets Geist in Giverny zu bewahren, steuern sie zugleich aber auch etwas von sich selbst bei. Die Pilger, die aus aller Welt herbeiströmen, sind zahlreich und haben ganz unterschiedliche Motive. Giverny gehört jetzt ihnen und allen, die sich darum kümmern.

Giverny liegt 55 km nordwestlich von Paris an der A 13. Wer mit dem Auto anreist, nimmt die Abfahrt „Giverny/Bonnières-sur-Seine“. Die nächste Bahnstation ist Vernon. Die Bahnfahrt ab der Gare Saint-Lazare in Paris dauert ca. eine Stunde. Vom 1. April bis zum 31. Oktober ist der Garten täglich von 10 bis 18 Uhr geöffnet, außer montags. Wenn Sie in Monets Garten malen wollen, sollten sie das Verwaltungsbüro unter der Nummer (33) 2 32 51 28 21 anrufen und einen Termin vereinbaren. Vom 1. April bis zum 31. Oktober ist das Büro an sechs Tagen geöffnet (montags geschlossen).

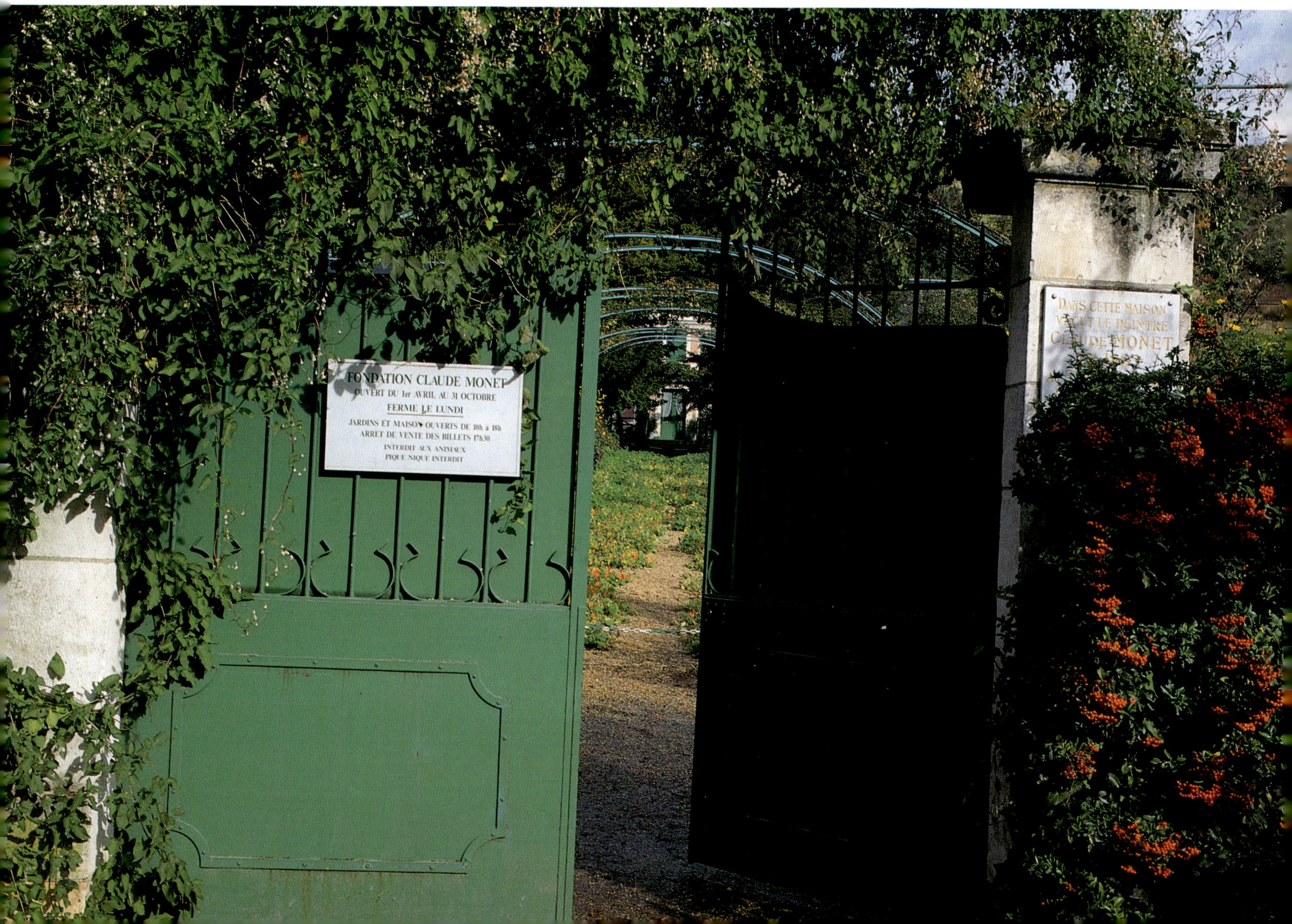

Literatur-Liste

Alexandre, Arsén: *Le Jardin de Monet* (Le Figaro, 9. August 1901)
Allison, James: *Gärten mit Wasser* (Tetra, 1992)
Alphant, Marianne: *Claude Monet: Une Vie dans le Paysage* (Haza, 1993)
Bernard, Jeannel: *André Le Nôtre* (Birkhäuser, 1988)
Boisset, Caroline: *Harmonische Gartengestaltung* (Naturbuch, 1992)
Bonnef, François: *Au Rives de l'Huisine – Le Jardinier des „Nympheas"* (Paris Normandie, 28. November 1949)
Breuil, Félix: *Les Iris pour bord de rivières, étangs et terrains humides* (Jardinage No. 21, Oktober 1913)
Budina, Günter: *Gärtnern mit der Natur* (Neumann, 1990)
Bumpus, Judith: *Impressionist Gardens* (Phaidon Press Ltd, 1990)
Claudine: *Mein grünes Herz* (Scherz, 1992)
Clemenceau, Georges: *Claude Monet: les Nymphéas* (Paris, 1928)
Courthion, Pierre: *Malerei des Impressionismus* (DuMont, 1976)
Decker, Michel de: *Claude Monet, Une Vie* (Librairie Académique Perrin, 1992)
Deuschler, Florens: *Die französischen Impressionisten und ihre Vorläufer* (Baden, 1990)
Deutschmann, Karl H./Hempel, Horst: *Florales Gestalten* (Neumann, 1989)
Die kleine Freude an Monets Garten (ars edition, 1992)
DuMont's große Gartenenzyklopädie (DuMont, 1994)
Duroselle, Jean-Baptiste: *Georges Clemenceau à son ami Claude Monet* (Édition de la Réunion des musées nationaux, 1993)
Elder, Marc: *À Giverny, chez Claude Monet* (Paris, 1924)
Foerster, Karl: *Blauer Schatz der Gärten* (Neumann, 1990)
Forestier, J. C. N.: Jardins: *Carnets de plans et de dessins* (Paris, 1920)
Forestier, J. C. N.: *Le Jardin de Monsieur Claude Monet* (Fermes et Châteaux, 1. September 1908)
Franke, Wolfram: *Faszination Gartenteich* (BLV, 1990)
Geffroy, Gustave: *Monet, sa vie, son temps, son œuvre* (2 Bände, Paris, 1922, Neuauflage 1980)
Gillet, Louis: *Après l'exposition de Claude Monet. Le testament de l'impressionisme* (La Revue des deux Mondes, 1. Februar 1924)
Gillet, Louis: *Trois Variations sur Claude Monet* (Librairie Plon, 1927)
Gordon, Robert/Forge, Andrew: *Monet* (DuMont, 1985)
Guitry, Sacha: *Cinquante Ans d'Occupation* (Presses de la Cité, 1993)
Gwynn, Stephen: Mehrere Artikel in *Country Life* (17. Dezember 1932, 31. Dezember 1932, 7. Oktober 1933)
Hielscher, Arno: *Gärten gestalten mit Sommerblumen* (Neumann, 1992)
Hobhouse, Penelope: *Farbe im Garten* (Ulmer, 1986)
Hobhouse, Penelope: *Die Kunst der Gartengestaltung* (DuMont, 1989)
Hohenberger, Eleonore: *Der Bauerngarten* (BLV, 1990)
Hoog, Michel: *Monet* (Weber, 1985)
Hoschedé, Jean-Pierre: *Blanche Hoschedé-Monet: Peintre Impressioniste* (Rouen, 1961)
Hoschedé, Jean Pierre: *Claude Monet, ce mal connu* (Genf, 1960)
Joyes, Claire: *Claude Monet et Giverny* (Paris, 1985)
Jorek, Norbert: *Beispielhafte Gartenteiche* (Natur u. Garten, 1990)
Keen, Mary: *Gärten in allen Farben* (BLV, 1992)
Keller, Horst: *Aquarelle und Zeichnungen der französischen Impressionisten und ihre Pariser Zeitgenossen* (DuMont, 1980)
Keller, Horst: *Ein Garten wird Malerei. Monets Jahre in Giverny* (DuMont, 1982)
Kuhn Alice: *Claude Monet à Giverny* (La Femme d'Aujourd'hui, 10. August 1904)
Küster, Bernd: *Monet* (Ellert & Richter, 1987)
Mirbeau, Octave: *Correspondance avec Claude Monet* (Éditions du Lerot, 1990)
Monet, Claude: *Der Impressionist* (Piper, 1990)
Monet, Claude: *Zauberwelt der Impressionen* (Herder, 1986)
Oldehoff, Ursula: *Wassergarten im Jahreslauf* (Rat & Tat, 1989)
Paul, Anthony/Rees, Yvonne: *Der Wassergarten* (Mosaik, 1987)
Petzold, Eduard: *Beiträge zur Landschaftsgärtnerei* (Brün, 1991)
Proust, Marcel: *Les Splendeurs* (Le Figaro, 15. Juni 1907)
Sagner-Düchting, Karin: *Claude Monet: „Nymphéas"* (Olms, 1985)
Seegers, Lothar: *Teiche und Tümpel im Garten* (Ulmer, 1989)
Seitz, William C.: *Claude Monet* (DuMont, 1975)
Stadelmann, Peter: *Der Gartenteich* (Gräfe u. Unzer, 1986)
Stein, Siegfried: *Wassergärten* (BLV, 1991)
Truffaut, Georges: *Le Jardin de Claude Monet* (Jardinage No. 87, November 1924)
Vauxcelles (Louis Mayer, bekannt als V.): *Un après-midi chez Claude Monet* (L'Art et les Artistes, Dezember 1905)
Verey, Rosemary: *Blühende Gärten zu allen Jahreszeiten* (DuMont, 1990)
Wagner, Friedolin: *Gestalten mit Pflanzen* (Ulmer, 1990)
Widmayr-Falconi, Christiane: *Bezaubernde Gärten* (BLV, 1991)
Zinkernagel, Gisela: *Der harmonische Garten* (Ulmer, 1990)
Zinkernagel, Gisela: *Farbenfrohe Blumenbeete* (BLV, 1992)

Index

DANKSAGUNG DER AUTORIN

Dieses Buch über Monets Garten hat Informationen aus vielen Quellen geschöpft, und wenn all dies kein Stückwerk blieb, dann lag das daran, daß ein Team engagierter Mitarbeiter bestens kooperiert hat.

Was die Arbeiten, den heutigen Garten betreffend, anbelangt, so habe ich Rémi Lecoutre zu danken. Der Garten ist sein ganzer Stolz, und er hat die tausenderlei Fragen, die wir hatten, mit viel Geduld über sich ergehen lassen und sie beantwortet.

Hilary Hockman und Penny David haben sich die Redaktionsarbeit an diesem Buch klug aufgeteilt. Was sie getan haben, verdient allergrößten Respekt. Penny David, mit den sujets eines Gartenbuchs sehr vertraut, hat sich den Kapiteln über die Jahreszeiten zugewandt, während sich Hilary Hockman den historischen Partien des Buches widmete und die Überschriften bearbeitete. Er hat dabei „gute Arbeit" geleistet und war um die jeweils beste Formulierung einer Textpassage rastlos bemüht.

Wenn man nun auf ein in Layout und optischem Gesamteindruck sehr gelungenes Buch blicken kann, so ist dies vor allem der Graphikerin Anne Wilson zu danken. Sie hat die Photos ausgewählt und Text und Bild wohl durchdacht und kreativ aufeinander abgestimmt. Dr. Tony Lord, unsere „lateinische Kapazität", und Piers Trehane haben für die wissenschaftliche Bezeichnung der Pflanzennahmen gesorgt.

Unsere „Steuerfrau" ist Erica Hunningher gewesen. Sie hat gewissermaßen von der „Kommandobrücke" aus über uns gewacht und schließlich dafür gesorgt, daß unser Projekt, einem Schiff gleich, sicher in den Hafen einfahren konnte.

Mein Dank geht ferner an die Familie von Gustave Caillebotte, die mir den Einblick in den Briefwechsel mit Monet gestattete; an Silvie Brame von der Kunsthandlung *Brame & Lorenceau*, die mit viel Sorgfalt Monets Schrift entzifferte und uns die Gewähr gab, diese Briefe als authentisches Quellenmaterial zu betrachten; an den Konservator von Giverny, Gérald van der Kemp, und seine Frau Florence, die uns ein Interview gaben; an Mme Claudette Lindsey, die Direktorin des Gartens, und ihre Mitarbeiterinnen, Mme Wallays und Mme Rousseau, die uns erlaubten, die Bibliothek sowie die „Wildenstein-Kataloge" zu benutzen; an Graham Rose, den jetzigen Besitzer von Latour-Marliac, der mich in Kontakt mit den Stapeley Wassergärten brachte, und deren Direktorin, Barbara Davis; an M. Koffinet; an Mme Jouffret von der *Bibliothèque Nationale*; an André Eve und Peter Beales; an Bruno Goris, meinen privaten gartenbaulichen Fachberater; an meine immer hilfsbereite väterliche Autorität Harvey Jolly, der den Félix Breuil-Artikel und das Hoschedé-Buch (*Monet, ce mal connu*) für mich aufspürte; an Claire Joyes und ihren Gatten Jean-Marie Toulgouat; an Philippe Baumaux von der gleichnamigen Pflanzenschule und Samenhandlung; an Mme Lamy von der *Bibliothèque Municipale* in Rouen; schließlich an die *Bibliothèque Nationale* und die *Bibliothèque Forney* für den Zugang zu den Büchern und Zeitschriften. Auch verhalfen sie uns zu Hintergrundwissen zur Geschichte des Gartens.

Wie immer danke ich auch meinen Kindern Molly und Rupert sowie meinen zwei Hunden, die wegen der Arbeit oftmals zu kurz gekommen sind, und Peter, der geduldig das Auf und Ab bei der Arbeit an diesem Buch ertragen hat.

RECHTS: *Dank den „Arbeitsbienen", ohne die es keinen Garten gäbe!*

DANKSAGUNG DER HERAUSGEBER

Der DuMont Buchverlag dankt Dieter Burmann für die Erstellung des Index.

Artwork: Joanna Logan
Gartenbauliche Beratung: Tony Lord, Piers Trehane

Redaktion: Hilary Hockman, Penny David
Redaktionsdirektor: Erica Hunningher
Art Director: Caroline Hillier
Herstellung: Annemarieke Kroon
Bild Research: Sue Gladstone

BILDNACHWEIS

Der Verlag hat keine Mühen gescheut, an Copyrights zu kommen. Alle Eigentümer von Copyrights, die wir nicht kontaktieren konnten, bitten wir, sich mit uns in Verbindung zu setzen, damit wir sie bei weiteren Auflagen in unserem Bildnachweis nennen können. Für die Druckerlaubnis von Bildern und Photographien sowie deren Bereitstellung dankt der Verlag nachfolgend aufgeführten Institutionen und Einrichtungen:

4 Bibliothèque Nationale de France, Paris; **6** George Eastman House, New York; **14** Archives Toulgouat/ARTEPHOT, Paris; **16** Kreeger Museum, Washington, D.C.; **18** © Detroit Institute of Arts, 1995, City of Detroit Purchase; **20** © 1995 Board of Trustees, National Gallery of Art, Washington D.C. (Sammlung Ailsa Mellon Bruce); **24** (oben) Archives Toulgouat/ARTEPHOT, Paris; **24** (unten) Sammlung Musée Marmottan/ Studio Lourmel, Paris; **25** Österreichische Galerie Belvedere, Wien; **27** Sterling and Francine Clark Art Institute, Williamstown, Massachusetts; **30** Sygma, London; **35** Bibliothèque Municipale, Rouen; **40** Musée d'Orsay, © Photo R.M.N.; **42** Archives Toulgouat/ARTEPHOT, Paris; **43** Dayton Art Institute, Dayton, Ohio (Geschenk von Joseph Rubinstein); **44-45** Kunsthaus Zürich, Zürich; **46** Musée Marmottan; **46-47** Musée Marmottan; **48** Bibliothèque Nationale de France, Paris; **54** Archives Toulgouat/ARTEPHOT, Paris; **58-59** Private Sammlung; **121** Sygma, London; **133** Bibliothèque Nationale de France, Paris; **147** Bibliothèque Nationale de France, Paris

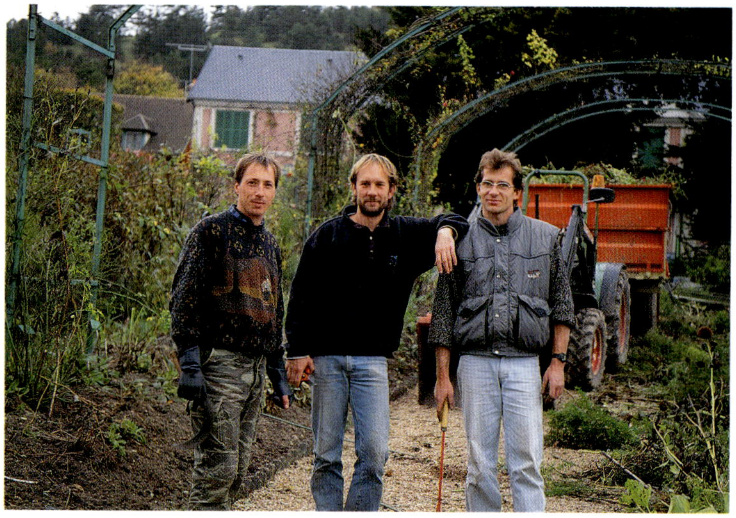